深度强化学习原理与实践

陈喆 著

清华大学出版社
北京

内容简介

本书从原理的角度，力求讲解清楚深度学习、强化学习、深度强化学习中的一些精选方法，并从实践的角度，通过一系列循序渐进的原创实验，引领读者独立编程实现这些方法，以期为读者精通深度强化学习并应用深度强化学习方法解决实际问题奠定坚实基础。

本书不仅适合计算机科学与技术、人工智能、物联网工程、数据科学与大数据、软件工程、通信工程、电子信息、机器人工程、自动化、智能制造等相关专业高年级本科生及研究生教学与自学使用，也适合机器学习等领域的从业者、科研人员及爱好者自学与参考使用。

图书在版编目(CIP)数据

深度强化学习原理与实践/陈喆著. —北京：清华大学出版社，2024.4(2025.5 重印)
ISBN 978-7-302-66070-5

Ⅰ. ①深… Ⅱ. ①陈… Ⅲ. ①机器学习－研究 Ⅳ. ①TP181

中国国家版本馆 CIP 数据核字(2024)第 072576 号

责任编辑：白立军 常建丽
封面设计：刘 键
责任校对：韩天竹
责任印制：沈 露

出版发行：清华大学出版社
网 址：https://www.tup.com.cn，https://www.wqxuetang.com
地 址：北京清华大学学研大厦 A 座 **邮 编：**100084
社 总 机：010-83470000 **邮 购：**010-62786544
投稿与读者服务：010-62776969，c-service@tup.tsinghua.edu.cn
质量反馈：010-62772015，zhiliang@tup.tsinghua.edu.cn
课件下载：https://www.tup.com.cn，010-83470236
印 装 者：三河市龙大印装有限公司
经 销：全国新华书店
开 本：185mm×260mm **印 张：**15 **字 数：**369 千字
版 次：2024 年 5 月第 1 版 **印 次：**2025 年 5 月第 2 次印刷
定 价：59.00 元

产品编号：098554-01

前言

"水之积也不厚，则其负大舟也无力。风之积也不厚，则其负大翼也无力。"

深度强化学习是机器学习王冠上的一颗璀璨明珠。从 AlphaGo 到 ChatGPT，处处都有它的身影。

虽然深度强化学习问世至今已有多年，但鲜见适合初学者学习的、讲解清楚的、系统的、原理与实践并重的深度强化学习教材。这是阻碍更多人掌握深度强化学习的"拦路虎"。其中一个原因是，强化学习领域和深度学习领域的技术相对复杂——不易想清楚，更不易讲清楚。强化学习领域有一本权威的英文教科书，笔者曾在几年内读了几遍，似懂非懂。某些知名高校的强化学习英文课程，听得云里雾里。有的发表在知名学术期刊上的深度强化学习高被引论文，也存在值得商榷之处。

一本好书是一条捷径，尽管著书是一项苦差事、著"填坑"书更是呕心沥血坐冷板凳啃硬骨头。

本书从原理和实践的角度，尽量详细、清楚、系统地讲解深度学习、强化学习，以及深度强化学习中的精选方法及其编程实现，以期为读者夯实深度强化学习基础。唯有夯实基础，才能走得更远。希望本书对有志精通深度强化学习的读者有所帮助。

本书假设读者已经学习过"高等数学""线性代数""概率论与数理统计"等数学类课程、使用过 Python 语言进行编程、学习过机器学习中的监督学习方法。如果还没有学习过机器学习，推荐在开始学习本书之前学习《机器学习原理与实践（微课版）》（清华大学出版社，2022 年 6 月出版）的前两章。

本书共分 5 章。

第 1 章简要介绍深度强化学习的概念、历史及应用领域，并为编程实现奠定基础。

第 2 章回顾神经网络，重点讲解深度神经网络、卷积神经网络及循环神经网络。

第 3 章主要讲解强化学习、有限马尔可夫决策过程，以及依赖模型的求解方法。

第 4 章主要讲解行动价值方法，包括蒙特卡洛方法、Q 学习、Dyna-Q，以及使用深度神经网络等监督学习模型的行动价值方法。

第 5 章主要讲解策略梯度方法，包括蒙特卡洛策略梯度方法和行动评价方法，并给出不完全观测情况下的应对办法。

本书共有 41 个实验。希望通过一系列循序渐进的原创实验，引领读者独立编程实现深度强化学习方法，以加深读者对深度强化学习的理解，并具备应用深度强化学习解决实际问题的能力。在做每个实验时，如果只根据实验提示就能独立完成实验，可给自己一个"优秀"

的成绩;如果在参考实验解析后可以独立完成实验,可给自己一个"良好"的成绩;如果在参考附录中给出的实验程序和中文注释后可以完成实验,可给自己一个"中等"的成绩。

受学识、表达、精力等因素所限,书中难免存在不足之处,恳请读者指正。

感谢我的父母、妻女,没有他们的支持与多方面持续付出,就不会有这本书。如果没有选择写作此书,他们的生活和学习将会更好,因此亏欠于他们。谨以此书献给我的父母、妻女。同时,感谢所有支持过本书写作与帮助过本书出版、发行的人们!

"当你学会了,尝试去教人;当你获得了,尝试去给予。"

陈　喆

2024年1月于沈阳

目录

第1章 引 言

"感知并控制世界上所有的事物，是人类亘古不变的追求。"

机器学习领域的进展使利用人工智能体辅助人类管理与治理进一步成为可能——让人工智能体服务于人类，实现全人类的和平、幸福与繁荣，即"机器治理"(machine ruling)。机器治理使用具有感知、通信、存储、计算、执行等功能的人工智能体，辅助人类完成计划、组织、领导、控制等管理工作，以及确立目标、确立行为准则、确保遵从法规、实施治理框架等治理工作。其中，人与感知设备、计算存储设备、执行设备构成一个机器治理环路，如图 1-1 所示。感知设备借助物联网等技术实时采集有关人与物理世界的各方面数据，然后传送给云计算服务器等设备存储并处理。处理设备借助机器学习等方法，得出执行设备或被管理者该采取何种行动的建议，并把这些建议传送给执行设备用于执行或告知被管理者。

图 1-1 机器治理环路

现阶段，机器学习是实现上述机器治理环路中智能处理的一类主要方法。其中，如何根据当前采集到的数据给出下一步行动建议，可使用机器学习中的强化学习方法，进一步地，可使用深度强化学习方法。

1.1 深度强化学习及其简史

机器学习这个词是从英文 machine learning 直译而来的，其中的 machine 指的是 computing machine，也就是计算机。顾名思义，机器学习是研究如何使计算机等设备像人类一样学习与行动的学科，其主要从现有数据中以及从与外部世界的交互中学习。"机器学习"一词，最早由亚瑟·塞缪尔(Arthur Samuel)在 1959 年提出。

从不同学习任务的角度看，强化学习是机器学习的一个子学科，主要关注如何从与外部世界的交互中学习。强化学习这个词是英文 reinforcement learning 的翻译，也有人将其译为增强学习。在心理学中，reinforcement 是指增加特定行为未来再次发生的可能性。因此，强化学习是研究如何使计算机等设备通过与外部世界的交互来学习做出最优行动选择的学科。本书第 3 章将会进一步讨论强化学习。

从不同学习方法的角度看，深度学习也是机器学习的一个子学科，其主要关注如何基于多层神经网络完成机器学习任务。深度学习是英文 deep learning 的直译，也称为深层结构学习(deep structured learning)。故也有人将 deep learning 译为深层学习。本书第 2 章将初步探讨深度学习。

深度强化学习(deep reinforcement learning，DRL)是研究如何结合深度学习方法完成强化学习任务的领域，故可看作强化学习与深度学习的交集，如图 1-2 所示。

图 1-2　深度强化学习与机器学习

强化学习与最优控制(optimal control)密切相关。强化学习的主要框架源于 1957 年美国应用数学家理查德·贝尔曼(Richard Bellman)提出的最优控制问题的离散随机版本——Markovian decision process。1961 年，美国认知与计算机科学家马文·李·明斯基(Marvin Lee Minsky)借鉴“强化”这一心理学效应解决人工智能中的搜索问题，并提出“强化学习”(reinforcement learning)一词。

到 20 世纪 90 年代，强化学习开始与神经网络相结合。1993 年，IBM(International Business Machines)公司的杰拉尔德·特索罗(Gerald Tesauro)开发出一款名为 TD-Gammon 的双陆棋计算机程序。TD-Gammon 使用强化学习与神经网络相结合的方法，从与自己的对战中学习，在双陆棋任务上远超之前的计算机程序，达到略低于当时最优秀的人类双陆棋选手的水平。

20 年后，2013 年，DeepMind 公司的沃罗迪米尔·米涅(Volodymyr Mnih)等使用强化学习与深度学习相结合的方法构建用于强化学习的深度学习模型，同时提出“深度强化学习”(deep reinforcement learning)一词。使用该模型玩雅达利(Atari)电视游戏，得到令人印象深刻的结果。该模型在七款游戏中六款上的表现都优于已有方法，并且在其中三款游戏上超越了人类专业玩家，由此掀起深度强化学习的浪潮。

2015 年 10 月，由 DeepMind 公司开发的计算机围棋程序 AlphaGo 击败了欧洲围棋冠军樊麾，这是计算机围棋程序第一次在全尺寸棋盘上击败人类职业棋手。2016 年 1 月，《自然》杂志上刊登了大卫·西尔弗(David Silver)等发表的论文，公布了 AlphaGo 使用的深度强化学习方法。2016 年 3 月，AlphaGo 的升级版又击败世界围棋冠军李世石(Lee Se-dol)，举世瞩目。

2019 年，由 DeepMind 公司的奥利奥尔·温亚尔斯(Oriol Vinyals)等基于深度强化学习方法设计的人工智能体 AlphaStar，在星际争霸Ⅱ计算机游戏中超越 99.8%的人类玩家。同年，由 OpenAI 公司的克里斯托弗·伯纳(Christopher Berner)等设计的人工智能体 OpenAI Five，击败了 Dota 2 计算机游戏的世界冠军。这表明深度强化学习方法具有解决复杂现实世界问题的潜力，并且在性能上有可能超越人类。

2020 年，DeepMind 公司的朱利安·施瑞特维泽(Julian Schrittwieser)等提出可用于多个任务(包括围棋、国际象棋、将棋、雅达利电视游戏)的更为通用的深度强化学习方法 MuZero。无论在围棋任务上，还是在电视游戏任务上，MuZero 的性能都超越了已有方法，并且所需的训练时长大为缩短。这标志着通用深度强化学习方法的研究又前进了一步。

2022 年，Sony 公司的彼得·沃尔曼(Peter Wurman)等基于深度强化学习方法设计的人工智能体 GT Sophy，第一次在赛车游戏 Gran Turismo 任务上超越了顶级人类玩家。同年，DeepMind 公司的朱利安·佩和拉(Julien Perolat)等基于深度强化学习方法设计的人工智能体 DeepNash，第一次在陆军棋(Stratego)任务上达到人类专家水平，"解锁"了深度强化学习方法在现实世界多智能体问题中的进一步应用。

尽管从 2013 年以来深度强化学习领域已取得令人瞩目的进展，但深度强化学习仍处于发展之中，仍有众多方向值得继续研究与探索，机器治理等智能应用尚未实现。套用一句名言："革命尚未成功，同志仍须努力。"

1.2 深度强化学习的应用领域

深度强化学习的潜在应用领域较广泛。尽管深度强化学习的发展离不开棋牌和游戏等应用领域，但深度强化学习正融入越来越多的应用领域，包括但不限于机器人、智能交通、医疗、工业、金融、经济学、教育、计算机视觉、自然语言处理、通信与网络等领域。

在机器人领域，人们可借助深度强化学习方法操控和移动机器人(包括抓取、开门、走、跑、跳、游泳等任务)。基于深度强化学习方法的冰壶机器人，在 2020 年已达到人类水平：在与人类专业队的四场正式比赛中赢了三场。

在智能交通领域，深度强化学习可用于交通信号控制(即通过调整交叉路口各个信号灯的显示状态及持续时长减少路口拥堵)、匝道控制、自动驾驶等任务。其中，自动驾驶任务的输入为车载摄像头、激光雷达、毫米波雷达、车辆行驶状态传感器等设备采集的数据，再辅以地图、导航等相关信息，输出为方向盘的转向角、车辆行驶的加速度(或踩油门踏板、踩刹车踏板等指令)。此外，深度强化学习也可用于其他交通工具或装置的自主导航。例如，Google 公司在 2019—2020 年，曾使用深度强化学习方法自主导航平流层超压气球。

在医疗领域，深度强化学习可辅助医生做出临床诊断(即"自动医疗诊断")，并可根据患者的当前健康状况和既往治疗史确定治疗方案和用药剂量(即"动态治疗方案")。

在工业和智能电网领域，深度强化学习可用于检查与维修、过程控制等任务。

在金融领域，深度强化学习可用于股票交易、风险管理、证券管理，以及支付网络中的欺诈检测等任务。在经济学领域，深度强化学习可用于经济政策设计。

在教育领域，深度强化学习可用来提高学生的学习效率，例如用深度强化学习方法决定在什么时候向学生展示哪些内容，以使学生尽可能长期记住这些内容。

在计算机视觉领域，深度强化学习可用于地标定位、目标检测、目标跟踪、图像配准、图像分割、视频分析等任务。例如，在目标跟踪任务中，可使用深度强化学习方法确定每帧图像中目标的边界框的大小及位置。相应地，在医学影像领域，深度强化学习可用于标记点检测、医学影像配准、病变定位、斑点追踪、血管中心线提取等任务。

在自然语言处理领域，深度强化学习可用于句法分析、语言理解、文本生成、机器翻译、语句简化、面向目标的对话、视觉对话等任务。例如，OpenAI 公司曾使用深度强化学习方法训练 ChatGPT 等模型(聊天机器人)。

在通信与网络领域，深度强化学习可用于无线信道接入(无线通信设备何时使用哪个无线信道)、传输速率控制(通信设备选择一个最佳的传输速率)、路由优化(选择传输路径)、资源分配(包括信道资源分配和发射功率分配)，以及网络攻击检测等任务。

此外，在互联网等领域广泛使用的推荐系统(recommender system)，也可借助深度学习方法实现。推荐系统的输入为用户、商品、情境等特征，输出为所推荐的商品。

当然，深度强化学习的应用领域并不局限于上述提及的这些领域。未来，更多的应用等待着你去发现、去“解锁”。

1.3 深度强化学习方法的实现

在很多应用领域，人们常使用编程语言通过软件编程的方式实现包括深度强化学习方法在内的机器学习方法。在机器学习领域，近年来最受欢迎的编程语言非 Python 莫属。

现有的可供选择的 Python 集成开发环境较多。如果你还没有安装 Python 集成开发环境，可使用本书推荐的 Anaconda Distribution 中自带的 Jupyter Notebook。Anaconda Distribution 的安装程序可通过 anaconda.com 网站的 www.anaconda.com/download/页面下载。本书中使用的 Anaconda Distribution 的版本为 Anaconda3-2022.10。

1.3.1 NumPy 库和 Matplotlib 库

在《机器学习原理与实践(微课版)》(清华大学出版社，2022 年 6 月出版)一书(以下简称为“机器学习书”)中，我们使用 Python 编程语言和 NumPy 库实现机器学习方法，并使用 Matplotlib 库绘图。在本书中，我们继续使用 NumPy 库和 Matplotlib 库，并照例使用 np 作为 NumPy 的别名、使用 plt 作为 matplotlib.pyplot 的别名。

NumPy 库在 Python 基础之上加入了对多维数组的支持，并提供了用来操作这些数组的函数。NumPy 中的主要数据结构为 ndarray(N-dimensional array，N 维数组)，每个多维数组都被存储为一个 ndarray，即一个 Python 容器对象。ndarray 中包含了具有相同大小、相同数据类型的多个项，每一项对应多维数组中的一个元素。数组的维数以及各维上的元素数量，构成数组的形状(shape)。N 维数组的形状可用一个由 N 个非负整数组成的元组表示，例如二维数组的形状可以为(3,4)，表示该数组中有 3 行 4 列共 12 个元素，如图 1-3 所示。数组的每一维也被称为一个轴(axis)。在数组的形状元组中，从左至右，第 1 个元素为数组在轴 0 上的元素数量(例如上述例子中的 3)，第 2 个元素为数组在轴 1 上的元素数量(例如上述例子中的 4)，以此类推。

数学中的矩阵可以用二维数组存储。此时，二维数组第一维上的元素数量对应矩阵的行数，第二维上的元素数量对应矩阵的列数。也就是说，二维数组的轴 0 对应矩阵行数方向，轴 1 对应矩阵列数方向。特别地，可以用二维数组存储数学中的向量：用形状为$(1,n)$的二维数组存储行向量(仅有 1 行的矩阵)；用形状为$(n,1)$的二维数组存储列向量(仅有 1 列的矩阵)，这里的 n 为向量中元素的数量。当然，无须区分行向量与列向量时，也可以直

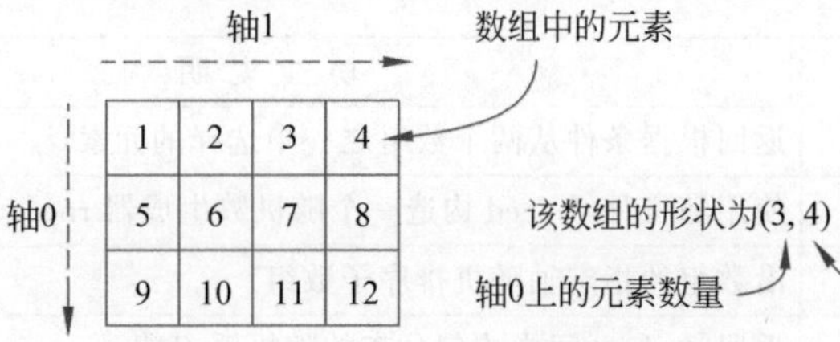

图 1-3 数组的形状与轴

接用一维数组存储向量。

NumPy 库提供了用于操作 ndarray 的函数(或方法)。表 1-1 列出了部分较常用的 NumPy 库函数(或方法)。这些函数的具体参数,以及更多的 NumPy 库函数,可参考 numpy.org 网站给出的说明。这些函数的使用可通过本书中的一系列实验逐步掌握。此外,可使用 ndarray 的.T 属性实现数组的转置。

表 1-1 部分较常用的 NumPy 库函数(或方法)

函数(或方法)	功 能 说 明
np.array()	创建一个数组
np.arange()	返回一个由等差数列元素组成的数组,通常,公差为整数时使用该函数
np.linspace()	返回一个由等差数列元素组成的数组,公差不为整数时,也可使用该函数,但使用该函数时通常需给出数组的大小
np.shape()	返回数组的形状
np.size()	返回数组中元素的数量
np.reshape()	改变数组的形状
np.zeros()	返回一个各元素值都为 0 的数组
np.ones()	返回一个各元素值都为 1 的数组
np.copy()	通过复制创建一个数组
np.dot()	计算两个数组的点积
np.sum()	计算数组中指定轴上的元素之和或所有元素之和
np.amax()	返回数组指定轴上元素的最大值
np.amin()	返回数组指定轴上元素的最小值
np.argmax()	返回数组指定轴上元素的最大值的索引
np.argmin()	返回数组指定轴上元素的最小值的索引
np.mean()	计算数组指定轴上元素的算术平均值
np.std()	计算数组指定轴上元素的标准差
np.sqrt()	计算数组中各元素的非负平方根
np.exp()	计算数组中各元素的自然指数函数值
np.log()	计算数组中各元素的自然对数
np.absolute()	计算数组中各元素的绝对值

续表

函数(或方法)	功能说明
np.where()	返回根据条件从两个数组之一中选择的元素
rng =np.random.default_rng(seed)	使用随机种子 seed 构造一个随机数生成器 rng
rng.shuffle()	沿数组的指定轴随机排序子数组
rng.random()	返回[0,1)区间内均匀分布的随机浮点数
rng.integers()	返回指定区间内均匀分布的随机整数
rng.choice()	返回以给定概率随机抽出的给定数组中的元素(或自然数)
rng.normal()	返回正态分布(高斯分布)的随机浮点数
rng.standard_normal()	返回标准正态分布的随机浮点数

Matplotlib 库为 Python 中的数据可视化提供了工具。表 1-2 列出了部分较常用的 Matplotlib 库函数。这些函数的具体参数,以及更多的 Matplotlib 库函数,可参考 matplotlib.org 网站给出的说明。

表 1-2 部分较常用的 Matplotlib 库函数

函数	功能说明
plt.figure()	创建一个图形或激活已有图形
plt.plot()	画平面直角坐标系下的点(或标记)及其之间的连线,其前两个参数通常为由点(或标记)的横坐标和纵坐标分别组成的两个数组
plt.xlabel()	设置横轴的标签
plt.ylabel()	设置纵轴的标签
plt.title()	设置图形的标题
plt.show()	显示图形
plt.legend()	设置图例
plt.axis()	设置轴的范围等属性
plt.xlim()	设置横轴范围
plt.ylim()	设置纵轴范围
plt.grid()	设置网格线
plt.stem()	画针状图
plt.bar()	画柱状图
plt.boxplot()	画箱线图
plt.xticks()	设置横轴的刻度标签
plt.yticks()	设置纵轴的刻度标签
plt.fill_between()	填充两条曲线之间的区域
plt.subplot()	添加或选择一个子图

关于 NumPy 库和 Matplotlib 库的使用,我们先做两个预热练习。首先,运行 Anaconda Distribution 中的 Jupyter Notebook,自动打开一个浏览器窗口。以 Windows 11

操作系统为例，其路径为："开始"→"所有应用"→Anaconda3→Jupyter Notebook。然后，单击浏览器窗口中右上方的 New，再单击菜单选项 Python 3，新建一个 Jupyter Notebook Python 3 文件。在新建的浏览器标签页中编写以下实验的 Python 程序。之后，可单击工具栏中的 Run 运行程序，也可使用 Ctrl＋Enter 或 Shift＋Enter 快捷键运行程序。

【实验 1-1】 使用 ndarray 以及 NumPy 库函数实现两个一维数组中对应元素相乘并累加，即点积运算，如式(1-1)所示。计算结果，并给出点积运算程序的运行时长。

$$\boldsymbol{a} \cdot \boldsymbol{b} = \sum_{i=1}^{n} a_i b_i \tag{1-1}$$

式(1-1)中，$\boldsymbol{a}, \boldsymbol{b} \in \mathbb{R}^n$，$n = 1000000$，$\boldsymbol{a} = (0, 1, 2, \cdots, 999999)$，$\boldsymbol{b} = (1000000, 1000001, 1000002, \cdots, 1999999)$。

提示：①NumPy 库可通过 import numpy as np 语句导入，其中 np 是 NumPy 的别名；②可使用一维数组存储 $\boldsymbol{a}$ 和 $\boldsymbol{b}$ 两个向量、使用 np.arange()函数分别得到这两个一维数组(均为 ndarray 对象)、使用 np.dot()函数计算两个一维数组的点积，注意将 np.arange()函数的 dtype 参数设置为 np.float32；③获取以秒为单位的时刻值，可使用 time.perf_counter()函数，需要先 import time；④如果对编写实验程序缺乏思路或者无从下手，可参考 1.4 节的本章实验解析。

本实验的计算结果为 833 332 369 636 196 352。运行时长取决于所使用的计算机(首次运行的时长可能相对较长)，并且存在一定的随机性，例如可能为 0.001s 左右。多次运行实验程序，观察运行时长。

【实验 1-2】 运行实验 1-1 中的点积运算 100 次，得到 100 个运行时长。将这 100 个运行时长分成 10 组，每组中包含 10 个运行时长。使用 Matplotlib 库画出由各组运行时长的平均值构成的曲线(折线)，并填充由各组中最大运行时长构成的曲线和由各组中最小运行时长构成的曲线之间的区域。

提示：①Matplotlib 库可通过 import matplotlib.pyplot as plt 语句导入，其中 plt 是 matplotlib.pyplot 的别名；②可使用 for 循环多次运行实验 1-1 中的点积运算程序；③可使用 np.zeros()函数创建用来保存运行时长的数组、使用 np.mean()函数计算平均值、使用 np.amin()函数返回最小值、使用 np.amax()函数返回最大值；④可使用 plt.figure()函数创建图形、使用 plt.plot()函数画曲线(折线)、使用 plt.fill_between()函数填充两条曲线之间的区域、使用 plt.xlabel()和 plt.ylabel()函数设置横轴和纵轴的标注、使用 plt.legend()函数设置图例、使用 plt.show()函数显示图形。

由于上述点积运算的运行时长存在一定的随机性，因此每次运行本实验程序画出的图形之间可能相差较大。图 1-4 为实验 1-2 画出的一个图形。

1.3.2 PyTorch 框架

在"机器学习书"中，我们使用 NumPy 库从头开始实现机器学习方法，是为了更加清楚机器学习方法的实现细节，进而更加深入理解机器学习方法。然而，在深度学习领域，随着深度学习方法复杂度的增加，使用 NumPy 库从头实现深度学习方法的难度与工作量越来越大。因此，在理解并掌握机器学习方法的基础之上，需要借助一个更加高级的软件框架实现深度学习方法，以减少编程实现的难度与工作量。

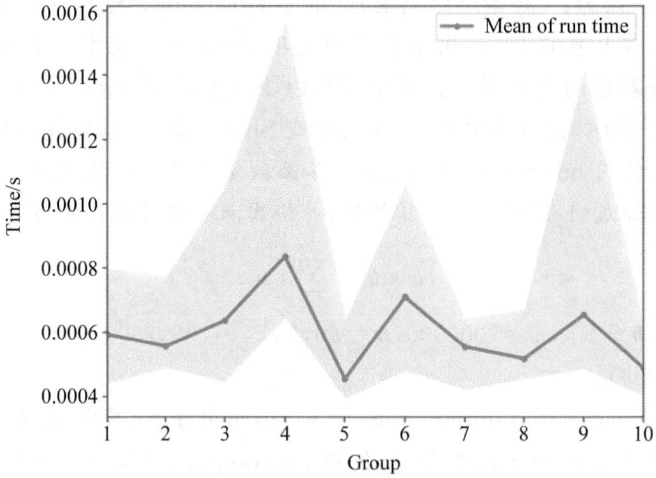

图 1-4　实验 1-2 画出的一个图形

现阶段，深度学习领域可供选用的软件框架（或者库）较多，包括但不限于 PyTorch、TensorFlow、PaddlePaddle、JAX、MXNet、MindSpore 等。考虑到近年来 PyTorch 在学术科研等领域的使用者越来越多，在本书中我们使用 PyTorch 框架实现深度学习方法。PyTorch 是由 Meta 公司开发的基于 Torch 库的开源机器学习框架，其最初版本发布于 2016 年。

可以在 Anaconda 平台上安装 PyTorch 框架，参照 pytorch.org 网站的 pytorch.org/get-started 页面中给出的 PyTorch 安装方法。如果用户的计算机配有 GPU（graphics processing unit，图形处理器）并且该 GPU 支持 CUDA（compute unified device architecture，计算统一设备体系结构），则可先通过 NVIDIA 公司网站的 developer.nvidia.com/cuda-toolkit-archive 页面下载并安装 PyTorch 所需版本的 CUDA Toolkit，例如 12.1 版。CUDA 是 NVIDIA 公司为使用 GPU 做通用计算而开发的并行计算平台与编程模型。接着，运行之前已安装好的 Anaconda Prompt。以 Windows 11 操作系统为例，其路径为："开始"→"所有应用"→Anaconda3→Anaconda Prompt。之后，在命令行处输入相应的安装命令，例如：conda install pytorch torchvision torchaudio pytorch-cuda=12.1 -c pytorch -c nvidia。若如此安装，则基于 PyTorch 框架的 Python 程序既可运行在 CPU（central processing unit，中央处理器）上，也可运行在 GPU 上。这是本书建议的首选安装方案。在本书的后续实验中，假设用户已按照该方案安装了 PyTorch。如果用户的计算机未配有 GPU 或者 GPU 不支持 CUDA，也没有关系，此时可以跳过 CUDA Toolkit 的安装，直接在 Anaconda Prompt 命令行上输入：conda install pytorch torchvision torchaudio cpuonly -c pytorch。若如此安装，用户的基于 PyTorch 框架的 Python 程序仅能运行在 CPU 上。如果安装时提示"HTTP 连接失败"，可参考"清华大学开源软件镜像站"的"Anaconda 镜像使用帮助"加以解决。无论采用以上哪一种安装方案，安装 PyTorch 框架之后，都可以通过运行 Anaconda Distribution 中的 Jupyter Notebook 基于 PyTorch 框架编写 Python 程序。本书中使用的 PyTorch 版本为 1.13、CUDA Toolkit 版本为 11.7。

PyTorch 中的主要数据结构称为 tensor，用来保存由单一数据类型元素构成的多维数组。Tensor 类似于 NumPy 中的 ndarray，但相比 ndarray 支持更多的功能。其中一个主要功能是，tensor 支持使用 GPU 进行计算。每个 tensor 对象都有一个 device 属性，该属性决定 tensor 将被分配到哪一个设备上。这些设备包括 CPU 和 GPU。如果 tensor 的 device 属性为 cpu，那么 tensor 将被分配到内存中，并使用 CPU 进行计算；如果 tensor 的 device 属性为 cuda，那么 tensor 将被分配到显存中，并使用 GPU 进行计算。

PyTorch 也提供了用于操作 tensor 的函数（或方法），以及用于构建并训练神经网络的类（或模块）。表 1-3 列出了本书中部分较常用的 PyTorch 函数和类。这些函数和类的具体参数和用法，以及更多的函数和类，可参考 pytorch.org 网站给出的说明。这些函数和类的使用可通过本书中的一系列实验逐步掌握。为了使 PyTorch 函数和类在程序中更加一目了然，本书中并未对 PyTorch 中的 torch 等包使用别名。

表 1-3 本书中部分较常用的 PyTorch 函数和类

函数（或类）	功能说明
torch.tensor()	通过复制创建一个数组
torch.arange()	返回一个由等差数列元素组成的数组
torch.zeros()	返回一个各元素值都为 0 的数组
torch.ones()	返回一个各元素值都为 1 的数组
torch.nonzero()	返回一个由输入数组中非零元素的索引构成的数组
torch.dot()	计算两个一维数组的点积
torch.log()	计算数组中各元素的自然对数
torch.sum()	计算数组中指定轴上的元素之和或所有元素之和
torch.pow()	计算数组中各元素的幂
torch.manual_seed()	设置随机种子
torch.multinomial()	返回以给定概率随机抽出的自然数
torch.cuda.is_available()	返回 CUDA 是否可用
torch.device()	指定包括 CPU 和 GPU 在内的设备
torch.sigmoid()	sigmoid 函数
torch.flatten()	将输入数组展开
torch.inference_mode()	"推测"模式的上下文管理器
torch.nn.Linear()	线性层
torch.nn.functional.relu()	ReLU 函数
torch.nn.functional.softmax()	softmax 函数
torch.nn.Conv1d()	一维卷积层
torch.nn.MaxPool1d()	一维最大合并层
torch.nn.RNN()	RNN 循环层
torch.nn.BCELoss()	二分类交叉熵损失函数
torch.optim.SGD()	梯度下降法优化器
torch.optim.lr_scheduler.StepLR()	阶跃式学习率调度（调整）器

【实验 1-3】 使用 tensor 以及 PyTorch 提供的函数实现实验 1-1 中的点积运算。计算结果，给出点积运算程序的运行时长，并与实验 1-1 中使用 ndarray 及 NumPy 库函数的运行时长做比较。如果你的计算机配有支持 CUDA 的 GPU，则可进一步比较点积运算在 CPU 和 GPU 上的运行时长。

提示：① 可通过 import torch 语句导入 PyTorch 框架中的 torch 包；② 可使用 PyTorch 中与 np.arange() 函数相对应的 torch.arange() 函数分别得到两个一维数组（均为 tensor 对象）、使用 torch.dot() 函数计算这两个一维数组的点积，注意 torch.arange() 函数的 device 参数设置并将 dtype 参数设置为 torch.float32；③可使用 torch.cuda.is_available() 函数检查是否可以使用 GPU 进行计算。

本实验的计算结果仍为 833 332 369 636 196 352。多次运行实验程序，观察运行时长的变化。可以看出，使用 PyTorch 在 CPU 上做点积运算的时长与使用 NumPy 在 CPU 上做点积运算的时长相仿。使用 PyTorch 首次在 GPU 上做点积运算时，耗费的时间较长，可能长达数秒，这是因为一些函数或模块首次在 GPU 上运行时，PyTorch 将即时（just-in-time，JIT）编译它们。

尝试多次运行实验程序，在 GPU 上做点积运算。可以看出，使用 GPU 做点积运算的时长通常短于使用 CPU 做点积运算的时长。这归因于 GPU 的并行计算能力。当然，这些时长与具体的运算和使用的 CPU、GPU 有关。总体而言，GPU 可能更适用于使用批量数据训练神经网络的运算场景。

【实验 1-4】 使用 NumPy 在 CPU 上、使用 PyTorch 在 CPU 和 GPU 上分别运行实验 1-3 中的点积运算 100 次，得到 300 个运行时长。使用 Matplotlib 库根据这 300 个运行时长画出使用 NumPy 在 CPU 上、使用 PyTorch 在 CPU 上，以及使用 PyTorch 在 GPU 上运行时长的箱线图。

提示：①可使用 for 循环多次运行实验 1-3 中的点积运算程序；②可使用 Matplotlib 库的 plt.boxplot() 函数画箱线图，该函数的输入可以为二维数组，注意将使用 NumPy 在 CPU 上、使用 PyTorch 在 CPU 上，以及使用 PyTorch 在 GPU 上的运行时长分别作为由该二维数组构成的矩阵中的每一列；③可使用 plt.xticks() 函数设置横轴的刻度标签（每一组箱线的名称）、使用 plt.grid() 函数设置网格线。

由于运行时长存在一定的随机性，因此每次运行本实验程序画出的箱线图之间可能相差较大。图 1-5 为实验 1-4 画出的一个箱线图。图中，每组箱线中部的线段代表该组运行时长的中位数。可以看出，使用 PyTorch 在 CPU 上做点积运算的时长与使用 NumPy 在 CPU 上做点积运算的时长相仿，使用 PyTorch 在 GPU 上做点积运算的时长通常短于使用 PyTorch 在 CPU 上做点积运算的时长。

在实验 1-3 中，也可以使用 torch.from_numpy()、torch.tensor() 等函数根据实验 1-1 中均为 ndarray 对象的两个一维数组得到均为 tensor 对象的两个一维数组，而不影响使用 GPU 做点积运算的计算结果。不过，torch.from_numpy() 函数返回的是存储在内存中的、与输入的 ndarray 对象共享相同内存的 tensor 对象，这可能增加使用 GPU 做点积运算的时长。这是因为，使用 GPU 进行计算时需要数据存储在显存中，如果数据不在显存中，则需要先将存储在内存中的数据传输到显存中。CPU 使用的内存和 GPU 使用的显存之间通过 DMA（direct memory access，直接存储器访问）进行数据传输，并且在通过 DMA 传输数据

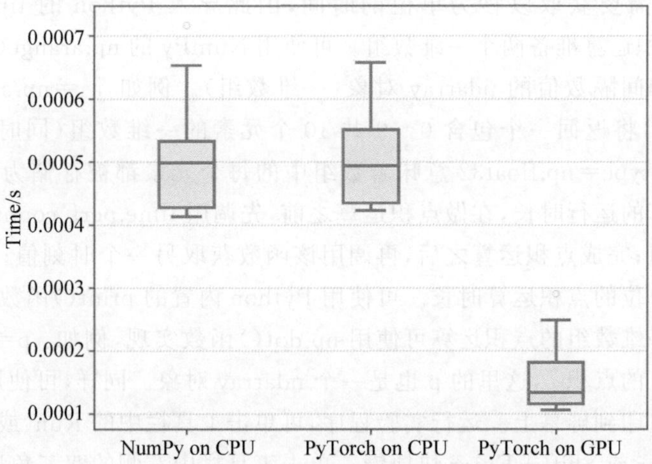

图 1-5　实验 1-4 画出的一个箱线图

时须使用内存中有限的页锁定内存(pinned memory),因此,如果待传输的数据未在页锁定内存中,还需要先将其复制到页锁定内存中,进一步增加运行时长。值得注意的是,GPU 的计算结果也将存储在显存中,如果后续使用 CPU 处理这些计算结果,也需要将计算结果从显存通过 DMA 传输至内存。

也可以使用 torch.tensor()函数通过复制输入的 ndarray 对象(例如实验 1-1 中的一维数组)构造一个 tensor 对象,并可通过设置 device 参数的方式将 tensor 对象存储在显存中。但由于输入的 ndarray 对象存储在内存中,因此,在实验 1-3 中如果使用 torch.tensor()函数通过 ndarray 对象构造 tensor 对象,那么每次调用该函数将引发内存和显存之间的数据传输,从而增加运行时长。

使用 torch.arange()等函数直接在显存中创建 tensor 对象可避免内存和显存之间的数据传输,从而有助于缩短程序的运行时长。

1.4　本章实验解析

如果你已经独立完成了本章中的各个实验,祝贺你,可以跳过本节学习。如果未能独立完成,也没有关系,因为本节将进一步讲解本章中出现的各个实验。

【实验 1-1】 使用 ndarray 以及 NumPy 库函数实现两个一维数组中对应元素相乘并累加,即点积运算,如式(1-1)所示。计算结果,并给出点积运算程序的运行时长。

$$\boldsymbol{a}\cdot\boldsymbol{b}=\sum_{i=1}^{n}a_i b_i \tag{1-1}$$

式(1-1)中,$\boldsymbol{a},\boldsymbol{b}\in\mathbb{R}^n$,$n=1000000$,$\boldsymbol{a}=(0,1,2,\cdots,999999)$,$\boldsymbol{b}=(1000000,1000001,1000002,\cdots,1999999)$。

【解析】 安装 Anaconda Distribution 之后,按照 1.3.1 节中给出的步骤启动 Jupyter Notebook 并新建一个 Jupyter Notebook Python 3 文件。在弹出的浏览器标签页中的“In [ ]:”之后开始编写 Python 程序。在程序中,可先导入需要使用的模块。由于本实验将使用 NumPy 库函数,因此需导入 NumPy:import numpy as np,其中 np 是 NumPy 在程序中的别名；本实验中也需要获取以秒为单位的时间，因此导入 Python 的 time 模块：import time。然后，为点积运算准备两个一维数组。可使用 NumPy 的 np.arange()函数，创建一个包含指定间隔内等间隔数值的 ndarray 对象（一维数组）。例如，a = np.arange(0, 10, 1, dtype=np.float32)将返回一个包含 0～9 共 10 个元素的一维数组(同时也是 ndarray 对象)，其中的参数 dtype=np.float32 意味着数组中的每个元素都被存储为 32 位的浮点数。为了给出点积运算的运行时长，在做点积运算之前，先调用 time.perf_counter()函数获取以秒为单位的时刻值；完成点积运算之后，再调用该函数获取另一个时刻值；这两个时刻值之差近似为以秒为单位的点积运算时长。可使用 Python 内置的 print()函数将这个差值打印到屏幕上。两个一维数组的点积运算可使用 np.dot()函数实现，例如：p=np.dot(a, b)即求一维数组 a 和 b 的点积 p，这里的 p 也是一个 ndarray 对象。同样，可使用 print()函数将点积运算的结果打印到屏幕上。运行实验程序，可单击工具栏中的 Run(或三角形符号)，也可使用 Ctrl+Enter 或 Shift+Enter 快捷键。单击工具栏中右侧的双三角形符号，可重启内核并重新运行程序。

现在，如果你尚未完成实验 1-1，请尝试独立完成本实验。如果仍有困难，再参考附录 A 中经过注释的实验程序。

【实验 1-2】 运行实验 1-1 中的点积运算 100 次，得到 100 个运行时长。将这 100 个运行时长分成 10 组，每组中包含 10 个运行时长。使用 Matplotlib 库画出由各组运行时长的平均值构成的曲线(折线)，并填充由各组中最大运行时长构成的曲线和由各组中最小运行时长构成的曲线之间的区域。

【解析】 本实验程序可以实验 1-1 程序为基础，在其之上添加程序。由于本实验将使用 Matplotlib 库绘图，因此可先导入 Matplotlib 的 pyplot 包：import matplotlib.pyplot as plt，plt 是 matplotlib.pyplot 在程序中的别名。之后，可借助 NumPy 的 np.zeros()函数，创建一个用来保存各个运行时长的二维数组：run_time=np.zeros((num_groups, num_runs))。其中，num_groups 为组数，本实验中为 10；num_runs 为每组中运行时长的数量，本实验中也为 10；(num_groups, num_runs)为数组形状元组。

为了获得 100 个运行时长，既可使用一个 for 循环实现 100 次实验 1-1 中的点积运算，也可使用双重 for 循环实现。以双重 for 循环为例：外层 for 循环可对 10 组进行循环，内层 for 循环可对每组中的 10 个运行时长进行循环。在内层 for 循环中，先调用 time.perf_counter()函数获取以秒为单位的时刻值，接着使用 np.dot()函数进行点积运算，之后再调用 time.perf_counter()函数获取另一个时刻值，最后将这两个时刻值之差(即近似的点积运算时长)保存到 run_time 数组中：run_time[group, run]=toc-tic。其中，group 为该二维数组的第一维索引；run 为该二维数组的第二维索引；toc-tic 为两个时刻之差。

在双重 for 循环结束之后，即可使用获得的 100 个运行时长画图。先使用 Matplotlib 的 plt.figure()函数创建一个图形。接着，可使用 plt.plot()函数在平面直角坐标系下画出由各组运行时长的平均值给出的点，并用直线连接相邻的点以形成曲线(折线)。该函数的第一个参数为由这些点的横坐标组成的数组(这里可为 10 个组的组号 1～10，可使用 np.arange()函数给出)、第二个参数为由这些点的纵坐标组成的数组(这里为 10 个组的运行时长平均值)。其中，运行时长的平均值可使用 np.mean()函数计算。需要注意的是，np.mean()函数的输入，即 run_time 数组，为二维数组。由于需要计算由该二维数组构成的矩阵中每一行元素的平均值(即同一组运行时长的平均值),故应告知 np.mean()函数沿轴 1(见图 1-3)计算平均值：np.mean(run_time, axis=1),其中 axis=1 为参数。之后,使用 plt.fill_between()函数填充两条曲线之间的区域,这两条曲线为：由各组中最大运行时长构成的曲线,以及由各组中最小运行时长构成的曲线。参照上述 np.mean()函数的用法,可分别使用 np.amin()函数和 np.amax()函数获得各组中的最小运行时长和最大运行时长。plt.fill_between()函数的第一个参数为由两条曲线上点的共同横坐标组成的数组(这里可为 10 个组的组号 1～10),第二个参数为由第一条曲线上点的纵坐标组成的数组(这里可为 10 个组的最小运行时长),第三个参数为由第二条曲线上点的纵坐标组成的数组(这里可为 10 个组的最大运行时长)。最后,可使用 plt.xlabel()和 plt.ylabel()函数分别设置横轴的标注和纵轴的标注、使用 plt.legend()函数设置图例、使用 plt.show()函数显示图形。

现在,如果你尚未完成实验 1-2,请尝试独立完成本实验。如果仍有困难,再参考附录 A 中经过注释的实验程序。

【实验 1-3】 使用 tensor 以及 PyTorch 提供的函数实现实验 1-1 中的点积运算。计算结果,给出点积运算程序的运行时长,并与实验 1-1 中使用 ndarray 及 NumPy 库函数的运行时长做比较。如果你的计算机配有支持 CUDA 的 GPU,则可进一步比较点积运算在 CPU 和 GPU 上的运行时长。

【解析】 可在实验 1-1 程序的基础之上添加程序。本实验需要使用 PyTorch 的 torch 包,可先导入 torch：import torch。之后,为使用 PyTorch 做点积运算准备两个一维数组,这两个一维数组均应为 tensor 对象。可使用 torch.arange()函数,创建一个包含指定间隔内等间隔数值的 tensor 对象(一维数组)。例如,a=torch.arange(0, 10, 1, device='cpu', dtype=torch.float32)将返回一个包含 0～9 共 10 个元素的一维数组(也是 tensor 对象),其中的参数 dtype=torch.float32 意味着数组中的每个元素都被存储为 32 位的浮点数、device='cpu'意味着创建的 tensor 对象将被存储在内存中,以便于使用 CPU 对其进行计算。与实验 1-1 中的做法一样,这里同样可以通过两次调用 time.perf_counter()函数的方式,估计点积运算的运行时长。两个一维数组的点积运算可以使用 torch.dot()函数,例如：p=torch.dot(a, b)即求一维数组 a 和 b 的点积 p,这里的 p 也是一个 tensor 对象。由于我们在创建数组 a 和 b 时设置了 device='cpu'参数,因此 PyTorch 将使用 CPU 对这两个数组进行计算,包括点积运算。也就是说,此时 torch.dot()函数运行在 CPU 上。如果想让 torch.dot()函数运行在 GPU 上,就需要在创建数组 a 和 b 时将 torch.arange()函数的 device 参数设置为'cuda',例如：a=torch.arange(0, 10, 1, device= 'cuda', dtype=torch.float32)。这样,数组 a 和 b 参与的计算(包括点积运算)都将由 GPU 完成。此时,数组 a 和 b 的 tensor 对象存储在显存中。需要注意的是,使用 GPU 进行计算的前提是,计算机配有支持 CUDA 的 GPU。可借助 torch.cuda.is_available()函数检查当前是否可以使用 GPU 进行计算：若该函数的返回值为"真",则可以使用 GPU。

现在,如果你尚未完成实验 1-3,请尝试独立完成本实验。如果仍有困难,再参考附录 A 中经过注释的实验程序。

【实验 1-4】 使用 NumPy 在 CPU 上、使用 PyTorch 在 CPU 和 GPU 上分别运行实验 1-3 中的点积运算 100 次,得到 300 个运行时长。使用 Matplotlib 库根据这 300 个运行时长画出使用 NumPy 在 CPU 上、使用 PyTorch 在 CPU 上,以及使用 PyTorch 在 GPU 上运

行时长的箱线图。

【解析】 本实验程序可以实验 1-3 程序为基础，在其之上添加程序。导入 Matplotlib 的 pyplot 包：import matplotlib.pyplot as plt。可借助 NumPy 的 np.zeros() 函数，创建一个用来保存运行时长的二维数组：run_time=np.zeros((num_runs, 3))。其中，num_runs 为每组中运行时长的数量，本实验中为 100；3 为组数，即"使用 NumPy 在 CPU 上""使用 PyTorch 在 CPU 上""使用 PyTorch 在 GPU 上"这 3 组；(num_runs, 3)为数组形状元组。

为了获得每组中的 100 个运行时长，可使用一个循环 100 次的 for 循环实现。在该 for 循环中，参照实验 1-3，分别使用 NumPy 在 CPU 上、使用 PyTorch 在 CPU 上、使用 PyTorch 在 GPU 上进行点积计算，并给出点积运算的运行时长，然后将这些运行时长保存到 run_time 数组中。

得到 300 个运行时长之后，开始画图。先使用 plt.figure() 函数创建一个图形。接着，使用 plt.boxplot() 函数画箱线图，该函数的参数为 run_time 数组。之后，可使用 plt.xticks() 函数分别设置横轴的刻度标签（即每一组箱线的名称，例如 NumPy on CPU、PyTorch on CPU、PyTorch on GPU）、使用 plt.ylabel() 函数设置纵轴的标注、使用 plt.grid() 函数设置网格线，并使用 plt.show() 函数显示图形。

现在，如果你尚未完成实验 1-4，请尝试独立完成本实验。如果仍有困难，再参考附录 A 中经过注释的实验程序。

1.5 本书各章联系

本书各章之间的联系如图 1-6 所示。其中，箭头表示上层建立在下层的基础之上。

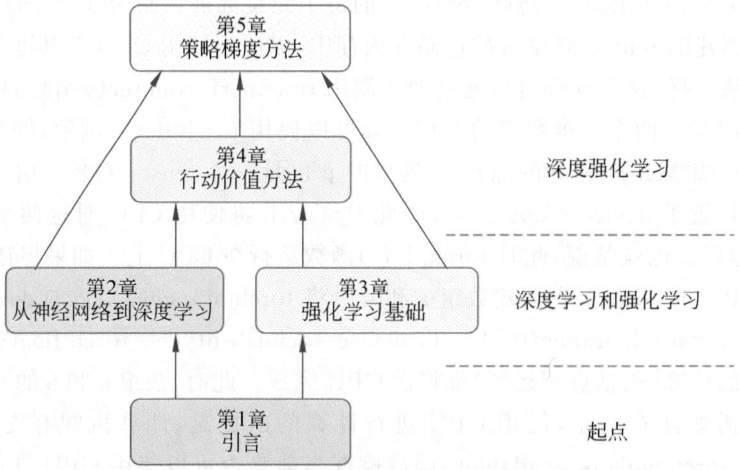

图 1-6 本书各章之间的联系

1.6 本章小结

机器学习和强化学习这两个词最早提出于半个多世纪之前。机器学习是研究如何使计算机等设备像人类一样学习与行动的学科。强化学习是机器学习的一个子学科，主要关注如何从与外部世界的交互中学习。深度学习也是机器学习的一个子学科，主要关注如何基于多层神经网络完成机器学习任务。深度强化学习是强化学习与深度学习的交集——主要关注如何借助深度学习方法完成强化学习任务。深度强化学习一词提出于 2013 年。尽管深度强化学习已取得令人瞩目的进展，但仍处于发展之中。

深度强化学习的潜在应用领域较广泛，包括但不限于棋牌、游戏、机器人、智能交通、医疗、工业、金融、经济学、教育、计算机视觉、自然语言处理、通信与网络等领域。未来，深度强化学习很可能将融入更多的领域。

在本书中，我们将使用 Python 编程语言和 NumPy 库实现强化学习方法、使用 Matplotlib 库绘制图形、使用 PyTorch 框架实现深度学习方法和深度强化学习方法。使用 PyTorch 框架时，可借助 GPU 缩短程序的运行时长。

1.7 思考与练习

1. 如何理解“深度强化学习”一词？
2. 机器学习、强化学习、深度学习、深度强化学习四者之间有何联系？
3. 深度强化学习领域取得了哪些令人瞩目的进展？
4. 除了本章中列举的深度强化学习应用领域，还可以给出哪些深度强化学习的应用领域（或潜在应用领域）？可在查找资料后作答。
5. 使用 NumPy 库实现两个矩阵相乘。
6. 使用 PyTorch 框架分别在 CPU 上和 GPU 上实现两个矩阵相乘。
7. 使用 Matplotlib 库画出频率为 1Hz 的正弦波。

第 2 章

从神经网络到深度学习

经过第 1 章的学习，我们知道，深度强化学习可以看作深度学习与强化学习的交集。因此，在开始讨论深度强化学习之前，有必要先了解深度学习和强化学习。本章重点讨论几个基本的深度学习方法；第 3 章将进一步讨论强化学习。

2.1 神经网络回顾

在“机器学习书”中，我们学习过线性回归、二分类逻辑回归、多分类逻辑回归、神经网络等监督学习方法。其中，神经网络是**人工神经网络**(artificial neural network，ANN)的简称。广义上，神经网络一词泛指任何由人工神经元相互连接而成的网络。人工神经元也被称为**节点**(node)或**单元**(unit)，在本书中我们称之为节点。神经网络通常被划分为若干层(layer)，每层由若干节点组成，每个节点接收若干输入值并产生一个输出值。在神经网络中，接收网络外部输入数据的层被称为输入层；输出最终结果的层被称为输出层；位于输入层和输出层之间的层被称为隐含层。图 2-1 示出了一个可用于二分类任务的神经网络。像这样数据从输入层进入、经过隐含层向输出层一层一层传递、节点之间的连接不存在反馈环路的神经网络，被称为**前馈神经网络**(feedforward neural network，FNN)。狭义上，本书中提及的神经网络指的是具有单个隐含层的前馈神经网络。

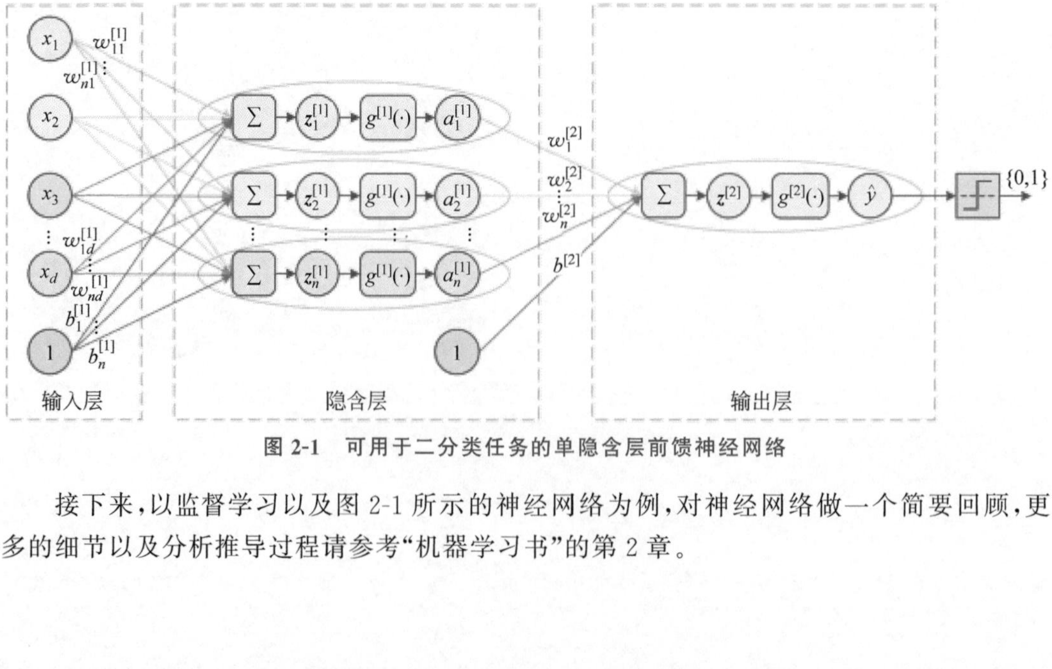

图 2-1　可用于二分类任务的单隐含层前馈神经网络

接下来，以监督学习以及图 2-1 所示的神经网络为例，对神经网络做一个简要回顾，更多的细节以及分析推导过程请参考“机器学习书”的第 2 章。

2.1.1 神经网络的推测过程

神经网络的推测过程是指神经网络模型根据输入变量值计算输出变量值(即推测值)的过程。其中的多个输入变量可组成一个输入向量,记为 $\boldsymbol{x}$。本书中默认 $\boldsymbol{x}$ 为行向量(为了与 PyTorch 保持一致),即 $\boldsymbol{x} \in \mathbb{R}^{1\times d}$,$\boldsymbol{x}=(x_1,x_2,\cdots,x_d)$,$d$ 为输入向量中元素的数量,$\mathbb{R}$ 为实数集。二分类神经网络的输出变量一般是一个标量,记为$\hat{y}$,其取值范围在 0 到 1 之间,即$\hat{y} \in (0,1)$,变量上方的帽子符号表示其值为标注的推测值。由此,二分类神经网络的推测过程就是根据输入向量 $\boldsymbol{x}$ 值计算输出变量$\hat{y}$值(即推测值)的过程。

本书中的“推测”一词源自英文单词 prediction 和 inference。Prediction 常被译为“预测”,“预测”意为预先推测,而在监督学习中输入变量与其对应的类别值(或回归值)之间不一定存在时间上的先后关系;inference 常被译为“推理”,“推理”指的是逻辑思考方式,而在监督学习中输入变量与其对应的类别值(或回归值)之间不一定存在逻辑(因果)关系。考虑到英文单词 infer 也有 guess、speculate、surmise 之意,故本书中将监督学习中的“预测”(prediction)和“推理”(inference)统一称为“推测”。“推测”的意思是根据已知的测度未知的,也符合监督学习的特点。

图 2-1 所示的神经网络共有一个输入层、一个隐含层,以及一个输出层。其中,输入层有 d 个节点,分别对应输入向量中的 d 个元素,另有一个常数 1 节点(不计入节点数量);隐含层有 n 个节点,另有一个常数 1 节点(不计入节点数量),n 是神经网络的一个超参数,很多时候需要人工设置;输出层有 1 个节点。由于输入层中的节点只起到存储的作用,而不做运算,因此在计算神经网络的层数时,通常不把输入层计算在内。我们将该神经网络的隐含层记为第 1 层,并用上标[1]表示第 1 层的变量、参数,以及激活函数;将输出层记为第 2 层,并用上标[2]表示第 2 层的变量、参数,以及激活函数。参照图 2-1,二分类神经网络的推测过程可由式(2-1)～式(2-4)给出。

$$\boldsymbol{z}^{[1]}=\boldsymbol{x}(\boldsymbol{W}^{[1]})^{\mathrm{T}}+\boldsymbol{b}^{[1]} \tag{2-1}$$

$$\boldsymbol{a}^{[1]}=g^{[1]}(\boldsymbol{z}^{[1]}) \tag{2-2}$$

$$z^{[2]}=\boldsymbol{a}^{[1]}(\boldsymbol{w}^{[2]})^{\mathrm{T}}+b^{[2]} \tag{2-3}$$

$$\hat{y}=g^{[2]}(z^{[2]}) \tag{2-4}$$

式(2-1)中,$\boldsymbol{x}$ 为输入向量,$\boldsymbol{x}\in\mathbb{R}^{1\times d}$,$\boldsymbol{x}=(x_1,x_2,\cdots,x_d)$,$d$ 为输入向量中元素的数量;$\boldsymbol{W}^{[1]}$ 为第 1 层(隐含层)节点的**权重**(weight)矩阵,$\boldsymbol{W}^{[1]}\in\mathbb{R}^{n\times d}$,由式(2-5)给出,$n$ 为第 1 层中节点的数量;$\boldsymbol{b}^{[1]}$ 为第 1 层节点的**偏差**(bias)向量,$\boldsymbol{b}^{[1]}\in\mathbb{R}^{1\times n}$,$\boldsymbol{b}^{[1]}=(b_1^{[1]},b_2^{[1]},\cdots,b_n^{[1]})$,$b_n^{[1]}$ 为第 1 层中第 n 个节点的偏差;$\boldsymbol{z}^{[1]}$ 为第 1 层节点的加权和向量,$\boldsymbol{z}^{[1]}\in\mathbb{R}^{1\times n}$,$\boldsymbol{z}^{[1]}=(z_1^{[1]},z_2^{[1]},\cdots,z_n^{[1]})$,$z_n^{[1]}$ 为第 1 层中第 n 个节点的加权和。

式(2-2)中,分别对加权和向量 $\boldsymbol{z}^{[1]}$ 中的每一个元素使用激活函数;$g^{[1]}(\cdot)$为第 1 层节点的激活函数,本节中我们使用 ReLU(rectified linear unit,整流线性单元)函数作为第 1 层节点的激活函数,ReLU 激活函数的数学表达式由式(2-6)给出;$\boldsymbol{a}^{[1]}$ 为第 1 层节点的输出向量,$\boldsymbol{a}^{[1]}\in\mathbb{R}^{1\times n}$,$\boldsymbol{a}^{[1]}=(a_1^{[1]},a_2^{[1]},\cdots,a_n^{[1]})$,$a_n^{[1]}$ 为第 1 层中第 n 个节点的输出。

式(2-3)中,$\boldsymbol{w}^{[2]}$ 为第 2 层(输出层)节点的权重向量,$\boldsymbol{w}^{[2]}\in\mathbb{R}^{1\times n}$,$\boldsymbol{w}^{[2]}=(w_1^{[2]},w_2^{[2]},\cdots,w_n^{[2]})$,$w_n^{[2]}$ 为第 2 层中的唯一节点对应第 1 层中第 n 个节点输出的权重;$b^{[2]}$ 为第 2 层节点

的偏差，$b^{[2]} \in \mathbb{R}$；$z^{[2]}$为第2层节点中的加权和，$z^{[2]} \in \mathbb{R}$。

式(2-4)中，对加权和$z^{[2]}$使用激活函数；$g^{[2]}(\cdot)$为第2层节点的激活函数，因本节中的神经网络为二分类神经网络，故使用sigmoid函数作为第2层节点的激活函数，sigmoid函数的数学表达式由式(2-7)给出；$\hat{y}$为二分类神经网络输出层的输出，也就是神经网络的输出，其值为神经网络输出的推测值，$\hat{y} \in (0,1)$。

$$W^{[1]}=\begin{pmatrix} \boldsymbol{w}_1^{[1]} \\ \boldsymbol{w}_2^{[1]} \\ \vdots \\ \boldsymbol{w}_n^{[1]} \end{pmatrix}=\begin{pmatrix} w_{11}^{[1]} & w_{12}^{[1]} & \cdots & w_{1d}^{[1]} \\ w_{21}^{[1]} & w_{22}^{[1]} & \cdots & w_{2d}^{[1]} \\ \vdots & \vdots & & \vdots \\ w_{n1}^{[1]} & w_{n2}^{[1]} & \cdots & w_{nd}^{[1]} \end{pmatrix} \tag{2-5}$$

式(2-5)中，$\boldsymbol{w}_n^{[1]}$为第1层中第n个节点对应输入向量的权重向量，$\boldsymbol{w}_n^{[1]} \in \mathbb{R}^{1\times d}$，$\boldsymbol{w}_n^{[1]}=(w_{n1}^{[1]},w_{n2}^{[1]},\cdots,w_{nd}^{[1]})$，$w_{nd}^{[1]}$为第1层中第$n$个节点对应于输入向量中第$d$个元素的权重。

$$g(z)=\max(0,z)=z[z>0] \tag{2-6}$$

式(2-6)中，$\max(\cdot)$为取最大值函数；中括号为**艾弗森括号**(Iverson bracket)：当艾弗森括号内的条件满足时(即括号内的语句为“真”时)，艾弗森括号的返回值为1，否则返回值为0。

$$g(z)=\frac{1}{1+\mathrm{e}^{-z}}=\frac{\mathrm{e}^z}{\mathrm{e}^z+1} \tag{2-7}$$

式(2-7)中，e为自然常数。

在二分类任务中，可以用“0”和“1”表示两个类别，此时可以将二分类神经网络输出的推测值看作把输入向量$\boldsymbol{x}$对应为类别“1”的概率。因此，在得到推测值之后，就可以根据推测值与判决门限0.5之间的大小关系将输入向量$\boldsymbol{x}$对应为类别“0”或者类别“1”，从而完成二分类任务，即

$$k=[\hat{y} \geqslant 0.5] \tag{2-8}$$

式(2-8)中，中括号为艾弗森括号；k为类别值，$k \in \{0,1\}$。

2.1.2 神经网络的训练过程

在使用神经网络模型进行推测之前，需要先训练神经网络模型，以得出神经网络各层节点权重和偏差的值。神经网络的训练过程是借助给定的训练数据集确定神经网络模型各层节点权重和偏差的过程。训练过程中使用的训练数据集可记为

$$\mathcal{D}_{\text{training}}=\{(\boldsymbol{x}^{(1)},y^{(1)}),(\boldsymbol{x}^{(2)},y^{(2)}),\cdots,(\boldsymbol{x}^{(m)},y^{(m)})\} \tag{2-9}$$

式(2-9)中，$\mathcal{D}_{\text{training}}$为训练数据集；$m$为训练数据集中训练样本的数量；$(\boldsymbol{x}^{(i)},y^{(i)})$为数据集中的第$i$个训练样本，由训练样本的输入向量$\boldsymbol{x}^{(i)}$及其**标注**(label)$y^{(i)}$两部分组成，$i=1,2,\cdots,m$；输入向量$\boldsymbol{x}^{(i)}$中元素的数量仍为$d$，$\boldsymbol{x}^{(i)} \in \mathbb{R}^{1\times d}$，$\boldsymbol{x}^{(i)}=(x_1^{(i)},x_2^{(i)},\cdots,x_d^{(i)})$；标注$y^{(i)}$很多时候为标量，在二分类任务中通常取值为0或1，即$y^{(i)} \in \{0,1\}$。为了便于计算和编程实现，我们将m个训练样本的m个输入向量合并在一起记为一个$m\times d$大小的矩阵$\boldsymbol{X}$、将m个训练样本的标注记为一个列向量$\boldsymbol{y}$，即

$$\boldsymbol{X}=\begin{pmatrix} \boldsymbol{x}^{(1)} \\ \boldsymbol{x}^{(2)} \\ \vdots \\ \boldsymbol{x}^{(m)} \end{pmatrix}=\begin{pmatrix} x_1^{(1)} & x_2^{(1)} & \cdots & x_d^{(1)} \\ x_1^{(2)} & x_2^{(2)} & \cdots & x_d^{(2)} \\ \vdots & \vdots & & \vdots \\ x_1^{(m)} & x_2^{(m)} & \cdots & x_d^{(m)} \end{pmatrix} \tag{2-10}$$

$$\boldsymbol{y}=\begin{pmatrix} y^{(1)} \\ y^{(2)} \\ \vdots \\ y^{(m)} \end{pmatrix}=(y^{(1)},y^{(2)},\cdots,y^{(m)})^{\mathrm{T}} \tag{2-11}$$

式(2-10)中，$\boldsymbol{X}$ 为 m 个训练样本的输入矩阵，$\boldsymbol{X}\in\mathbb{R}^{m\times d}$，$\boldsymbol{x}^{(m)}$ 为第 m 个训练样本的输入向量。式(2-11)中，$\boldsymbol{y}$ 为标注向量，$\boldsymbol{y}\in\mathbb{R}^{m\times 1}$，$y^{(m)}$ 为第 m 个训练样本的标注；$(\cdot)^{\mathrm{T}}$ 表示向量的转置。

图 2-1 所示的神经网络的训练问题可表述为如下无约束最优化问题。求解该最优化问题即可得到神经网络各层节点权重和偏差的值。

$$\boldsymbol{W}^{[1]*},\boldsymbol{w}^{[2]*},\boldsymbol{b}^{[1]*},b^{[2]*}=\underset{\boldsymbol{W}^{[1]},\boldsymbol{w}^{[2]},\boldsymbol{b}^{[1]},b^{[2]}}{\operatorname{argmin}} J(\boldsymbol{W}^{[1]},\boldsymbol{w}^{[2]},\boldsymbol{b}^{[1]},b^{[2]}) \tag{2-12}$$

式(2-12)中，$J(\cdot)$是最优化问题的目标函数；argmin$(\cdot)$表示取使目标函数值最小的自变量值；$\boldsymbol{W}^{[1]}$ 和 $\boldsymbol{b}^{[1]}$ 分别是神经网络第 1 层节点的权重矩阵和偏差向量，$\boldsymbol{w}^{[2]}$ 和 $b^{[2]}$ 分别是神经网络第 2 层节点的权重向量和偏差；$\boldsymbol{W}^{[1]*}$，$\boldsymbol{w}^{[2]*}$，$\boldsymbol{b}^{[1]*}$，$b^{[2]*}$ 分别代表 $\boldsymbol{W}^{[1]}$，$\boldsymbol{w}^{[2]}$，$\boldsymbol{b}^{[1]}$，$b^{[2]}$ 的最优解。

求解由式(2-12)给出的最优化问题可使用梯度下降法，以迭代的方式寻找权重和偏差的最优解。梯度下降法在每次迭代中使用训练数据集中的若干训练样本，每次迭代包括正向传播、代价计算、反向传播、参数更新 4 个计算步骤。本节以**批梯度下降法**(batch gradient descent)为例，给出神经网络的训练过程。不难将该训练过程用于**小批梯度下降法**(mini-batch gradient descent)。在批梯度下降法中，每次迭代都使用训练数据集中的全部训练样本(m 个训练样本)，因此每一次迭代都是一个 epoch(意为将训练数据集中的所有训练样本都使用一遍，故可称之为"遍"或者"茬"，也有人称之为"轮")。批梯度下降法中每次迭代的计算步骤如下。

(1) **正向传播**。与神经网络的推测过程一样，正向传播也是按照从输入层到输出层的顺序，逐层计算各层的输出结果。本书中提及的正向传播是指训练过程中的正向传播。正向传播与推测相像，只是在推测过程中神经网络的输入通常为向量，而在使用批梯度下降法或小批梯度下降法的正向传播中，神经网络的输入为矩阵。正向传播的计算过程由式(2-13)～式(2-16)给出。

$$\boldsymbol{Z}^{[1]}=\boldsymbol{X}(\boldsymbol{W}^{[1]})^{\mathrm{T}}+\boldsymbol{v}\boldsymbol{b}^{[1]} \tag{2-13}$$

$$\boldsymbol{A}^{[1]}=g^{[1]}(\boldsymbol{Z}^{[1]}) \tag{2-14}$$

$$\boldsymbol{z}^{[2]}=\boldsymbol{A}^{[1]}(\boldsymbol{w}^{[2]})^{\mathrm{T}}+b^{[2]}\boldsymbol{v} \tag{2-15}$$

$$\hat{\boldsymbol{y}}=g^{[2]}(\boldsymbol{z}^{[2]}) \tag{2-16}$$

式(2-13)中，$\boldsymbol{X}$ 为 m 个训练样本的输入矩阵，$\boldsymbol{X}\in\mathbb{R}^{m\times d}$，由式(2-10)给出，$m$ 为训练数据集中训练样本的数量，d 为每个训练样本输入向量中元素的数量；$\boldsymbol{W}^{[1]}$ 为第 1 层节点的权重矩阵，$\boldsymbol{W}^{[1]}\in\mathbb{R}^{n\times d}$，由式(2-5)给出，$n$ 为第 1 层中节点的数量；$\boldsymbol{b}^{[1]}$ 为第 1 层节点的偏差向量，$\boldsymbol{b}^{[1]}\in\mathbb{R}^{1\times n}$，$\boldsymbol{b}^{[1]}=(b_1^{[1]},b_2^{[1]},\cdots,b_n^{[1]})$；$\boldsymbol{v}$ 为含有 m 个常数 1 的列向量，$\boldsymbol{v}\in\mathbb{R}^{m\times 1}$，$\boldsymbol{v}=(1,1,\cdots,1)^{\mathrm{T}}$；$\boldsymbol{Z}^{[1]}$ 为第 1 层节点的加权和矩阵，$\boldsymbol{Z}^{[1]}\in\mathbb{R}^{m\times n}$，由式(2-17)给出。如果在编程实现时借助 NumPy 或 PyTorch 的广播(broadcasting)操作，则无须在程序中使用 $\boldsymbol{v}$ 向量，此时式(2-13)成为 $\boldsymbol{Z}^{[1]}=\boldsymbol{X}(\boldsymbol{W}^{[1]})^{\mathrm{T}}+\boldsymbol{b}^{[1]}$。

式(2-14)中,分别对加权和矩阵 $\boldsymbol{Z}^{[1]}$ 中的每一个元素使用激活函数;$g^{[1]}(\cdot)$ 为第 1 层节点的激活函数,仍为 ReLU 函数,其数学表达式由式(2-6)给出;$\boldsymbol{A}^{[1]}$ 为第 1 层节点的输出矩阵,$\boldsymbol{A}^{[1]} \in \mathbb{R}^{m\times n}$,由式(2-18)给出。

式(2-15)中,$\boldsymbol{w}^{[2]}$ 为第 2 层节点的权重向量,$\boldsymbol{w}^{[2]} \in \mathbb{R}^{1\times n}$,$\boldsymbol{w}^{[2]}=(w_1^{[2]},w_2^{[2]},\cdots,w_n^{[2]})$;$b^{[2]}$ 为第 2 层节点的偏差,$b^{[2]}\in\mathbb{R}$;$\boldsymbol{v}$ 仍为含有 m 个常数 1 的列向量;$\boldsymbol{z}^{[2]}$ 为第 2 层节点的加权和向量,$\boldsymbol{z}^{[2]}\in\mathbb{R}^{m\times 1}$,$\boldsymbol{z}^{[2]}=(z^{[2](1)},z^{[2](2)},\cdots,z^{[2](m)})^{\mathrm{T}}$,$z^{[2](m)}$ 为当神经网络的输入为第 m 个训练样本的输入向量 $\boldsymbol{x}^{(m)}$ 时第 2 层中唯一节点计算出的加权和。如果在编程实现时借助广播操作,则无须在程序中使用 $\boldsymbol{v}$ 向量,此时式(2-15)成为 $\boldsymbol{z}^{[2]}=\boldsymbol{A}^{[1]}(\boldsymbol{w}^{[2]})^{\mathrm{T}}+b^{[2]}$。

式(2-16)中,分别对加权和向量 $\boldsymbol{z}^{[2]}$ 中的每一个元素使用激活函数;$g^{[2]}(\cdot)$ 为第 2 层节点的激活函数,仍为 sigmoid 函数,其数学表达式由式(2-7)给出;$\hat{\boldsymbol{y}}$ 为神经网络输出层的输出向量,也就是神经网络的输出向量,$\hat{\boldsymbol{y}}\in\mathbb{R}^{m\times 1}$,$\hat{\boldsymbol{y}}=(\hat{y}^{(1)},\hat{y}^{(2)},\cdots,\hat{y}^{(m)})^{\mathrm{T}}$,$\hat{y}^{(m)}$ 为当神经网络的输入为第 m 个训练样本的输入向量 $\boldsymbol{x}^{(m)}$ 时神经网络的输出。

$$\boldsymbol{Z}^{[1]}=\begin{pmatrix}\boldsymbol{z}^{[1](1)}\\ \boldsymbol{z}^{[1](2)}\\ \vdots\\ \boldsymbol{z}^{[1](m)}\end{pmatrix}=\begin{pmatrix}z_1^{[1](1)} & z_2^{[1](1)} & \cdots & z_n^{[1](1)}\\ z_1^{[1](2)} & z_2^{[1](2)} & \cdots & z_n^{[1](2)}\\ \vdots & \vdots & & \vdots\\ z_1^{[1](m)} & z_2^{[1](m)} & \cdots & z_n^{[1](m)}\end{pmatrix} \tag{2-17}$$

式(2-17)中,$\boldsymbol{z}^{[1](m)}$ 为当神经网络的输入为第 m 个训练样本的输入向量 $\boldsymbol{x}^{(m)}$ 时第 1 层节点计算出的加权和向量;$z_n^{[1](m)}$ 为当神经网络的输入为第 m 个训练样本的输入向量 $\boldsymbol{x}^{(m)}$ 时第 1 层中第 n 个节点计算出的加权和。

$$\boldsymbol{A}^{[1]}=\begin{pmatrix}\boldsymbol{a}^{[1](1)}\\ \boldsymbol{a}^{[1](2)}\\ \vdots\\ \boldsymbol{a}^{[1](m)}\end{pmatrix}=\begin{pmatrix}a_1^{[1](1)} & a_2^{[1](1)} & \cdots & a_n^{[1](1)}\\ a_1^{[1](2)} & a_2^{[1](2)} & \cdots & a_n^{[1](2)}\\ \vdots & \vdots & & \vdots\\ a_1^{[1](m)} & a_2^{[1](m)} & \cdots & a_n^{[1](m)}\end{pmatrix} \tag{2-18}$$

式(2-18)中,$a^{[1](m)}$ 为当神经网络的输入为第 m 个训练样本的输入向量 $\boldsymbol{x}^{(m)}$ 时第 1 层节点的输出向量;$a_n^{[1](m)}$ 为当神经网络的输入为第 m 个训练样本的输入向量 $\boldsymbol{x}^{(m)}$ 时第 1 层中第 n 个节点的输出。

(2) **代价计算**。这里的代价指的是使用**代价函数**(cost function)计算出的标量数值。式(2-12)中的目标函数 $J(\cdot)$ 即代价函数。显然,如果每次迭代中计算出的代价大体上呈现越来越小的趋势,则表明求解由式(2-12)给出的最优化问题取得了进展。特别地,当仅使用 1 个训练样本给出代价函数时,此时的代价函数也被称为**损失函数**(loss function)。

在二分类任务中,常使用**交叉熵**(cross entropy)代价函数。交叉熵代价函数可由式(2-19)给出。

$$\begin{aligned}J(\boldsymbol{W}^{[1]},\boldsymbol{w}^{[2]},\boldsymbol{b}^{[1]},b^{[2]})&=-\frac{1}{m}\sum_{i=1}^{m}(y\ln(\hat{y})+(1-y)\ln(1-\hat{y}))\Big|_{\boldsymbol{x}=\boldsymbol{x}^{(i)},y=y^{(i)}}\\&=-\frac{1}{m}\sum_{i=1}^{m}(y^{(i)}\ln(\hat{y}^{(i)})+(1-y^{(i)})\ln(1-\hat{y}^{(i)}))\end{aligned} \tag{2-19}$$

式(2-19)中,$\ln(\cdot)$为自然对数函数;$\hat{y}^{(i)}$ 为当神经网络的输入为第 i 个训练样本的输入向量 $\boldsymbol{x}^{(m)}$ 时神经网络的输出。当 $m=1$ 时,式(2-19)可写为

$$L(\boldsymbol{W}^{[1]},\boldsymbol{w}^{[2]},\boldsymbol{b}^{[1]},b^{[2]})=-(y\ln(\hat{y})+(1-y)\ln(1-\hat{y})) \tag{2-20}$$

式(2-20)中，$L(\cdot)$为损失函数；y 为训练样本的标注；$\hat{y}$为当神经网络的输入为该训练样本的输入向量时神经网络的输出。

在神经网络中，因代价函数往往不是各层权重和偏差的凸函数，故由式(2-12)给出的最优化问题的最优解很可能是局部最优解。

实际上，在后续的反向传播和参数更新两个步骤中并未使用代价(代价函数的值)，在反向传播中也仅需使用代价函数，所以代价计算并不是每次迭代中所必须的步骤。但计算代价的值有助于我们掌握神经网络的训练进展，也为决定何时停止训练、调整超参数提供参考依据。此外，在使用 PyTorch 实现训练过程的每次迭代时，也需计算代价，因此本书中仍将代价计算作为每次迭代中的一个步骤。

(3) **反向传播**。反向传播是使用链式法则(chain rule)按照从输出层到输入层的顺序逐层求代价函数对各层权重和偏差的偏导数的过程。因代价函数可以看作多个训练样本上的损失函数的算术平均，如式(2-21)所示，故有式(2-22)～式(2-25)。

$$J(\boldsymbol{W}^{[1]},\boldsymbol{w}^{[2]},\boldsymbol{b}^{[1]},b^{[2]})=\frac{1}{m}\sum_{i=1}^{m}L(\boldsymbol{W}^{[1]},\boldsymbol{w}^{[2]},\boldsymbol{b}^{[1]},b^{[2]})\Big|_{\boldsymbol{x}=\boldsymbol{x}^{(i)},y=y^{(i)}} \tag{2-21}$$

$$\frac{\partial J(\boldsymbol{W}^{[1]},\boldsymbol{w}^{[2]},\boldsymbol{b}^{[1]},b^{[2]})}{\partial b^{[2]}}=\frac{1}{m}\sum_{i=1}^{m}\frac{\partial L(\boldsymbol{W}^{[1]},\boldsymbol{w}^{[2]},\boldsymbol{b}^{[1]},b^{[2]})}{\partial b^{[2]}}\Bigg|_{\boldsymbol{x}=\boldsymbol{x}^{(i)},y=y^{(i)}} \tag{2-22}$$

$$\frac{\partial J(\boldsymbol{W}^{[1]},\boldsymbol{w}^{[2]},\boldsymbol{b}^{[1]},b^{[2]})}{\partial \boldsymbol{w}^{[2]}}=\frac{1}{m}\sum_{i=1}^{m}\frac{\partial L(\boldsymbol{W}^{[1]},\boldsymbol{w}^{[2]},\boldsymbol{b}^{[1]},b^{[2]})}{\partial \boldsymbol{w}^{[2]}}\Bigg|_{\boldsymbol{x}=\boldsymbol{x}^{(i)},y=y^{(i)}} \tag{2-23}$$

$$\frac{\partial J(\boldsymbol{W}^{[1]},\boldsymbol{w}^{[2]},\boldsymbol{b}^{[1]},b^{[2]})}{\partial \boldsymbol{b}^{[1]}}=\frac{1}{m}\sum_{i=1}^{m}\frac{\partial L(\boldsymbol{W}^{[1]},\boldsymbol{w}^{[2]},\boldsymbol{b}^{[1]},b^{[2]})}{\partial \boldsymbol{b}^{[1]}}\Bigg|_{\boldsymbol{x}=\boldsymbol{x}^{(i)},y=y^{(i)}} \tag{2-24}$$

$$\frac{\partial J(\boldsymbol{W}^{[1]},\boldsymbol{w}^{[2]},\boldsymbol{b}^{[1]},b^{[2]})}{\partial \boldsymbol{W}^{[1]}}=\frac{1}{m}\sum_{i=1}^{m}\frac{\partial L(\boldsymbol{W}^{[1]},\boldsymbol{w}^{[2]},\boldsymbol{b}^{[1]},b^{[2]})}{\partial \boldsymbol{W}^{[1]}}\Bigg|_{\boldsymbol{x}=\boldsymbol{x}^{(i)},y=y^{(i)}} \tag{2-25}$$

因此，若能求得单个训练样本上的损失函数对各层权重和偏差的偏导数，就可以求出多个训练样本上的代价函数对各层权重和偏差的偏导数。如图 2-2 所示，根据链式法则，在计算损失函数 $L(\cdot)$对各层权重和偏差的偏导数时，可先求出 $L(\cdot)$对$\hat{y}$的导数$\frac{\mathrm{d}L(\cdot)}{\mathrm{d}\hat{y}}$、$\hat{y}$对 $z^{[2]}$的导数$\frac{\mathrm{d}\hat{y}}{\mathrm{d}z^{[2]}}$、$z^{[2]}$对 $a_j^{[1]}$ 的偏导数$\frac{\partial z^{[2]}}{\partial a_j^{[1]}}$，以及 $a_j^{[1]}$ 对 $z_j^{[1]}$ 的导数$\frac{\mathrm{d}a_j^{[1]}}{\mathrm{d}z_j^{[1]}}$。其中，$j=1,2,\cdots,n$。

根据式(2-20)，可求得 $L(\cdot)$对$\hat{y}$的导数为

$$\begin{aligned}\frac{\mathrm{d}L(\cdot)}{\mathrm{d}\hat{y}}&=-(\frac{y}{\hat{y}}-\frac{1-y}{1-\hat{y}})=-\frac{y(1-\hat{y})-\hat{y}(1-y)}{\hat{y}(1-\hat{y})}\\&=-\frac{y-y\hat{y}-\hat{y}+\hat{y}y}{\hat{y}(1-\hat{y})}=\frac{\hat{y}-y}{\hat{y}(1-\hat{y})}\end{aligned} \tag{2-26}$$

根据式(2-4)和式(2-7)，可求得$\hat{y}$对 $z^{[2]}$的导数为

$$\frac{\mathrm{d}\hat{y}}{\mathrm{d}z^{[2]}}=\frac{1}{1+\mathrm{e}^{-z^{[2]}}}\left(1-\frac{1}{1+\mathrm{e}^{-z^{[2]}}}\right)=\hat{y}(1-\hat{y}) \tag{2-27}$$

因式(2-3)又可写为

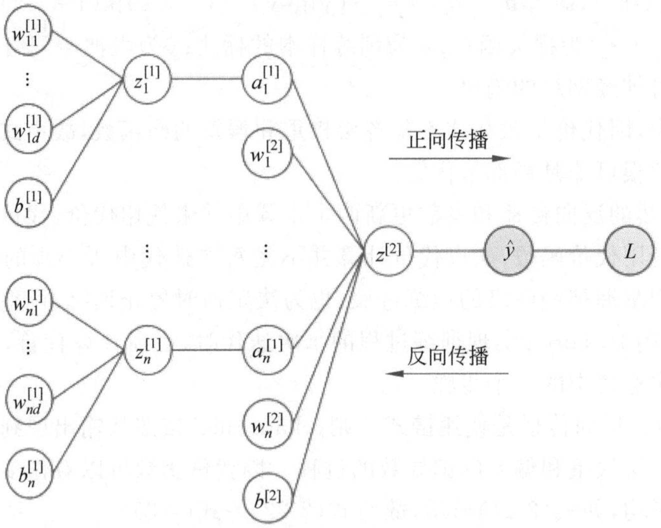

图 2-2 图 2-1 中神经网络的权重、偏差、输出，以及中间变量

$$z^{[2]}=\sum_{h=1}^{n}(a_h^{[1]}w_h^{[2]})+b^{[2]} \tag{2-28}$$

故可求得 $z^{[2]}$ 对 $a_j^{[1]}$ 的偏导数为

$$\frac{\partial z^{[2]}}{\partial a_j^{[1]}}=w_j^{[2]} \tag{2-29}$$

根据式(2-2)和式(2-6)，可求得 $a_j^{[1]}$ 对 $z_j^{[1]}$ 的导数为

$$\frac{\mathrm{d}a_j^{[1]}}{\mathrm{d}z_j^{[1]}}=[z_j^{[1]}>0] \tag{2-30}$$

式(2-30)中的中括号为艾弗森括号。

因此，由式(2-26)、式(2-27)、式(2-28)可求得损失函数 $L(\cdot)$ 对第 2 层偏差 $b^{[2]}$ 和权重 $w_j^{[2]}$ 的偏导数为

$$\frac{\partial L(\cdot)}{\partial b^{[2]}}=\frac{\mathrm{d}L(\cdot)}{\mathrm{d}\hat{y}}\cdot\frac{\mathrm{d}\hat{y}}{\mathrm{d}z^{[2]}}\cdot\frac{\partial z^{[2]}}{\partial b^{[2]}}=\frac{\hat{y}-y}{\hat{y}(1-\hat{y})}\cdot\hat{y}(1-\hat{y})\cdot 1=\hat{y}-y \tag{2-31}$$

$$\frac{\partial L(\cdot)}{\partial w_j^{[2]}}=\frac{\mathrm{d}L(\cdot)}{\mathrm{d}\hat{y}}\cdot\frac{\mathrm{d}\hat{y}}{\mathrm{d}z^{[2]}}\cdot\frac{\partial z^{[2]}}{\partial w_j^{[2]}}=\frac{\hat{y}-y}{\hat{y}(1-\hat{y})}\cdot\hat{y}(1-\hat{y})\cdot a_j^{[1]}=(\hat{y}-y)a_j^{[1]} \tag{2-32}$$

式(2-32)中，$j=1,2,\cdots,n$。又由式(2-1)和式(2-5)可知

$$z_j^{[1]}=\boldsymbol{x}(\boldsymbol{w}_j^{[1]})^{\mathrm{T}}+b_j^{[1]} \tag{2-33}$$

因此，由式(2-26)、式(2-27)、式(2-29)、式(2-30)、式(2-33)可求得损失函数 $L(\cdot)$ 对第 1 层偏差 $b_j^{[1]}$ 和权重向量 $\boldsymbol{w}_j^{[1]}$ 的偏导数为

$$\begin{aligned}\frac{\partial L(\cdot)}{\partial b_j^{[1]}}&=\frac{\mathrm{d}L(\cdot)}{\mathrm{d}\hat{y}}\cdot\frac{\mathrm{d}\hat{y}}{\mathrm{d}z^{[2]}}\cdot\frac{\partial z^{[2]}}{\partial a_j^{[1]}}\cdot\frac{\mathrm{d}a_j^{[1]}}{\mathrm{d}z_j^{[1]}}\cdot\frac{\partial z_j^{[1]}}{\partial b_j^{[1]}}\\&=\frac{\hat{y}-y}{\hat{y}(1-\hat{y})}\cdot\hat{y}(1-\hat{y})\cdot w_j^{[2]}\cdot[z_j^{[1]}>0]\cdot 1\\&=(\hat{y}-y)w_j^{[2]}[z_j^{[1]}>0]\end{aligned} \tag{2-34}$$

$$\begin{aligned}\frac{\partial L(\cdot)}{\partial \boldsymbol{w}_j^{[1]}}&=\frac{\mathrm{d}L(\cdot)}{\mathrm{d}\hat{y}}\cdot\frac{\mathrm{d}\hat{y}}{\mathrm{d}z^{[2]}}\cdot\frac{\partial z^{[2]}}{\partial a_j^{[1]}}\cdot\frac{\mathrm{d}a_j^{[1]}}{\mathrm{d}z_j^{[1]}}\cdot\frac{\partial z_j^{[1]}}{\partial \boldsymbol{w}_j^{[1]}}\\&=\frac{\hat{y}-y}{\hat{y}(1-\hat{y})}\cdot\hat{y}(1-\hat{y})\cdot w_j^{[2]}\cdot[z_j^{[1]}>0]\cdot\boldsymbol{x}\\&=(\hat{y}-y)w_j^{[2]}[z_j^{[1]}>0]\boldsymbol{x}\end{aligned}\tag{2-35}$$

式(2-34)和式(2-35)中，$j=1,2,\cdots,n$。式(2-35)中，$\frac{\partial z_j^{[1]}}{\partial \boldsymbol{w}_j^{[1]}}=\boldsymbol{x}$，是因为对行向量($\boldsymbol{w}_j^{[1]}\in\mathbb{R}^{1\times d}$)求偏导数的结果仍为相同大小的行向量($\boldsymbol{x}\in\mathbb{R}^{1\times d}$)。

综合式(2-31)、式(2-32)、式(2-34)、式(2-35)，以及式(2-22)～式(2-25)，可得出代价函数对各层权重和偏差的偏导数如下。

$$\frac{\partial J(\boldsymbol{W}^{[1]},\boldsymbol{w}^{[2]},\boldsymbol{b}^{[1]},b^{[2]})}{\partial b^{[2]}}=\frac{1}{m}\sum_{i=1}^{m}(\hat{y}^{(i)}-y^{(i)})=\frac{1}{m}\boldsymbol{e}^{\mathrm{T}}\boldsymbol{v}\tag{2-36}$$

$$\frac{\partial J(\boldsymbol{W}^{[1]},\boldsymbol{w}^{[2]},\boldsymbol{b}^{[1]},b^{[2]})}{\partial \boldsymbol{w}^{[2]}}=\frac{1}{m}\boldsymbol{e}^{\mathrm{T}}\boldsymbol{A}^{[1]}\tag{2-37}$$

$$\frac{\partial J(\boldsymbol{W}^{[1]},\boldsymbol{w}^{[2]},\boldsymbol{b}^{[1]},b^{[2]})}{\partial \boldsymbol{b}^{[1]}}=\frac{1}{m}\boldsymbol{e}^{\mathrm{T}}((\boldsymbol{v}\boldsymbol{w}^{[2]})\circ[\boldsymbol{Z}^{[1]}>0])\tag{2-38}$$

$$\frac{\partial J(\boldsymbol{W}^{[1]},\boldsymbol{w}^{[2]},\boldsymbol{b}^{[1]},b^{[2]})}{\partial \boldsymbol{W}^{[1]}}=\frac{1}{m}((\boldsymbol{e}\boldsymbol{w}^{[2]})\circ[\boldsymbol{Z}^{[1]}>0])^{\mathrm{T}}\boldsymbol{X}\tag{2-39}$$

式(2-36)～式(2-39)中，$\boldsymbol{v}$ 仍为含有 m 个常数 1 的列向量；$\boldsymbol{e}$ 为含有 m 个元素的误差列向量，$\boldsymbol{e}\in\mathbb{R}^{m\times 1}$，由式(2-40)给出；$\boldsymbol{A}^{[1]}\in\mathbb{R}^{m\times n}$，由式(2-18)给出；$\boldsymbol{w}^{[2]}\in\mathbb{R}^{1\times n}$，$\boldsymbol{w}^{[2]}=(w_1^{[2]},w_2^{[2]},\cdots,w_n^{[2]})$；$\boldsymbol{Z}^{[1]}\in\mathbb{R}^{m\times n}$，由式(2-17)给出；$\boldsymbol{X}\in\mathbb{R}^{m\times d}$，由式(2-10)给出；"∘"代表哈达玛积(Hadamard product)，即两个相同大小矩阵中的对应元素相乘。

$$\boldsymbol{e}=\hat{\boldsymbol{y}}-\boldsymbol{y}=(\hat{y}^{(1)}-y^{(1)},\hat{y}^{(2)}-y^{(2)},\cdots,\hat{y}^{(m)}-y^{(m)})^{\mathrm{T}}\tag{2-40}$$

式(2-40)中，$\boldsymbol{y}\in\mathbb{R}^{m\times 1}$，由式(2-11)给出；$\hat{\boldsymbol{y}}\in\mathbb{R}^{m\times 1}$，$\hat{\boldsymbol{y}}=(\hat{y}^{(1)},\hat{y}^{(2)},\cdots,\hat{y}^{(m)})^{\mathrm{T}}$。

(4) **参数更新**。使用在反向传播中由式(2-36)～式(2-39)计算得出的代价函数对各层权重和偏差的偏导数，按照式(2-41)更新各层权重和偏差的值。

$$\begin{cases}b^{[2]}:=b^{[2]}-\eta\dfrac{\partial J(\boldsymbol{W}^{[1]},\boldsymbol{w}^{[2]},\boldsymbol{b}^{[1]},b^{[2]})}{\partial b^{[2]}}\\\boldsymbol{w}^{[2]}:=\boldsymbol{w}^{[2]}-\eta\dfrac{\partial J(\boldsymbol{W}^{[1]},\boldsymbol{w}^{[2]},\boldsymbol{b}^{[1]},b^{[2]})}{\partial \boldsymbol{w}^{[2]}}\\\boldsymbol{b}^{[1]}:=\boldsymbol{b}^{[1]}-\eta\dfrac{\partial J(\boldsymbol{W}^{[1]},\boldsymbol{w}^{[2]},\boldsymbol{b}^{[1]},b^{[2]})}{\partial \boldsymbol{b}^{[1]}}\\\boldsymbol{W}^{[1]}:=\boldsymbol{W}^{[1]}-\eta\dfrac{\partial J(\boldsymbol{W}^{[1]},\boldsymbol{w}^{[2]},\boldsymbol{b}^{[1]},b^{[2]})}{\partial \boldsymbol{W}^{[1]}}\end{cases}\tag{2-41}$$

式(2-41)中，η 为学习率，是一个很多时候需要人工设置的超参数；"$:=$"表示赋值。

2.1.3　神经网络实践

考虑一个简单的二分类问题。可能每位同学都有选购裤装的经历。裤装的尺码相对较多，在选择适合自己的裤装尺码时，通常会考虑腰围和裤长两个主要指标。我们可将腰围记作 x_1、将裤长记作 x_2，并将该尺码适合自己记作类别"1"、将该尺码不适合自己记作类别

"0",这就成为一个二分类问题。如果我们并不知道哪些尺码适合自己,那么可以通过试穿一系列不同尺码的同一款裤装,给出哪些尺码适合自己,以及哪些尺码不适合自己的结论,从而得到一个包含多个训练样本的数据集。使用该数据集作为训练数据集来训练一个可用于二分类任务的监督学习模型,例如,二分类神经网络模型。之后,对于一个给定的尺码(包括未曾试穿过的尺码),我们就可以使用这个模型给出一个该尺码是否适合我们自己的推测。

假设我们认为试穿起来较短、较瘦的尺码也"适合"我们,那么该二分类任务的训练数据集可以抽象为如图 2-3 所示的数据集。图 2-3 中,点的横坐标和纵坐标分别由输入向量 $\boldsymbol{x}$ 中的两个元素 x_1 和 x_2 给出,这里 $d=2$;正号或负号的中心点代表数据集中的一个训练样本;其中,正号表示该训练样本的标注为"适合",即类别"1",负号表示该训练样本的标注为"不适合",即类别"0"。该数据集共有 441 个训练样本。为了便于指代,姑且称如图 2-3 所示的数据集为方型数据集。生成该数据集的程序可通过扫描二维码下载。

方型数据集的生成程序

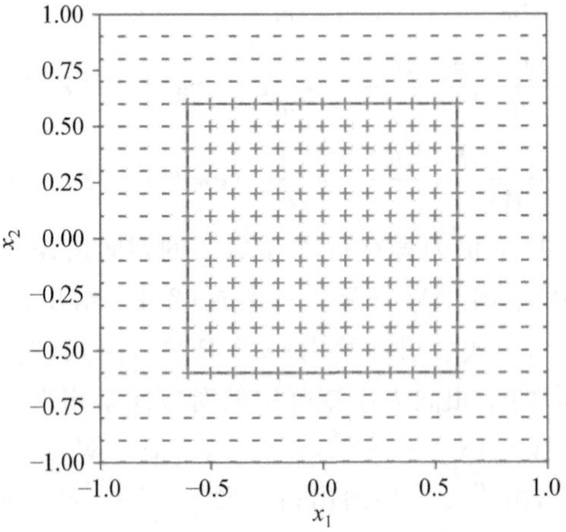

图 2-3 可用于二分类任务的方型数据集

【实验 2-1】 仅使用 NumPy 实现如图 2-1 所示的二分类神经网络,并使用如图 2-3 所示的方型数据集训练该神经网络。画出代价函数的值随迭代次数变化的曲线,并给出神经网络模型在该数据集上的推测准确度。

提示:①神经网络隐含层节点的数量 n 可设置为 4;②可使用 np.random.default_rng()函数创建一个随机数生成器,并将随机种子设置为指定值(例如 10),以便于比对结果;③可使用随机数初始化神经网络的各层权重和偏差,例如使用 rng.random()方法生成均匀分布的随机浮点数;④可使用 np.exp()函数计算自然指数、使用 np.log()函数计算自然对数;⑤艾弗森括号可借助 Python 的逻辑表达式实现;⑥哈达玛积可直接用 * 号(乘号)实现;⑦如果对编写实验程序缺乏思路或者无从下手,可参考 2.6 节的本章实验解析。

当神经网络隐含层节点的数量为 4、随机种子为 10、使用批梯度下降法训练神经网络、学习率 η 为 0.2、迭代次数为 5000 时,交叉熵代价函数的值随迭代次数变化的曲线如图 2-4 所示。此时,经过训练得到的神经网络模型在该训练数据集上的推测准确度为 100%。

为了比较使用不同的库或框架实现神经网络,我们再使用 PyTorch 框架实现该神经网络。可借助 PyTorch 的自动梯度机制(autograd mechanics)隐式地自动计算代价函数对神

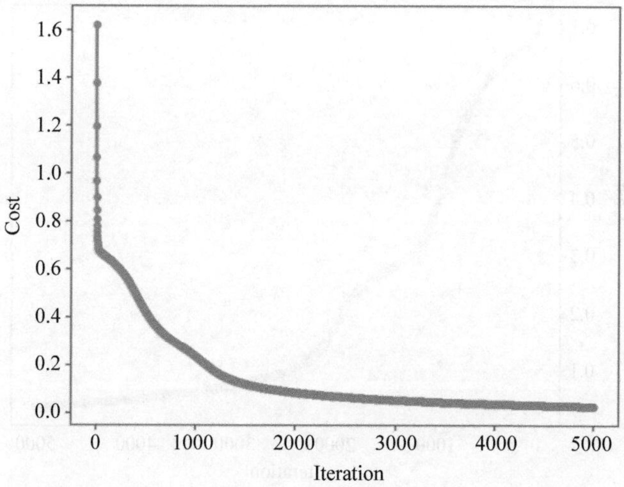

图 2-4　实验 2-1 中代价函数的值随迭代次数变化的曲线

经网络各层权重和偏差的偏导数。这样做的好处显而易见：我们在编程实现神经网络之前，无须再费时费力推导代价函数对各层权重和偏差的偏导数。

【实验 2-2】　使用 PyTorch 实现如图 2-1 所示的二分类神经网络，并使用如图 2-3 所示的方型数据集训练该神经网络。画出代价函数的值随迭代次数变化的曲线，并给出神经网络模型在该数据集上的推测准确度。

提示：①神经网络隐含层节点的数量 n 同样设置为 4；②可使用 torch.manual_seed()函数设置 PyTorch 的随机种子(例如 10)，以便于比对结果；③该神经网络既可使用 torch.nn.Sequential()容器直接创建，也可通过继承 torch.nn.Module 基类的方式先定义再创建，前者更加直观便捷，后者更加灵活，并支持更复杂的神经网络；④可使用 torch.nn.Linear 类实现如式(2-1)和式(2-3)所示的仿射映射、使用 torch.nn.functional.relu()函数实现 ReLU 激活函数、使用 torch.sigmoid()函数实现 sigmoid 激活函数；⑤可使用 GPU 训练、评估神经网络，在此之前应将数据集和神经网络模型都存储在显存中，可调用 tensor 对象或 torch.nn.Module 对象的.to()方法在内存和显存之间迁移该对象；⑥调用 torch.nn.Module 对象实现正向传播；⑦交叉熵代价可通过创建一个 torch.nn.BCELoss 对象来计算，并通过调用该对象的 backward()方法实现反向传播；⑧批梯度下降法可通过创建一个 torch.optim.SGD 对象并调用该对象的 zero_grad()方法和 step()方法实现；⑨评估神经网络模型时，可借助 torch.inference_mode 上下文管理器缩短这部分程序的运行时长。

当神经网络隐含层节点的数量为 4、PyTorch 的随机种子为 10、学习率 η 为 0.2、迭代次数为 5000 时，交叉熵代价函数的值随迭代次数变化的曲线，如图 2-5 所示。此时，使用 PyTorch 训练得到的神经网络模型在该训练数据集上的推测准确度也为 100%。值得说明的是，使用 PyTorch 实现神经网络时，可以不用人工设置各层权重和偏差的初始值。PyTorch 默认将 torch.nn.Linear 等对象中的权重和偏差参数的初始值设置为服从均匀分布的随机浮点数。如需人工设置权重和偏差的初始值，可使用 torch.nn.init 系列函数。

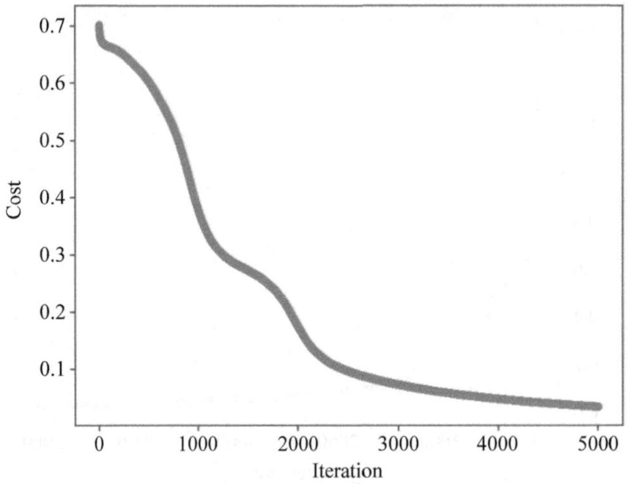

图 2-5 实验 2-2 中代价函数的值随迭代次数变化的曲线

2.2 从神经网络到深度神经网络

在实验 2-1 和实验 2-2 中，神经网络模型在训练数据集上的推测准确度都可达到 100%。

【想一想】 为什么我们训练的神经网络模型能在方型训练数据集上做到 100%推测准确？

想一想我们的神经网络模型每一层分别起到什么作用。以输入向量中元素的数量 $d=2$ 为例。此时，若将输入向量 $\boldsymbol{x}=(x_1,x_2)$ 看成自变量、将通过式(2-1)得到的 $\boldsymbol{z}^{[1]}$ 看成因变量，$\boldsymbol{z}^{[1]}=(z_1^{[1]},z_2^{[1]},\cdots,z_n^{[1]})$，那么可以认为式(2-1)给出了三维空间中的 n 个平面，每个平面的方程为 $z_j^{[1]}=\boldsymbol{x}(\boldsymbol{w}_j^{[1]})^{\mathrm{T}}+b_j^{[1]}, j=1,2,\cdots,n$。若式(2-2)中的激活函数为 ReLU，那么通过式(2-2)将得到三维空间中的 n 个半平面：$\boldsymbol{x}(\boldsymbol{w}_j^{[1]})^{\mathrm{T}}+b_j^{[1]}>0, j=1,2,\cdots,n$，以及分别与这 n 个半平面对应的当 $\boldsymbol{x}(\boldsymbol{w}_j^{[1]})^{\mathrm{T}}+b_j^{[1]}\leqslant 0$ 时 $a_j^{[1]}=0$ 的 n 个半平面。

在实验 2-2 中，若神经网络模型的输入为如图 2-3 所示的方型数据集训练样本的输入向量 $\boldsymbol{x}^{(i)}=(x_1^{(i)},x_2^{(i)}), i=1,2,\cdots,441$，那么使用该数据集训练后的神经网络模型第 1 层中节点的输出 $a_j^{[1]}$ 如图 2-6 所示，$j=1,2,3,4$。从图 2-6 中可以看出，该神经网络模型第 1 层中的每个节点，都将任何一个输入向量 $\boldsymbol{x}$ 映射至两个半平面上(其中一个半平面在 $a_j^{[1]}>0$ 半空间中，另一个半平面在 $a_j^{[1]}=0$ 平面上)。并且，由这 4 个节点给出的这 4 组半平面，每组中两个半平面的交线分别接近并平行于方型数据集两类训练样本方形分界线的 4 条边，这正是神经网络的神奇之处。

那么，这 4 组半平面与二分类任务之间有什么关系？继续看神经网络的第 2 层。上述神经网络模型的第 2 层中只有 1 个节点，式(2-3)可以写为 $z^{[2]}=a_1^{[1]}w_1^{[2]}+a_2^{[1]}w_2^{[2]}+a_3^{[1]}w_3^{[2]}+a_4^{[1]}w_4^{[2]}+b^{[2]}$。使用方型数据集训练该神经网络模型，得到的第 2 层权重 $w_1^{[2]}$、$w_2^{[2]}$、$w_3^{[2]}$、$w_4^{[2]}$ 可能都约为 -12、偏差 $b^{[2]}$ 可能约为 8。也就是说，为了计算第 2 层中的加权和 $z^{[2]}$，先将图 2-6 中的每组半平面都乘以一个几乎相同的小于 -1 的负数，再与一个正数相加。这等于先将图 2-6 中的 4 组半平面都以 $a_j^{[1]}=0(j=1,2,3,4)$ 平面为镜面做镜像，

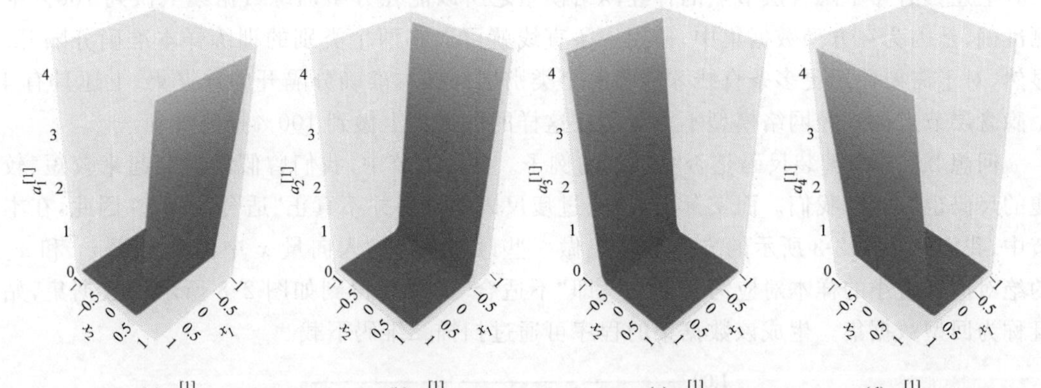

(a) $a_1^{[1]}$　(b) $a_2^{[1]}$　(c) $a_3^{[1]}$　(d) $a_4^{[1]}$

图 2-6　实验 2-2 中神经网络模型第 1 层 4 个节点的输出

并缩小每组两个半平面之间的夹角使之更接近直角，然后将得到的 4 组半平面叠加在一起之后再整体向上平移 8。如此操作，将得到如图 2-7(a)所示的曲面。从该曲面已可以看出如图 2-3 所示的两类训练样本方形分界线的轮廓。

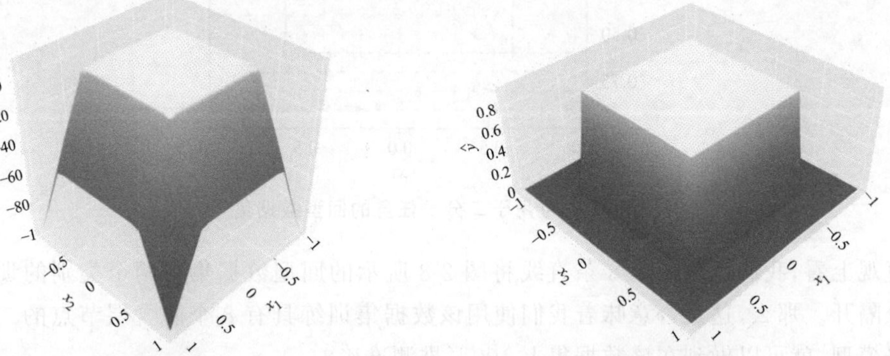

(a) 加权和$z^{[2]}$　(b) 输出$\hat{y}$

图 2-7　实验 2-2 中神经网络模型第 2 层节点的加权和与输出

如果使用神经网络模型推测，可以根据图 2-7(a)直接给出推测出的类别：若加权和 $z^{[2]} \geqslant 0$，则推测为类别“1”，否则推测为类别“0”。但是，在训练二分类神经网络模型时，训练样本标注的取值非 0 即 1，因此我们希望神经网络模型在训练过程中输出的推测值的取值范围为 0 到 1(约为概率的取值范围)。而把一个实数单调映射到(0,1)区间，正是 sigmoid 函数的特长之一。所以，在二分类任务中，神经网络输出层的激活函数常使用 sigmoid 函数。参照式(2-4)，把加权和 $z^{[2]}$ 输入 sigmoid 激活函数之后，将得到如图 2-7(b)所示的神经网络模型输出的推测值($\hat{y}$)曲面。将任何一个输入向量 $\boldsymbol{x}$ 都映射为这个推测值曲面上的一个点，这就是整个神经网络模型的作用。对照图 2-7(b)和图 2-3，可以看出，类别“1”样本输入向量对应的推测值都大于或等于 0.5，且类别“0”样本输入向量对应的推测值都小于 0.5，因此该神经网络模型能够在该训练数据集上做到 100%推测准确。

【想一想】　如果使用其他训练数据集，经训练后该神经网络模型是否也能做到 100%推测准确？

上述具有 4 个隐含层节点的神经网络模型之所以能在方型训练数据集上做到 100%推测准确，是因为在方型数据集中，使用 4 条直线就可以将两个类别的训练样本准确分隔开。显然，对于需要使用更多条直线才能将两个类别训练样本准确分隔开的数据集，上述具有 4 个隐含层节点的神经网络模型不大可能在这样的数据集上做到 100%推测准确。

回想 2.1 节中裤装尺码是否“适合”的例子。在 2.1 节中，我们曾假设试穿起来较短、较瘦的尺码也“适合”我们。而实际上过短、过瘦尺码的裤装并不真正“适合”我们。因此，在本节中，我们对如图 2-3 所示的方型数据集做一些改进：将输入向量 $\boldsymbol{x}$ 中两个元素 x_1 和 x_2 的绝对值都过小的样本对应为类别“0”，即“不适合”。由此得到如图 2-8 所示的数据集，姑且称为回型数据集。生成该数据集的程序可通过扫描二维码下载。

回型数据集的生成程序

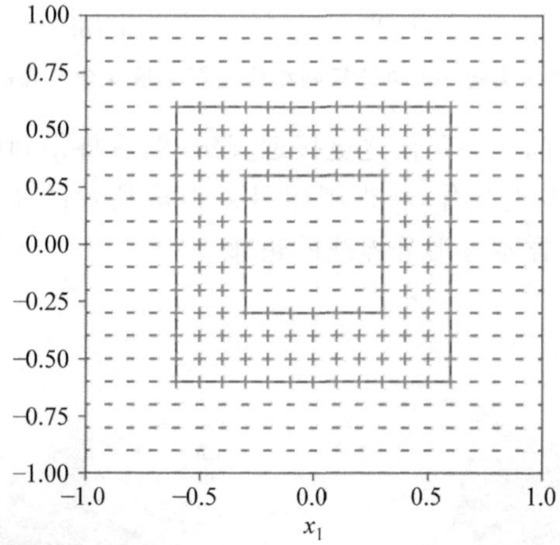

图 2-8 可用于二分类任务的回型数据集

直观上看，我们可以使用 8 条直线将图 2-8 所示的回型数据集中两个类别的训练样本准确分隔开。那么，这是否意味着我们使用该数据集训练具有 8 个隐含层节点的二分类神经网络模型，就可以做到在该数据集上 100%推测准确？

【实验 2-3】 使用 PyTorch 实现如图 2-1 所示的二分类神经网络，并使用如图 2-8 所示的回型数据集训练该神经网络。如果希望该神经网络模型在回型数据集上的推测准确度为 100%，那么该神经网络模型大约需要有多少个隐含层节点？

提示： 可考虑尝试不同的神经网络隐含层节点数量 n、不同的随机种子、不同的迭代次数等。

经过尝试，当神经网络隐含层节点数量 n 在 90 左右、随机种子为 100、迭代次数为 50 000 左右时，神经网络模型在回型数据集上的推测准确度可达到 100%。在这个设置中，隐含层节点的数量高于我们的预期。当 $n=90$ 时，该两层神经网络模型共有 $90+1=91$ 个节点(若不将输入层节点和常数 1 节点计算在内)、$90\times2+90+90\times1+1=361$ 个标量权重和偏差参数。而当 $n=4$ 时，该神经网络模型仅有 $4+1=5$ 个节点、$4\times2+4+4\times1+1=17$ 个标量权重和偏差参数。这说明尽管我们可以通过增大隐含层节点数量 n 来提高神经网络模型在训练数据集上的推测准确度，但这样得到的神经网络模型可能更为“复杂”。

【想一想】 除增加神经网络隐含层节点的数量 n，是否还有其他办法？

没错，除让神经网络变得“更宽”(即 n 更大)，还可以让神经网络变得“更深”，即增加神经网络隐含层的数量，从而得到深度神经网络。

2.3 深度神经网络

与神经网络一词相似，广义上，深度神经网络一词泛指具有多个隐含层的神经网络。狭义上，本书中提及的深度神经网络指的是具有多个隐含层的全连接前馈神经网络。

2.3.1 深度神经网络的推测过程

图 2-9 所示的深度神经网络共有一个输入层、两个隐含层，以及一个输出层。其中，输入层有 d 个节点，分别对应输入向量中的 d 个元素，另有一个常数 1 节点（不计入节点数量）；第一个隐含层记为第 1 层，该层有 n_1 个节点，另有一个常数 1 节点（不计入节点数量）；第二个隐含层记为第 2 层，该层有 n_2 个节点，另有一个常数 1 节点（不计入节点数量）；n_1 和 n_2 都是深度神经网络的超参数，很多时候需要人工设置；输出层记为第 3 层，该层有 1 个节点。参照图 2-9 及 2.1.1 节，该深度神经网络的推测过程由可式(2-42)～式(2-47)给出。

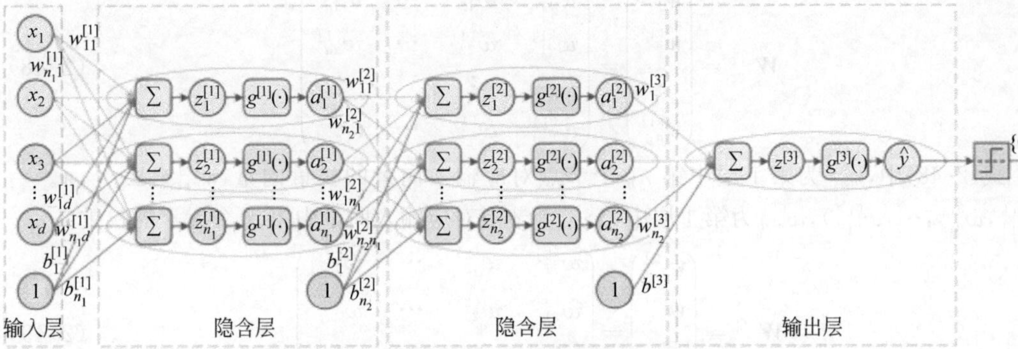

图 2-9 可用于二分类任务的双隐含层前馈神经网络

$$\boldsymbol{z}^{[1]}=\boldsymbol{x}(\boldsymbol{W}^{[1]})^{\mathrm{T}}+\boldsymbol{b}^{[1]} \tag{2-42}$$

$$\boldsymbol{a}^{[1]}=g^{[1]}(\boldsymbol{z}^{[1]}) \tag{2-43}$$

$$\boldsymbol{z}^{[2]}=\boldsymbol{a}^{[1]}(\boldsymbol{W}^{[2]})^{\mathrm{T}}+\boldsymbol{b}^{[2]} \tag{2-44}$$

$$\boldsymbol{a}^{[2]}=g^{[2]}(\boldsymbol{z}^{[2]}) \tag{2-45}$$

$$z^{[3]}=\boldsymbol{a}^{[2]}(\boldsymbol{w}^{[3]})^{\mathrm{T}}+b^{[3]} \tag{2-46}$$

$$\hat{y}=g^{[3]}(z^{[3]}) \tag{2-47}$$

式(2-42)中，$\boldsymbol{x}$ 为深度神经网络的输入向量，$\boldsymbol{x}\in\mathbb{R}^{1\times d}$，$\boldsymbol{x}=(x_1,x_2,\cdots,x_d)$，$d$ 为输入向量中元素的数量；$\boldsymbol{W}^{[1]}$ 为第 1 层（第一个隐含层）节点的权重矩阵，$\boldsymbol{W}^{[1]}\in\mathbb{R}^{n_1\times d}$，由式(2-48)给出，$n_1$ 为第 1 层中节点的数量；$\boldsymbol{b}^{[1]}$ 为第 1 层节点的偏差向量，$\boldsymbol{b}^{[1]}\in\mathbb{R}^{1\times n_1}$，$\boldsymbol{b}^{[1]}=(b_1^{[1]},b_2^{[1]},\cdots,b_{n_1}^{[1]})$，$b_{n_1}^{[1]}$ 为第 1 层中第 n_1 个节点的偏差；$\boldsymbol{z}^{[1]}$ 为第 1 层节点的加权和向量，$\boldsymbol{z}^{[1]}\in\mathbb{R}^{1\times n_1}$，$\boldsymbol{z}^{[1]}=(z_1^{[1]},z_2^{[1]},\cdots,z_{n_1}^{[1]})$，$z_{n_1}^{[1]}$ 为第 1 层中第 n_1 个节点的加权和。

式(2-43)中，分别对加权和向量 $\boldsymbol{z}^{[1]}$ 中的每一个元素使用激活函数；$g^{[1]}(\cdot)$ 为第 1 层节点的激活函数，本节中仍使用 ReLU 函数作为第 1 层节点的激活函数；$\boldsymbol{a}^{[1]}$ 为第 1 层节点的输出向量，$\boldsymbol{a}^{[1]}\in\mathbb{R}^{1\times n_1}$，$\boldsymbol{a}^{[1]}=(a_1^{[1]},a_2^{[1]},\cdots,a_{n_1}^{[1]})$，$a_{n_1}^{[1]}$ 为第 1 层中第 n_1 个节点的输出。

式(2-44)中,$\boldsymbol{W}^{[2]}$为第2层(第二个隐含层)节点的权重矩阵,$\boldsymbol{W}^{[2]} \in \mathbb{R}^{n_2 \times n_1}$,由式(2-49)给出,$n_2$为第2层中节点的数量;$\boldsymbol{b}^{[2]}$为第2层节点的偏差向量,$\boldsymbol{b}^{[2]} \in \mathbb{R}^{1 \times n_2}$,$\boldsymbol{b}^{[2]}=(b_1^{[2]}, b_2^{[2]}, \cdots, b_{n_2}^{[2]})$,$b_{n_2}^{[2]}$为第2层中第$n_2$个节点的偏差;$\boldsymbol{z}^{[2]}$为第2层节点的加权和向量,$\boldsymbol{z}^{[2]} \in \mathbb{R}^{1 \times n_2}$,$\boldsymbol{z}^{[2]}=(z_1^{[2]}, z_2^{[2]}, \cdots, z_{n_2}^{[2]})$,$z_{n_2}^{[2]}$为第2层中第$n_2$个节点的加权和。

式(2-45)中,分别对加权和向量$\boldsymbol{z}^{[2]}$中的每一个元素使用激活函数;$g^{[2]}(\cdot)$为第2层节点的激活函数,与第1层相同,本节中使用ReLU函数作为第2层节点的激活函数;$\boldsymbol{a}^{[2]}$为第2层节点的输出向量,$\boldsymbol{a}^{[2]} \in \mathbb{R}^{1 \times n_2}$,$\boldsymbol{a}^{[2]}=(a_1^{[2]}, a_2^{[2]}, \cdots, a_{n_2}^{[2]})$,$a_{n_2}^{[2]}$为第2层中第$n_2$个节点的输出。

式(2-46)中,$\boldsymbol{w}^{[3]}$为第3层(输出层)节点的权重向量,$\boldsymbol{w}^{[3]} \in \mathbb{R}^{1 \times n_2}$,$\boldsymbol{w}^{[3]}=(w_1^{[3]}, w_2^{[3]}, \cdots, w_{n_2}^{[3]})$,$w_{n_2}^{[3]}$为第3层中的唯一节点对应第2层中第$n_2$个节点输出的权重;$b^{[3]}$为第3层节点的偏差,$b^{[3]} \in \mathbb{R}$;$z^{[3]}$为第3层节点中的加权和,$z^{[3]} \in \mathbb{R}$。

式(2-47)中,对加权和$z^{[3]}$使用激活函数;$g^{[3]}(\cdot)$为第3层节点的激活函数,对于二分类任务,本节中仍使用sigmoid函数作为输出层(第3层)节点的激活函数;$\hat{y}$为输出层节点的输出,也就是深度神经网络的输出,$\hat{y} \in (0,1)$。

$$\boldsymbol{W}^{[1]}=\begin{pmatrix} \boldsymbol{w}_1^{[1]} \\ \boldsymbol{w}_2^{[1]} \\ \vdots \\ \boldsymbol{w}_{n_1}^{[1]} \end{pmatrix}=\begin{pmatrix} w_{11}^{[1]} & w_{12}^{[1]} & \cdots & w_{1d}^{[1]} \\ w_{21}^{[1]} & w_{22}^{[1]} & \cdots & w_{2d}^{[1]} \\ \vdots & \vdots & & \vdots \\ w_{n_1 1}^{[1]} & w_{n_1 2}^{[1]} & \cdots & w_{n_1 d}^{[1]} \end{pmatrix} \tag{2-48}$$

式(2-48)中,$\boldsymbol{w}_{n_1}^{[1]}$为第1层中第$n_1$个节点对应输入向量的权重向量,$\boldsymbol{w}_{n_1}^{[1]} \in \mathbb{R}^{1 \times d}$,$\boldsymbol{w}_{n_1}^{[1]}=(w_{n_1 1}^{[1]}, w_{n_1 2}^{[1]}, \cdots, w_{n_1 d}^{[1]})$,$w_{n_1 d}^{[1]}$为第1层中第$n_1$个节点对应输入向量中第$d$个元素的权重。

$$\boldsymbol{W}^{[2]}=\begin{pmatrix} \boldsymbol{w}_1^{[2]} \\ \boldsymbol{w}_2^{[2]} \\ \vdots \\ \boldsymbol{w}_{n_2}^{[2]} \end{pmatrix}=\begin{pmatrix} w_{11}^{[2]} & w_{12}^{[2]} & \cdots & w_{1n_1}^{[2]} \\ w_{21}^{[2]} & w_{22}^{[2]} & \cdots & w_{2n_1}^{[2]} \\ \vdots & \vdots & & \vdots \\ w_{n_2 1}^{[2]} & w_{n_2 2}^{[2]} & \cdots & w_{n_2 n_1}^{[2]} \end{pmatrix} \tag{2-49}$$

式(2-49)中,$\boldsymbol{w}_{n_2}^{[2]}$为第2层中第$n_2$个节点对应第1层节点输出向量的权重向量,$\boldsymbol{w}_{n_2}^{[2]} \in \mathbb{R}^{1 \times n_1}$,$\boldsymbol{w}_{n_2}^{[2]}=(w_{n_2 1}^{[2]}, w_{n_2 2}^{[2]}, \cdots, w_{n_2 n_1}^{[2]})$,$w_{n_2 n_1}^{[2]}$为第2层中第$n_2$个节点对应第1层中第$n_1$个节点输出的权重。

2.3.2 深度神经网络的训练过程

如图2-9所示的可用于二分类任务的双隐含层前馈神经网络的训练过程,仍可参照2.1.2节中给出的训练过程。该深度神经网络的训练问题同样可表述为无约束最优化问题,如式(2-50)所示。

$$\boldsymbol{W}^{[1]*}, \boldsymbol{W}^{[2]*}, \boldsymbol{w}^{[3]*}, \boldsymbol{b}^{[1]*}, \boldsymbol{b}^{[2]*}, b^{[3]*} = \underset{\boldsymbol{W}^{[1]}, \boldsymbol{W}^{[2]}, \boldsymbol{w}^{[3]}, \boldsymbol{b}^{[1]}, \boldsymbol{b}^{[2]}, b^{[3]}}{\operatorname{argmin}} J(\boldsymbol{W}^{[1]}, \boldsymbol{W}^{[2]}, \boldsymbol{w}^{[3]}, \boldsymbol{b}^{[1]}, \boldsymbol{b}^{[2]}, b^{[3]}) \tag{2-50}$$

式(2-50)中,$J(\cdot)$是最优化问题的目标函数;$\boldsymbol{W}^{[1]*}, \boldsymbol{W}^{[2]*}, \boldsymbol{w}^{[3]*}, \boldsymbol{b}^{[1]*}, \boldsymbol{b}^{[2]*}, b^{[3]*}$分别代表$\boldsymbol{W}^{[1]}, \boldsymbol{W}^{[2]}, \boldsymbol{w}^{[3]}, \boldsymbol{b}^{[1]}, \boldsymbol{b}^{[2]}, b^{[3]}$的最优解。求解该最优化问题即可得到深度神经网络各层节点的权重和偏差的值。

求解由式(2-50)给出的最优化问题仍可使用梯度下降法。本节中,为了简化计算式,以在每次迭代中只使用单个训练样本的梯度下降法为例，给出该深度神经网络的训练过程。如果在每次迭代中只使用训练数据集中的一个训练样本，并且该训练样本从当前 epoch 中未被使用过的训练样本中随机选取，这种方法被称为**随机梯度下降**(stochastic gradient descent，SGD)法。尽管在每次迭代中只使用一个训练样本，随机梯度下降法的每次迭代仍包括正向传播、代价计算、反向传播、参数更新 4 个计算步骤。

(1) **正向传播**。若本次迭代中使用的训练样本为训练数据集中的第 i 个训练样本 $(\boldsymbol{x}^{(i)},y^{(i)})$，即 $\boldsymbol{x}=\boldsymbol{x}^{(i)}$、$y=y^{(i)}$，则正向传播的计算过程仍可沿用式(2-42)～式(2-47)。

(2) **代价计算**。式(2-50)中的目标函数 $J(\cdot)$ 为代价函数。因单个训练样本上的代价函数也被称为损失函数，以下用损失函数 $L(\cdot)$ 替代代价函数 $J(\cdot)$。参照式(2-20)，用于二分类任务的交叉熵损失函数可写为

$$L(\boldsymbol{W}^{[1]},\boldsymbol{W}^{[2]},\boldsymbol{w}^{[3]},\boldsymbol{b}^{[1]},\boldsymbol{b}^{[2]},b^{[3]})=-(y\ln(\hat{y})+(1-y)\ln(1-\hat{y})) \tag{2-51}$$

(3) **反向传播**。在反向传播中，需要计算本次迭代中损失函数(或单个样本上的代价函数)对深度神经网络各层权重和偏差的偏导数。如图 2-10 所示，根据链式法则，在计算损失函数 $L(\cdot)$ 对各层权重和偏差的偏导数时，可先求出 $L(\cdot)$ 对 $\hat{y}$ 的导数 $\frac{\mathrm{d}L(\cdot)}{\mathrm{d}\hat{y}}$、$\hat{y}$ 对 $z^{[3]}$ 的导数 $\frac{\mathrm{d}\hat{y}}{\mathrm{d}z^{[3]}}$、$z^{[3]}$ 对 $a_l^{[2]}$ 的偏导数 $\frac{\partial z^{[3]}}{\partial a_l^{[2]}}$、$a_l^{[2]}$ 对 $z_l^{[2]}$ 的导数 $\frac{\mathrm{d}a_l^{[2]}}{\mathrm{d}z_l^{[2]}}$、$z_l^{[2]}$ 对 $a_j^{[1]}$ 的偏导数 $\frac{\partial z_l^{[2]}}{\partial a_j^{[1]}}$，以及 $a_j^{[1]}$ 对 $z_j^{[1]}$ 的导数 $\frac{\mathrm{d}a_j^{[1]}}{\mathrm{d}z_j^{[1]}}$。其中，$j=1,2,\cdots,n_1$，$l=1,2,\cdots,n_2$。

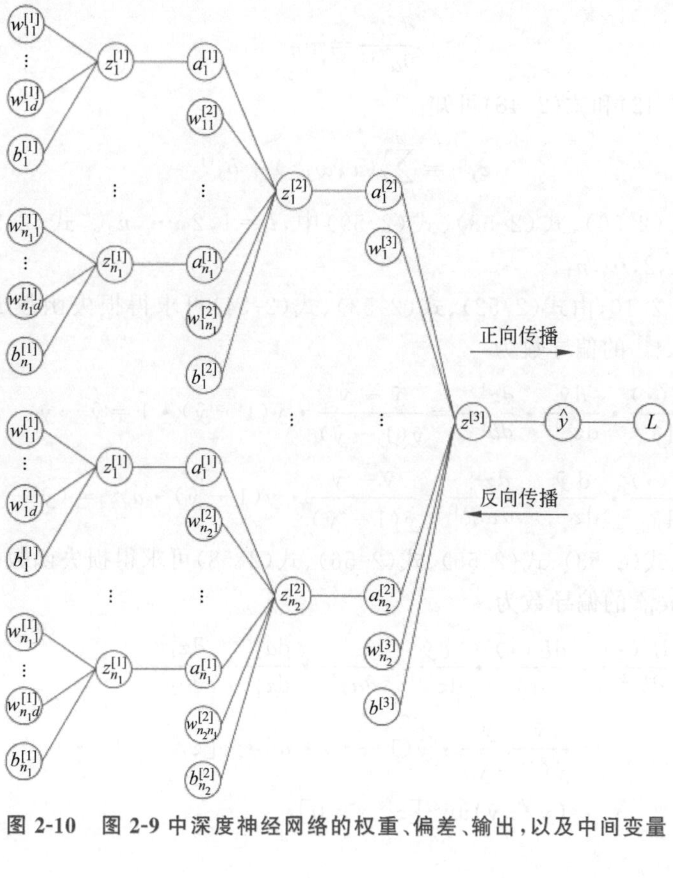

图 2-10　图 2-9 中深度神经网络的权重、偏差、输出，以及中间变量

由式(2-26)和式(2-27)可直接写出

$$\frac{\mathrm{d}L(\cdot)}{\mathrm{d}\hat{y}}=\frac{\hat{y}-y}{\hat{y}(1-\hat{y})} \tag{2-52}$$

$$\frac{\mathrm{d}\hat{y}}{dz^{[3]}}=\hat{y}(1-\hat{y}) \tag{2-53}$$

因式(2-46)又可写为

$$z^{[3]}=\sum_{h=1}^{n_2}(a_h^{[2]}w_h^{[3]})+b^{[3]} \tag{2-54}$$

故可求得

$$\frac{\partial z^{[3]}}{\partial a_l^{[2]}}=w_l^{[3]} \tag{2-55}$$

参照式(2-45)、式(2-43)、式(2-30)可写出

$$\frac{\mathrm{d}a_l^{[2]}}{\mathrm{d}z_l^{[2]}}=[z_l^{[2]}>0] \tag{2-56}$$

$$\frac{\mathrm{d}a_j^{[1]}}{\mathrm{d}z_j^{[1]}}=[z_j^{[1]}>0] \tag{2-57}$$

由式(2-44)可知

$$z_l^{[2]}=\sum_{h=1}^{n_1}(a_h^{[1]}w_{lh}^{[2]})+b_l^{[2]} \tag{2-58}$$

故可求得

$$\frac{\partial z_l^{[2]}}{\partial a_j^{[1]}}=w_{lj}^{[2]} \tag{2-59}$$

此外,由式(2-42)和式(2-48)可知

$$z_j^{[1]}=\sum_{h=1}^{d}(x_h w_{jh}^{[1]})+b_j^{[1]} \tag{2-60}$$

式(2-55)、式(2-56)、式(2-58)、式(2-59)中,$l=1,2,\cdots,n_2$。式(2-57)、式(2-59)、式(2-60)中,$j=1,2,\cdots,n_1$。

因此,参照图 2-10,由式(2-52)、式(2-53)、式(2-54)可求得损失函数 $L(\cdot)$对第 3 层偏差 $b^{[3]}$ 和权重 $w_l^{[3]}$ 的偏导数为

$$\frac{\partial L(\cdot)}{\partial b^{[3]}}=\frac{\mathrm{d}L(\cdot)}{\mathrm{d}\hat{y}}\cdot\frac{\mathrm{d}\hat{y}}{\mathrm{d}z^{[3]}}\cdot\frac{\partial z^{[3]}}{\partial b^{[3]}}=\frac{\hat{y}-y}{\hat{y}(1-\hat{y})}\cdot\hat{y}(1-\hat{y})\cdot 1=\hat{y}-y \tag{2-61}$$

$$\frac{\partial L(\cdot)}{\partial w_l^{[3]}}=\frac{\mathrm{d}L(\cdot)}{\mathrm{d}\hat{y}}\cdot\frac{\mathrm{d}\hat{y}}{\mathrm{d}z^{[3]}}\cdot\frac{\partial z^{[3]}}{\partial w_l^{[3]}}=\frac{\hat{y}-y}{\hat{y}(1-\hat{y})}\cdot\hat{y}(1-\hat{y})\cdot a_l^{[2]}=(\hat{y}-y)a_l^{[2]} \tag{2-62}$$

由式(2-52)、式(2-53)、式(2-55)、式(2-56)、式(2-58)可求得损失函数 $L(\cdot)$对第 2 层偏差 $b_l^{[2]}$ 和权重 $w_{lj}^{[2]}$ 的偏导数为

$$\begin{aligned}\frac{\partial L(\cdot)}{\partial b_l^{[2]}}&=\frac{\mathrm{d}L(\cdot)}{\mathrm{d}\hat{y}}\cdot\frac{\mathrm{d}\hat{y}}{\mathrm{d}z^{[3]}}\cdot\frac{\partial z^{[3]}}{\partial a_l^{[2]}}\cdot\frac{\mathrm{d}a_l^{[2]}}{\mathrm{d}z_l^{[2]}}\cdot\frac{\partial z_l^{[2]}}{\partial b_l^{[2]}}\\&=\frac{\hat{y}-y}{\hat{y}(1-\hat{y})}\cdot\hat{y}(1-\hat{y})\cdot w_l^{[3]}\cdot[z_l^{[2]}>0]\cdot 1\\&=(\hat{y}-y)w_l^{[3]}[z_l^{[2]}>0]\end{aligned} \tag{2-63}$$

$$\begin{aligned}\frac{\partial L(\cdot)}{\partial w_{lj}^{[2]}}&=\frac{\mathrm{d}L(\cdot)}{\mathrm{d}\hat{y}}\cdot\frac{\mathrm{d}\hat{y}}{\mathrm{d}z^{[3]}}\cdot\frac{\partial z^{[3]}}{\partial a_l^{[2]}}\cdot\frac{\mathrm{d}a_l^{[2]}}{\mathrm{d}z_l^{[2]}}\cdot\frac{\partial z_l^{[2]}}{\partial w_{lj}^{[2]}}\\&=\frac{\hat{y}-y}{\hat{y}(1-\hat{y})}\cdot\hat{y}(1-\hat{y})\cdot w_l^{[3]}\cdot[z_l^{[2]}>0]\cdot a_j^{[1]}\\&=(\hat{y}-y)w_l^{[3]}[z_l^{[2]}>0]a_j^{[1]}\end{aligned}\tag{2-64}$$

由式(2-52)、式(2-53)、式(2-55)、式(2-56)、式(2-57)、式(2-59)、式(2-60)可求得损失函数 $L(\cdot)$ 对第 1 层偏差 $b_j^{[1]}$ 和权重 $w_{jh}^{[1]}$ 的偏导数为

$$\begin{aligned}\frac{\partial L(\cdot)}{\partial b_j^{[1]}}&=\frac{\mathrm{d}L(\cdot)}{\mathrm{d}\hat{y}}\cdot\frac{\mathrm{d}\hat{y}}{\mathrm{d}z^{[3]}}\cdot\sum_{l=1}^{n_2}\left(\frac{\partial z^{[3]}}{\partial a_l^{[2]}}\cdot\frac{\mathrm{d}a_l^{[2]}}{\mathrm{d}z_l^{[2]}}\cdot\frac{\partial z_l^{[2]}}{\partial a_j^{[1]}}\cdot\frac{\mathrm{d}a_j^{[1]}}{\mathrm{d}z_j^{[1]}}\cdot\frac{\partial z_j^{[1]}}{\partial b_j^{[1]}}\right)\\&=\frac{\hat{y}-y}{\hat{y}(1-\hat{y})}\cdot\hat{y}(1-\hat{y})\cdot\sum_{l=1}^{n_2}(w_l^{[3]}\cdot[z_l^{[2]}>0]\cdot w_{lj}^{[2]}\cdot[z_j^{[1]}>0]\cdot 1)\\&=(\hat{y}-y)[z_j^{[1]}>0]\sum_{l=1}^{n_2}(w_l^{[3]}w_{lj}^{[2]}[z_l^{[2]}>0])\end{aligned}\tag{2-65}$$

$$\begin{aligned}\frac{\partial L(\cdot)}{\partial w_{jh}^{[1]}}&=\frac{\mathrm{d}L(\cdot)}{\mathrm{d}\hat{y}}\cdot\frac{\mathrm{d}\hat{y}}{\mathrm{d}z^{[3]}}\cdot\sum_{l=1}^{n_2}\left(\frac{\partial z^{[3]}}{\partial a_l^{[2]}}\cdot\frac{\mathrm{d}a_l^{[2]}}{\mathrm{d}z_l^{[2]}}\cdot\frac{\partial z_l^{[2]}}{\partial a_j^{[1]}}\cdot\frac{\mathrm{d}a_j^{[1]}}{\mathrm{d}z_j^{[1]}}\cdot\frac{\partial z_j^{[1]}}{\partial w_{jh}^{[1]}}\right)\\&=\frac{\hat{y}-y}{\hat{y}(1-\hat{y})}\cdot\hat{y}(1-\hat{y})\cdot\sum_{l=1}^{n_2}(w_l^{[3]}\cdot[z_l^{[2]}>0]\cdot w_{lj}^{[2]}\cdot[z_j^{[1]}>0]\cdot x_h)\\&=(\hat{y}-y)x_h[z_j^{[1]}>0]\sum_{l=1}^{n_2}(w_l^{[3]}w_{lj}^{[2]}[z_l^{[2]}>0])\end{aligned}\tag{2-66}$$

式(2-62)～式(2-66)中，$l=1,2,\cdots,n_2$，$j=1,2,\cdots,n_1$，$h=1,2,\cdots,d$；中括号为艾弗森括号。式(2-65)和式(2-66)中之所以有求和公式，是因为从 $z^{[3]}$ 到 $b_j^{[1]}$ 或 $w_{jh}^{[1]}$ 存在多条路径，如图 2-10 所示。

由于我们在每次迭代中只使用一个训练样本($\boldsymbol{x}^{(i)}$，$y^{(i)}$)，故将 $\boldsymbol{x}=\boldsymbol{x}^{(i)}$、$y=y^{(i)}$ 代入式(2-42)至式(2-47)，以及式(2-61)至式(2-66)中，就可以计算出本次迭代中损失函数对深度神经网络各层权重和偏差的偏导数。

(4) **参数更新**。将反向传播中计算出的损失函数对各层权重和偏差的偏导数，代入式(2-67)中，更新各层的权重和偏差。

$$\left\{\begin{aligned}b^{[3]}&:=b^{[3]}-\eta\frac{\partial L(\cdot)}{\partial b^{[3]}}\\w_l^{[3]}&:=w_l^{[3]}-\eta\frac{\partial L(\cdot)}{\partial w_l^{[3]}}\\b_l^{[2]}&:=b_l^{[2]}-\eta\frac{\partial L(\cdot)}{\partial b_l^{[2]}}\\w_{lj}^{[2]}&:=w_{lj}^{[2]}-\eta\frac{\partial L(\cdot)}{\partial w_{lj}^{[2]}}\\b_j^{[1]}&:=b_j^{[1]}-\eta\frac{\partial L(\cdot)}{\partial b_j^{[1]}}\\w_{jh}^{[1]}&:=w_{jh}^{[1]}-\eta\frac{\partial L(\cdot)}{\partial w_{jh}^{[1]}}\end{aligned}\right.\tag{2-67}$$

式(2-67)中，η 为学习率；“$:=$”表示赋值；$l=1,2,\cdots,n_2$，$j=1,2,\cdots,n_1$，$h=1$，

$2,\cdots,d$。

以上为仅使用单个训练样本时上述深度神经网络训练过程每次迭代中的 4 个计算步骤。可以预见，若每次迭代中使用更多的训练样本，并且随着深度神经网络隐含层数量的增加，推导深度神经网络训练过程的计算式将越来越复杂。

2.3.3 反向模式自动微分

【想一想】 *是否有办法直接计算反向传播中的偏导数，而无须先推导计算式再代入计算？*

想一想反向传播中求偏导数时使用的链式法则。以式(2-61)为例，偏导数$\frac{\partial L(\cdot)}{\partial b^{[3]}}$可通过三项导数或偏导数之积求得：$\frac{\mathrm{d}L(\cdot)}{\mathrm{d}\hat{y}}\cdot\frac{\mathrm{d}\hat{y}}{\mathrm{d}z^{[3]}}\cdot\frac{\partial z^{[3]}}{\partial b^{[3]}}$。也就是说，只分别计算出这三项导数或偏导数，就可以求出偏导数$\frac{\partial L(\cdot)}{\partial b^{[3]}}$，而无须推导并化简出一个如式(2-61)所示的计算式，尽管使用这种方法计算偏导数的过程可能并不是最简的。

举一个简单的例子。某线性回归模型的损失函数可写为 $L(w,b)=e^2=(z-y)^2=(wx+b-y)^2$。在训练过程中，$x$、$y$ 可以看作常数，w、b 是自变量，z、e 是中间变量。这些变量之间的依赖关系如图 2-11(a)所示。值得注意的是，就训练过程的每次迭代而言，w 和 b 的值在正向传播、代价计算、反向传播这 3 个计算步骤中都保持不变，且已知。

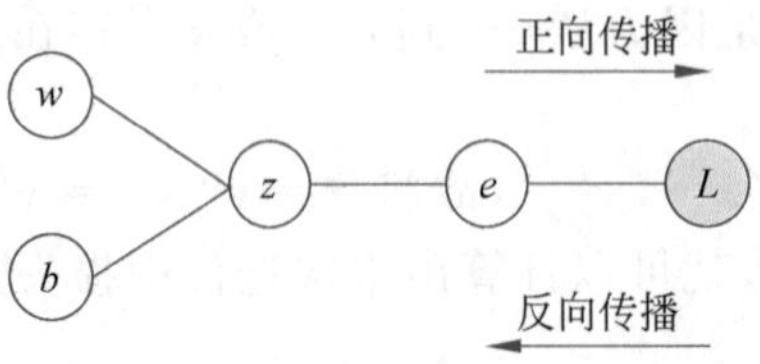

(a) 变量之间的依赖关系

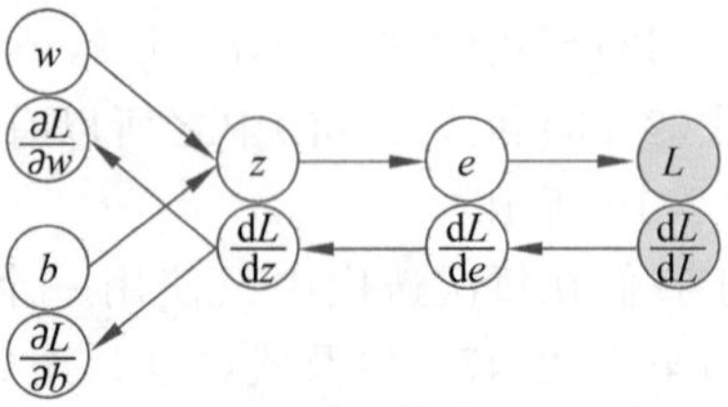

(b) 反向模式自动微分

图 2-11 一个简单的例子(线性回归模型的损失函数)

为了计算偏导数$\frac{\partial L(w,b)}{\partial w}$，不难推导出该偏导数的计算式为$\frac{\partial L(w,b)}{\partial w}=\frac{\mathrm{d}L(w,b)}{\mathrm{d}e}\cdot\frac{\mathrm{d}e}{\mathrm{d}z}\cdot\frac{\partial z}{\partial w}=2e\cdot 1\cdot x=2ex=2(wx+b-y)x$。若 $x=2$、$y=1$、$w=0.5$、$b=0.2$，则该偏导数为$\left.\frac{\partial L(w,b)}{\partial w}\right|_{x=2,y=1,w=0.5,b=0.2}=2\times(0.5\times 2+0.2-1)\times 2=0.8$。

如果不关注该偏导数的计算式，只计算当 $x=2$、$y=1$、$w=0.5$、$b=0.2$ 时的偏导数，那么可以先分别计算出导数$\frac{\mathrm{d}L(w,b)}{\mathrm{d}e}$、$\frac{\mathrm{d}e}{\mathrm{d}z}$和偏导数$\frac{\partial z}{\partial w}$之后再将它们相乘，从而计算出$\frac{\partial L(w,b)}{\partial w}$。其中，$\frac{\mathrm{d}L(w,b)}{\mathrm{d}e}=2e$；$\frac{\mathrm{d}e}{\mathrm{d}z}=1$；$\frac{\partial z}{\partial w}=x$。实际上，在每次迭代中正向传播时，中间变量 z 和 e 的值就已被计算出来：$z=wx+b=0.5\times 2+0.2=1.2$，$e=z-y=1.2-1=0.2$。因此，如果在正向传播时保存了这些中间变量的值，在反向传播时就可以直接使用，而无须

重复计算。由此也可计算出$\left.\frac{\partial L(w,b)}{\partial w}\right|_{x=2,y=1,w=0.5,b=0.2}=2e\cdot 1\cdot x=2\times 0.2\times 1\times 2=0.8$。

进一步地，为了便于借助计算机程序"自动"计算导数$\frac{\mathrm{d}L(w,b)}{\mathrm{d}e}$、$\frac{\mathrm{d}e}{\mathrm{d}z}$和偏导数$\frac{\partial z}{\partial w}$，在反向传播时可以按照从输出层到输入层的顺序，依次计算出这些导数或偏导数，并将计算出的这些导数或偏导数依次相乘。也就是说，先计算导数$\left.\frac{\mathrm{d}L(w,b)}{\mathrm{d}e}\right|_{x=2,y=1,w=0.5,b=0.2}=\left.2e\right|_{x=2,y=1,w=0.5,b=0.2}=2\times 0.2=0.4$，然后再计算导数$\left.\frac{\mathrm{d}e}{\mathrm{d}z}\right|_{x=2,y=1,w=0.5,b=0.2}=1$，并将这两个导数相乘。这样，就相当于计算出导数$\left.\frac{\mathrm{d}L(w,b)}{\mathrm{d}z}\right|_{x=2,y=1,w=0.5,b=0.2}=\left.\frac{\mathrm{d}L(w,b)}{\mathrm{d}e}\cdot\frac{\mathrm{d}e}{\mathrm{d}z}\right|_{x=2,y=1,w=0.5,b=0.2}=0.4\times 1=0.4$。接着再计算偏导数$\left.\frac{\partial z}{\partial w}\right|_{x=2,y=1,w=0.5,b=0.2}=\left.x\right|_{x=2,y=1,w=0.5,b=0.2}=2$，并与导数$\frac{\mathrm{d}L(w,b)}{\mathrm{d}z}$相乘，这样就相当于计算出了偏导数$\left.\frac{\partial L(w,b)}{\partial w}\right|_{x=2,y=1,w=0.5,b=0.2}=\left.\frac{\mathrm{d}L(w,b)}{\mathrm{d}z}\cdot\frac{\partial z}{\partial w}\right|_{x=2,y=1,w=0.5,b=0.2}=0.4\times 2=0.8$。上述计算过程如图 2-11(b)所示。图中，$\frac{\mathrm{d}L(w,b)}{\mathrm{d}L(w,b)}=1$。这种在反向传播中"自动"计算导数或偏导数的方法，被称为**反向模式自动微分**(reverse-mode automatic differentiation)。

这种"自动"计算偏导数方法的优势显而易见：我们无须再关注偏导数的计算过程，只给出深度神经网络的正向传播计算式(以及正向传播中每一步计算式的偏导数计算式)即可，反向传播的计算可以交给计算机程序"自动"完成。例如，在实验 2-2 中我们借助 PyTorch 框架"自动"完成反向传播等计算步骤。反向模式自动微分是深度学习的支柱之一，也用于深度神经网络之外的深度学习方法。

2.3.4　深度神经网络实践及分析

在 2.2 节中，我们使用一个相对"较宽"的神经网络模型，对如图 2-8 所示的回型数据集做二分类。本节中，我们尝试使用深度神经网络模型，对该回型数据集做二分类。

【实验 2-4】　使用 PyTorch 实现如图 2-9 所示的深度神经网络，并使用如图 2-8 所示的回型数据集训练该深度神经网络。如果希望该深度神经网络模型在回型数据集上的推测准确度为 100%，那么该深度神经网络模型的两个隐含层各大约需要多少个节点？

提示：①仍可使用批梯度下降法训练深度神经网络模型，即每次迭代使用训练数据集中的全部训练样本；②随机种子可设置为 0。

经过尝试，当深度神经网络两个隐含层节点的数量$n_1=4$、$n_2=2$、随机种子为 0、迭代次数为 20 000 左右时，该深度神经网络模型在回型数据集上的推测准确度可达到 100%。当$n_1=4$、$n_2=2$时，该深度神经网络模型共有$4+2+1=7$个节点(若不将输入层节点和常数 1 节点计算在内)、$4\times 2+4+2\times 4+2+2\times 1+1=25$个标量权重和偏差参数。其节点数量和参数数量都少于实验 2-3 中"较宽"神经网络中的数量。

【想一想】　为什么仅有 7 个节点的深度神经网络模型能在回型数据集上做到 100%推

测准确?

参照 2.2 节中的分析,画出使用回型数据集训练后的深度神经网络模型第 1 层中 4 个节点的输出 $a_j^{[1]}$,如图 2-12 所示,$j=1,2,3,4$。从图 2-12 中可以看出,该深度神经网络模型第 1 层中的每个节点,都将输入向量 $\boldsymbol{x}=(x_1,x_2)$ 映射至两个半平面上(其中一个半平面在 $a_j^{[1]}>0$ 半空间中,另一个半平面在 $a_j^{[1]}=0$ 平面上)。直观上看,该深度神经网络模型第 2 层中的每个节点,又将这 4 组半平面都以 $a_j^{[1]}=0(j=1,2,3,4)$ 平面为镜面做镜像,并调整每组两个半平面之间的夹角,然后将得到的 4 组半平面叠加在一起之后再向上平移。如此操作,将得到如图 2-13(a)、图 2-13(b)所示的两个曲面,这两个曲面分别对应第 2 层两个节点计算出的加权和。第 2 层节点中 ReLU 激活函数的作用是把这两个曲面在 $z_l^{[2]}=0(l=1,2)$ 平面下方的部分都"截掉",由此得到如图 2-13(c)、图 2-13(d)所示的两个曲面,这两个曲面分别对应第 2 层两个节点的输出。

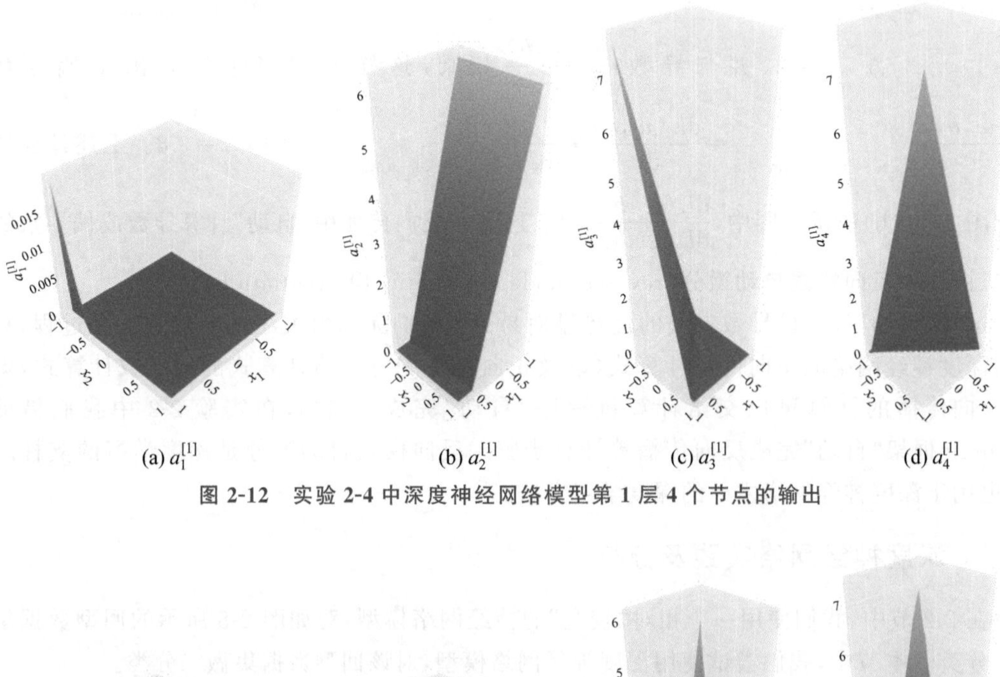

(a) $a_1^{[1]}$　(b) $a_2^{[1]}$　(c) $a_3^{[1]}$　(d) $a_4^{[1]}$

图 2-12　实验 2-4 中深度神经网络模型第 1 层 4 个节点的输出

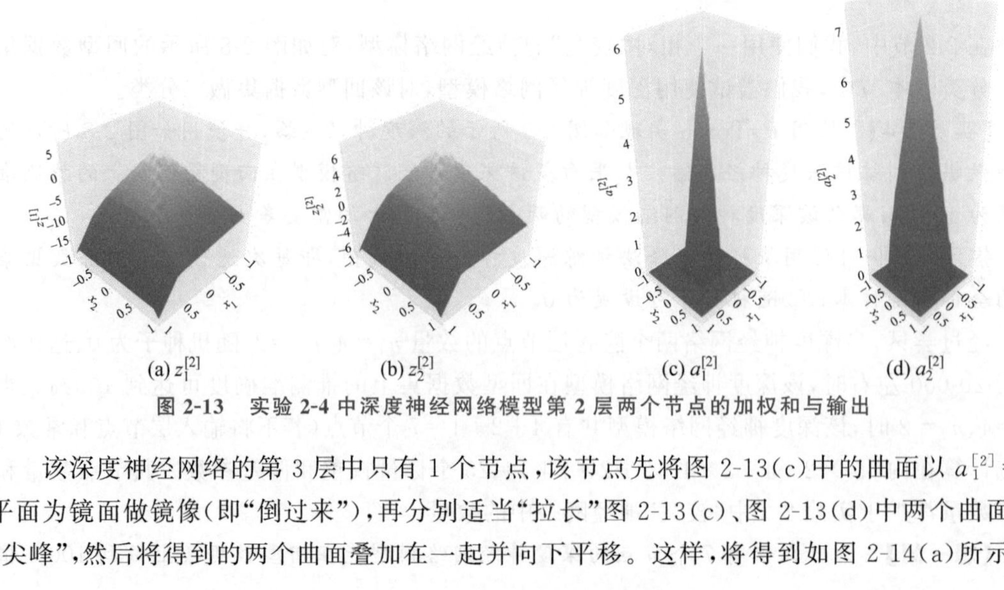

(a) $z_1^{[2]}$　(b) $z_2^{[2]}$　(c) $a_1^{[2]}$　(d) $a_2^{[2]}$

图 2-13　实验 2-4 中深度神经网络模型第 2 层两个节点的加权和与输出

该深度神经网络的第 3 层中只有 1 个节点,该节点先将图 2-13(c)中的曲面以 $a_1^{[2]}=0$ 平面为镜面做镜像(即"倒过来"),再分别适当"拉长"图 2-13(c)、图 2-13(d)中两个曲面的"尖峰",然后将得到的两个曲面叠加在一起并向下平移。这样,将得到如图 2-14(a)所示的曲面，这个曲面对应第 3 层节点计算出的加权和。最后，通过第 3 层的 sigmoid 激活函数，将加权和曲面“整形”为如图 2-14(b)所示的$\hat{y}$取值范围在(0,1)区间的推测值曲面。可以看出，该推测值曲面可较为准确地反映出回型数据集中两类训练样本之间的分界线，因此该深度神经网络模型能在回型数据集上做到 100%推测准确。

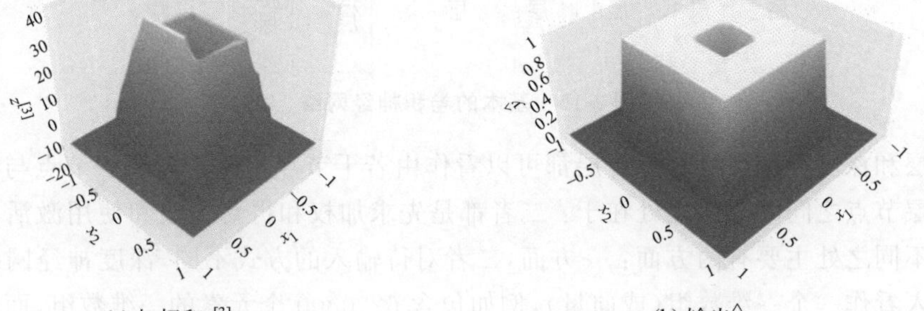

(a) 加权和$z^{[3]}$　　(b) 输出$\hat{y}$

图 2-14　实验 2-4 中深度神经网络模型第 3 层节点的加权和与输出

由此可见，二分类深度神经网络模型也是在拟合训练数据集中训练样本的输入向量与标注之间的对应关系。其主要借助缩放、叠加、平移隐含层激活函数曲线(或曲面)来拟合两类训练样本之间的分界线(或分界面)。对于具有单个隐含层的二分类神经网络而言，增加隐含层节点的数量，就相当于增加可叠加在一起的激活函数曲线(或曲面)的数量，神经网络模型就越可能具备拟合更为“复杂”的分界线(或分界面)的能力。对于具有多个隐含层的二分类深度神经网络而言，多个隐含层带来的优势是，每一层中的各个节点都可以共用由上一层节点叠加出来的多个曲线(或曲面)，并基于这些曲线(或曲面)进一步叠加出更加“复杂”的曲线(或曲面)。因此，在拟合具有一定规律的分界线(或分界面)时，通常比单隐含层神经网络更具效率(使用更少的节点)。

以上针对二分类神经网络和二分类深度神经网络的分析，不难推广至多分类任务和回归任务。

2.4　卷积神经网络

在实验 2-4 中，深度神经网络的输入向量中只有 2 个元素。然而，在一些应用领域中，输入向量中元素的数量可能较大。例如，在对分辨率为 1920×1080 像素的彩色图像进行分类时，输入向量中元素的数量可能将达到 1920×1080×3＝6 220 800。即便深度神经网络的第一个隐含层中只有 2 个节点，第一层权重的数量也将超过 1200 万：2×6 220 800＝12 441 600。较大的输入向量元素数量往往导致较大的模型参数数量，这不仅给存储和计算带来挑战，而且模型也容易过拟合。

因此，在图像等领域，人们常使用一种被称为**卷积神经网络**(convolutional neural network，CNN 或 ConvNet)的前馈神经网络。除了输入层和输出层，卷积神经网络通常还包含若干**卷积层**(convolutional layer)和若干**全连接层**(fully connected layer)，在每个卷积层之后还可加入**合并层**(pooling layer)，如图 2-15 所示。全连接层与深度神经网络中的隐含层相同，全连接层中的每个节点都与前一层中的每个节点相连。卷积层和全连接层的激活函数常使用 ReLU 激活函数。合并层只是一个下采样函数，并没有权重和偏差等需要在训练过程中确定的参数。也有人将 pooling layer 译为池化层。

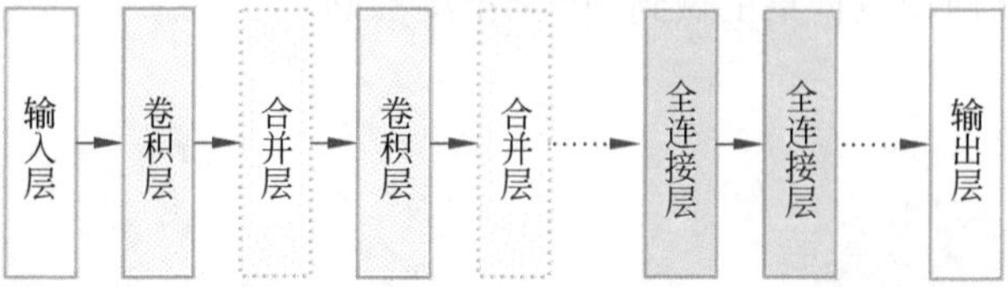

图 2-15 基本的卷积神经网络

卷积层和深度神经网络的隐含层都可以看作由若干节点构成。卷积层节点与深度神经网络隐含层节点之间的相似之处在于：二者都是先求加权和再对加权和使用激活函数。二者之间的不同之处主要有两方面：一方面，二者对待输入的方式不同，深度神经网络隐含层节点将输入看作一个一维数组(或向量)，例如包含 6220800 个元素的一维数组，而卷积层节点则将输入看作一个多维数组，其中，一维卷积层节点将输入看作一个二维数组(或矩阵)，二维卷积层节点和三维卷积层节点分别将输入看作一个三维数组和四维数组，例如二维卷积层节点的输入可以为 3×1080×1920 大小的三维数组；另一方面，二者在计算加权和时使用的输入不同，深度神经网络隐含层节点使用输入一维数组中的所有元素计算加权和，故节点只计算出一个标量加权和，而卷积层节点每次仅使用输入多维数组中一部分位置相邻的元素计算加权和，故节点需要进行若干次加权和计算，才可能使用到输入多维数组中的所有元素，从而计算出一系列标量加权和。

2.4.1 卷积层和合并层

本节以一维卷积层为例，给出卷积层的正向传播计算过程，如图 2-16 所示。以下计算过程可推广至二维卷积层和三维卷积层。

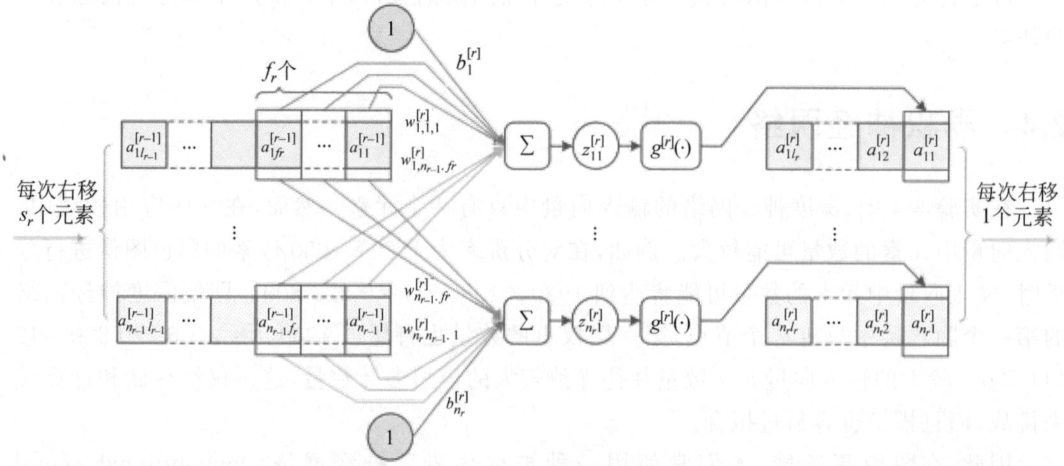

图 2-16 一维卷积层

为了不失一般性，若卷积神经网络的第 r 层为一维卷积层，则该层的输入二维数组可用矩阵 $\boldsymbol{A}^{[r-1]}$ 表示，$\boldsymbol{A}^{[r-1]} \in \mathbb{R}^{n_{r-1} \times l_{r-1}}$，如式(2-68)所示。

$$\boldsymbol{A}^{[r-1]}=\begin{pmatrix} a_{11}^{[r-1]} & a_{12}^{[r-1]} & \cdots & a_{1l_{r-1}}^{[r-1]} \\ a_{21}^{[r-1]} & a_{22}^{[r-1]} & \cdots & a_{2l_{r-1}}^{[r-1]} \\ \vdots & \vdots & & \vdots \\ a_{n_{r-1}1}^{[r-1]} & a_{n_{r-1}2}^{[r-1]} & \cdots & a_{n_{r-1}l_{r-1}}^{[r-1]} \end{pmatrix} \tag{2-68}$$

式(2-68)中，若卷积神经网络的第 $r-1$ 层也为一维卷积层，则 n_{r-1} 为第 $r-1$ 层中的节点数量；更一般地，在 PyTorch 中，n_{r-1} 被称为卷积层的输入通道数量(number of input channels)，l_{r-1} 为每个输入通道中输入序列的长度(length of sequence)，也就是每个输入通道中元素的数量；$a_{n_{r-1}l_{r-1}}^{[r-1]}$ 为第 n_{r-1} 个输入通道中的第 l_{r-1} 个元素。一维卷积层节点中每个加权和 $z_{jk}^{[r]}$ 的计算过程由式(2-69)给出。

$$z_{jk}^{[r]}=\sum_{n=1}^{n_{r-1}}\sum_{f=1}^{f_r}\left(w_{j,n,f}^{[r]}a_{n,f+(k-1)\times s_r}^{[r-1]}\right)+b_j^{[r]} \tag{2-69}$$

式(2-69)中，$w_{j,n,f}^{[r]}$ 为第 r 层中第 j 个节点对应的权重矩阵 $\boldsymbol{W}_j^{[r]}$ 中的元素，$\boldsymbol{W}_j^{[r]}\in\mathbb{R}^{n_{r-1}\times f_r}$，$\boldsymbol{W}_j^{[r]}$ 由式(2-70)给出；$a_{n,f+(k-1)\times s_r}^{[r-1]}$ 为第 r 层输入矩阵 $\boldsymbol{A}^{[r-1]}$ 中的元素；$b_j^{[r]}$ 为第 r 层中第 j 个节点对应的偏差；$z_{jk}^{[r]}$ 为第 r 层中第 j 个节点计算出的第 k 个加权和；$j=1,2,\cdots,n_r$，n_r 为第 r 层中节点的数量，也是第 r 层输出通道的数量(number of output channels)；$k=1,2,\cdots,l_r$，l_r 为第 r 层中每个节点输出序列的长度，$l_r=\left\lfloor\frac{l_{r-1}-f_r}{s_r}+1\right\rfloor$，$\lfloor\cdot\rfloor$表示向下取整；$f_r$ 为第 r 层节点计算加权和时使用的同一通道中位置相邻元素的数量，也被称为滤波器(filter)或核(kernel)的大小；s_r 为第 r 层节点计算加权和时每次跨过的同一通道中位置相邻元素的数量，也被称为步幅(stride)。

$$\boldsymbol{W}_j^{[r]}=\begin{pmatrix} w_{j,1,1}^{[r]} & w_{j,1,2}^{[r]} & \cdots & w_{j,1,f_r}^{[r]} \\ w_{j,2,1}^{[r]} & w_{j,2,2}^{[r]} & \cdots & w_{j,2,f_r}^{[r]} \\ \vdots & \vdots & & \vdots \\ w_{j,n_{r-1},1}^{[r]} & w_{j,n_{r-1},2}^{[r]} & \cdots & w_{j,n_{r-1},f_r}^{[r]} \end{pmatrix} \tag{2-70}$$

由式(2-69)可写出第 r 层节点计算出的加权和矩阵 $\boldsymbol{Z}^{[r]}$ 为

$$\boldsymbol{Z}^{[r]}=\begin{pmatrix} z_{11}^{[r]} & z_{12}^{[r]} & \cdots & z_{1l_r}^{[r]} \\ z_{21}^{[r]} & z_{22}^{[r]} & \cdots & z_{2l_r}^{[r]} \\ \vdots & \vdots & & \vdots \\ z_{n_r1}^{[r]} & z_{n_r2}^{[r]} & \cdots & z_{n_rl_r}^{[r]} \end{pmatrix} \tag{2-71}$$

尽管卷积层加权和计算式看上去稍有些复杂，但该计算式表达的含义相对容易理解。如果将输入通道 n 中的输入($a_{n1}^{[r-1]},a_{n2}^{[r-1]},\cdots,a_{nl_{r-1}}^{[r-1]}$)看作一个序列、将第 j 个节点对应通道 n 的权重($w_{j,n,1}^{[r]},w_{j,n,2}^{[r]},\cdots,w_{j,n,f_r}^{[r]}$)看作另一个序列，并且忽略该节点的偏差 $b_j^{[r]}$(即 $b_j^{[r]}=0$)、步幅取最小值(即 $s_r=1$)，那么由该节点计算出的一系列加权和($z_{j1}^{[r]},z_{j2}^{[r]},\cdots,z_{jl_r}^{[r]}$)将为各个输入通道上的上述两个序列的互相关(cross-correlation)之和(当输入序列首尾未填充够 f_r-1 个 0 时，为部分互相关之和)。在信号处理中，常用互相关度量两个序列的相似性。因此，节点 j 计算出的加权和在某种程度上代表了输入矩阵 $\boldsymbol{A}^{[r-1]}$ 与该节点权重矩阵 $\boldsymbol{W}_j^{[r]}$ 之间的相似性。

另一方面，在上述前提下，上述一系列加权和($z_{j1}^{[r]},z_{j2}^{[r]},\cdots,z_{jl_r}^{[r]}$)也可以理解为 n 个输

入通道的输入序列分别经过 n 个 f_r-1 阶有限冲激响应(finite impulse response,FIR)滤波器的输出之和。这些滤波器的系数由权重矩阵 $\mathbf{W}_j^{[r]}$ 给出。因此,节点 j 计算出的加权和在某种程度上也可以看作多个输入序列分别经过多个给定滤波器"抠"出的"特征"之和。

卷积层中的节点在计算出加权和之后,同样对加权和使用激活函数,如式(2-72)所示。

$$a_{jk}^{[r]}=g^{[r]}(z_{jk}^{[r]}) \tag{2-72}$$

式(2-72)中,$g^{[r]}(\cdot)$为第 r 层的激活函数;$a_{jk}^{[r]}$ 为第 r 层中第 j 个节点的第 k 个输出,$j=1,2,\cdots,n_r$,$k=1,2,\cdots,l_r$。由式(2-72)可写出第 r 层节点的输出矩阵 $\mathbf{A}^{[r]}$ 为

$$\mathbf{A}^{[r]}=\begin{pmatrix} a_{11}^{[r]} & a_{12}^{[r]} & \cdots & a_{1l_r}^{[r]} \\ a_{21}^{[r]} & a_{22}^{[r]} & \cdots & a_{2l_r}^{[r]} \\ \vdots & \vdots & & \vdots \\ a_{n_r1}^{[r]} & a_{n_r2}^{[r]} & \cdots & a_{n_rl_r}^{[r]} \end{pmatrix} \tag{2-73}$$

若式(2-73)中的 l_r 较大,输出矩阵 $\mathbf{A}^{[r]}$ 中的元素仍可能较多。在一维卷积层后加入一维合并层可进一步减少各个通道中序列的长度,从而减少输出矩阵中元素的数量。一维合并层如图 2-17 所示,其中使用的下采样函数为最大合并(max pooling)。

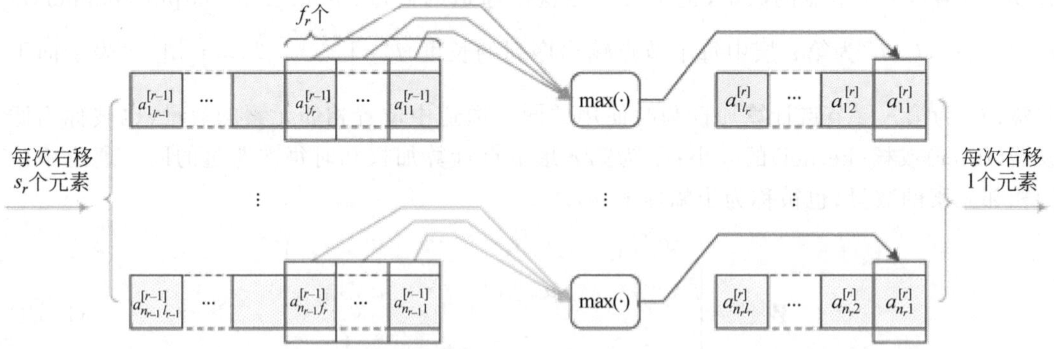

图 2-17　一维合并层

为了不失一般性,若卷积神经网络的第 r 层为一维合并层,其输入为如式(2-68)所示的 $\mathbf{A}^{[r-1]}$,则一维合并层的最大合并函数可写为

$$a_{jk}^{[r]}=\max\left(a_{j,1+(k-1)\times s_r}^{[r-1]},a_{j,2+(k-1)\times s_r}^{[r-1]},\cdots,a_{j,f_r+(k-1)\times s_r}^{[r-1]}\right) \tag{2-74}$$

式(2-74)中,f_r 为第 r 层合并函数输入的同一通道中位置相邻元素的数量,即滤波器或核的大小;s_r 为第 r 层合并函数每次跨过的同一通道中位置相邻元素的数量,即步幅;$\max(\cdot)$表示取 f_r 个值中的最大者;$a_{j,f_r+(k-1)\times s_r}^{[r-1]}$ 为第 r 层输入矩阵 $\mathbf{A}^{[r-1]}$ 中的元素;$a_{jk}^{[r]}$ 为第 r 层中第 j 个通道的第 k 个输出,$j=1,2,\cdots,n_r$,n_r 为第 r 层中输出通道的数量,对于合并层而言,$n_r=n_{r-1}$,即输出通道的数量等于输入通道的数量;$k=1,2,\cdots,l_r$,l_r 为第 r 层每个输出通道输出的序列的长度,$l_r=\left\lfloor\frac{l_{r-1}-f_r}{s_r}+1\right\rfloor$,$\lfloor\cdot\rfloor$表示向下取整。由式(2-74)仍可写出如式(2-73)所示的合并层输出矩阵 $\mathbf{A}^{[r]}$。

从式(2-74)可以看出,合并层将每个输入通道中位置相邻的若干元素都"合并"为一个元素;若使用最大合并函数,则是从这若干元素中选择一个值最大的元素并将其输出。

图 2-15 中,全连接层的输入为合并层或卷积层的输出。全连接层与深度神经网络的隐

含层一样,其输入为一维数组(或向量)。而合并层或卷积层的输出为多维数组,这将导致合并层或卷积层的输出与全连接层的输入之间在数组维数上不匹配。因此,在将合并层或卷积层输出的多维数组输入至全连接层之前,还需要将多维数组展开成一维数组。

2.4.2　卷积神经网络实践

本节中,我们尝试使用卷积神经网络完成二分类任务。考虑一个基本的分类任务:含噪正弦波的分类。在通信领域,人们使用正弦型信号(例如正弦波)作为载波,承载通过有线或无线方式传递的消息。在发送端,使用数字信号改变模拟载波信号参量的过程,称为数字调制(digital modulation)。其中,使用数字信号改变模拟载波信号的频率被称为频移键控(frequency-shift keying,FSK)。举一个二进制频移键控的例子:如果待传输的比特为“0”,则发送端发送频率为 f_0 的载波信号;如果待传输的比特为“1”,则发送端发送频率为 f_1 的载波信号。在接收端,接收到的载波信号中往往含有噪声。如果接收端能够对接收到的不同频率的含噪载波信号进行分类,也就是将频率为 f_0 的载波信号对应为第 0 个类别、将频率为 f_1 的载波信号对应为第 1 个类别,那么接收端就可以恢复(解调)出发送端发送的比特。因此,对二进制频移键控信号进行解调也是一个二分类任务。

下面考虑一个简化的二进制频移键控信号分类任务。假设对 200 个含噪载波信号(离散信号)进行二分类,其中 100 个含噪信号的载波频率为 1Hz,另外 100 个含噪信号的载波频率为 2Hz。将前者记为第 0 个类别,将后者记为第 1 个类别。每个类别的信号与噪声的平均功率之比(即信噪比)都为 10dB。每个含噪载波信号的持续时长为 1s,采样间隔为 0.05s,因此每个信号有 21 个采样值。将每个含噪载波信号都作为数据集中的一个训练样本:将信号的 21 个采样值作为训练样本的输入向量,将信号的类别值作为训练样本的标注。由此可得到如图 2-18 所示的数据集,姑且称之为含噪正弦波数据集。生成该数据集的程序可通过扫描二维码下载。

含噪正弦波数据集的生成程序

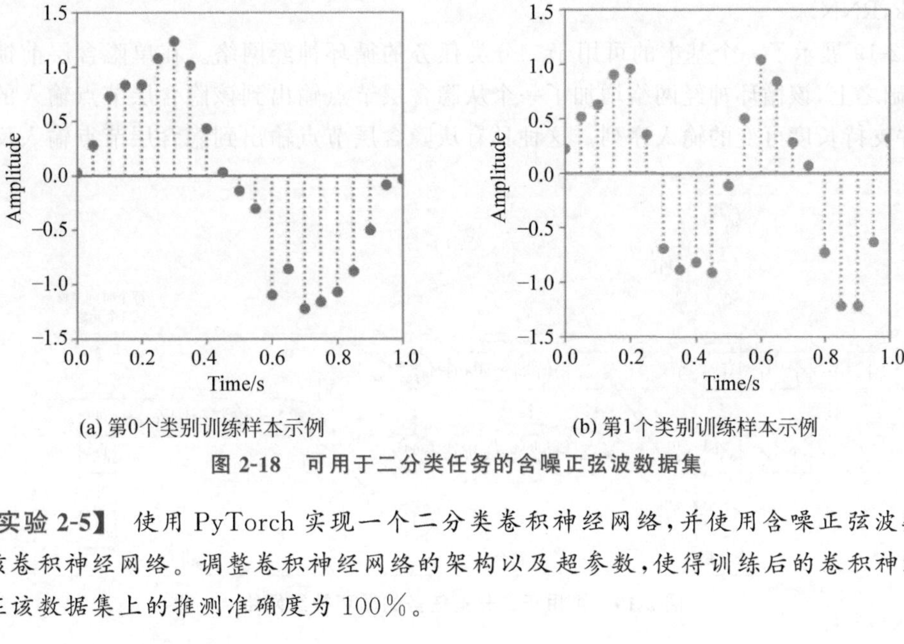

(a) 第0个类别训练样本示例　　(b) 第1个类别训练样本示例

图 2-18　可用于二分类任务的含噪正弦波数据集

【实验 2-5】　使用 PyTorch 实现一个二分类卷积神经网络,并使用含噪正弦波数据集训练该卷积神经网络。调整卷积神经网络的架构以及超参数,使得训练后的卷积神经网络模型在该数据集上的推测准确度为 100%。

提示：①仍可使用批梯度下降法训练卷积神经网络模型；②随机种子可设置为 0；③可使用torch.nn.Conv1d 类实现一维卷积层中的加权和计算、使用 torch.nn.MaxPool1d 类实现使用最大合并的一维合并层、使用 torch.nn.Linear 类实现全连接层中的加权和计算、使用 torch.flatten()函数展开多维数组；④卷积层和全连接层节点的激活函数仍可使用 ReLU 激活函数；⑤因含噪正弦波数据集中训练样本的输入为向量，故在将其输入至一维卷积层时可视为只有一个输入通道，即式(2-68)中的 $n_{r-1}=1$；⑥在 PyTorch 中，一维卷积层及一维合并层的输入和输出都是三维数组，这两个数组的第一维用来索引同一批中的不同的样本、第二维用来索引不同的输入通道或者输出通道、第三维用来索引同一通道中的不同元素；⑦可使用 NumPy 的 expand_dims()函数为数组添加一个轴(即增加一维)；⑧使用 torch.flatten()函数时，注意 start_dim 参数的设置。

当卷积神经网络由一个一维卷积层、一个一维合并层，以及输出层级联而成，并且随机种子为 0、学习率为 0.2、迭代次数为 100 左右时，训练后的卷积神经网络模型在含噪正弦波数据集上的推测准确度可达到 100%。其中，一维卷积层的节点数量(或输出通道的数量) $n_r=1$、核大小 $f_r=5$、步幅 $s_r=1$；使用最大合并的一维合并层的核大小 $f_r=2$、步幅 $s_r=2$。当然，满足本实验要求的卷积神经网络架构与超参数的组合不唯一。值得注意的是，使用 PyTorch(借助 CUDA)在 GPU 上实现卷积层时，可能会因程序在运行时选择不同的算法或者使用非确定性算法而导致每次运行的结果不同。

2.5 循环神经网络

之前我们讨论过的深度神经网络和卷积神经网络都是前馈神经网络。前馈神经网络的特点是，节点之间的连接不存在反馈环路。相比之下，节点之间的连接存在反馈环路的神经网络，称为反馈神经网络(feedback neural network)，也称为**循环神经网络**(recurrent neural network，RNN)。

图 2-19 展示了一个基本的可用于二分类任务的循环神经网络。在单隐含层前馈神经网络基础之上，该循环神经网络增加了一个从隐含层节点输出到该隐含层节点输入的反馈环路，并支持长度可变的输入序列。这种具有从隐含层节点输出到隐含层节点输入反馈环

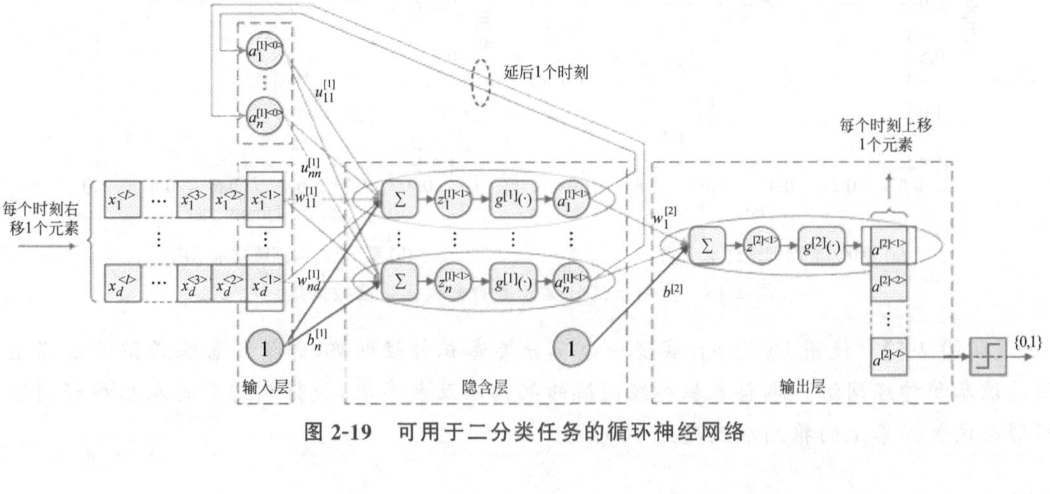

图 2-19 可用于二分类任务的循环神经网络

路的单隐含层循环神经网络，也称为埃尔曼网络(Elman network)。当然，正如深度神经网络中有多个隐含层一样，循环神经网络中也可以有多个这样的带有反馈环路的隐含层。

值得注意的是，在图 2-19 所示的循环神经网络中，将隐含层的输出反馈至该隐含层的输入，需要历经 1 个时刻的时长，即隐含层输出的反馈被延后 1 个时刻再输入该隐含层。第 1 个时刻隐含层输入的反馈可以为零。这里的 1 个时刻指的是时间上的 1 步，即 time step。

就图 2-19 中的二分类循环神经网络而言，在从第 1 个时刻开始的每个时刻上，循环神经网络的输入层都可以输入一个向量，并且输出层在每个时刻上也都可以输出一个推测值，尽管只有最后一个时刻(第 l 个时刻)输出的推测值将用来给出二分类结果。因此，循环神经网络的输入是一系列向量，即向量序列。值得说明的是，循环神经网络对输入向量序列的长度(也就是向量的数量或者时刻的数量 l)并没有要求，因此不同训练样本中向量序列的长度可以不同，这是循环神经网络的优势。

图 2-19 所示的二分类循环神经网络的正向传播计算过程如下。循环神经网络的输入可记为

$$\boldsymbol{X}=\begin{pmatrix} x_1^{<1>} & x_2^{<1>} & \cdots & x_d^{<1>} \\ x_1^{<2>} & x_2^{<2>} & \cdots & x_d^{<2>} \\ \vdots & \vdots & & \vdots \\ x_1^{<l>} & x_2^{<l>} & \cdots & x_d^{<l>} \end{pmatrix} \tag{2-75}$$

式(2-75)中，$\boldsymbol{X}\in\mathbb{R}^{l\times d}$，$x_d^{<l>}$ 为第 l 个时刻循环神经网络输入向量中的第 d 个元素，上标 $<l>$ 表示第 l 个时刻；l 为向量序列的长度(即时刻的数量)；d 为每个向量中元素的数量。

该循环神经网络隐含层节点的输入为当前时刻的输入向量，以及上一时刻隐含层节点的输出。参照神经网络隐含层的正向传播计算过程，可写出该循环神经网络隐含层节点输出的计算式如下。

$$z_j^{[1]<t>}=\sum_{h=1}^{d}(x_h^{<t>}w_{jh}^{[1]})+\sum_{k=1}^{n}(a_k^{[1]<t-1>}u_{jk}^{[1]})+b_j^{[1]} \tag{2-76}$$

$$a_j^{[1]<t>}=g^{[1]}(z_j^{[1]<t>}) \tag{2-77}$$

式(2-76)和式(2-77)中，$x_h^{<t>}$ 为第 t 个时刻循环神经网络输入向量中的第 h 个元素；$w_{jh}^{[1]}$ 为隐含层(第 1 层)中第 j 个节点对应输入向量中第 h 个元素的权重；$a_k^{[1]<t-1>}$ 为第 $t-1$ 个时刻循环神经网络隐含层中第 k 个节点的输出；$u_{jk}^{[1]}$ 为隐含层中第 j 个节点对应该层中第 k 个节点上一时刻输出的权重；$b_j^{[1]}$ 为隐含层中第 j 个节点对应的偏差；$z_j^{[1]<t>}$ 为第 t 个时刻隐含层中第 j 个节点计算出的加权和；$g^{[1]}(\cdot)$ 为隐含层节点的激活函数；$a_j^{[1]<t>}$ 为第 t 个时刻隐含层中第 j 个节点的输出；$t=1,2,\cdots,l$，$j=1,2,\cdots,n$。在循环神经网络中，隐含层节点常使用的激活函数包括 tanh(hyperbolic tangent，双曲正切)函数和 ReLU 函数等。其中，tanh 函数由式(2-78)给出。

$$g(z)=\frac{\mathrm{e}^z-\mathrm{e}^{-z}}{\mathrm{e}^z+\mathrm{e}^{-z}}=\frac{\mathrm{e}^{2z}-1}{\mathrm{e}^{2z}+1} \tag{2-78}$$

式(2-78)中，e 为自然常数。

上述二分类循环神经网络输出层节点的计算式为

$$z^{[2]<t>}=\sum_{j=1}^{n}(a_j^{[1]<t>}w_j^{[2]})+b^{[2]} \tag{2-79}$$

$$\hat{y}=a^{[2]<l>}=g^{[2]}(z^{[2]<l>}) \tag{2-80}$$

式(2-79)和式(2-80)中，$w_j^{[2]}$ 为输出层(第 2 层)中唯一节点对应隐含层中第 j 个节点的权重；$b^{[2]}$ 为输出层中唯一节点对应的偏差；$z^{[2]<t>}$ 为第 t 个时刻输出层中唯一节点计算出的加权和；$g^{[2]}(\cdot)$ 为输出层节点的激活函数，在二分类任务中通常为 sigmoid 函数；$a^{[2]<l>}$ 为第 l 个时刻(最后一个时刻)输出层中唯一节点的输出，即该循环神经网络的输出 $\hat{y}$；$t=1,2,\cdots,l$。

以上为如图 2-19 所示的二分类循环神经网络的正向传播计算过程。

【想一想】 为什么只具有单个隐含层的循环神经网络也被视为一种深度学习方法？

没错，尽管只有一个隐含层，但是由于存在反馈环路，因此循环神经网络输出 $\hat{y}$ 的计算迹线为 $z_j^{[1]<1>}\rightarrow a_j^{[1]<1>}\rightarrow z_j^{[1]<2>}\rightarrow\cdots\rightarrow a_j^{[1]<l-1>}\rightarrow z_j^{[1]<l>}\rightarrow a_j^{[1]<l>}\rightarrow z^{[2]<l>}\rightarrow\hat{y}$，$j=1,2,\cdots,n$。当输入序列的长度 l 大于 1 时，上述正向传播的计算过程在某种程度上类似于多隐含层深度神经网络中的正向传播过程。因此，人们常把单隐含层循环神经网络也视为一种深度学习方法。

图 2-19 所示的循环神经网络在每个时刻都输入一个向量，但只在最后一个时刻输出一个推测值，因此属于多对一(many-to-one)型的循环神经网络。反之，如果循环神经网络只在第 1 个时刻输入一个向量，但在每个时刻都输出推测值，则该循环神经网络属于一对多(one-to-many)型的循环神经网络。此外，如果循环神经网络在每个时刻都输入一个向量，并且在每个时刻也都输出推测值，则该循环神经网络属于多对多(many-to-many)型的循环神经网络。

接下来，我们尝试使用 PyTorch 实现上述二分类循环神经网络。

【实验 2-6】 使用 PyTorch 实现如图 2-19 所示的二分类循环神经网络，并使用含噪正弦波数据集训练该循环神经网络。调整循环神经网络的超参数或训练参数，使得训练后的循环神经网络模型在该数据集上的推测准确度为 100%。

提示： ①仍可使用批梯度下降法训练循环神经网络模型；②可使用 torch.nn.RNN 类实现循环神经网络中的带有反馈环路的隐含层；③隐含层节点的激活函数可使用 tanh 函数；④因含噪正弦波数据集中训练样本的输入为一个包含 21 个元素的向量，且这 21 个元素的值来自同一时间序列，故在将其输入循环神经网络时可视为一个长度为 21 的标量序列($l=21$)；⑤torch.nn.RNN 对象的输入可以是三维数组，该数组的第一维用来索引同一批中的不同的训练样本(当参数 batch_first=True 时)、第二维用来索引不同时刻上的输入向量、第三维用来索引同一输入向量中的不同元素；⑥torch.nn.RNN 对象的输出也可以是三维数组，这个数组的第一维用来索引同一批中的不同的训练样本(当参数 batch_first=True 时)、第二维用来索引不同时刻上隐含层节点的输出、第三维用来索引同一时刻上不同隐含层节点的输出；⑦可使用 NumPy 的 expand_dims()函数为数组添加一个轴(即增加一维)。

当循环神经网络隐含层节点数量为 5、随机种子为 0、学习率为 0.2、迭代次数为 100 左右时，训练后的循环神经网络模型在含噪正弦波数据集上的推测准确度可达到 100%。当然，满足本实验要求的设置与随机种子有关。此外，使用 torch.nn.RNN 等类(借助 CUDA)在 GPU 上实现循环神经网络时，可能会因程序在运行时使用非确定性算法而导致运行结果不同。

2.6 本章实验解析

如果你已经独立完成了本章中的各个实验，祝贺你，可以跳过本节学习。如果未能独立完成，也没有关系，因为在本节中，我们将对本章中出现的各个实验做进一步讲解分析。

【实验 2-1】 仅使用 NumPy 实现如图 2-1 所示的二分类神经网络，并使用如图 2-3 所示的方型数据集训练该神经网络。画出代价函数的值随迭代次数变化的曲线，并给出神经网络模型在该数据集上的推测准确度。

【解析】 在"机器学习书"中，我们已经使用 NumPy 实现过二分类神经网络。本实验的目的是回顾如何使用 NumPy 训练并评估二分类神经网络。本实验的程序可以方型数据集的生成程序为基础，在其后添加代码。为了使用随机数初始化神经网络的各层权重和偏差并且便于比对结果，可先创建一个随机数生成器并将随机种子设置为 10：rng＝np.random.default_rng(10)。然后用随机数初始化各层的权重和偏差，例如初始化第一层权重的代码为 W_1＝rng.random((n, d))，其中 n 为神经网络隐含层节点的数量、d 为输入向量中元素的数量。在此可顺便初始化后续将用到的含有 m 个常数 1 的列向量 $\boldsymbol{v}$：v＝np.ones((m, 1))，以及用来存储代价的数组 costs_saved＝np.zeros(iterations)，其中 m 是训练数据集中训练样本的数量、iterations 是训练时的迭代次数。

之后，可以开始批梯度下降法中的迭代过程。由于迭代次数已知，故可使用 for 循环实现。在 for 循环中，可依次进行正向传播、代价计算、反向传播、参数更新 4 个步骤的计算。正向传播的计算过程可参照式(2-13)～式(2-16)。例如，式(2-13)可由这行代码实现：Z_1＝np.dot(X_train,W_1.T)＋b_1(这里使用了矩阵乘法和广播操作)、式(2-14)可由这行代码实现：A_1＝Z_1＊(Z_1＞0)(逻辑表达式 Z_1＞0 即可实现艾弗森括号)。代价计算可参照式(2-19)，其向量形式的代码可写为 costs_saved[i]＝－(np.dot(y_train.T,np.log(y_hat))＋np.dot((1－y_train).T,np.log(1－y_hat)))/m，其中 y_train 和 y_hat 都是含有 m 个元素的列向量，y_train 由式(2-11)给出，y_hat 由式$\hat{y}=(\hat{y}^{(1)},\hat{y}^{(2)},\cdots,\hat{y}^{(m)})^{\mathrm{T}}$给出，计算向量的自然对数使用了 np.log()函数，按元素计算的向量的自然对数仍为相同维数的向量。反向传播的计算过程可参照式(2-40)，以及式(2-36)～式(2-39)，例如式(2-40)和式(2-39)可分别使用以下代码实现：e＝y_hat－y_train、dW_1＝np.dot((np.dot(e,w_2)＊(Z_1＞0)).T,X_train)/m。参数更新可参照式(2-41)。

在训练数据集上评估神经网络，可参照上述迭代中的正向传播。推测准确度是模型推测正确的训练样本数量与训练样本总数的比率，可以为百分率。

现在，如果你尚未完成实验 2-1，请尝试独立完成本实验。如果仍有困难，再参考附录 A 中经过注释的实验程序。

【实验 2-2】 使用 PyTorch 实现如图 2-1 所示的二分类神经网络，并使用如图 2-3 所示的方型数据集训练该神经网络。画出代价函数的值随迭代次数变化的曲线，并给出神经网络模型在该数据集上的推测准确度。

【解析】 本实验的程序可参照实验 2-1 的程序。在 PyTorch 中，可使用 torch.manual_seed()函数为 CPU 和 GPU 指定随机种子。这里，我们通过继承 torch.nn.Module 基类的方式定义如图 2-1 所示的二分类神经网络，参考代码如下。

```
class ann(torch.nn.Module):
    def __init__(self):
        super(ann, self).__init__()
        self.linear1=torch.nn.Linear(in_features=d, out_features=n)
        self.linear2=torch.nn.Linear(in_features=n, out_features=1)
    def forward(self, x):
        a_1=torch.nn.functional.relu(self.linear1(x))
        y_hat=torch.sigmoid(self.linear2(a_1))
        return y_hat
```

神经网络正向传播的计算过程需在上述 forward()方法中给出，其中使用到的对象可以在__init__()方法中创建。值得注意的是，self.linear1、self.linear2 等对象的输入和输出通常是多维数组，这些多维数组第一维的大小(对于二维数组对应的矩阵而言即行数)应为每批训练样本的数量：如果每批训练样本中只有一个训练样本，那么这些多维数组第一维的大小应为 1；如果每批训练样本都包含 m 个训练样本，那么这些多维数组第一维的大小应为 m。由于输入和输出数组的第一维大小等于每一批中训练样本的数量，故 torch.nn.Linear 等类中的参数 in_features 指的是除第一维之外的输入数组的大小、out_features 指的是除第一维之外的输出数组的大小。例如，在训练过程中，若使用批梯度下降法，则 self.linear1 对象实现的是如式(2-13)所示的仿射映射，其输入为 $m\times d$ 大小的矩阵 $\boldsymbol{X}$，用来存储该矩阵的二维数组的形状为(m,d)，故此时有 in_features＝d；其输出为 $m\times n$ 大小的矩阵 $\boldsymbol{Z}^{[1]}$，用来存储该矩阵的二维数组的形状为(m,n)，故此时有 out_features＝n。再如，在推测过程中，若每次只需推测单个训练样本输入向量对应的标注，则 self.linear1 对象实现的是如式(2-1)所示的仿射映射，其输入为 $1\times d$ 大小的行向量 $\boldsymbol{x}$，用来存储该行向量的二维数组的形状为$(1,d)$，故此时也有 in_features＝d；其输出为 $1\times n$ 大小的行向量 $\boldsymbol{z}^{[1]}$，用来存储该行向量的二维数组的形状为$(1,n)$，故此时也有 out_features＝n。所以，这样设置参数 in_features和 out_features 的好处是，无论是训练过程还是推测过程，都可以使用同一个 forward()方法实现正向传播和推测。

上述 forward()方法的第二个参数为神经网络的输入矩阵 $\boldsymbol{X}$，即形状为(m,d)的二维数组。在 forward()方法中，首先将该二维数组输入 self.linear1 对象，得到形状为(m,n)的输出数组(也是一个二维数组)；再将该输出数组输入 torch.nn.functional.relu()函数，以实现式(2-14)或式(2-2)；之后将 torch.nn.functional.relu()函数输出的同样形状的数组，输入至 self.linear2 对象，得到形状为$(m,1)$的输出数组(当 $m>1$ 时)或标量(当 $m=1$ 时)；最后将该输出数组或标量，输入 torch.sigmoid()函数，以实现式(2-16)或式(2-4)。

定义上述神经网络类之后，就可以创建一个神经网络对象：model_ann＝ann().to(device＝processor)。如果使用 GPU 训练、评估神经网络模型，则可将.to()方法的 device 参数设置为'cuda'，上述代码将在显存中创建神经网络对象。如果使用 GPU，在训练开始之前，还应将训练数据集(X_train 和 y_train 两个数组)也存储在显存中，可使用 torch.tensor()函数将数组复制至显存。之后，创建一个用来计算代价的对象，例如用 loss_function＝torch.nn.BCELoss()创建一个用来计算二分类交叉熵的 torch.nn.BCELoss 对象。此外，还需要创建一个优化器对象，用来更新神经网络的权重和偏差，例如 optimizer＝torch.optim.SGD(model_ann.parameters(), lr＝learning_rate)将为神经网络对象 model_ann 创建一个

torch.optim.SGD 优化器对象，借助该优化器可实现批梯度下降法，通过设置其中的 lr 参数可设置学习率。为了存储每次迭代计算出的代价，可在开始训练之前创建一个存储代价的数组 costs_saved＝torch.zeros(iterations, device＝processor)，如果使用 GPU，也可将其存储在显存中。

接下来，使用批梯度下降法训练神经网络。在批梯度下降法中，每一次迭代就是一个 epoch，再加上迭代次数已知，故可使用一个 for 循环实现训练过程。在 for 循环中，同样可依次进行正向传播、代价计算、反向传播、参数更新 4 个步骤的计算，只是这些步骤的实现方式与实验 2-1 中的方式有所差别。正向传播可通过调用已创建的神经网络对象实现：y_hat＝model_ann(X_train_gpu)，其中 X_train_gpu 为存储输入矩阵 $\boldsymbol{X}$ 的二维数组(使用 GPU 时该数组存储在显存中)。值得说明的是，尽管在定义神经网络时，我们已将正向传播的计算过程写在 forward()方法之中，但 PyTorch 建议通过调用神经网络对象的方式调用该方法(而不是直接调用该方法)。这是因为在调用神经网络对象时，除了调用该方法，还将调用已注册的钩子函数。交叉熵代价可通过调用已创建的 torch.nn.BCELoss 对象计算得出：costs＝loss_function(y_hat, y_train_gpu)，其中 y_train_gpu 为存储训练样本标注的数组、y_hat 为存储神经网络输出的推测值的数组，使用 GPU 时这两个数组存储在显存中。在进行反向传播之前，需先清零偏导数：optimizer.zero_grad()，这是因为 PyTorch 默认将每次计算出来的偏导数都累加在一起(而非用新计算出来的偏导数覆盖之前计算出来的偏导数)。然后通过调用 costs 对象的 backward()方法实现反向传播：costs.backward()。最后，通过调用优化器对象的 step()方法实现参数更新：optimizer.step()。上述 4 个计算步骤构成了 for 循环的主体。

在评估经过训练得到的神经网络模型时，可借助 torch.inference_mode 上下文管理器减少开销，以缩短正向传播的运行时长：with torch.inference_mode()。值得注意的是，使用 GPU 训练、评估神经网络模型时，神经网络模型的参数和输出数组也将存储在显存中。如果需要用于打印或画图，还应将这些参数或输出数组复制到内存中，这时可使用 tensor 对象的 cpu()方法或者 to()方法，在此基础上还可进一步使用 tensor 对象的 numpy()方法将内存中的 tensor 对象存储为 ndarray 对象。例如 weight_1＝model_ann.state_dict()["linear1.weight"].cpu().numpy()将神经网络第一层的权重参数复制到内存中并存储为 ndarray 数组，其中，神经网络对象的 state_dict()方法将返回包括权重和偏差参数在内的一个 Python 字典。另外值得注意的是，操作 tensor 对象应使用 PyTorch 提供的函数(而非 NumPy 提供的函数)，例如计算 tensor 数组中指定轴上的元素之和可使用 torch.sum()函数(而非 np.sum()函数)。

现在，如果你尚未完成实验 2-2，请尝试独立完成本实验。如果仍有困难，再参考附录 A 中经过注释的实验程序。

【实验 2-3】 使用 PyTorch 实现如图 2-1 所示的二分类神经网络，并使用如图 2-8 所示的回型数据集训练该神经网络。如果希望该神经网络模型在回型数据集上的推测准确度为 100%，那么该神经网络模型大约需要有多少个隐含层节点？

【解析】 本实验的程序可沿用实验 2-2 的程序。用回型数据集生成程序中的代码替换实验 2-2 程序中原有的用于生成方型数据集的 5 行代码(也可只替换其中的第 3 行代码)。尝试设置不同的神经网络隐含层节点数量 n、不同的随机种子、不同的迭代次数，并多次运行程序，以寻找到满足本实验要求的隐含层节点的数量。

现在，如果你尚未完成实验 2-3，请尝试独立完成本实验。如果仍有困难，再参考附录 A 中经过注释的实验程序。

【实验 2-4】 使用 PyTorch 实现如图 2-9 所示的深度神经网络，并使用如图 2-8 所示的回型数据集训练该深度神经网络。如果希望该深度神经网络模型在回型数据集上的推测准确度为 100%，那么该深度神经网络模型的两个隐含层各大约需要多少个节点？

【解析】 本实验的程序可基于实验 2-3 的程序。修改实验 2-3 程序中定义的二分类神经网络，增加一个隐含层，同样使用 ReLU 激活函数。可在 __init__() 方法中再创建一个 torch.nn.Linear 对象，然后在 forward() 方法中修改相应的正向传播计算过程。我们只需给出正向传播的计算过程，反向传播的计算将由 PyTorch 框架“自动”完成。参考代码如下。

```
class dnn(torch.nn.Module):
    def __init__(self):
        super(dnn, self).__init__()
        self.linear1=torch.nn.Linear(in_features=d, out_features=n1)
        self.linear2=torch.nn.Linear(in_features=n1, out_features=n2)
        self.linear3=torch.nn.Linear(in_features=n2, out_features=1)
    def forward(self, x):
        a_1=torch.nn.functional.relu(self.linear1(x))
        a_2=torch.nn.functional.relu(self.linear2(a_1))
        y_hat=torch.sigmoid(self.linear3(a_2))
        return y_hat
```

其中，n1 为第一个隐含层中节点的数量；n2 为第二个隐含层中节点的数量。

由于仍使用批梯度下降法和 PyTorch 训练深度神经网络模型，因此实验 2-3 程序中模型训练部分的代码仍可沿用。随机种子可设置为 0。尝试设置不同的深度神经网络各隐含层节点数量、不同的迭代次数，并多次运行程序，以寻找到满足本实验要求的各隐含层节点的数量。

现在，如果你尚未完成实验 2-4，请尝试独立完成本实验。如果仍有困难，再参考附录 A 中经过注释的实验程序。

【实验 2-5】 使用 PyTorch 实现一个二分类卷积神经网络，并使用含噪正弦波数据集训练该卷积神经网络。调整卷积神经网络的架构以及超参数，使得训练后的卷积神经网络模型在该数据集上的推测准确度为 100%。

【解析】 本实验的程序可基于实验 2-4 的程序。先用含噪正弦波数据集的生成程序替换实验 2-4 程序中的回型数据集生成程序。需要注意的是，由含噪正弦波数据集生成程序生成的训练样本输入矩阵 X_train 的大小为 $m\times d$，其中 $m=200$、$d=21$，即 X_train 是二维数组，而卷积神经网络的第一层为一维卷积层，PyTorch 中一维卷积层的输入需为三维数组，故不能将二维数组 X_train 直接输入卷积神经网络。可先把 X_train 转换为三维数组。一种办法是，使用 np.expand_dims() 函数为 X_train 二维数组添加一个轴。对照 PyTorch 中一维卷积层的输入三维数组，可知 X_train 二维数组的第一维可以对应该输入三维数组的第一维、X_train 二维数组的第二维可以对应该输入三维数组的第三维。因含噪正弦波数据集训练样本的输入为一个向量，故只有一个通道，所以该输入三维数组中第二维的大小为 1。因此，只使用 np.expand_dims()函数为 X_train 数组在第一维和第二维之间添加一个新轴即可，参考代码为 X_train＝np.expand_dims(X_train, axis＝1)。

在实验 2-4 程序的基础之上，还需修改神经网络类的定义，定义卷积神经网络的各层及正向传播的计算过程。例如，可以定义一个较为“简单”的卷积神经网络，其中仅包含一个一维卷积层、一个一维合并层，以及输出层。当然，可以添加更多的卷积层、合并层，并且在输出层之前添加多个全连接层。由于本实验中使用的含噪正弦波数据集较为“简单”，其中训练样本的数量也不是很多，因此即便使用较为“简单”的卷积神经网络，当训练过程中的迭代次数足够多时，模型仍有可能会过拟合。定义卷积神经网络类的参考代码如下。

```
class cnn(torch.nn.Module):
    def __init__(self):
        super(cnn, self).__init__()
        self.conv1=torch.nn.Conv1d(in_channels=1, out_channels=n_conv1,
kernel_size=f_conv1)
        self.pool=torch.nn.MaxPool1d(kernel_size=2, stride=2)
        self.linear1=torch.nn.Linear(in_features=(d-(f_conv1-1))//2,
        out_features=1)
    def forward(self, x):
        a_1=torch.nn.functional.relu(self.conv1(x))
        a_2=self.pool(a_1)
        a_2_flat=torch.flatten(a_2, start_dim=1)
        y_hat=torch.sigmoid(self.linear1(a_2_flat))
        return y_hat
```

上述代码定义了一个具有一维卷积层、一维合并层，以及输出层的卷积神经网络。其中，一维卷积层的输入通道数量(in_channels)为 1，与 $m\times 1\times d$ 大小的输入三维数组的第二维大小保持一致。该卷积层的输出通道数量可通过 out_channels 参数设置、核大小可通过 kernel_size 参数设置、步幅可通过 stride 参数设置(若不设置，则缺省为 1)。该卷积层使用 ReLU 激活函数，输出的三维数组大小为 $m\times \text{out\_channels}\times(d-\text{kernel\_size}+1)$。当 n_conv1＝1、f_conv1＝5 时，即 out_channels＝1、kernel_size＝5 时，该卷积层输出三维数组的大小为 $m\times 1\times(d-4)$。在上述卷积神经网络中，一维卷积层的输出(a_1)即一维合并层的输入。该一维合并层使用最大合并函数，可通过 kernel_size 参数设置核大小、通过 stride 参数设置步幅。当该合并层输入的三维数组大小为 $m\times 1\times(d-4)$，且该层的 kernel_size＝2、stride＝2 时，该合并层输出三维数组(a_2)的大小为 $m\times 1\times\left\lfloor\frac{d-6}{2}+1\right\rfloor=m\times 1\times\left\lfloor\frac{d-4}{2}\right\rfloor$，$\lfloor\cdot\rfloor$表示向下取整。由于一维合并层的输出是三维数组，而输出层或全连接层的输入在 PyTorch 中很多时候是二维数组，因此需要将合并层输出的三维数组展开成二维数组，以便将合并层的输出输入至输出层。在上述代码中，展开多维数组使用了 torch.flatten()函数，其参数 start_dim＝1 表示从数组的第二维起开始展开(因合并层输出数组的第一维和输出层输入数组的第一维都用来索引同一批中的不同的训练样本，故无须展开第一维）。

本实验的后续程序可参照实验 2-4 的程序。现在，如果你尚未完成实验 2-5，请尝试独立完成本实验。如果仍有困难，再参考附录 A 中经过注释的实验程序。

【实验 2-6】 使用 PyTorch 实现如图 2-19 所示的二分类循环神经网络，并使用含噪正弦波数据集训练该循环神经网络。调整循环神经网络的超参数或训练参数，使得训练后的循环神经网络模型在该数据集上的推测准确度为 100%。

【解析】 本实验的程序可基于实验 2-5 的程序。由于 torch.nn.RNN 对象的输入（即循环神经网络的输入）为三维数组，而含噪正弦波数据集生成程序生成的训练样本输入 X_train的大小为 $m \times d = 200 \times 21$，因此需把 X_train 转换为三维数组。又因含噪正弦波数据集每个训练样本输入向量中的值都来自同一个时间序列，故可将每个训练样本的输入向量作为一个序列输入至循环神经网络。对照 torch.nn.RNN 对象输入的三维数组，可知 X_train二维数组的第一维可以对应该三维数组的第一维、X_train 二维数组的第二维可以对应该三维数组的第二维。因此，需在 X_train 二维数组的第二维之后再增加一维（添加一个新轴），仍可使用 np.expand_dims() 函数实现，参考代码为 X_train=np.expand_dims(X_train, axis=2)。

在实验 2-5 程序的基础之上，修改神经网络类的定义，定义循环神经网络的正向传播计算过程。可使用 torch.nn.RNN 类实现循环神经网络的隐含层。该类构造函数的 input_size 参数指的是每个时刻输入向量中元素的数量，由于我们已将含噪正弦波数据集训练样本的输入向量作为一个序列，每个时刻循环神经网络的输入只是其中的一个元素，故此处 input_size=1；hidden_size 参数指的是隐含层中节点的数量；nonlinearity 参数指的是隐含层节点使用的激活函数，此处可使用 tanh 激活函数。需要注意的是，由于我们将输入数组的第一维用来索引同一批中的不同的训练样本，因此还需把构造函数中的 batch_first 参数设置为 True。

循环神经网络的输出层仍可借助 torch.nn.Linear 类实现，该层的激活函数仍可使用 sigmoid 函数。需要注意的是，本实验中 torch.nn.RNN 对象的输出为三维数组、torch.nn.Linear 对象的输入为二维数组。由于我们只需使用该循环神经网络在最后一个时刻输出的推测值给出二分类结果，因此 torch.nn.Linear 对象的输入为 output[:, -1, :]，这里的 output 为 torch.nn.RNN 对象输出的三维数组。

定义循环神经网络类的参考代码如下。

```
class rnn(torch.nn.Module):
    def __init__(self):
        super(rnn, self).__init__()
        self.rnn=torch.nn.RNN(input_size=1, hidden_size=n, nonlinearity='tanh',
batch_first=True)
        self.linear=torch.nn.Linear(in_features=n, out_features=1)
    def forward(self, x):
        output, _=self.rnn(x)
        y_hat=torch.sigmoid(self.linear(output[:, -1, :]))
        return y_hat
```

本实验中，torch.nn.RNN 对象的输入为三维数组，输出也为三维数组。该三维数组也是本实验中默认的 torch.nn.RNN 对象的输出数组，尽管 torch.nn.RNN 对象还输出另一个用来给出隐含层节点输出的二维数组。值得说明的是，由于循环神经网络第 1 个时刻隐含层节点输入的反馈为第 0 个时刻隐含层节点的输出，而我们无从得知第 0 个时刻隐含层节点的输出，故可将第 1 个时刻隐含层节点输入的反馈置零，这也是 torch.nn.RNN 对象中的缺省操作。本实验中，仍可使用批梯度下降法训练循环神经网络模型，并可参照实验 2-5 中训练过程的代码。

现在，如果你尚未完成实验 2-6，请尝试独立完成本实验。如果仍有困难，再参考附录 A 中经过注释的实验程序。

2.7 本章小结

神经网络是机器学习中的一类重要方法，可用于监督学习。广义上，神经网络一词指任何由人工神经元相互连接而成的网络；狭义上，本书中提及的神经网络指的是具有单个隐含层的前馈神经网络。使用神经网络进行推测之前，需要先训练神经网络，以得出神经网络各层节点的权重和偏差的值。训练神经网络可使用梯度下降法。在梯度下降法中，每次迭代包括正向传播、代价计算、反向传播、参数更新 4 个计算步骤。其中，反向传播使用链式法则按照从输出层到输入层的顺序逐层求代价函数对各层权重和偏差的偏导数。

尽管可以通过增加隐含层节点的数量提高神经网络模型在训练数据集上的推测准确度，但这样得到的神经网络模型可能更为"复杂"。我们还可以增加神经网络隐含层的数量，从而得到深度神经网络。广义上，深度神经网络一词指具有多个隐含层的神经网络。狭义上，本书中提及的深度神经网络指的是具有多个隐含层的全连接前馈神经网络。尽管深度神经网络仍可沿用神经网络的训练方法，但是随着隐含层数量的增加，推导深度神经网络训练过程中的偏导数计算式越来越复杂。幸运的是，借助反向模式自动微分，我们无须再关注偏导数的计算过程，只需给出深度神经网络正向传播的计算式，反向传播的计算可交给计算机程序"自动"完成(例如借助 PyTorch 等框架)。

在图像等应用领域中，输入向量中元素的数量可能较大，这往往导致较大的模型参数数量，不仅给存储和计算带来挑战，而且模型也容易过拟合。因此，在这些领域，可考虑使用卷积神经网络。除输入层和输出层，卷积神经网络通常还包含若干卷积层、若干合并层，以及若干全连接层。

深度神经网络和卷积神经网络都是前馈神经网络，节点之间的连接不存在反馈环路。而循环神经网络则是节点之间的连接存在反馈环路的神经网络。例如，存在从隐含层节点输出到该隐含层节点输入的反馈环路。循环神经网络的优势是，支持长度可变的输入向量序列。

深度神经网络、卷积神经网络、循环神经网络这 3 种较为基本的深度学习方法，可应用于包括深度强化学习在内的诸多领域。大体而言，深度神经网络更适用于训练样本的输入向量与标注之间存在具有一定规律的对应关系的应用场景，这种对应关系通常不随时间发生变化；卷积神经网络更适用于网络的输入为多维数组的应用场景；循环神经网络则更适用于网络的输入为向量序列且各序列不等长的应用场景。

2.8 思考与练习

1. 什么是神经网络？什么是前馈神经网络？

2. 写出如图 2-1 所示的神经网络的推测过程计算式。

3. 简述使用批梯度下降法训练神经网络的过程。

4. 神经网络训练过程中的正向传播与推测过程之间有何异同之处？

5. 代价函数与损失函数之间有何异同之处？

6. 写出交叉熵代价函数的计算式，并解释该计算式表达的意义。

7. 什么是反向传播？

8. 若使用随机梯度下降法训练如图 2-1 所示的神经网络模型，试推导代价函数对神经网络模型各层权重和偏差的偏导数的计算式。

9. 试解释神经网络的隐含层和输出层分别起到哪些作用(可结合 2.2 节解释)。

10. 神经网络隐含层节点的数量是否越多越好？为什么？

11. 什么是深度神经网络？深度神经网络相比神经网络有何优势？

12. 写出如图 2-9 所示的深度神经网络的推测过程计算式。

13. 若使用批梯度下降法训练如图 2-9 所示的深度神经网络模型，试推导代价函数对深度神经网络模型第 1 层偏差的偏导数的计算式。

14. 什么是反向模式自动微分？举例说明。

15. 尝试使用深度神经网络完成你所在专业领域内的一个监督学习任务。描述该监督学习任务，搜集训练数据集，训练深度神经网络模型，评估该深度神经网络模型在训练数据集上的性能，调整深度神经网络模型的超参数以及训练参数。

16. 什么是卷积神经网络？为什么在图像等领域人们常使用卷积神经网络？

17. 卷积神经网络中的卷积层节点与深度神经网络中的隐含层节点之间有哪些异同之处？

18. 如何理解卷积层节点中的加权和计算式？

19. 什么是循环神经网络？相比前馈神经网络，循环神经网络有何优势？

20. 写出 ReLU、sigmoid、tanh 激活函数的计算式。

第3章

强化学习基础

从小到大，我们在生活、学习、工作中，曾做出一系列选择。这些选择大到升学、就业、创业等人生关键路径的选择，小到每天之中做出的每一件事、说出的每一句话。我们每天都在做出大量选择，所有这些选择组合在一起，久而久之，形成我们每个人独特的人生经历。

选择的重要性不言而喻。基于过去的选择，造就了今天的我们；基于今天的选择，将造就未来的我们。那么，我们做出的这些选择，是否都是最优选择？很多时候，可能并没有一个在各方面都达到最优的选择，可能只有在某一方面或某几方面最优的选择。因此，做出选择的过程往往是折中或取舍的过程。例如，短期收益与长期收益的折中，个人利益与集体利益之间的取舍，等等。

既然选择很重要，我们是否可以让计算机等设备通过运行在其中的算法程序帮助我们自动做出尽可能接近最优的选择？遗憾的是，众口难调，且受限于认知水平和技术理论，现阶段还难以让计算机帮助每个人在每件事上都做出选择，还难以实现"机器治理"。不过，在机器学习等领域，有一类方法，可以根据最大化收益的目标，自动做出一系列行动选择。这类方法就是强化学习方法。

3.1 强化学习概述

强化学习可以看作一种机器学习范式，其主要关注**智能体**(agent)如何根据**环境**(environment)给出的**奖赏**(reward)，做出一系列**行动**(action)选择，并执行所选择的行动，"见风使舵""唯利是图"，以最大化收益。通过奖赏给出学习目标，是强化学习的鲜明特点之一。相比其他机器学习范式，强化学习重在从与环境的交互中学习，学习如何做出最优的行动选择。

例如，包括围棋、象棋在内的下棋，就是强化学习任务。强化学习模型(智能体)根据环境(例如棋盘上各个棋子的位置)，做出一个走子的行动选择(例如选择在哪个位置落子、移动哪个棋子到哪个位置等)，以尽可能地赢得一盘棋(尽可能获得更多的奖赏)。

3.1.1 多老虎机问题

多老虎机问题(multi-armed bandit problem)是一个较为简单的强化学习问题。老虎机(slot machine)也被称为单臂匪徒(one-armed bandit)，是因为旧式老虎机的侧面有一个拉杆，玩家每次投币后，再拉动拉杆，就会得到一个输或赢的结果。老虎机由于可能会"抢"走玩家的游戏币，所以被称为单臂匪徒。

所谓的多老虎机问题，是指玩家在面对多台可供选择的老虎机时，每次选择拉动其中一台老虎机的拉杆，为了使在拉动一定次数拉杆之后累计获得的奖赏的期望值最大，每次应该选择哪台老虎机？由于玩家每次获得的奖赏并不是一个确定的值，因此只能从期望的角度，根据累计获得奖赏的期望值寻找最优的选择策略。当然，多老虎机问题有意义的前提是，每台老虎机给出的奖赏的期望值都不完全一样，并且玩家事先并不知道哪台老虎机给出的奖赏的期望值最大。

假设共有 c 台老虎机可供玩家选择。在每一个时刻，玩家都选择其中的一台老虎机，并拉动这台老虎机的拉杆。这里的“时刻”即 time step，本质上是“步”的概念，可以将一个时刻理解为一步。玩家在第 t 个时刻选择 c 台老虎机中的某一台可以表述为：在第 t 个时刻选择老虎机 A_t。由于玩家事先并不确定在第 t 个时刻将选择哪台老虎机，并且每次在第 t 个时刻所选择的老虎机可能不相同（若重复多次进行这样的一系列选择过程），因此可以把 A_t 看作随机变量。将随机变量 A_t 的取值记为 a_t。如果用 $0,1,2,\cdots,c-1$ 分别代表可供玩家选择的 c 台老虎机，则有 $\mathcal{A}=\{0,1,2,\cdots,c-1\}$，$a_t\in\mathcal{A}$。其中，$\mathcal{A}$为可供玩家选择的 c 台老虎机的集合。当然，也可以用其他数字或名称代表这 c 台老虎机。

在接下来的第 $t+1$ 个时刻，玩家获得老虎机 A_t 给出的奖赏 R_{t+1}（为了与本书后续章节保持一致，本节中我们假设玩家在第 $t+1$ 个时刻获得来自老虎机 A_t 的奖赏，当然也可以假设玩家在第 t 个时刻就能够获得来自老虎机 A_t 的奖赏）。同样，由于玩家事先并不确定将从老虎机 A_t 获得多少奖赏，并且每次选择同一台老虎机所获得的奖赏可能不相同，因此可以把 R_{t+1} 也看作随机变量。将随机变量 R_{t+1} 的取值记为 r_{t+1}。在强化学习中，奖赏的取值通常为实数，即 $r_{t+1}\in\mathbb{R}$。在多老虎机问题中，我们姑且认为奖赏 R_{t+1} 代表玩家获得的游戏币数量（若 r_{t+1} 为正数）或者失去的游戏币数量（若 r_{t+1} 为负数）。

图 3-1 示出了多老虎机问题中，行动（玩家选择一台老虎机并拉动这台老虎机的拉杆）和奖赏（这台老虎机给出的奖赏）的时间迹线。图中，$t=1,2,\cdots,l$；$t=1$ 为玩家做出一系列选择中第 1 个选择的时刻（选择老虎机 A_1）；$t=2$ 为老虎机 A_1 给出奖赏 R_2 的时刻，也是玩家做出第 2 个选择的时刻（在获得奖赏 R_2 后选择老虎机 A_2），以此类推；$t=l-1$ 为玩家做出最后一个（第 $l-1$ 个）选择的时刻（在获得奖赏 R_{l-1} 后选择老虎机 A_{l-1}）；$t=l$ 为老虎机给出最后一个奖赏 R_l（由老虎机 A_{l-1} 给出）的时刻。

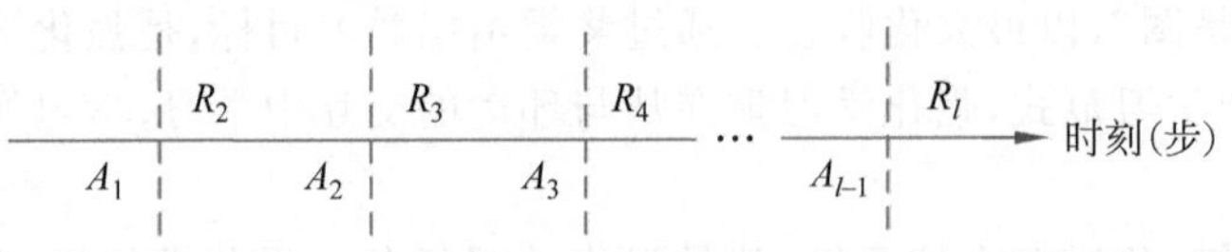

图 3-1 多老虎机问题中行动和奖赏的时间迹线

由此，多老虎机问题可描述为：玩家在面对 c 台可供选择的老虎机时，在每个时刻（$t=1,2,\cdots,l-1$）选择其中一台老虎机 A_t 并拉动这台老虎机的拉杆，为了使在选择 $l-1$ 台老虎机之后累计获得奖赏 $R_2+R_3+\cdots+R_l$ 的期望值最大，在每个时刻玩家应该选择哪台老虎机（即 $A_1,A_2,\cdots,A_{l-1}$ 的取值 $a_1,a_2,\cdots,a_{l-1}$）？可将该问题用数学算式描述为

$$\begin{aligned}a_1^*,a_2^*,\cdots,a_{l-1}^* &= \underset{a_1,a_2,\cdots,a_{l-1}}{\operatorname{argmax}}\ \mathbb{E}\left(\sum_{t=1}^{l-1}R_{t+1}\mid A_t=a_t\right)\\ &= \underset{a_1,a_2,\cdots,a_{l-1}}{\operatorname{argmax}}\ \sum_{t=1}^{l-1}\mathbb{E}\left(R_{t+1}\mid A_t=a_t\right)\end{aligned} \tag{3-1}$$

式(3-1)中，$\mathbb{E}(\cdot)$代表取期望值；$R_{t+1}|A_t=a_t$ 表示玩家在第 t 个时刻选择老虎机 a_t 后得到奖赏 R_{t+1}，$a_t\in\mathcal{A}$；$\mathbb{E}(R_{t+1}|A_t=a_t)$为玩家在第 t 个时刻选择老虎机 a_t 后，获得的奖赏 R_{t+1} 的期望值，也就是老虎机 a_t 给出的奖赏的期望值；a_t^* 为玩家为使累计获得奖赏的期望值最大而在第 t 个时刻应该选择的那台老虎机，即第 t 个时刻的最优行动，$a_t^*\in\mathcal{A}$，$t=1,2,\cdots,l-1$；$l-1$ 为玩家选择老虎机的次数，l 为最后时刻。

注意到在式(3-1)中，求和公式 $\sum_{t=1}^{l-1}\mathbb{E}(R_{t+1}\mid A_t=a_t)$ 中每一项$\mathbb{E}(R_{t+1}\mid A_t=a_t)$的值，仅取决于 A_t 的取值 a_t，与 $A_1,\cdots,A_{t-1},A_{t+1},\cdots,A_{l-1}$ 都没有关系，即与玩家在之前时刻做出的选择和在未来时刻将做出的选择都没有关系。因此，分别最大化该求和公式中每一项的值，就可以最大化求和的结果。故由式(3-1)给出的最优化问题的解为

$$a_t^*=\underset{a_t}{\operatorname{argmax}}\,\mathbb{E}(R_{t+1}\mid A_t=a_t) \tag{3-2}$$

式(3-2)中，$t=1,2,\cdots,l-1$，$a_t\in\mathcal{A}$。式(3-2)表明，如果玩家在每个时刻 t 都选择奖赏期望值最大的老虎机 a_t^*，就可以最大化累计获得奖赏的期望值。$a_1^*,a_2^*,\cdots,a_{l-1}^*$ 就是多老虎机问题的解。这种选择奖赏期望值最大的行动(老虎机)的方法，被称为**贪婪方法**(greedy method)。奖赏期望值最大的行动被称为**贪婪行动**(greedy action)。

通过式(3-2)求解多老虎机问题，需要知道$\mathbb{E}(R_{t+1}|A_t=a_t)$的值，$a_t\in\mathcal{A}$，即每台老虎机给出的奖赏的期望值。而实际上，玩家事先并不知道每台老虎机给出的奖赏的期望值。为了便于指代，以下将老虎机 a_t 给出的奖赏的期望值$\mathbb{E}(R_{t+1}|A_t=a_t)$记为 μ_{a_t}，即$\mathbb{E}(R_{t+1}|A_t=a_t)=\mu_{a_t}$，$a_t\in\mathcal{A}$。那么，如何得到 μ_{a_t}？

一个办法是，通过如式(3-3)所示的奖赏的算术平均值估计 μ_{a_t}，得到 μ_{a_t} 的估计值$\hat{\mu}_{a_t}$，即 $\mu_{a_t}\approx\hat{\mu}_{a_t}$，然后用估计值$\hat{\mu}_{a_t}$ 替代式(3-2)中的期望值。

$$\hat{\mu}_{a_t}=\frac{\sum_{i=1}^{t-1}r_{i+1}[A_i=a_t]}{\sum_{i=1}^{t-1}[A_i=a_t]} \tag{3-3}$$

式(3-3)中，r_{i+1} 为第 $i+1$ 个时刻随机变量 R_{i+1} 的取值；中括号为艾弗森括号；$\hat{\mu}_{a_t}$ 为 μ_{a_t} 的估计值；$a_t\in\mathcal{A}$。也就是说，将之前 $t-1$ 个时刻内玩家从老虎机 a_t 获得的平均奖赏作为 μ_{a_t} 的估计值$\hat{\mu}_{a_t}$。这里的平均奖赏是奖赏的样本平均值。在统计学中，样本的算术平均值是总体平均值(随机变量期望值)的无偏估计量。尽管每次计算出的样本算术平均值可能不尽相同，即样本算术平均值是随机变量，但样本算术平均值的期望值等于总体平均值。根据大数定律(law of large numbers，LLN)，式(3-3)中用来做平均的样本的数量越多，样本平均值(sample mean)就越可能接近总体平均值(population mean)。所以，把样本的算术平均值作为总体平均值的估计量，理论上是可行的。在实际计算中，对于尚未被选择过的老虎机，式(3-3)中分式的分母为 0。一个解决办法是，对于尚未被选择过的老虎机，用任意值(包括 0)替代该台老虎机奖赏期望值的估计值$\hat{\mu}_{a_t}$，并将该值称为$\hat{\mu}_{a_t}$ 的初始值。

值得注意的是，由于$\hat{\mu}_{a_t}$ 并不一定等于 μ_{a_t}，因此通过式(3-3)和式(3-2)由贪婪行动给出的最优行动，只是玩家根据自己目前所知给出的“最优行动”，并不一定就是实际中的最优行动。不过，随着玩家选择各台老虎机的次数不断增加，即各台老虎机给出的奖赏的样本数量

都不断增加，$\hat{\mu}_{a_t}$ 有望越来越接近 μ_{a_t}，$a_t \in \mathcal{A}$，从而玩家根据自己目前所知给出的“最优行动”有望越来越接近实际中的最优行动。

为了进一步理解多老虎机问题，我们做一个仿真实验。

【实验 3-1】 多老虎机问题。为了简便而又不失代表性，假设每台老虎机给出的奖赏，都服从均值不同、方差都为 1 的正态分布，即 $R_{t+1} \mid A_t = a_t \sim \mathcal{N}(\mu_{a_t}, 1)$，$a_t \in \mathcal{A}$，$\mathcal{A} = \{0, 1, 2, \cdots, c-1\}$。其中，$\mu_{a_t}$ 为老虎机 a_t 给出的奖赏的期望值。假如有 1000 名玩家，每名玩家都分别面对 10 台这样的老虎机，即 $c=10$，采用由式(3-2)给出的贪婪方法，在第 1 个到第 600 个时刻上连续做 600 次选择，并在第 2 个到第 601 个时刻上获得相应的 600 个奖赏(因此共有 601 个时刻，$l=601$)。请画出一条曲线：在第 2 个到第 601 个时刻上，每名玩家获得的平均奖赏。这里的每名玩家，就是上述多老虎机强化学习任务的一次运行(run)。在每次运行开始之前，随机给出每台老虎机的 μ_{a_t}，μ_{a_t} 服从均值为 0、方差为 1 的正态分布，即 $\mu_{a_t} \sim \mathcal{N}(0, 1)$，$a_t \in \mathcal{A}$；在每次运行期间，$\mu_{a_t}$ 保持不变。

提示：①从正态分布中抽取随机样本可使用 rng.normal() 方法；②寻找数组中最大值元素对应的索引可使用 np.argmax() 函数；③为了便于比对画出的曲线，随机种子可设置为 0；④可用 0 作为 $\hat{\mu}_{a_t}$ 的初始值；⑤如果对编写实验程序缺乏思路或者无从下手，可参考 3.4 节的本章实验解析。

本实验画出的曲线如图 3-2 所示。可以看出，在上述多老虎机问题中使用贪婪方法，大约经过 30 个时刻之后，每名玩家平均每个时刻可以获得 1 左右的奖赏。看起贪婪方法的效果不错。那么，是否有更好的办法指导玩家选择老虎机，以获得更高的平均奖赏？

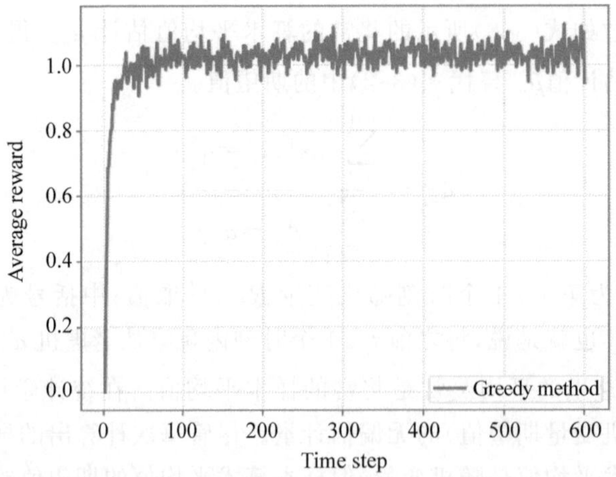

图 3-2 实验 3-1 中使用贪婪方法每名玩家获得的平均奖赏

【想一想】 我们使用的贪婪方法，是否存在什么问题？如果存在，如何改进？

在实验 3-1 的 10 台老虎机中，存在一台或多台给出的奖赏的期望值 μ_{a_t} 最高的老虎机。如果玩家在首次选择 μ_{a_t} 最高的老虎机时，碰巧获得的奖赏较低，那么根据式(3-3)计算出来的这台老虎机的 $\hat{\mu}_{a_t}$ 也较低。根据贪婪方法，在该时刻以后的一系列选择中，玩家可能不会再次选择这台老虎机。此外，如果 $\hat{\mu}_{a_t}$ 的初始值较小，小于 μ_{a_t} 并非最高的老虎机根据式(3-3)计算出来的 $\hat{\mu}_{a_t}$，那么根据贪婪方法，玩家将不会选择尚未选择过的老虎机(其中可能包括 μ_{a_t} 最高的老虎机)。因此，使用贪婪方法，有可能错过 μ_{a_t} 最高的老虎机，从而影响玩家获得的平均奖赏。

特别地，我们可以通过增大$\hat{\mu}_{a_t}$初始值的方式，促使贪婪方法选择尚未选择过的老虎机。例如，如果把实验 3-1 中的$\hat{\mu}_{a_t}$初始值从 0 增大至 10，那么使用贪婪方法将会以较大概率把所有老虎机都至少选择一次，毕竟玩家每次从任何一台老虎机获得的奖赏超过 10 的概率较小。这个技巧有助于提高玩家获得的平均奖赏，尽管帮助可能有限。

【练一练】 将实验 3-1 中$\hat{\mu}_{a_t}$的初始值改为 10，再画出每名玩家获得的平均奖赏曲线。

3.1.2 利用与探索

在强化学习中，把像贪婪方法这样利用现有经验获取奖赏的方式，称为利用(exploitation)。利用只使用通过过去积累得来的现有经验做出选择，显然有可能过于短视，因为现有的经验可能并不全面，只见局部而不见整体，而且未来出现的情况也可能与现有经验不一致，导致现有经验过时。因此，仅利用现有经验做出的选择，不一定是最优选择。

为了获得更全面、更适时的经验，智能体需要经常尝试不同的选择，根据获得的奖赏从中发现更好的选择。与利用相反，我们把这种为了在未来做出更好选择而在现阶段尝试不同选择的方式，称为**探索**(exploration)。既然是探索，就有可能成功(发现比使用贪婪方法获得更多奖赏的选择)，也可能会失败(获得的奖赏不如使用贪婪方法获得的多)。因此，无论是利用，还是探索，各有利弊。如何折中利用与探索，是强化学习中的一个挑战。

利用与探索之间的一个基本的折中办法是：**ε 软**(ε-soft)方法。该方法是指在每个时刻智能体(玩家)做出选择时，不再像贪婪方法那样固定选择当前奖赏期望值最大的那个行动(即贪婪行动)，而是随机选择一个行动(随机选择一台老虎机)，并且选择每个行动的概率都不小于一个预先给定的概率，即

$$P(A_t=a_t)\geqslant\frac{\varepsilon}{c}\tag{3-4}$$

式(3-4)中，ε 为一个预先设置的较小正数，例如 0.1、0.01；c 为可供选择的行动数量(老虎机的数量)；$a_t\in\mathcal{A},t=1,2,\cdots,l-1$。显然，智能体在每个时刻选择贪婪行动的概率为

$$P(A_t=a_t^*)=1-\sum_{a_t\in\mathcal{A},a_t\neq a_t^*}P(A_t=a_t)\tag{3-5}$$

式中，a_t^* 为 t 时刻的奖赏期望值最大的行动，即贪婪行动。特别地，当选择每个非贪婪行动的概率都等于 ε/c 时，则选择贪婪行动的概率固定为 $1-(c-1)\varepsilon/c=1-\varepsilon+\varepsilon/c$，这样的 ε 软方法称为**ε 贪婪**(ε-greedy)方法。

如果把"ε 贪婪"方法称为"(1−ε)贪婪"方法，可能更便于理解。因为在 ε 贪婪方法中，每次智能体面临做出选择的时候，首先以(1−ε)的概率选择贪婪行动，此时是在做利用；如果没有选择贪婪行动，则以相同的概率从所有可供选择的行动中随机选择一个，此时是在做探索。因此，ε 贪婪是利用与探索之间的一个折中，参数 ε 的大小决定了折中的程度：ε 越大，智能体越倾向于做探索；ε 越小，智能体越倾向于做利用。此外，由于当 ε 不为 0 时智能体做探索的概率也不为 0，故 ε 贪婪方法也适用于奖赏期望值随时间发生改变的场景。

【实验 3-2】 用 ε 贪婪方法解实验 3-1 中的多老虎机问题。在保留实验 3-1 中平均奖赏曲线的同时，在同一幅图中再增加一条使用 ε 贪婪方法画出的平均奖赏曲线。

提示： ①ε 可以取 0.1；②从[0,1)区间均匀分布中随机抽取样本可使用 rng.random()

方法；③返回指定区间均匀分布的随机整数可使用 rng.integers()方法；④随机种子可设置为 0；⑤仍可用 0 作为$\hat{\mu}_{a_t}$的初始值。

本实验画出的曲线如图 3-3 所示。可以看出，使用 ε 贪婪方法引入探索后，玩家可获得更高的平均奖赏。

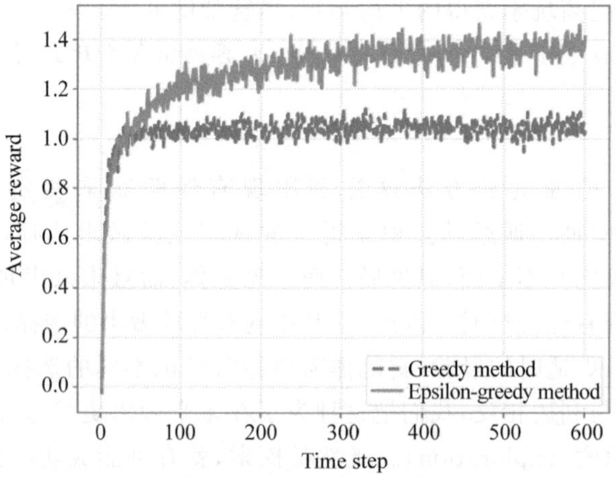

图 3-3 实验 3-2 中使用贪婪方法和 ε 贪婪方法每名玩家获得的平均奖赏

3.1.3 强化学习的要素

经过前面两小节的学习，我们对强化学习有了一个大致的印象。多老虎机问题只是强化学习中的入门问题。

在强化学习中，智能体通过做出一系列行动选择，与环境交互，以最大化其从环境累计获得的奖赏的期望值。所谓的智能体，是指能够做出行动选择的强化学习模型本身，而不在强化学习模型控制范围之内的一切外在系统都笼统地称为环境。所谓的行动，是指智能体在每一个时刻的选择，即选择执行哪个行动。

智能体与环境之间的交互过程，就像人训练宠物的过程，其中宠物是智能体，人是智能体之外的环境。宠物可以观察到人的肢体动作，可以听到人发出的声音，如果宠物按照人的要求做对了某件事，人就给宠物一个奖赏，以鼓励宠物再做同样的事；如果做错了，人可能不会给宠物奖赏，甚至可能还会给宠物一个惩罚。这就是强化学习的过程。强化学习的“强化”是指强化行为模式。只不过强化学习模型“六亲不认”，唯一的目标就是最大化累计获得奖赏的期望值，而且“不择手段”，为达到目的，可以做出指定范围内的任何行动选择（即选择执行指定范围内的任何行动）。

基于以上交互过程，一个强化学习系统通常包含 4 个要素：**策略**（policy）、**奖赏信号**（reward signal）、**价值函数**（value function），以及**环境模型**（model of the environment）。

强化学习中所谓的策略，是指在每一时刻智能体（强化学习模型）如何做出选择，即如何选择执行哪个行动。强化学习模型的目标由奖赏信号给出。在每一时刻智能体做出行动选择、执行选择的行动后，外部环境都会给智能体反馈一个奖赏。强化学习中的奖赏很多时候是一个标量数值，该标量数值可能为正数（表示鼓励），可能为负数（表示惩罚），也可能为 0（既不鼓励，也不惩罚）。智能体根据奖赏信号学习一个能够最大化其获得的累计奖赏的期望值的最优策略，这个最优策略就是强化学习模型需要得到的解。

由于智能体在每一个时刻执行所选择的行动后才能在下一时刻获得奖赏，因此智能体无法直接根据在下一时刻才能获得的奖赏选择当前时刻的行动。那么，智能体在每一时刻根据什么做出行动选择？笼统地说，是根据建立现有经验基础上的“推测”，推测智能体在当前时刻如果选择执行某个行动，在未来将会获得多少累计奖赏。正如在多老虎机问题中玩家根据各台老虎机在之前若干时刻给出的奖赏估计每台老虎机奖赏的期望值，用来选择贪婪行动一样。当然，如果使用 ε 贪婪方法，也可能随机做出行动选择。在多老虎机问题中，这种“推测”是智能体对各台老虎机奖赏期望值的估计。更一般地，这种“推测”是智能体内部的价值函数。价值函数用给出未来累计获得奖赏的期望值。智能体依靠价值函数判断在当前时刻做出哪个行动选择对未来更“有利”。

环境模型则是智能体为外部环境建立的、模仿环境行为的数学模型，智能体根据这个模型预测在其选择执行某个行动后环境将会有何反应，例如预测环境反馈给智能体的奖赏。在强化学习中，最经典的环境模型当属有限马尔可夫决策过程。

3.2 有限马尔可夫决策过程

在多老虎机问题中，可以将多台老虎机看作智能体（玩家）控制范围之外的环境。我们默认为这些老虎机及其他外部环境在玩家选择一系列老虎机的过程中都不会发生任何改变，包括每台老虎机给出奖赏的期望值都不随时间、玩家选择次数等因素发生任何改变。而实际上，在玩家做出一系列选择的过程中，包括老虎机给出奖赏的期望值在内的外部环境，都可能不断发生改变。例如，当玩家从某台老虎机处获得了较多的累计奖赏之后，这台老虎机可能会自动调低其奖赏的期望值。在这种情况下，为了最大化获得的累计奖赏的期望值，智能体需要根据不同的外部环境做出相应的选择，以便在不同的环境下都能做出最有利的选择。

3.2.1 状态与马尔可夫性

可以把智能体控制之外的环境大致划分为若干不同的**状态**(state)，这些状态包含智能体做出行动选择时所需参考的所有信息，以便智能体仅根据环境状态就能做出最有利的选择。举一个例子，行人在过马路之前，先观察交通信号灯的状态，以及左右两边的车流状况，再决定是否过马路。在这个例子中，行人是智能体，交通信号灯的状态以及行人左右两边的车流状况合起来构成环境的状态，是否过马路为智能体做出的行动选择。例如，交通信号灯的绿灯亮并且左右两边都没有正在行驶的车辆，构成环境的一个状态；交通信号灯的红灯亮并且左右两边有正在行驶的车辆，构成环境的另一个状态。行人根据观察到的环境状态就可以做出是否过马路的行动选择，而且可以根据不同的环境状态做出不同的行动选择。再举一个例子，围棋棋手根据棋盘上棋子的排布，做出在何处落子的行动选择。在这个例子中，围棋棋手是智能体，棋盘上棋子的排布构成环境的状态，在何处落子为智能体做出的行动选择。

更一般地，我们可以认为智能体之外的环境共有若干互斥出现的可能的状态，在智能体每次做出行动选择并采取行动之后，环境的状态可能发生改变，即从一个状态进入另一个状态。我们可以把这种状态的改变看作状态的转移，即环境从一个状态转移到另一个状态。从概率的角度，可以把状态之间的转移看作随机事件，并且环境当前的状态可能取决于环境之前曾处于的所有状态，即环境进入当前状态的概率是以之前曾处于的所有状态为条件的条件概率：

$$P(S_t=s_t \mid S_{t-1}=s_{t-1},\cdots,S_1=s_1) \tag{3-6}$$

式(3-6)中，S_t 表示第 t 个时刻环境的状态；由于第 t 个时刻环境所处的状态事先并不确定，故 S_t 是随机变量；s_t 为第 t 个时刻环境状态 S_t 的具体取值。很多时候，环境的当前时刻的状态大致上仅取决于其前一个或前几个时刻的状态，尤其可能仅取决于其前一个时刻的状态。例如，围棋棋盘上当前时刻的棋子排布可能仅取决于前一个时刻的棋子排布。在这种情况下，式(3-6)可近似为

$$P(S_t=s_t \mid S_{t-1}=s_{t-1},\cdots,S_1=s_1) \approx P(S_t=s_t \mid S_{t-1}=s_{t-1}) \tag{3-7}$$

这种当前时刻的状态仅取决于前一时刻状态的性质，被称为**马尔可夫性**(Markov property)。也可以将马尔可夫性理解为下一时刻的状态仅取决于当前时刻的状态。也就是说，在已知当前时刻的环境状态时，不再需要知道之前各个时刻的环境状态，就可以(近似)给出下一时刻环境处于各个状态的概率。可见，马尔可夫性给出了一种近似关系，其主要意义在于简化建模与计算。

自然界中存在一些符合马尔可夫性的例子，例如年龄：若要给出某同学明年的年龄，只需知道该同学今年的年龄就够了，而无须再知道该同学之前每一年的年龄。

【想一想】 还可以举出哪些符合马尔可夫性的例子？

3.2.2 什么是有限马尔可夫决策过程

如果将环境状态、马尔可夫性与多老虎机问题中的行动选择、奖赏等要素相结合，就得到了**马尔可夫决策过程**(Markov decision process，MDP)。与马尔可夫性一样，马尔可夫决策过程以俄罗斯数学家安德烈·安德烈耶维奇·马尔可夫(Andrey Andreyevich Markov)的名字命名。

所谓的马尔可夫决策过程，是从智能体的角度，为与智能体相互交互的外部环境建立的一个数学模型。在马尔可夫决策过程中，在第 t 个时刻，智能体观察到环境的状态为 S_t，并据此做出行动选择 A_t(即从当前环境状态下的若干可选的行动中选择一个并执行，执行该行动可能影响到下一时刻的环境状态 S_{t+1})；在第 $t+1$ 个时刻(即下一个时刻)，智能体获得来自环境反馈的奖赏 R_{t+1}；周而复始，如图 3-4 所示。

如果按照时间先后的顺序，对上述这些事件排序，可得到时间迹线 $S_1,A_1,S_2,R_2,A_2,S_3,R_3,A_3,S_4,R_4,\cdots$，如图 3-5 所示。值得说明的是，在一些强化学习任务中，也可以认为得到的时间迹线为 $S_1,A_1,R_2,S_2,A_2,R_3,S_3,A_3,R_4,S_4,\cdots$。

马尔可夫决策过程中的马尔可夫性体现在下一时刻的环境状态 S_{t+1}，仅取决于当前时刻的环境状态 S_t，与其之前各个时刻的环境状态 $S_{t-1},S_{t-2},\cdots,S_1$ 都没有关系。这实际上是对环境的一个较为理想的假设。

举一个简单的学习时间管理的例子。很多同学都希望每天取得更多的学业进展，包括完成更多的学习任务、学会更多的新知识等。但往往受体力、脑力所限，每天很难一直保持最佳的学习状态。很多时候，我们的体力、脑力状态并不直接受自己控制，只能采取行动来

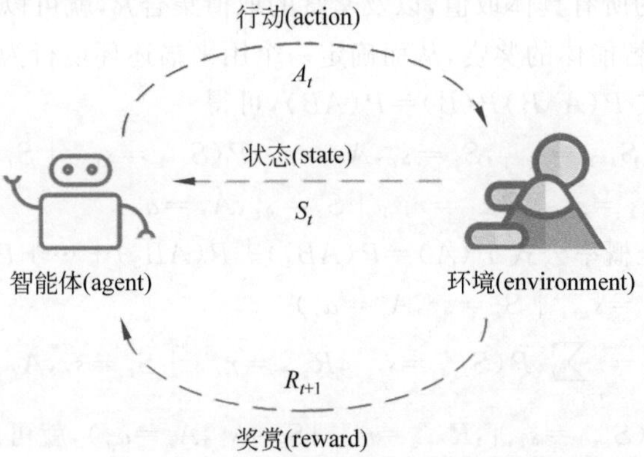

图 3-4 智能体与环境之间的交互

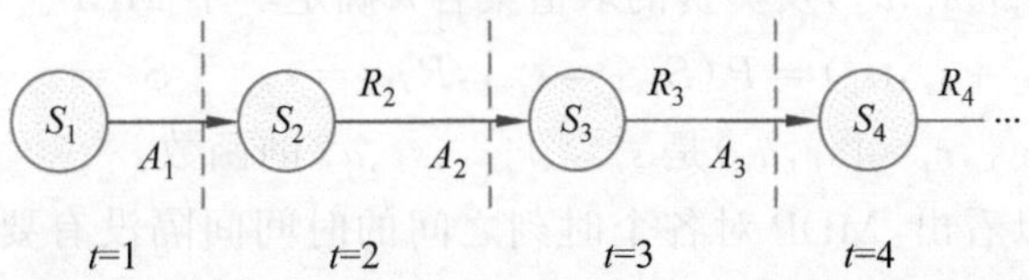

图 3-5 马尔可夫决策过程中状态、行动、奖赏的时间迹线

调节自己的体力、脑力状态。例如,可以通过休息恢复体力、通过运动恢复脑力。因此,可以将自己的体力和脑力状态看作环境状态,自己(智能体)每天多次根据环境状态做出包括学习、休息、运动在内的行动选择,以便在一天之中取得尽可能多的学业进展。这就构成了一个马尔可夫决策过程。在这个例子中,我们可以粗略地将环境状态划分为"体力较好、脑力较好""体力较差、脑力较好""体力较好、脑力较差""体力较差、脑力较差"4 个状态,并粗略地认为下一时刻的环境状态仅取决于当前时刻的环境状态。

【想一想】 还可以举出哪些马尔可夫决策过程的例子?

值得说明的是,在离散时间马尔可夫决策过程中,行动选择是在离散的时间点(即时刻)上做出的,所选择的行动应在下一时刻之前执行完毕。这也是本书中讨论的马尔可夫决策过程。通常我们只关注两个时刻之间的先后顺序,各个时刻之间的时间间隔既可以相等,也可以不相等。

特别地,如果马尔可夫决策过程中状态的可能取值集合$\mathcal{S}$、各个状态下行动的可能取值集合$\mathcal{A}(s)$,以及奖赏的可能取值集合$\mathcal{R}$,都只包含有限个元素,这样的马尔可夫决策过程被称为**有限马尔可夫决策过程**(finite MDP)。本书中,我们将马尔可夫决策过程简称为MDP,并且在未做说明时,单独提及的 MDP 指的是有限马尔可夫决策过程。

在 MDP 中,下一时刻的环境状态 S_{t+1} 既取决于当前时刻的环境状态 S_t,也取决于当前时刻智能体在环境状态 S_t 下采取的行动 A_t,用条件概率可描述为 $P(S_{t+1}=s_{t+1}\mid S_t=s_t, A_t=a_t)$;而下一时刻环境反馈给智能体的奖赏 R_{t+1},则取决于当前时刻的环境状态 S_t、当前时刻智能体在环境状态 S_t 下采取的行动 A_t,以及下一时刻的环境状态 S_{t+1},即 $P(R_{t+1}=r_{t+1}\mid S_{t+1}=s_{t+1}, S_t=s_t, A_t=a_t)$。其中,$s_t\in\mathcal{S}, a_t\in\mathcal{A}(s_t), r_{t+1}\in\mathcal{R}\subset\mathbb{R}, t=1,2,3,\cdots$;$\mathcal{S}$为环境状态的取值集合;$\mathcal{A}(s_t)$为当环境状态的取值为 s_t 时行动的取值集合;$\mathcal{R}$为奖赏的取值集合。

如果知道上述两类条件概率 $P(S_{t+1}=s_{t+1}\mid S_t=s_t, A_t=a_t)$和 $P(R_{t+1}=r_{t+1}\mid S_{t+1}=$

$s_{t+1}, S_t=s_t, A_t=a_t$)的所有具体取值,以及奖赏的取值集合$\mathcal{R}$,就可以明确环境的状态转移模型,以及环境反馈给智能体的奖赏,从而确定一个用来描述环境行为的 MDP。

根据条件概率公式 $P(A|B)P(B)=P(AB)$,可得

$$P(R_{t+1}=r_{t+1} \mid S_{t+1}=s_{t+1}, S_t=s_t, A_t=a_t)P(S_{t+1}=s_{t+1} \mid S_t=s_t, A_t=a_t) \\ =P(S_{t+1}=s_{t+1}, R_{t+1}=r_{t+1} \mid S_t=s_t, A_t=a_t) \tag{3-8}$$

由式(3-8),根据全概率公式 $P(A)=P(AB_1)+P(AB_2)+\cdots+P(AB_n)$,可得

$$P(S_{t+1}=s_{t+1} \mid S_t=s_t, A_t=a_t) \\ =\sum_{r_{t+1}\in\mathcal{R}} P(S_{t+1}=s_{t+1}, R_{t+1}=r_{t+1} \mid S_t=s_t, A_t=a_t) \tag{3-9}$$

因此,如果知道 $P(S_{t+1}=s_{t+1}, R_{t+1}=r_{t+1}|S_t=s_t, A_t=a_t)$,就可以求得 $P(R_{t+1}=r_{t+1}|S_{t+1}=s_{t+1}, S_t=s_t, A_t=a_t)$和 $P(S_{t+1}=s_{t+1}|S_t=s_t, A_t=a_t)$,反之亦然。所以,可以用概率质量函数 $p(s_{t+1}, r_{t+1}|s_t, a_t)$及奖赏的取值集合$\mathcal{R}$确定一个 MDP。

$$p(s_{t+1}, r_{t+1} \mid s_t, a_t)=P(S_{t+1}=s_{t+1}, R_{t+1}=r_{t+1} \mid S_t=s_t, A_t=a_t) \tag{3-10}$$

式(3-10)中,$p(s_{t+1}, r_{t+1}|s_t, a_t)$是 s_{t+1}、r_{t+1}、s_t、a_t 的函数。

从式(3-10)也可以看出,MDP 对各个时刻之间的时间间隔没有要求,因此各个时刻之间的时间间隔可以互不相等。但是,在环境的不同状态下,可供智能体选择的行动的集合可能有所不同。在 MDP 中,行动既可以是打开某个控制开关等较低层面的控制行为,也可以是选择某高校某专业作为高考第一志愿等较高层面的决策行为;环境是智能体控制范围之外的任何事物;状态应包含有助于智能体做出行动选择的所有相关信息。状态既可以由较低层面的客观的传感器读数确定,也可以由较高层面的主观评价确定。在不同的强化学习任务中,行动与状态的选取可能完全不同。不同的行动与状态选取,可能导致智能体选择行动的策略不同。

关于 MDP 中的奖赏,其取值应代表我们想要智能体经过学习达成的目标,而不是如何达成这个目标;其取值应使智能体在最大化所获累计奖赏的期望值的同时,完成我们为之设定的目标。例如,在下棋任务中,通常应该让智能体只有在赢得一盘棋的时候才能获得一个正数奖赏(例如+1),而不是在吃掉对方的棋子时获得一个正数奖赏(例如+1),否则智能体将会学习如何吃掉对方的棋子,而不是学习如何赢得一盘棋。在实践中,很多时候需要通过反复尝试确定适合的奖赏取值。

为了进一步理解 MDP,可以尝试用 MDP 初步建模上述学习时间管理问题。

【实验 3-3】 用 MDP 对前文的学习时间管理问题进行初步建模,给出用来描述 MDP 模型的概率质量函数 $p(s_{t+1}, r_{t+1}|s_t, a_t)$。

提示:①因 $p(s_{t+1}, r_{t+1}|s_t, a_t)=p(s_{t+1}|s_t, a_t)p(r_{t+1}|s_{t+1}, s_t, a_t)$,故可分别给出 $p(s_{t+1}|s_t, a_t)$和 $p(r_{t+1}|s_{t+1}, s_t, a_t)$;②在本实验中,可以认为智能体为某同学、环境为该同学的体力和脑力,将环境的状态划分为"体力较好、脑力较好""体力较差、脑力较好""体力较好、脑力较差""体力较差、脑力较差"4 个状态,并认为下一时刻的环境状态仅取决于当前时刻的环境状态(以及当前时刻的行动选择);③在每个状态下,智能体可选的行动包括"学习""休息""运动",若智能体选择"休息",则有助于恢复"体力";若智能体选择"运动",则有助于恢复"脑力";若智能体选择"学习",则在不同的环境状态下智能体以不同的概率获得一定的奖赏,即取得一定的学业进展,具体的概率可酌情给出;④关于奖赏的取值,当取得一

定的学业进展时，可以给智能体一个正数奖赏（例如+1），否则可以给智能体一个大小为0的奖赏（表示既不鼓励，也不惩罚）。

该实验建立的MDP模型将用于后续实验。

3.2.3 收益与策略

根据前面的学习我们知道，在强化学习中，笼统而言，智能体的目标是最大化其未来获得的累计奖赏，不仅包括未来短期内获得的奖赏，也包括未来长期内获得的奖赏。由于智能体在每一时刻获得的奖赏可能是随机的，即 $R_{t+1}(t=1,2,3,\cdots)$ 是随机变量，因此我们只能最大化智能体未来累计获得的奖赏的期望值。这个未来累计获得的奖赏，被称为**收益**（return）。

在一些强化学习任务中，智能体与环境之间的交互过程存在一个最后时刻 l，即智能体在第 $l-1$ 个时刻与环境进行最后一次交互，并在第 l 个时刻获得环境反馈的最后一个奖赏，这样的任务称为**终结型任务**（episodic task）。也就是说，强化学习任务的每次运行都必将在有限个时刻内结束。既可以在达到一定数量的时刻后结束运行，也可以在满足特定条件时结束运行（包括环境进入某些特定状态时结束运行）。例如，下棋是终结型任务。智能体在一盘棋的最后一个时刻（满足胜负条件时），根据其胜负情况获得一个奖赏（例如，如果获胜，将获得一个正数奖赏，反之将获得一个负数奖赏），并结束这盘棋。对于终结型任务，智能体在第 t 个时刻的收益 $G_t^{l,1}$ 为其在未来 $l-t$ 个时刻内累计获得的奖赏

$$G_t^{l,1}=R_{t+1}+R_{t+2}+R_{t+3}+\cdots+R_l=\sum_{j=t+1}^{l}R_j \tag{3-11}$$

式(3-11)中，$G_t^{l,1}$ 的第一个上标 l 为终结型任务中的最后时刻，第二个上标1表示该收益为有限收益（而非折扣收益），参见式(3-12)前后的说明。特别地，智能体在最后一个时刻 l 的收益 $G_l^{l,1}=0$。这是因为，强化学习任务在 $t=l$ 时已经结束，在此之后智能体自然不会再获得任何奖赏。在强化学习中，由于return（收益）的首字母R已用来代表reward（奖赏），因此通常用goal（目标）或gain（收益）的首字母G代表收益。

在另一些强化学习任务中，智能体与环境之间的交互过程并不显式地存在一个最后时刻，可能将一直持续进行下去，即 $l=+\infty$，这样的任务称为**持续型任务**（continuing task）。例如，在智能家居中，智能体根据温度等传感器定期采集的数据，不断调整室内加热与制冷等设备的工作状态。对于持续型任务，如果仍按照式(3-11)定义收益，那么其收益 $G_t^{\infty,1}$ 将是无穷多项奖赏之和，这使得 $G_t^{\infty,1}$ 可能无穷大。因此，对于持续型任务，我们引入**折扣**（discounting）的概念，并用**折扣收益**（discounted return）$G_t^{\infty,\gamma}$ 取代 $G_t^{\infty,1}$，即

$$G_t^{\infty,\gamma}=R_{t+1}+\gamma R_{t+2}+\gamma^2 R_{t+3}+\cdots=\sum_{j=t+1}^{+\infty}\gamma^{j-t-1}R_j \tag{3-12}$$

式(3-12)中，γ 通常是人工设置的参数，称为**折扣率**（discount rate），$0\leqslant\gamma<1$。显然，折扣率 γ 越大，来自远期未来的奖赏在折扣收益中的占比越大，这使得智能体更加注重长期收益；折扣率 γ 越小，来自近期未来的奖赏在折扣收益中的占比越大，这使得智能体更加注重短期收益。图3-6(a)示出了根据数列 $\{\gamma^0,\gamma^1,\gamma^2,\gamma^3,\cdots,\gamma^{59}\}$ 画出的曲线。从图中可以看出，当 γ 的取值分别为0.7、0.8、0.9时，该数列分别在第20项左右、第30项左右、第60项左右开始接近于0。因此，当折扣率 γ 的取值为0.7、0.8、0.9时，智能体仅关注来自未来大约

20、30、60 个时刻的奖赏。图 3-6(b)示出了根据该数列每一项占比画出的曲线。从图中可以看出，γ 越小，该数列前几项的占比越大，此时智能体更加关注来自未来前几个时刻的奖赏。所以，在强化学习中，折扣率 γ 决定了智能体的“视野”。

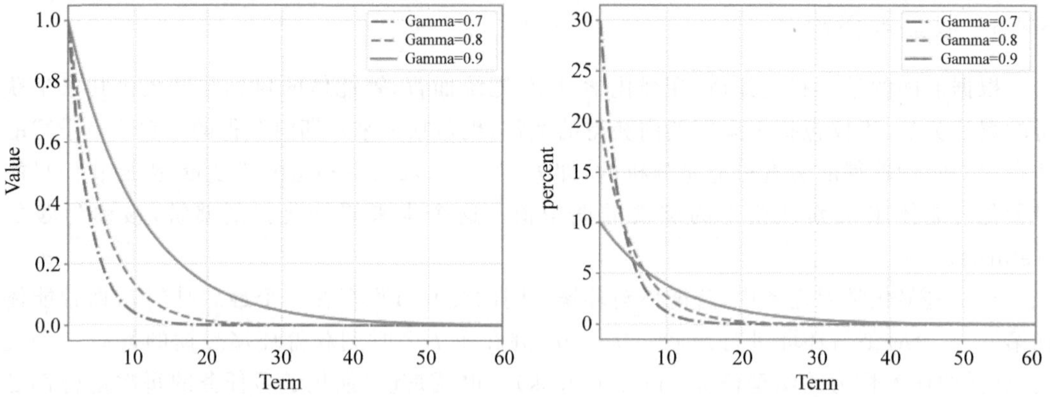

(a) 数列每一项的大小　　(b) 数列每一项的占比

图 3-6　不同的折扣率大小

那么，引入折扣率之后的折扣收益 $G_t^{\infty,\gamma}$ 是否可能无穷大？借助等比数列求和公式，可得

$$G_t^{\infty,\gamma}=\sum_{j=t+1}^{+\infty}\gamma^{j-t-1}R_i \leqslant \sum_{j=t+1}^{+\infty}\gamma^{j-t-1}r_{\max}=r_{\max}\sum_{j=t+1}^{+\infty}\gamma^{j-t-1}=\frac{r_{\max}}{1-\gamma} \tag{3-13}$$

式(3-13)中，$r_{\max}$ 是智能体在未来所有时刻上可能获得的所有奖赏中的最大值。从该式可知，$G_t^{\infty,\gamma}$ 的值不会超过 $\frac{r_{\max}}{1-\gamma}$，因此可以最大化折扣收益 $G_t^{\infty,\gamma}$ 的期望值。

综合式(3-11)和式(3-12)，可以将终结型任务中的有限收益 $G_t^{l,1}$ 和持续型任务中的折扣收益 $G_t^{\infty,\gamma}$ 统一写为式(3-14)，并统称为收益 G_t。

$$G_t=\sum_{j=t+1}^{l}\gamma^{j-t-1}R_j \tag{3-14}$$

式(3-14)中，$0\leqslant\gamma\leqslant 1$。如果 $\gamma=1$ 且 l 有限，则 $G_t=G_t^{l,1}$，式(3-14)成为终结型任务中的收益；如果 $l=+\infty$ 且 $0\leqslant\gamma<1$，则 $G_t=G_t^{\infty,\gamma}$，式(3-14)成为持续型任务中的折扣收益；但 $\gamma=1$ 和 $l=+\infty$ 二者不能同时成立。引入统一的收益 G_t 之后，在后续的公式推导过程中，可以不必再显式地区分终结型任务和持续型任务。

之前我们提及过，智能体的目标是最大化其未来累计获得的奖赏的期望值，也就是最大化当前时刻 t 下的收益 G_t 的期望值。为了达到这个目标，智能体所能做的是，根据环境状态在 t 时刻及之后各个时刻尽量做出更加“明智”的行动选择。而智能体如何根据环境状态做出行动选择，则由策略决定。

在 3.1.2 节中我们学习过的 ε 贪婪方法就是一种如何做出行动选择的策略，该方法给出了选择各个行动的概率。更一般地，在 MDP 中我们用概率质量函数 $p(a_t|s_t)$ 表示一个策略，$p(a_t|s_t)=P(A_t=a_t|S_t=s_t)$，即当环境状态为 s_t 时智能体选择行动 a_t 的概率，$s_t\in\mathcal{S}$，$a_t\in\mathcal{A}(s_t)$。可见，$p(a_t|s_t)$ 是 s_t 和 a_t 的函数。由于 $p(a_t|s_t)$ 是概率质量函数，因此有 $\sum\limits_{a_t\in\mathcal{A}(s_t)}p(a_t\mid s_t)=1$，即智能体在环境状态 s_t 下必将从该状态下的行动值集合 $\mathcal{A}(s_t)$ 中选择

一个行动。特别地，如果 $p(a_t|s_t)=1$，则表明智能体在环境状态 s_t 下必将选择行动 a_t。在强化学习领域，传统上人们用 π（“策略”的英文单词 policy 首字母 p 对应的希腊字母）代表策略。需要注意的是，π 在这里代表概率质量函数 p，因此是函数 π，而不是我们熟知的数学常数 π。值得说明的是，智能体在不同的时刻，可以使用不同的策略。当不同时刻下的策略不完全相同时，我们将 t 时刻的策略记作 $p_t(a_t|s_t)$，$t=1,2,\cdots,l-1$。

能够最大化收益期望值的策略称为**最优策略**（optimal policy）。由于在不同时刻下智能体的收益 G_t 的期望值的最大值可能不同（例如，在终结型任务中当时刻 t 接近最后时刻 l 时），因此智能体在不同时刻下的最优策略可能不同，即最优策略也是时刻 t 的函数，记作 $p_t^*(a_t|s_t)$，$s_t\in\mathcal{S}$，$a_t\in\mathcal{A}(s_t)$，$t=1,2,\cdots,l-1$。值得说明的是，即便在同一时刻下，最优策略也有可能不唯一，此时任何一个最优策略都能够最大化收益的期望值。

3.3 求解 MDP

当已知 MDP 模型的概率质量函数 $p(s_{t+1},r_{t+1}|s_t,a_t)$ 以及奖赏的取值集合 $\mathcal{R}$ 时，如何求解 MDP？即如何找到最优策略？

智能体的目标是最大化收益 G_t 的期望值，而无论 t 时刻环境处于哪个状态。因此，如果能够最大化 t 时刻任何可能环境状态下智能体的收益 $G_t|S_t=s_t$ 的期望值 $\mathbb{E}(G_t|S_t=s_t)$，$s_t\in\mathcal{S}$，就可以达到最大化收益 G_t 的期望值这个目标。其中，$G_t|S_t=s_t$ 表示 t 时刻环境状态为 s_t 时智能体的收益；$\mathbb{E}(G_t|S_t=s_t)$ 为 t 时刻环境状态为 s_t 时收益 G_t 的期望值。为此，我们需要找到可以同时最大化 t 时刻所有可能环境状态下智能体收益期望值的最优策略 $p_t^*(a_t|s_t)$。

3.3.1 贝尔曼方程与贝尔曼最优方程

为了简化书写，将 t 时刻环境状态为 s_t 时收益 G_t 的期望值 $\mathbb{E}(G_t|S_t=s_t)$ 记作 $v_t(s_t)$。$v_t(s_t)$ 被称为（t 时刻的）**状态价值函数**（state-value function），表示智能体如果在 t 时刻、环境状态 s_t 下开始按照给定策略与环境交互，未来可获得的收益的期望值，即在 t 时刻（以及给定策略下）状态 s_t 的价值。我们将 t 时刻环境状态为 s_t 时状态价值函数 $v_t(s_t)$ 的值简称为 t 时刻状态 s_t 的价值。这里的“给定策略”是指 t 时刻以及未来各个时刻下的给定策略，各个时刻下的给定策略既可以相同，也可以各不相同。

需要注意的是，由于 $s_t\in\mathcal{S}$，因此 $v_t(s_t)$ 实际上给出了 t 时刻所有可能状态的价值。求解 MDP 时，需要最大化 t 时刻所有可能状态的价值，即最大化 $v_t(s_t)$ 的每一个函数值。

根据式(3-14)、全概率公式、条件概率公式，以及马尔可夫性，对 $v_t(s_t)=\mathbb{E}(G_t|S_t=s_t)$ 做进一步整理如下。

$$
\begin{aligned}
v_t(s_t) &= \mathbb{E}(G_t \mid S_t=s_t) \\
&= \mathbb{E}((R_{t+1}+\gamma G_{t+1}) \mid S_t=s_t) \\
&= \mathbb{E}(R_{t+1} \mid S_t=s_t)+\gamma\mathbb{E}(G_{t+1} \mid S_t=s_t) \\
&= \sum_{r_{t+1}\in\mathcal{R}} r_{t+1}p_t(r_{t+1} \mid s_t)+\gamma\sum_{g_{t+1}\in\mathcal{G}} g_{t+1}p_t(g_{t+1} \mid s_t) \\
&= \sum_{r_{t+1}\in\mathcal{R}} r_{t+1}\sum_{s_{t+1}\in\mathcal{S}} p_t(s_{t+1},r_{t+1} \mid s_t)+\gamma\sum_{g_{t+1}\in\mathcal{G}} g_{t+1}\sum_{s_{t+1}\in\mathcal{S}} p_t(s_{t+1},g_{t+1} \mid s_t)
\end{aligned}
$$

$$
\begin{aligned}
&= \sum_{r_{t+1} \in \mathcal{R}} r_{t+1} \sum_{s_{t+1} \in \mathcal{S}} \sum_{a_t \in \mathcal{A}(s_t)} p_t(s_{t+1}, r_{t+1}, a_t \mid s_t) + \\
&\quad \gamma \sum_{g_{t+1} \in \mathcal{G}} g_{t+1} \sum_{s_{t+1} \in \mathcal{S}} p_t(s_{t+1} \mid s_t) p_t(g_{t+1} \mid s_{t+1}, s_t) \\
&= \sum_{r_{t+1} \in \mathcal{R}} r_{t+1} \sum_{s_{t+1} \in \mathcal{S}} \sum_{a_t \in \mathcal{A}(s_t)} p_t(a_t \mid s_t) p(s_{t+1}, r_{t+1} \mid s_t, a_t) + \\
&\quad \gamma \sum_{g_{t+1} \in \mathcal{G}} g_{t+1} \sum_{s_{t+1} \in \mathcal{S}} p_t(s_{t+1} \mid s_t) p_t(g_{t+1} \mid s_{t+1}) \\
&= \sum_{r_{t+1} \in \mathcal{R}} r_{t+1} \sum_{s_{t+1} \in \mathcal{S}} \sum_{a_t \in \mathcal{A}(s_t)} p_t(a_t \mid s_t) p(s_{t+1}, r_{t+1} \mid s_t, a_t) + \\
&\quad \gamma \sum_{g_{t+1} \in \mathcal{G}} g_{t+1} \sum_{s_{t+1} \in \mathcal{S}} p_t(g_{t+1} \mid s_{t+1}) \sum_{a_t \in \mathcal{A}(s_t)} p_t(s_{t+1}, a_t \mid s_t) \\
&= \sum_{r_{t+1} \in \mathcal{R}} r_{t+1} \sum_{s_{t+1} \in \mathcal{S}} \sum_{a_t \in \mathcal{A}(s_t)} p_t(a_t \mid s_t) p(s_{t+1}, r_{t+1} \mid s_t, a_t) + \\
&\quad \gamma \sum_{g_{t+1} \in \mathcal{G}} g_{t+1} \sum_{s_{t+1} \in \mathcal{S}} p_t(g_{t+1} \mid s_{t+1}) \sum_{a_t \in \mathcal{A}(s_t)} p_t(a_t \mid s_t) p(s_{t+1} \mid s_t, a_t) \\
&= \sum_{r_{t+1} \in \mathcal{R}} r_{t+1} \sum_{s_{t+1} \in \mathcal{S}} \sum_{a_t \in \mathcal{A}(s_t)} p_t(a_t \mid s_t) p(s_{t+1}, r_{t+1} \mid s_t, a_t) + \\
&\quad \gamma \sum_{g_{t+1} \in \mathcal{G}} g_{t+1} \sum_{s_{t+1} \in \mathcal{S}} p_t(g_{t+1} \mid s_{t+1}) \sum_{a_t \in \mathcal{A}(s_t)} p_t(a_t \mid s_t) \sum_{r_{t+1} \in \mathcal{R}} p(s_{t+1}, r_{t+1} \mid s_t, a_t) \\
&= \sum_{a_t \in \mathcal{A}(s_t)} p_t(a_t \mid s_t) \sum_{s_{t+1} \in \mathcal{S}} \sum_{r_{t+1} \in \mathcal{R}} p(s_{t+1}, r_{t+1} \mid s_t, a_t) r_{t+1} + \\
&\quad \gamma \sum_{a_t \in \mathcal{A}(s_t)} p_t(a_t \mid s_t) \sum_{s_{t+1} \in \mathcal{S}} \sum_{r_{t+1} \in \mathcal{R}} p(s_{t+1}, r_{t+1} \mid s_t, a_t) \sum_{g_{t+1} \in \mathcal{G}} g_{t+1} p_t(g_{t+1} \mid s_{t+1}) \\
&= \sum_{a_t \in \mathcal{A}(s_t)} p_t(a_t \mid s_t) \sum_{s_{t+1} \in \mathcal{S}} \sum_{r_{t+1} \in \mathcal{R}} p(s_{t+1}, r_{t+1} \mid s_t, a_t) \Big(r_{t+1} + \gamma \sum_{g_{t+1} \in \mathcal{G}} g_{t+1} p_t(g_{t+1} \mid s_{t+1})\Big) \\
&= \sum_{a_t \in \mathcal{A}(s_t)} p_t(a_t \mid s_t) \sum_{s_{t+1} \in \mathcal{S}} \sum_{r_{t+1} \in \mathcal{R}} p(s_{t+1}, r_{t+1} \mid s_t, a_t) (r_{t+1} + \gamma \mathbb{E}(G_{t+1} \mid S_{t+1} = s_{t+1})) \\
&= \sum_{a_t \in \mathcal{A}(s_t)} p_t(a_t \mid s_t) \sum_{s_{t+1} \in \mathcal{S}} \sum_{r_{t+1} \in \mathcal{R}} p(s_{t+1}, r_{t+1} \mid s_t, a_t) (r_{t+1} + \gamma v_{t+1}(s_{t+1})) \qquad (3\text{-}15)
\end{aligned}
$$

式(3-15)中，g_{t+1} 为收益随机变量 G_{t+1} 的取值，$g_{t+1} \in \mathcal{G}$，$\mathcal{G}$为收益的可能取值集合；$p_t(\cdot)$表示该概率质量函数的值与时刻 t 有关。将式(3-15)推导出的结果写为式(3-16)。

$$
v_t(s_t) = \sum_{a_t \in \mathcal{A}(s_t)} p_t(a_t \mid s_t) \sum_{s_{t+1} \in \mathcal{S}} \sum_{r_{t+1} \in \mathcal{R}} p(s_{t+1}, r_{t+1} \mid s_t, a_t)(r_{t+1} + \gamma v_{t+1}(s_{t+1})) \qquad (3\text{-}16)
$$

式(3-16)中，$s_t \in \mathcal{S}$，$t=1,2,\cdots,l-1$，γ 为折扣率。式(3-16)称为**贝尔曼方程**(Bellman equation)，其给出了当前时刻 t 下状态 s_t 的价值(状态价值函数 $v_t(s_t)$的值)与下一时刻 $t+1$下所有状态的价值之间的迭代关系。值得注意的是，由于环境状态 S_t 的可能取值通常有多个，所以式(3-16)实际上代表了一组方程，方程的数量等于状态可能取值的数量$|\mathcal{S}|$。$|\mathcal{S}|$表示集合$\mathcal{S}$中元素的数量，即集合$\mathcal{S}$的基数。式(3-16)中的 $p_t(a_t|s_t)$为 t 时刻智能体使用的策略，由此可见：计算状态价值时，各个时刻下的策略可以不相同。

式(3-16)表明，用下一时刻各个状态的价值，可以计算出当前时刻各个状态的价值。用未来时刻的值计算当前时刻的值？看上去有些不可思议。不过，如果知道状态价值函数在最后一个时刻 l 下的值(即最后一个时刻各个状态的价值)，那么使用式(3-16)就有可能依次倒推出状态价值函数在 $t=l-1,l-2,\cdots,2,1$ 各个时刻下的值(各个时刻下各个状态的价值)。幸运的是，我们确实知道状态价值函数在最后时刻 l 下的值或者近似值。

在 3.2.3 节中讨论过，在终结型任务中，智能体在最后时刻 l 的收益 G_l 为 0，因此 $v_l(s_l)=\mathbb{E}(G_l \mid S_l=s_l)=0, s_l\in\mathcal{S}$。在持续型任务中，尽管不存在最后时刻，但是 $0\leqslant\gamma<1$，所以在式(3-12)中当 i 足够大时，$\gamma^{i-t-1}R_i$ 足够接近于 0，故可以近似地认为存在一个足够大的最后时刻 l，使得 $\gamma^{l-t}R_{l+1}\approx 0$，因此也有 $v_l(s_l)=\mathbb{E}(G_l \mid S_l=s_l)=0, s_l\in\mathcal{S}$。故由式(3-16)可求出 $l-1$ 时刻各个状态的价值

$$\begin{aligned}v_{l-1}(s_{l-1}) &= \sum_{a_{l-1}\in\mathcal{A}(s_{l-1})} p_{l-1}(a_{l-1}\mid s_{l-1})\sum_{s_l\in\mathcal{S}}\sum_{r_l\in\mathcal{R}} p(s_l,r_l\mid s_{l-1},a_{l-1})(r_l+\gamma v_l(s_l))\\ &= \sum_{a_{l-1}\in\mathcal{A}(s_{l-1})} p_{l-1}(a_{l-1}\mid s_{l-1})\sum_{s_l\in\mathcal{S}}\sum_{r_l\in\mathcal{R}} p(s_l,r_l\mid s_{l-1},a_{l-1})r_l\\ &= \sum_{a_{l-1}\in\mathcal{A}(s_{l-1})} p_{l-1}(a_{l-1}\mid s_{l-1})\,\mathbb{E}(R_l\mid S_{l-1}=s_{l-1},A_{l-1}=a_{l-1})\end{aligned}\tag{3-17}$$

将式(3-17)的推导结果写为式(3-18)。

$$v_{l-1}(s_{l-1}) = \sum_{a_{l-1}\in\mathcal{A}(s_{l-1})} p_{l-1}(a_{l-1}\mid s_{l-1})\,\mathbb{E}(R_l\mid S_{l-1}=s_{l-1},A_{l-1}=a_{l-1})\tag{3-18}$$

当 MDP 模型已知时，式(3-17)中的 $p(s_l,r_l\mid s_{l-1},a_{l-1})$、$r_l$、$\mathcal{S}$、$\mathcal{R}$都已知，故对于给定的 s_{l-1} 和 a_{l-1}，式(3-18)中$\mathbb{E}(R_l\mid S_{l-1}=s_{l-1},A_{l-1}=a_{l-1})$的值确定并且可求。为了最大化 $v_{l-1}(s_{l-1})$的值，当给定 s_{l-1} 时，可以把 $p_{l-1}(a_{l-1}\mid s_{l-1})$看作变量，$a_{l-1}\in\mathcal{A}(s_{l-1})$，从而把式(3-18)看作 $y=w_1x_1+w_2x_2+\cdots+w_nx_n$ 的形式。其中，$x_i=p_{l-1}(a_{l-1}^{(i)}\mid s_{l-1})$为自变量，$i=1,2,\cdots,n$，$0\leqslant x_i\leqslant 1$，$\sum\limits_i x_i=1$；$a_{l-1}^{(i)}$代表状态 s_{l-1} 下可供智能体选择的第 i 个行动；$n=|\mathcal{A}(s_{l-1})|$，$|\mathcal{A}(s_{l-1})|$为集合$\mathcal{A}(s_{l-1})$中元素的数量；w_i 为系数，$w_i=\mathbb{E}(R_l\mid S_{l-1}=s_{l-1},A_{l-1}=a_{l-1}^{(i)})$；$y=v_{l-1}(s_{l-1})$。由于$0\leqslant x_i\leqslant 1$且$\sum\limits_i x_i=1$，因此要想使 y 的值最大，显然与最大系数(或者多个最大系数中的一个)相乘的那个自变量的值取最大值 1 就可以做到，即 $x_{i^*}=1, i^*=\operatorname*{argmax}\limits_i w_i$；此时其他自变量的值都为 0(因为$\sum\limits_i x_i=1, x_{i^*}=1$)，即 $x_j=0$，$j\neq i^*$。该最优化问题也是一个线性规划(linear programming)问题。当然，如果最大系数的数量多于一个，那么与最大系数相乘的多个自变量的取值之和为最大值 1，也可以使 y 的值最大。为了使该最优化问题解的形式保持一致，在这种情况下，我们令与多个最大系数中任何一个相乘的那个自变量的值取最大值 1。在后续章节中，我们还将多次用到上述求解线性规划问题的分析过程与结论。

根据以上分析可知，在 $l-1$ 时刻，在状态 s_{l-1} 下以概率 1 选择集合$\mathcal{A}(s_{l-1})$中一个具体行动(选择其余行动的概率为 0)的这$|\mathcal{A}(s_{l-1})|$个状态 s_{l-1} 下的策略中，一定有使 $v_{l-1}(s_{l-1})$取最大值 $v_{l-1}^*(s_{l-1})$的最优策略。因此，我们只在这$|\mathcal{A}(s_{l-1})|$个策略中找出一个最优策略即可(尽管其中可能存在多个最优策略)。这里的最优策略是指状态值为 s_{l-1}时的最优策略。由上述分析可得，式(3-18)的最大值 $v_{l-1}^*(s_{l-1})$为

$$\begin{aligned}v_{l-1}^*(s_{l-1}) &= \max_{p_{l-1}(a_{l-1}\mid s_{l-1})} v_{l-1}(s_{l-1})\\ &= \max_{p_{l-1}(a_{l-1}\mid s_{l-1})} \sum_{a_{l-1}\in\mathcal{A}(s_{l-1})} p_{l-1}(a_{l-1}\mid s_{l-1})\,\mathbb{E}(R_l\mid S_{l-1}=s_{l-1},A_{l-1}=a_{l-1})\\ &= \max_{a_{l-1}\in\mathcal{A}(s_{l-1})} \mathbb{E}(R_l\mid S_{l-1}=s_{l-1},A_{l-1}=a_{l-1})\end{aligned}\tag{3-19}$$

式(3-19)中，$s_{l-1}\in\mathcal{S}$；$v_{l-1}^*(s_{l-1})$称为($l-1$ 时刻的)**最优状态价值函数**(optimal state-value function)。我们将 $l-1$ 时刻环境状态为 s_{l-1}时最优状态价值函数 $v_{l-1}^*(s_{l-1})$的值简

称为 $l-1$ 时刻状态 s_{l-1} 的最优价值。相比 t 时刻状态 s_t 的价值 $v_t(s_t)$，t 时刻状态 s_t 的最优价值 $v_t^*(s_t)$ 表示的是智能体如果在 t 时刻、环境状态 s_t 下开始按照各个时刻下的最优策略与环境交互，未来可获得的收益的期望值。该收益的期望值是所有可能的收益期望值中的最大值。

由式(3-19)的推导结果可知，在 $l-1$ 时刻环境状态 s_{l-1} 下，使 $v_{l-1}(s_{l-1})$ 取最大值 $v_{l-1}^*(s_{l-1})$ 的最优行动 $a_{l-1}^*|s_{l-1}$ 为

$$\begin{aligned} a_{l-1}^* \mid s_{l-1} &= \underset{a_{l-1} \in \mathcal{A}(s_{l-1})}{\operatorname{argmax}} \mathbb{E}(R_l \mid S_{l-1}=s_{l-1}, A_{l-1}=a_{l-1}) \\ &= \underset{a_{l-1} \in \mathcal{A}(s_{l-1})}{\operatorname{argmax}} \sum_{s_l \in \mathcal{S}} \sum_{r_l \in \mathcal{R}} p(s_l, r_l \mid s_{l-1}, a_{l-1}) r_l \end{aligned} \tag{3-20}$$

式(3-20)中，将最优行动表示为 $a_{l-1}^*|s_{l-1}$，是因为尽管在同一时刻但在不同环境状态下智能体的最优行动可能不同。式(3-20)对任何状态值 $s_{l-1}\in\mathcal{S}$都成立。显然，由 $l-1$ 时刻各个环境状态下的最优行动可以得出 $l-1$ 时刻的最优策略 $p_{l-1}^*(a_{l-1}|s_{l-1})$，即 $p_{l-1}^*(a_{l-1}^*|s_{l-1})=1$、$p_{l-1}^*(a_{l-1}^{\circ}|s_{l-1})=0$，$a_{l-1}^*,a_{l-1}^{\circ}\in\mathcal{A}(s_{l-1})$且 $a_{l-1}^{\circ}\neq a_{l-1}^*$，$s_{l-1}\in\mathcal{S}$。该最优策略表明：在 $l-1$ 时刻环境状态 s_{l-1} 下，智能体必将选择行动 a_{l-1}^*。当最优策略在各个环境状态下都以概率 1 选择某一可选行动时，由最优策略也可以得出智能体在各个环境状态下的最优行动，故此时各个环境状态下的最优行动等同于最优策略。

注意到在式(3-19)和式(3-20)中，$s_{l-1}\in\mathcal{S}$，因此每个算式仍然代表一组算式，算式的数量为$|\mathcal{S}|$。根据这两个算式就可以求得 $l-1$ 时刻各个环境状态的最优价值，以及这些状态下智能体的最优行动(从而得出最优策略)。

接下来的问题是，如何求其他时刻($t=l-2,l-3,\cdots,2,1$)下各个环境状态的最优价值，从而得出这些时刻下的最优策略？

为此，对式(3-16)做进一步整理如下。

$$\begin{aligned} v_t(s_t) &= \sum_{a_t \in \mathcal{A}(s_t)} p_t(a_t \mid s_t) \sum_{s_{t+1} \in \mathcal{S}} \sum_{r_{t+1} \in \mathcal{R}} p(s_{t+1}, r_{t+1} \mid s_t, a_t)(r_{t+1} + \gamma v_{t+1}(s_{t+1})) \\ &\leqslant \sum_{a_t \in \mathcal{A}(s_t)} p_t(a_t \mid s_t) \sum_{s_{t+1} \in \mathcal{S}} \sum_{r_{t+1} \in \mathcal{R}} p(s_{t+1}, r_{t+1} \mid s_t, a_t)(r_{t+1} + \gamma v_{t+1}^*(s_{t+1})) \\ &\leqslant \max_{a_t \in \mathcal{A}(s_t)} \sum_{s_{t+1} \in \mathcal{S}} \sum_{r_{t+1} \in \mathcal{R}} p(s_{t+1}, r_{t+1} \mid s_t, a_t)(r_{t+1} + \gamma v_{t+1}^*(s_{t+1})) \end{aligned} \tag{3-21}$$

式(3-21)中，第一步根据 $v_{t+1}(s_{t+1})\leqslant v_{t+1}^*(s_{t+1})$、$s_{t+1}\in\mathcal{S}$得出；第二步根据求解式(3-18)中线性规划问题的分析过程得出(倒推时 $v_{t+1}^*(s_{t+1})$的值已经求出，$s_{t+1}\in\mathcal{S}$)。显然，$v_t(s_t)$的最大值 $v_t^*(s_t)$ 由 $\max\limits_{a_t \in \mathcal{A}(s_t)} \sum\limits_{s_{t+1} \in \mathcal{S}} \sum\limits_{r_{t+1} \in \mathcal{R}} p(s_{t+1}, r_{t+1} \mid s_t, a_t)(r_{t+1} + \gamma v_{t+1}^*(s_{t+1}))$ 给出，因此有

$$v_t^*(s_t) = \max_{a_t \in \mathcal{A}(s_t)} \sum_{s_{t+1} \in \mathcal{S}} \sum_{r_{t+1} \in \mathcal{R}} p(s_{t+1}, r_{t+1} \mid s_t, a_t)(r_{t+1} + \gamma v_{t+1}^*(s_{t+1})) \tag{3-22}$$

式(3-22)中，$v_t^*(s_t)$为(t 时刻的)最优状态价值函数，即 t 时刻状态 s_t 的最优价值，$s_t\in\mathcal{S}$。也可以根据全概率公式将式(3-22)写为如下形式：

$$\begin{aligned} v_t^*(s_t) &= \max_{a_t \in \mathcal{A}(s_t)} \sum_{s_{t+1} \in \mathcal{S}} \sum_{r_{t+1} \in \mathcal{R}} p(s_{t+1}, r_{t+1} \mid s_t, a_t)(r_{t+1} + \gamma v_{t+1}^*(s_{t+1})) \\ &= \max_{a_t \in \mathcal{A}(s_t)} \Big(\sum_{s_{t+1} \in \mathcal{S}} \sum_{r_{t+1} \in \mathcal{R}} p(s_{t+1}, r_{t+1} \mid s_t, a_t) r_{t+1} + \\ &\qquad \gamma \sum_{s_{t+1} \in \mathcal{S}} \sum_{r_{t+1} \in \mathcal{R}} p(s_{t+1}, r_{t+1} \mid s_t, a_t) v_{t+1}^*(s_{t+1}) \Big) \end{aligned}$$

$$= \max_{a_t \in \mathcal{A}(s_t)} \left(\sum_{r_{t+1} \in \mathcal{R}} p(r_{t+1} \mid s_t, a_t) r_{t+1} + \gamma \sum_{s_{t+1} \in \mathcal{S}} p(s_{t+1} \mid s_t, a_t) v_{t+1}^*(s_{t+1}) \right)$$

$$= \max_{a_t \in \mathcal{A}(s_t)} \left(\mathbb{E}(R_{t+1} \mid S_t = s_t, A_t = a_t) + \gamma \mathbb{E}(v_{t+1}^*(S_{t+1}) \mid S_t = s_t, A_t = a_t) \right) \tag{3-23}$$

式(3-22)和式(3-23)中,$t=l-1,l-2,\cdots,2,1$。式(3-22)和式(3-23)称为**贝尔曼最优方程**(Bellman optimality equation)。与贝尔曼方程一样,贝尔曼最优方程实际上也是多个方程,集合$\mathcal{S}$中的每一个状态值都对应一个方程。贝尔曼最优方程表明：当前时刻各个状态的最优价值,可通过下一时刻各个状态的最优价值计算得出。当 $t=l-1$ 时,$v_{t+1}^*(s_{t+1})=v_l^*(s_l)=0$(因 $v_l(s_l)=0$),$s_l \in \mathcal{S}$。

按照式(3-19)求出 $l-1$ 时刻各个状态的最优价值之后,就可以根据式(3-22)或式(3-23)给出的贝尔曼最优方程,按照时刻从大到小的顺序,依次求出 $l-2,l-3,\cdots,2,1$ 时刻下各个状态的最优价值。当然,也可以直接根据式(3-22)或式(3-23)依次求出 $l-1,l-2,\cdots,2,1$ 时刻下各个状态的最优价值。根据这些最优价值,参照式(3-20)和式(3-24)求出各个时刻各个状态下智能体的最优行动 $a_t^* \mid s_t$,从而得出各个时刻下智能体的最优策略 $p_t^*(a_t \mid s_t)$,$t=l-1,l-2,\cdots,2,1,s_t \in \mathcal{S},a_t \in \mathcal{A}(s_t)$,即 $p_t^*(a_t^* \mid s_t)=1$、$p_t^*(a_t^{\cdot} \mid s_t)=0$,$a_t^*,a_t^{\cdot} \in \mathcal{A}(s_t)$且 $a_t^{\cdot} \neq a_t^*$。

$$a_t^* \mid s_t = \underset{a_t \in \mathcal{A}(s_t)}{\operatorname{argmax}} \sum_{s_{t+1} \in \mathcal{S}} \sum_{r_{t+1} \in \mathcal{R}} p(s_{t+1}, r_{t+1} \mid s_t, a_t)(r_{t+1} + \gamma v_{t+1}^*(s_{t+1})) \tag{3-24}$$

为了进一步理解贝尔曼最优方程、最优状态价值函数,以及最优策略,我们在实验 3-3 中给出的学习时间管理问题的 MDP 模型基础之上,尝试求各个时刻下各个状态的最优价值,以及各个状态下的最优行动(即最优策略)。

【实验 3-4】 *以实验 3-3 中给出的 MDP 模型为例,计算各个时刻下各个状态的最优价值,并给出各个时刻各个状态下的最优行动。*

提示：①$p(s_{t+1},r_{t+1} \mid s_t,a_t)=p(s_{t+1} \mid s_t,a_t)p(r_{t+1} \mid s_{t+1},s_t,a_t)$；②可认为存在最后时刻 l；③最后时刻 l 可以取 10,折扣率 γ 可以取 0.9；④取数组沿某一个轴上的最大值可使用 np.amax()函数,取数组沿某一个轴上最大值的索引可使用 np.argmax()函数。

当最后时刻 $l=10$ 时,各个时刻下各个状态的最优价值如图 3-7(a)所示。就本实验中的 MDP 模型和最后时刻而言,图 3-7(a)中,不同时刻、不同状态的最优价值不同,接近最后时刻时各个状态的最优价值相对较小。这些最优价值对应的最优行动如图 3-7(b)所示。图 3-7(b)中,不同时刻、不同状态下智能体的最优行动可能有所不同。智能体在 $l-1$ 时刻(第 9 个时刻)任何状态下的最优行动都是"学习",正如"临阵磨枪,不快也光",这个选择有利于最大化最后时刻获得的奖赏的期望值;无论在哪个时刻下,当状态为"体力较好、脑力较好"或"体力较差、脑力较好"时,智能体的最优行动都是"学习";在相距最后时刻稍远的时刻下,若状态为"体力较差、脑力较差",智能体将选择"休息",若状态为"体力较好、脑力较差",智能体将选择"运动"。当然,本实验的结果取决于实验 3-3 中建立的 MDP 模型。

3.3.2　价值迭代

通过 3.3.1 节中的分析和实验,我们已经得出通过贝尔曼最优方程求解 MDP 的思路：通过式(3-22)和式(3-24)依次得出智能体在 $t=l-1,l-2,\cdots,2,1$ 时刻下的最优行动,从

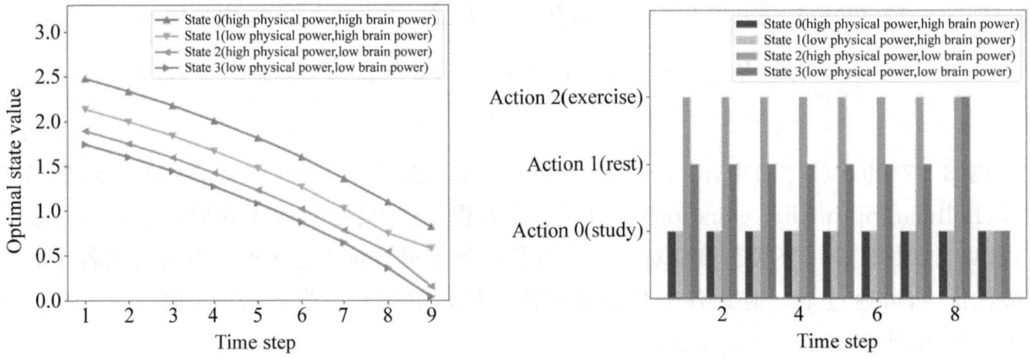

(a) 最优状态价值 (b) 最优行动

图 3-7 实验 3-4 中各个状态的最优价值及其对应的最优行动

而给出各个时刻的最优策略 $p_t^*(a_t|s_t)$。

式(3-22)和式(3-23)贝尔曼最优方程源于求解线性规划问题，又以迭代的方式“动态地”用下一个时刻的最优状态价值计算当前时刻的最优状态价值，因此(以及另外一个非技术原因)这种求解过程被理查德·贝尔曼(Richard Bellman)称为动态规划(dynamic programming)。

但是，即便根据上述方法求得各个时刻下的最优策略，在应用这些最优策略时，仍需要知道当前时刻 t 以及最后时刻 l，并据此查找当前时刻的最优策略 $p_t^*(a_t|s_t)$。例如，若当前时刻 $t=l-1$，则使用最优策略 $p_{l-1}^*(a_t|s_t)$。然而，很多时候我们事先并不知道或者并不确定最后时刻 l 的值，也不知道当前时刻 t 与最后时刻 l 之间相距多少个时刻，从而无从知晓应该使用哪个时刻下的最优策略。此外，在持续型强化学习任务中，并不显式地存在最后时刻 l。因此，只好退而求其次，考虑在各个时刻下都使用同一个最优策略 $p^*(a_t|s_t)$，该最优策略不随时刻 t 的改变而改变。这样做的好处是：在使用最优策略时无须知道当前时刻 t 以及最后时刻 l，因此也适用于持续型强化学习任务。这样做的代价是：智能体收益的期望值可能会有所降低，即各个状态的价值可能会低于最优价值，毕竟我们是在使用同一个最优策略 $p^*(a_t|s_t)$ 近似各个时刻下的最优策略 $p_t^*(a_t|s_t)$。那么，如何得到一个可近似应用于各个时刻的、不随时刻 t 的改变而改变的最优策略 $p^*(a_t|s_t)$？

根据式(3-22)和式(3-24)，我们知道，如果各个状态的最优价值都(近似)不随时刻的改变而发生改变，那么最优行动或最优策略也不会随时刻的改变而发生改变；此外，如果知道各个状态的最优价值，就可以得到最优策略。为此，我们考察最优状态价值随时刻发生改变的趋势，即考察两个相邻时刻下同一状态的最优价值之差，如式(3-25)所示。

$$
\begin{aligned}
\left|v_{t-1}^*(s_t)-v_t^*(s_t)\right| &= \left|\begin{array}{l}\max\limits_{a_t\in\mathcal{A}(s_t)}\sum\limits_{s_{t+1}\in\mathcal{S}}\sum\limits_{r_{t+1}\in\mathcal{R}}p(s_{t+1},r_{t+1}\mid s_t,a_t)(r_{t+1}+\gamma v_t^*(s_{t+1}))\\ -\max\limits_{a_t\in\mathcal{A}(s_t)}\sum\limits_{s_{t+1}\in\mathcal{S}}\sum\limits_{r_{t+1}\in\mathcal{R}}p(s_{t+1},r_{t+1}\mid s_t,a_t)(r_{t+1}+\gamma v_{t+1}^*(s_{t+1}))\end{array}\right| \\
&\leqslant \max_{a_t\in\mathcal{A}(s_t)}\left|\begin{array}{l}\sum\limits_{s_{t+1}\in\mathcal{S}}\sum\limits_{r_{t+1}\in\mathcal{R}}p(s_{t+1},r_{t+1}\mid s_t,a_t)(r_{t+1}+\gamma v_t^*(s_{t+1}))\\ -\sum\limits_{s_{t+1}\in\mathcal{S}}\sum\limits_{r_{t+1}\in\mathcal{R}}p(s_{t+1},r_{t+1}\mid s_t,a_t)(r_{t+1}+\gamma v_{t+1}^*(s_{t+1}))\end{array}\right|
\end{aligned}
$$

$$
\begin{aligned}
&= \max_{a_t \in \mathcal{A}(s_t)} \left| \gamma \sum_{s_{t+1} \in \mathcal{S}} \sum_{r_{t+1} \in \mathcal{R}} p(s_{t+1}, r_{t+1} \mid s_t, a_t)(v_t^*(s_{t+1}) - v_{t+1}^*(s_{t+1})) \right| \\
&= \gamma \max_{a_t \in \mathcal{A}(s_t)} \left| \sum_{s_{t+1} \in \mathcal{S}} p(s_{t+1} \mid s_t, a_t)(v_t^*(s_{t+1}) - v_{t+1}^*(s_{t+1})) \right| \\
&\leqslant \gamma \max_{a_t \in \mathcal{A}(s_t)} \sum_{s_{t+1} \in \mathcal{S}} p(s_{t+1} \mid s_t, a_t) \left| v_t^*(s_{t+1}) - v_{t+1}^*(s_{t+1}) \right| \\
&= \gamma \sum_{s_{t+1} \in \mathcal{S}} p(s_{t+1} \mid s_t, a_t^*) \left| v_t^*(s_{t+1}) - v_{t+1}^*(s_{t+1}) \right| \\
&\leqslant \gamma \max_{s_{t+1} \in \mathcal{S}} \left| v_t^*(s_{t+1}) - v_{t+1}^*(s_{t+1}) \right|
\end{aligned} \tag{3-25}
$$

式(3-25)中，第二步根据 $|\max_x f(x) - \max_x g(x)| \leqslant \max_x |f(x) - g(x)|$ 得出；第四步根据全概率公式得出；第五步根据绝对值不等式 $|a+b| \leqslant |a| + |b|$ 得出；最后一步根据求解式(3-18)中线性规划问题的分析过程得出；a_t^* 代表使 $\sum_{s_{t+1} \in \mathcal{S}} p(s_{t+1} \mid s_t, a_t) |v_t^*(s_{t+1}) - v_{t+1}^*(s_{t+1})|$ 取值最大的 a_t 的值，$a_t^* \in \mathcal{A}(s_t)$。由于式(3-25)对任何 $s_t(s_t \in \mathcal{S})$ 都成立，因此由式(3-25)不难得出

$$
\max_{s_t \in \mathcal{S}} \left| v_{t-1}^*(s_t) - v_t^*(s_t) \right| \leqslant \gamma \max_{s_t \in \mathcal{S}} \left| v_t^*(s_t) - v_{t+1}^*(s_t) \right| \tag{3-26}
$$

式(3-26)表明，$t-1$ 时刻与 t 时刻下同一状态的最优价值之间的最大差距，不超过 t 时刻与 $t+1$ 时刻下同一状态的最优价值之间的最大差距的 γ 倍($0 \leqslant \gamma \leqslant 1$)。尽管在终结型任务中折扣率 γ 可以取 1，但在强化学习中 γ 的取值通常小于 1。因此，随着 t 不断减小，$\max_{s_t \in \mathcal{S}} |v_{t-1}^*(s_t) - v_t^*(s_t)|$ 的值将会越来越小，各个状态的最优价值都将收敛。也就是说，存在 $|\mathcal{S}|$ 个极限值 $v^*(s_t)$，$s_t \in \mathcal{S}$，以及足够小的时刻 t(相距最后时刻 l 足够远的时刻 t)，使得对于任意小的正数 ε，以及对于任何状态值 $s_t \in \mathcal{S}$，都有 $|v_t^*(s_t) - v^*(s_t)| < \varepsilon$。其中，$v^*(s_t)$ 为 $v_t^*(s_t)$ 的极限值，$s_t \in \mathcal{S}$。

最优状态价值的极限值 $v^*(s_t)$ 并不随时刻的改变而改变，故根据最优状态价值的极限值得到的最优策略也不随时刻的改变而改变。因此，可以考虑将该最优策略作为可近似应用于各个时刻的最优策略 $p^*(a_t|s_t)$。

不过，尽管理论上存在极限值 $v^*(s_t)$，但是在实际计算中，极限值 $v^*(s_t)$ 不易准确求得，这是因为无论当前时刻 t 相距最后时刻 l 有多远，根据贝尔曼最优方程迭代计算出的最优状态价值 $v_t^*(s_t)$ 都只是无限接近于极限值 $v^*(s_t)$。幸好，由式(3-26)可知：当 $\gamma < 1$、t 足够小(相距最后时刻 l 足够远)时，$v_t^*(s_t)$ 可以足够接近于极限值 $v^*(s_t)$。此时 $v_t^*(s_t)$ 值的任何微小改变都不足以改变通过式(3-24)得出的最优行动。并且，当时刻 t 继续减小时，$v_t^*(s_t)$ 只会更加接近于极限值 $v^*(s_t)$，故此时得到的最优策略与根据最优状态价值的极限值得到的最优策略完全相同，该最优策略不再随 t 的减小而改变。因此，在实际中可以将该最优策略作为我们想要得到的、最优状态价值的极限值对应的、不随时刻的改变而改变的最优策略 $p^*(a_t|s_t)$。根据上述分析可知，当时刻 t 足够小时，该最优策略就是这些时刻下的最优策略，这是将该最优策略近似应用于各个时刻的优势。

该最优策略是相距最终时刻 l 足够远的 t 时刻下的最优策略。因此，当 t 相距最终时刻 l 足够远时，可以通过 3.3.1 节中的式(3-24)得出该最优策略。不过，当 t 相距最后时刻 l 较近时，通过式(3-24)得出的 t 时刻的最优策略可能与该最优策略有所不同，毕竟该最优策

略并不一定是所有时刻下的最优策略。这是导致使用该最优策略得到的各个状态的价值可能低于最优价值的原因。

由此，我们将求解 MDP 的目标调整为：寻找相距最终时刻 l 足够远的 t 时刻下的、能够最大化收益 G_t 期望值的最优策略 $p_t^*(a_t|s_t)$，且当时刻 t 继续减小时该最优策略不再改变。其中，最大化 t 时刻收益 G_t 的期望值，就是最大化 t 时刻所有可能状态的价值 $v_t(s_t)$，$s_t \in \mathcal{S}$。将此时得到的 $p_t^*(a_t|s_t)$ 作为 $p^*(a_t|s_t)$，用来给出智能体在各个时刻下的策略。

由于在各个时刻下都使用同一个最优策略 $p^*(a_t|s_t)$，故我们无须再关注时刻 t 的大小。而"时刻 t 相距最后时刻 l 足够远"实际上表述的是根据贝尔曼最优方程迭代计算 $v_t^*(s_t)$ 时的迭代次数足够多，$v_t^*(s_t)$ 的时刻值下标实际上给出的是迭代次序(t 从 $l-1$ 开始依次递减)。因此，可以将式(3-22)贝尔曼最优方程中最优状态价值的依次递减的时刻下标 t 替换为依次递增的迭代次数下标 i，$i=1,2,3,\cdots$，即

$$v_i^*(s_t)=\max_{a_t \in \mathcal{A}(s_t)} \sum_{s_{t+1} \in \mathcal{S}} \sum_{r_{t+1} \in \mathcal{R}} p(s_{t+1}, r_{t+1} \mid s_t, a_t)(r_{t+1}+\gamma v_{i-1}^*(s_{t+1})) \tag{3-27}$$

当 $i=1$ 时，$v_{i-1}^*(s_t)=v_0^*(s_t)$，$v_0^*(s_t)$ 为状态 s_t 的最优价值的初始值，相当于式(3-22)中的 $v_l^*(s_t)$。只不过，$v_0^*(s_t)$ 既可以取 0，也可以取其他值，因为无论 $v_0^*(s_t)$ 取何值，根据式(3-26)，$v_i^*(s_t)$ 最终都将收敛，同时也因为我们不再关注迭代次数相对较少时的最优状态价值。值得注意的是，尽管式(3-27)中 s_t、a_t、s_{t+1}、r_{t+1} 的值在形式上与时刻 t 和 $t+1$ 有关，但实际上可以被替换为 s、a、s'、r 等与时刻无关的变量。

同样，可以将式(3-24)中最优状态价值的时刻下标替换为迭代次数下标，由此得到

$$a_t^* \mid s_t=\underset{a_t \in \mathcal{A}(s_t)}{\operatorname{argmax}} \sum_{s_{t+1} \in \mathcal{S}} \sum_{r_{t+1} \in \mathcal{R}} p(s_{t+1}, r_{t+1} \mid s_t, a_t)(r_{t+1}+\gamma v_{i-1}^*(s_{t+1})) \tag{3-28}$$

在将时刻下标替换为迭代次数下标之后，求解 MDP 的目标可以表述为：根据贝尔曼最优方程得出迭代次数足够多时的最优策略 $p_i^*(a_t|s_t)$，当迭代次数继续增加时，该最优策略不再改变(归因于各个状态的最优价值都足够接近于其极限值、不再显著改变)。将此时得到的 $p_i^*(a_t|s_t)$ 作为 $p^*(a_t|s_t)$。因此，为了得到最优策略 $p^*(a_t|s_t)$，可以使用贝尔曼最优方程不断进行迭代，直到各个状态的最优价值 $v_i^*(s_t)$ 都足够接近于其极限值、不再显著改变，即对于所有状态值 $s_t(s_t \in \mathcal{S})$，都有 $|v_i^*(s_t)-v_{i-1}^*(s_t)|<\varepsilon$。其中，$\varepsilon$ 为容差，是一个预先设置的较小的正数。此时，可以将计算出来的 $v_{i-1}^*(s_t)$ 代入式(3-28)得到各个状态下智能体的最优行动，由此得出最优策略 $p_i^*(a_t|s_t)$，也就是 $p^*(a_t|s_t)$，即 $p^*(a_t^*|s_t)=p_i^*(a_t^*|s_t)=1$、$p^*(a_t^{\cdot}|s_t)=p_i^*(a_t^{\cdot}|s_t)=0$，$a_t^*$，$a_t^{\cdot} \in \mathcal{A}(s_t)$ 且 $a_t^{\cdot} \neq a_t^*$。

这种通过迭代最优状态价值寻找最优策略 $p^*(a_t|s_t)$ 的方法被称为**价值迭代**(value iteration)。综上，通过贝尔曼最优方程寻找最优策略 $p^*(a_t|s_t)$(或各个状态下的最优行动)的价值迭代算法如下。

【价值迭代算法】

输入：MDP 模型的质量概率函数 $p(s_{t+1}, r_{t+1}|s_t, a_t)$、奖赏的取值集合 $\mathcal{R}$，其中 $s_t, s_{t+1} \in \mathcal{S}$、$a_t \in \mathcal{A}(s_t)$、$r_{t+1} \in \mathcal{R}$。

输出：最优策略 $p^*(a_t|s_t)$，或各个状态下的最优行动 $a_t^*|s_t$，$s_t \in \mathcal{S}$。

(1) 初始化。$i:=0$；对于所有的 $s_t(s_t \in \mathcal{S})$，$v_0^*(s_t)$ 可以取任何值。

(2) 重复步骤(2.1)和步骤(2.2)，直到 $v_i^*(s_t)$ 不再显著改变，即当 $i \geqslant 1$ 时，对于所有的 $s_t(s_t \in \mathcal{S})$，都满足 $|v_i^*(s_t) - v_{i-1}^*(s_t)| < \varepsilon$，$\varepsilon$ 为容差，是一个较小的正数。

(2.1) $i := i + 1$。

(2.2) 对所有的 $s_t(s_t \in \mathcal{S})$，通过式(3-27)计算 $v_i^*(s_t)$。

(3) 将 $v_{i-1}^*(s_t)$(或者将 $v_i^*(s_t)$ 作为 $v_{i-1}^*(s_t)$)代入式(3-28)，得到各个状态下的最优行动 $a_t^* | s_t, s_t \in \mathcal{S}$，并可由此给出最优策略 $p^*(a_t | s_t)$。

在该算法的实现过程中，通常使用两种变量存储方式之一。第一种方式是使用两个不同的数组分别存储 $v_i^*(s_t)$ 和 $v_{i-1}^*(s_t)$。本章中如不特殊说明，都是指使用这种变量存储方式。本小节中的上述收敛分析也适用于这种存储方式。第二种方式是使用同一个数组存储 $v_i^*(s_t)$ 和 $v_{i-1}^*(s_t)$，即不再区分 $v_i^*(s_t)$ 和 $v_{i-1}^*(s_t)$。这种方式的好处是，可以使用当次迭代中已经更新过的 $v_i^*(s_{t+1})$ 更新 $v_i^*(s_t)$，以更快地收敛，并且占用的存储空间可以比第一种方式更少。但是这种方式不利于在每次迭代中并行计算各个状态的 $v_i^*(s_t)$。使用这种存储方式的价值迭代算法，也被称为高斯赛德尔价值迭代(Gauss-Seidel value iteration)。沿用本小节中分析收敛的思路，同样可证明使用高斯赛德尔价值迭代算法计算出的 $v_i^*(s_t)$ 也收敛至极限值 $v^*(s_t)$。证明过程略。

【实验 3-5】 使用价值迭代算法求解实验 3-3 中给出的 MDP 模型，画出各个状态的最优价值随迭代次数变化的曲线，并给出最优状态价值不再显著改变时的各个状态下的最优行动。

提示：① 复制数组可使用 np.copy()函数；②折扣率 γ 可设置为 0.9、容差 ε 可设置为 0.001。

当各个状态的最优价值的初始值为 0、$\gamma = 0.9$、$\varepsilon = 0.001$ 时，各个状态的最优价值随迭代次数变化的曲线如图 3-8(a)所示，迭代结束后各个状态下的最优行动如图 3-8(b)所示。可见，当状态为“体力较好、脑力较好”或“体力较差、脑力较好”时，智能体的最优行动为“学习”；当状态为“体力较差、脑力较差”时，智能体的最优行动为“休息”；当状态为“体力较好、脑力较差”时，智能体的最优行动为“运动”。当然，本实验结果取决于实验 3-3 中建立的 MDP 模型。

尽管通过价值迭代算法可以得到最优状态价值不再显著改变时的各个状态下的最优行动，但是在实际应用中我们事先并不确定在给定的强化学习任务中容差 ε 的值需要小到什么程度，才能得到上述最优行动，因此可能需要画出最优状态价值曲线并多次尝试。

3.3.3 策略评估

求解 MDP 模型的目标是：在一系列可能的策略中，找出当迭代次数足够多时最优状态价值对应的最优策略(当迭代次数继续增加时该最优策略不再改变)。在价值迭代中，我们先以迭代的方式计算出不再显著改变的最优状态价值，再找出该最优状态价值对应的最优行动，进而给出最优策略。相比之下，另一种看起来更为直观的求解办法是：先对这些可能的策略进行评估，然后根据评估结果从中找出一个最优策略。那么，按照什么指标对这些策略进行评估？很自然地，由于我们希望使各个状态的价值(即收益的期望值)都最大，因此评估指标可以是状态价值。由式(3-16)可知，状态价值 $v_t(s_t)$ 与时刻 t 有关。那么，应该选用

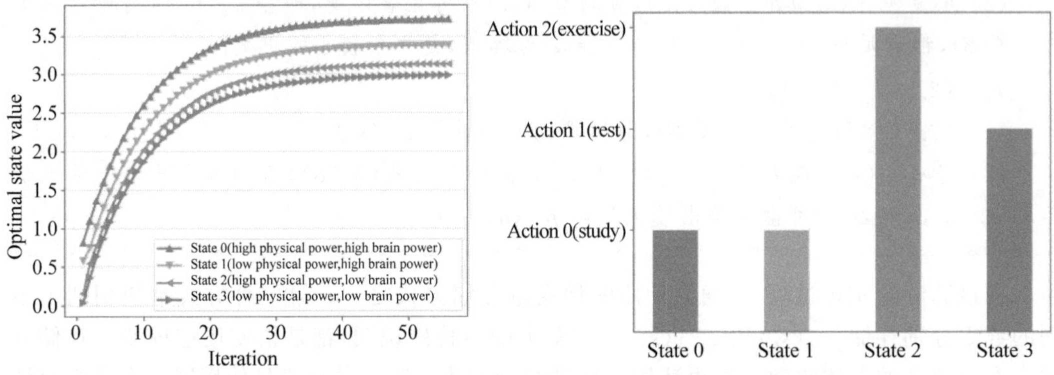

(a) 最优状态价值曲线　　(b) 各个状态下的最优行动

图 3-8　实验 3-5 中的最优状态价值和最优行动

哪个时刻下的状态价值作为评估指标?

【想一想】 选用什么指标评估这些策略?

由于我们想得到的是不再随时刻的减小而改变的最优策略,因此如果状态价值也能像最优状态价值那样随时刻 t 的减小而收敛,那么使用状态价值的极限值作为评估指标更为适合。如果这样,每个可能的策略都将对应一组各个状态的状态价值的极限值,而使各个状态的状态价值的极限值都最大的策略就是我们要寻找的最优策略。

为了考察状态价值是否收敛,我们参照式(3-25)和式(3-16)考察同一策略下两个相邻时刻下同一状态的状态价值之差,如式(3-29)所示。

$$
\begin{aligned}
|v_{t-1}(s_t)-v_t(s_t)| &= \left|\begin{array}{l}\displaystyle\sum_{a_t\in\mathcal{A}(s_t)} p(a_t\mid s_t)\sum_{s_{t+1}\in\mathcal{S}}\sum_{r_{t+1}\in\mathcal{R}} p(s_{t+1},r_{t+1}\mid s_t,a_t)(r_{t+1}+\gamma v_t(s_{t+1})) \\ \displaystyle -\sum_{a_t\in\mathcal{A}(s_t)} p(a_t\mid s_t)\sum_{s_{t+1}\in\mathcal{S}}\sum_{r_{t+1}\in\mathcal{R}} p(s_{t+1},r_{t+1}\mid s_t,a_t)(r_{t+1}+\gamma v_{t+1}(s_{t+1}))\end{array}\right| \\
&= \left|\gamma\sum_{a_t\in\mathcal{A}(s_t)} p(a_t\mid s_t)\sum_{s_{t+1}\in\mathcal{S}}\sum_{r_{t+1}\in\mathcal{R}} p(s_{t+1},r_{t+1}\mid s_t,a_t)(v_t(s_{t+1})-v_{t+1}(s_{t+1}))\right| \\
&= \left|\gamma\sum_{a_t\in\mathcal{A}(s_t)} p(a_t\mid s_t)\sum_{s_{t+1}\in\mathcal{S}} p(s_{t+1}\mid s_t,a_t)(v_t(s_{t+1})-v_{t+1}(s_{t+1}))\right| \\
&\leqslant \gamma\sum_{a_t\in\mathcal{A}(s_t)} p(a_t\mid s_t)\sum_{s_{t+1}\in\mathcal{S}} p(s_{t+1}\mid s_t,a_t)\,|v_t(s_{t+1})-v_{t+1}(s_{t+1})| \\
&\leqslant \gamma\max_{a_t\in\mathcal{A}(s_t)}\sum_{s_{t+1}\in\mathcal{S}} p(s_{t+1}\mid s_t,a_t)\,|v_t(s_{t+1})-v_{t+1}(s_{t+1})| \\
&= \gamma\sum_{s_{t+1}\in\mathcal{S}} p(s_{t+1}\mid s_t,a_t^*)\,|v_t(s_{t+1})-v_{t+1}(s_{t+1})| \\
&\leqslant \gamma\max_{s_{t+1}\in\mathcal{S}}|v_t(s_{t+1})-v_{t+1}(s_{t+1})|
\end{aligned}
\tag{3-29}
$$

式(3-29)中,第三步根据全概率公式得出;第四步根据绝对值不等式 $|a+b|\leqslant|a|+|b|$ 得出;第五步和最后一步根据求解式(3-18)中线性规划问题的分析过程得出;a_t^* 代表使 $\sum_{s_{t+1}\in\mathcal{S}} p(s_{t+1}\mid s_t,a_t)|v_t(s_{t+1})-v_{t+1}(s_{t+1})|$ 取值最大的 a_t 的值,$a_t^*\in\mathcal{A}(s_t)$。值得注意的是,式(3-29)成立的前提是,智能体在 $t-1$ 时刻和 t 时刻都使用同一个策略 $p(a_t|s_t)$。由于式(3-29)对任何 $s_t(s_t\in\mathcal{S})$ 都成立,因此由式(3-29)不难得出

$$\max_{s_t \in \mathcal{S}} |v_{t-1}(s_t) - v_t(s_t)| \leqslant \gamma \max_{s_t \in \mathcal{S}} |v_t(s_t) - v_{t+1}(s_t)| \tag{3-30}$$

式(3-30)表明，$t-1$ 时刻与 t 时刻下同一状态的状态价值之间的最大差距，不超过 t 时刻与 $t+1$ 时刻下同一状态的状态价值之间的最大差距的 γ 倍($0 \leqslant \gamma \leqslant 1$)，且该不等关系对任何策略 $p(a_t|s_t)$ 都成立。因此，随着 t 不断减小，$\max_{s_t \in \mathcal{S}} |v_{t-1}(s_t) - v_t(s_t)|$ 的值将会越来越小，各个状态的价值都将收敛。也就是说，当在各个时刻下都使用同一个策略时，存在 $|\mathcal{S}|$ 个极限值 $v(s_t), s_t \in \mathcal{S}$，以及足够小的时刻 t(相距最后时刻 l 足够远的时刻 t)，使得对于任意小的正数 ε，以及对于任何状态值 $s_t \in \mathcal{S}$，都有 $|v_t(s_t) - v(s_t)| < \varepsilon$。其中，$v(s_t)$ 为 $v_t(s_t)$ 的极限值，$s_t \in \mathcal{S}$。

在实际计算中，状态价值的极限值 $v(s_t)$ 不易准确求得。当状态价值接近其极限值时，状态价值不再显著改变。因此，在实际中可以使用不再显著改变的状态价值替代状态价值的极限值。

式(3-29)和式(3-30)成立的前提是，智能体在各个时刻下都使用同一个策略 $p(a_t|s_t)$，尽管该策略不一定是最优策略 $p^*(a_t|s_t)$。故在本节中我们也无须再关注时刻 t 的大小，可将式(3-16)贝尔曼方程中状态价值的依次递减的时刻下标 t 替换为依次递增的迭代次数下标 $i, i=1,2,3,\cdots$，同时将 t 时刻的策略 $p_t(a_t|s_t)$ 替换为不随时刻的改变而改变的策略 $p(a_t|s_t)$，即

$$v_i(s_t) = \sum_{a_t \in \mathcal{A}(s_t)} p(a_t \mid s_t) \sum_{s_{t+1} \in \mathcal{S}} \sum_{r_{t+1} \in \mathcal{R}} p(s_{t+1}, r_{t+1} \mid s_t, a_t)(r_{t+1} + \gamma v_{i-1}(s_{t+1})) \tag{3-31}$$

式(3-31)中的策略 $p(a_t|s_t)$ 即我们在评估的策略。当 $i=1$ 时，$v_{i-1}(s_t) = v_0(s_t)$，$v_0(s_t)$ 为状态 s_t 的状态价值的初始值。$v_0(s_t)$ 可以取任何值，因为无论 $v_0(s_t)$ 取何值，根据式(3-30)，$v_0(s_t)$ 最终都将收敛。同样值得注意的是，尽管式(3-31)中 s_t、a_t、s_{t+1}、r_{t+1} 的值在形式上与时刻 t 和 $t+1$ 有关，但实际上也可以被替换为 s、a、s'、r 等与时刻无关的变量。

综上，我们使用不再显著改变的状态价值 $v_i(s_t)$ 作为评估策略 $p(a_t|s_t)$ 的指标。可使用式(3-31)通过不断迭代计算状态价值 $v_i(s_t)$，直到状态价值不再显著改变，即对于所有状态值 $s_t(s_t \in \mathcal{S})$，都有 $|v_i(s_t) - v_{i-1}(s_t)| < \varepsilon$。其中，$\varepsilon$ 为容差，是一个预先设置的较小的正数。

由此，参照3.3.2节中的价值迭代算法，写出策略评估算法如下。该策略评估算法可用来给出使用策略 $p(a_t|s_t)$ 时各个状态的不再显著改变的状态价值。

【策略评估算法】

输入：MDP模型的质量概率函数 $p(s_{t+1}, r_{t+1}|s_t, a_t)$、奖赏的取值集合 $\mathcal{R}$、策略 $p(a_t|s_t)$，其中 $s_t, s_{t+1} \in \mathcal{S}$、$a_t \in \mathcal{A}(s_t)$、$r_{t+1} \in \mathcal{R}$。

输出：使用策略 $p(a_t|s_t)$ 时各个状态的不再显著改变的状态价值 $v_i(s_t), s_t \in \mathcal{S}$。

(1) 初始化。$i := 0$；对于所有的 $s_t(s_t \in \mathcal{S})$，$v_0(s_t)$ 可以取任何值。

(2) 重复以下步骤，直到 $v_i(s_t)$ 不再显著改变，即当 $i \geqslant 1$ 时，对于所有的 $s_t(s_t \in \mathcal{S})$，都满足 $|v_i(s_t) - v_{i-1}(s_t)| < \varepsilon$，$\varepsilon$ 为容差，是一个较小的正数。

(2.1) $i := i+1$。

(2.2) 对所有的 $s_t(s_t \in \mathcal{S})$，通过式(3-31)计算 $v_i(s_t)$。

为了进一步理解策略评估和状态价值，在实验 3-3 中给出的学习时间管理问题的 MDP 模型基础之上，尝试评估给定的策略并画出状态价值变化曲线。

【实验 3-6】 对于实验 3-3 中给出的 MDP 模型，使用策略评估算法评估以下两个策略，分别画出使用这两个策略时各个状态的价值随迭代次数变化的曲线。

策略一 由如下各个状态下的行动选择给出：当状态为“体力较好、脑力较好”时，选择“休息”；当状态为“体力较差、脑力较好”时，选择“运动”；当状态为“体力较好、脑力较差”时，选择“学习”；当状态为“体力较差、脑力较差”时，选择“学习”。

策略二 由如下各个状态下的行动选择给出：当状态为“体力较好、脑力较好”时，选择“学习”；当状态为“体力较差、脑力较好”时，选择“学习”；当状态为“体力较好、脑力较差”时，选择“运动”；当状态为“体力较差、脑力较差”时，选择“休息”。

提示：①计算状态价值时可以用概率矩阵表示策略 $p(a_t|s_t)$，策略可由各个状态下的行动选择 $a_t|s_t$ 给出；②折扣率 γ 可设置为 0.9、容差 ε 可设置为 0.001。

当各个状态的状态价值的初始值为 0、$\gamma=0.9$、$\varepsilon=0.001$ 时，在策略一和策略二下各个状态的价值随迭代次数变化的曲线分别如图 3-9(a)和图 3-9(b)所示。在策略一下得到的各个状态的不再显著改变的状态价值分别约为 0.4、0.37、0.57、0.44；而在策略二下得到的各个状态的不再显著改变的状态价值则分别约为 3.72、3.39、3.14、2.99。可见，在不同策略下，各个状态的状态价值的极限值可能不同，甚至相差较大；较大的各个状态价值的极限值，对应的策略也“较优”。当然，本实验结果取决于实验 3-3 中建立的 MDP 模型。

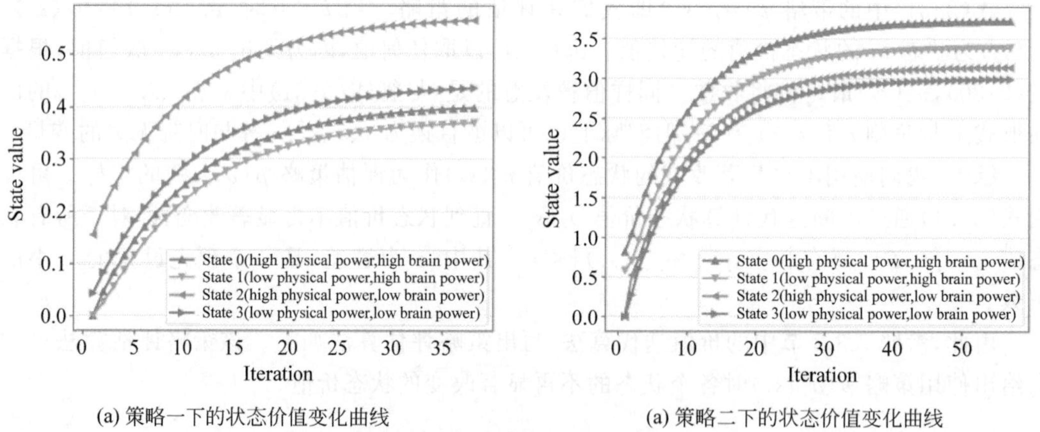

(a) 策略一下的状态价值变化曲线　　(a) 策略二下的状态价值变化曲线

图 3-9 实验 3-6 中的状态价值变化曲线

实验 3-6 中的策略二就是使用价值迭代算法求解实验 3-3 中给出的 MDP 模型所得到的最优策略 $p^*(a_t|s_t)$。那么，使用该最优策略得到的第 i 次迭代中状态 s_t 的价值 $v_i(s_t)$ 与该次迭代中该状态的最优价值 $v_i^*(s_t)$ 之间有何差距？

【实验 3-7】 对于实验 3-3 中给出的 MDP 模型，使用策略评估算法评估最优策略 $p^*(a_t|s_t)$（即实验 3-6 中的策略二），并画出最优状态价值，以及使用该最优策略得到的状态价值随迭代次数变化的曲线。

当状态的价值和最优价值的初始值都为 0、$\gamma=0.9$、迭代次数分别为 10 次和 60 次时，各个状态的最优价值，以及使用最优策略 $p^*(a_t|s_t)$ 得到的各个状态的价值随迭代次数变化的曲线如图 3-10(a)和图 3-10(b)所示。从图 3-10(a)中可以看出，在相同的迭代次数下，使

用最优策略 $p^*(a_t|s_t)$得到的各个状态的价值可能低于该状态的最优价值；从图 3-10(b) 中可以看出，当迭代次数足够多时，使用最优策略 $p^*(a_t|s_t)$得到的各个状态的价值足够接近于该状态的最优价值。因此，从状态价值的角度看，我们是在用最优策略 $p^*(a_t|s_t)$的状态价值近似最优状态价值；从策略的角度看，我们是在用同一个最优策略 $p^*(a_t|s_t)$近似每次迭代中的最优策略 $p_i^*(a_t|s_t)$。

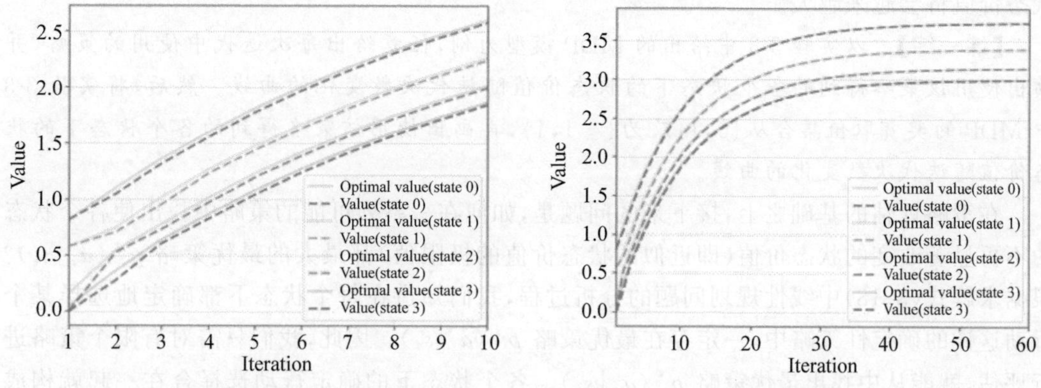

图 3-10 实验 3-7 中各个状态的价值和最优价值随迭代次数变化曲线

3.3.4 策略迭代

【想一想】 智能体在每次迭代中使用不同策略会给状态价值带来什么影响？

仍以实验 3-3 中给出的 MDP 模型为例。图 3-11 示出了使用不同策略得到的"体力较好、脑力较好"状态(状态 0)的价值。图中的上下两条较平滑的曲线分别为使用实验 3-6 中给出的策略二和策略一时得到的状态价值随迭代次数变化的曲线；图中中部形似锯齿的曲线是在每次迭代中交替使用策略二和策略一时得到的状态价值变化曲线；图中中下部随机形状的曲线是在每次迭代中都使用随机策略(每次迭代中随机选择各个状态下的行动)时得到的状态价值变化曲线。

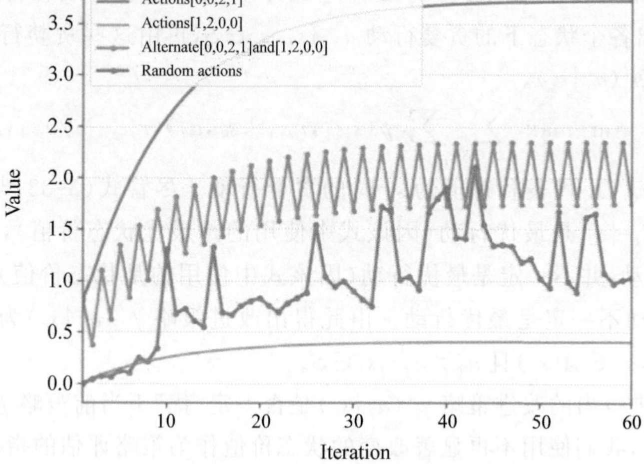

图 3-11 使用不同策略得到的状态 0 的价值

由此可见，就同一状态下的策略而言，在每次迭代中，使用比前一次迭代中的策略“更优”的策略将会提高本次迭代中的状态价值；使用比前一次迭代中的策略“更劣”的策略将会降低本次迭代中的状态价值；使用与前一次迭代中相同的策略将会使本次迭代中的状态价值更接近于其极限值(参见式(3-30))。因此，无论在当前迭代中使用何策略，只要在此后的每次迭代中都使用比前一次迭代中的策略“更优”的策略，那么，随着迭代次数的不断增加，状态价值将会越来越大。

【练一练】 以实验 3-3 中给出的 MDP 模型为例，任意给出每次迭代中使用的策略，并画出使用该策略得到的各个状态下的状态价值随迭代次数变化的曲线。然后，将实验 3-3 中 MDP 的奖赏取值集合从{0,1}改为{−1,1}，再画出使用该策略得到的各个状态下的状态价值随迭代次数变化的曲线。

在策略评估的基础之上，接下来的问题是，如何在一系列可能的策略中找出使各个状态的不再显著改变的状态价值(即近似的状态价值的极限值)都最大的最优策略 $p^*(a_t|s_t)$？根据求解式(3-18)中线性规划问题的分析过程，我们知道在每个状态下都确定地选择某个行动这样的确定性策略中，一定存在最优策略 $p^*(a_t|s_t)$。因此，我们只需对有限个策略进行评估，就能从中找出最优策略 $p^*(a_t|s_t)$。各个状态下的确定行动选择合在一起就构成了一个上述可能的策略。这些策略的数量等于各个状态下可选行动的数量之积。显然，我们可以逐一评估这些策略，从中找出最优策略。然而，当状态的数量或者可选行动的数量较多时，逐一评估这些策略的计算量也相应较大。有何良策？

【想一想】 是否有比逐一评估这些策略更好的办法？

根据图 3-11 中的实验结果，不难想到，如果在每次策略评估之后，都根据策略评估的结果在当前迭代中使用的策略(当前策略)的基础之上改进策略(改进当前策略)，得到一个比当前策略“更优”的改进策略，接着再对改进策略进行策略评估，然后根据策略评估的结果在改进策略的基础之上继续改进策略，如此往复，就有望经过更少的策略评估次数找到使各个状态的不再显著改变的价值(近似的状态价值极限值)都最大的最优策略 $p^*(a_t|s_t)$。

若将当前策略记作 $p(a_t|s_t)$，则当前策略 $p(a_t|s_t)$ 下各个状态的不再显著变化的状态价值 $v_i(s_t)$ 可通过策略评估算法给出，$s_t\in\mathcal{S}$。一种改进当前策略的办法是，根据得到的各个状态下的状态价值 $v_i(s_t)$ 以及式(3-32)(将 $v_{i-1}(s_t)$ 代入该式，或者将 $v_i(s_t)$ 作为 $v_{i-1}(s_t)$ 代入该式)找出各个状态下的贪婪行动 $a_t^*|s_t$，$s_t\in\mathcal{S}$，再由这些贪婪行动构成改进后的策略，即改进策略 $p'(a_t|s_t)$。

$$a_t^*\mid s_t=\underset{a_t\in\mathcal{A}(s_t)}{\operatorname{argmax}}\sum_{s_{t+1}\in\mathcal{S}}\sum_{r_{t+1}\in\mathcal{R}}p(s_{t+1},r_{t+1}\mid s_t,a_t)(r_{t+1}+\gamma v_{i-1}(s_{t+1}))\tag{3-32}$$

式(3-32)中，$a_t^*|s_t$ 代表状态值为 s_t 时的贪婪行动。尽管式(3-32)与式(3-28)相像，但式(3-28)中的 $a_t^*|s_t$ 是最优行动(因该式中使用的是最优状态价值)，而式(3-32)中的 $a_t^*|s_t$ 只是贪婪行动，并不一定是最优行动(因该式中使用的是状态价值)。最优行动是贪婪行动，但贪婪行动不一定是最优行动。由此得出改进策略 $p'(a_t|s_t)$ 为 $p'(a_t^*|s_t)=1$、$p'(a_t^\circ|s_t)=0$，$a_t^*,a_t^\circ\in\mathcal{A}(s_t)$ 且 $a_t^\circ\neq a_t^*$，$s_t\in\mathcal{S}$。

那么，如此改进得出的改进策略 $p'(a_t|s_t)$ 是否一定“优”于当前策略 $p(a_t|s_t)$？

在策略评估时，我们使用不再显著改变的状态价值作为策略评估的指标，是因为在实际计算中状态价值的极限值不易准确求得。理论上，策略评估的指标仍是状态价值的极限值。

就两个策略而言，如果策略 A 在至少一个状态下的状态价值的极限值比策略 B 的更大，而在其他状态下的状态价值的极限值都与策略 B 的相等，则我们说策略 A“优”于策略 B，即策略 A“更优”。可以证明，在改进策略 $p'(a_t|s_t)$下各个状态的状态价值的极限值 $v'(s_t)$都大于或等于在当前策略 $p(a_t|s_t)$下对应状态的状态价值的极限值 $v(s_t)$，即 $v'(s_t)\geqslant v(s_t)$，$s_t\in\mathcal{S}$。证明如下。

$$
\begin{aligned}
v(s_t) &= \sum_{a_t\in\mathcal{A}(s_t)} p(a_t\mid s_t)\sum_{s_{t+1}\in\mathcal{S}}\sum_{r_{t+1}\in\mathcal{R}} p(s_{t+1},r_{t+1}\mid s_t,a_t)(r_{t+1}+\gamma v(s_{t+1}))\\
&\leqslant \max_{a_t\in\mathcal{A}(s_t)}\sum_{s_{t+1}\in\mathcal{S}}\sum_{r_{t+1}\in\mathcal{R}} p(s_{t+1},r_{t+1}\mid s_t,a_t)(r_{t+1}+\gamma v(s_{t+1}))\\
&= \sum_{s_{t+1}\in\mathcal{S}}\sum_{r_{t+1}\in\mathcal{R}} p(s_{t+1},r_{t+1}\mid s_t,a_t^*)(r_{t+1}+\gamma v(s_{t+1}))\\
&= \sum_{s_{t+1}\in\mathcal{S}}\sum_{r_{t+1}\in\mathcal{R}} p(s_{t+1},r_{t+1}\mid s_t,a_t^*)\Big(r_{t+1}+\gamma\sum_{a_{t+1}\in\mathcal{A}(s_{t+1})} p(a_{t+1}\mid s_{t+1})\\
&\quad \sum_{s_{t+2}\in\mathcal{S}}\sum_{r_{t+2}\in\mathcal{R}} p(s_{t+2},r_{t+2}\mid s_{t+1},a_{t+1})(r_{t+2}+\gamma v(s_{t+2}))\Big)\\
&\leqslant \sum_{s_{t+1}\in\mathcal{S}}\sum_{r_{t+1}\in\mathcal{R}} p(s_{t+1},r_{t+1}\mid s_t,a_t^*)\Big(r_{t+1}+\gamma\max_{a_{t+1}\in\mathcal{A}(s_{t+1})}\sum_{s_{t+2}\in\mathcal{S}}\\
&\quad \sum_{r_{t+2}\in\mathcal{R}} p(s_{t+2},r_{t+2}\mid s_{t+1},a_{t+1})(r_{t+2}+\gamma v(s_{t+2}))\Big)\\
&= \sum_{s_{t+1}\in\mathcal{S}}\sum_{r_{t+1}\in\mathcal{R}} p(s_{t+1},r_{t+1}\mid s_t,a_t^*)\Big((r_{t+1}+\gamma\sum_{s_{t+2}\in\mathcal{S}}\\
&\quad \sum_{r_{t+2}\in\mathcal{R}} p(s_{t+2},r_{t+2}\mid s_{t+1},a_{t+1}^*)(r_{t+2}+\gamma v(s_{t+2}))\Big)\\
&= \cdots
\end{aligned}
\tag{3-33}
$$

$$
\begin{aligned}
v'(s_t) &= \sum_{a_t\in\mathcal{A}(s_t)} p'(a_t\mid s_t)\sum_{s_{t+1}\in\mathcal{S}}\sum_{r_{t+1}\in\mathcal{R}} p(s_{t+1},r_{t+1}\mid s_t,a_t)(r_{t+1}+\gamma v'(s_{t+1}))\\
&= \sum_{s_{t+1}\in\mathcal{S}}\sum_{r_{t+1}\in\mathcal{R}} p(s_{t+1},r_{t+1}\mid s_t,a_t^*)(r_{t+1}+\gamma v'(s_{t+1}))\\
&= \sum_{s_{t+1}\in\mathcal{S}}\sum_{r_{t+1}\in\mathcal{R}} p(s_{t+1},r_{t+1}\mid s_t,a_t^*)\Big(r_{t+1}+\gamma\sum_{a_{t+1}\in\mathcal{A}(s_{t+1})} p'(a_{t+1}\mid s_{t+1})\\
&\quad \sum_{s_{t+2}\in\mathcal{S}}\sum_{r_{t+2}\in\mathcal{R}} p(s_{t+2},r_{t+2}\mid s_{t+1},a_{t+1})(r_{t+2}+\gamma v'(s_{t+2}))\Big)\\
&= \sum_{s_{t+1}\in\mathcal{S}}\sum_{r_{t+1}\in\mathcal{R}} p(s_{t+1},r_{t+1}\mid s_t,a_t^*)\Big(r_{t+1}+\gamma\sum_{s_{t+2}\in\mathcal{S}}\\
&\quad \sum_{r_{t+2}\in\mathcal{R}} p(s_{t+2},r_{t+2}\mid s_{t+1},a_{t+1}^*)(r_{t+2}+\gamma v'(s_{t+2}))\Big)\\
&= \cdots
\end{aligned}
\tag{3-34}
$$

式(3-33)和式(3-34)中，$a_t^*,a_{t+1}^*,\cdots$分别为状态值为 $s_t,s_{t+1},\cdots$时根据 $v(\cdot)$和式(3-35)得出的贪婪行动 $a_t^*|s_t,a_{t+1}^*|s_{t+1},\cdots$，也就是构成改进策略 $p'(a_t|s_t)$的贪婪行动(实际中可使用式(3-32)得出贪婪行动)。若式(3-33)和式(3-34)均无穷多次展开，即从极限角度看，有 $v'(s_t)\geqslant v(s_t)$，对于所有状态值 $s_t(s_t\in\mathcal{S})$，该不等式都成立。

$$
a_t^*\mid s_t=\underset{a_t\in\mathcal{A}(s_t)}{\operatorname{argmax}}\sum_{s_{t+1}\in\mathcal{S}}\sum_{r_{t+1}\in\mathcal{R}} p(s_{t+1},r_{t+1}\mid s_t,a_t)(r_{t+1}+\gamma v(s_{t+1}))\tag{3-35}
$$

式(3-33)、式(3-34)、式(3-35)中使用了状态价值极限值的贝尔曼方程，如式(3-36)所示。根据式(3-31)和式(3-30)，当迭代次数 i 无穷大时，$v_i(s_t)=v_{i-1}(s_t)=v(s_t)$，由此得出式(3-36)。

$$v(s_t)=\sum_{a_t\in\mathcal{A}(s_t)}p(a_t\mid s_t)\sum_{s_{t+1}\in\mathcal{S}}\sum_{r_{t+1}\in\mathcal{R}}p(s_{t+1},r_{t+1}\mid s_t,a_t)(r_{t+1}+\gamma v(s_{t+1}))\tag{3-36}$$

在实际计算中，尽管迭代次数有限，式(3-33)和式(3-34)只能展开有限次，但是如果将当前策略 $p(a_t|s_t)$下的状态价值 $v(s_t)$作为评估改进策略 $p'(a_t|s_t)$下状态价值的初始值，并且迭代相同的次数，仍能得出相仿的结论。也就是说，改进策略下的状态价值等于或大于当前策略下的状态价值（当迭代中使用的初始值相同时），表明改进策略不“劣”于当前策略。

【练一练】 证明当 $v'_0(s_t)=v_0(s_t)$时，$v_i(s_t)\leqslant v'_i(s_t)$，$s_t\in\mathcal{S}$，$i=1,2,\cdots$。其中，$v_i(s_t)$为使用当前策略 $p(a_t|s_t)$经过 i 次迭代得到的状态价值，其初始值为 $v_0(s_t)$；$v'_i(s_t)$为使用改进策略 $p'(a_t|s_t)$同样经过 i 次迭代得到的状态价值，其初始值为 $v'_0(s_t)$。

提示：参照式(3-33)和式(3-34)。证明过程略。

从上述证明过程可以看出，仅当 $p(a_t|s_t)$与 $p'(a_t|s_t)$完全相同时，$v'(s_t)=v(s_t)$。因此，当 $p'(a_t|s_t)$不同于 $p(a_t|s_t)$时，即策略有所改进时，根据贪婪行动得出的改进策略 $p'(a_t|s_t)$理论上必“优”于当前策略 $p(a_t|s_t)$。

那么，当 $p(a_t|s_t)$与 $p'(a_t|s_t)$完全相同时，即策略毫无改进时，怎么办？

由于 $p'(a_t|s_t)$由根据 $v(\cdot)$和式(3-35)给出的贪婪行动得出，因此此时策略 $p(a_t|s_t)$给出了式(3-33)中的贪婪行动。根据式(3-33)有

$$\begin{aligned}v(s_t)&=\max_{a_t\in\mathcal{A}(s_t)}\sum_{s_{t+1}\in\mathcal{S}}\sum_{r_{t+1}\in\mathcal{R}}p(s_{t+1},r_{t+1}\mid s_t,a_t)(r_{t+1}+\gamma v(s_{t+1}))\\&=\max_{a_t\in\mathcal{A}(s_t)}\sum_{s_{t+1}\in\mathcal{S}}\sum_{r_{t+1}\in\mathcal{R}}p(s_{t+1},r_{t+1}\mid s_t,a_t)\Bigg(r_{t+1}+\gamma\max_{a_{t+1}\in\mathcal{A}(s_{t+1})}\sum_{s_{t+2}\in\mathcal{S}}\\&\quad\sum_{r_{t+2}\in\mathcal{R}}p(s_{t+2},r_{t+2}\mid s_{t+1},a_{t+1})(r_{t+2}+\gamma v(s_{t+2}))\Bigg)\\&=\cdots\end{aligned}\tag{3-37}$$

另一方面，根据式(3-27)和式(3-26)，当迭代次数 i 无穷大时，$v_i^*(s_t)=v_{i-1}^*(s_t)=v^*(s_t)$，由此可得出式(3-38)最优状态价值极限值的贝尔曼方程。

$$v^*(s_t)=\max_{a_t\in\mathcal{A}(s_t)}\sum_{s_{t+1}\in\mathcal{S}}\sum_{r_{t+1}\in\mathcal{R}}p(s_{t+1},r_{t+1}\mid s_t,a_t)(r_{t+1}+\gamma v^*(s_{t+1}))\tag{3-38}$$

迭代式(3-38)可得

$$\begin{aligned}v^*(s_t)&=\max_{a_t\in\mathcal{A}(s_t)}\sum_{s_{t+1}\in\mathcal{S}}\sum_{r_{t+1}\in\mathcal{R}}p(s_{t+1},r_{t+1}\mid s_t,a_t)(r_{t+1}+\gamma v^*(s_{t+1}))\\&=\max_{a_t\in\mathcal{A}(s_t)}\sum_{s_{t+1}\in\mathcal{S}}\sum_{r_{t+1}\in\mathcal{R}}p(s_{t+1},r_{t+1}\mid s_t,a_t)\Bigg(r_{t+1}+\gamma\max_{a_{t+1}\in\mathcal{A}(s_{t+1})}\sum_{s_{t+2}\in\mathcal{S}}\\&\quad\sum_{r_{t+2}\in\mathcal{R}}p(s_{t+2},r_{t+2}\mid s_{t+1},a_{t+1})(r_{t+2}+\gamma v^*(s_{t+2}))\Bigg)\\&=\cdots\end{aligned}\tag{3-39}$$

若式(3-37)和式(3-39)均无穷多次展开，即从极限角度看，有 $v(s_t)=v^*(s_t)$。也就是说，使用策略 $p(a_t|s_t)$得到的状态价值的极限值等于最优状态价值的极限值。因此，与最优状态价值极限值对应的策略 $p(a_t|s_t)$，就是我们要寻找的最优策略 $p^*(a_t|s_t)$。使用该最优策略得到的状态价值将收敛至最优状态价值的极限值，即最优策略 $p^*(a_t|s_t)$下状态价值的极限值等于最优状态价值的极限值。所以，当 $p'(a_t|s_t)$与 $p(a_t|s_t)$完全相同时，即

策略毫无改进时，就可以停止寻找最优策略，因为此时的 $p(a_t|s_t)$ 或 $p'(a_t|s_t)$ 就是我们要寻找的最优策略 $p^*(a_t|s_t)$。

这种通过策略评估和策略改进以“迭代”的方式寻找最优策略 $p^*(a_t|s_t)$ 的方法被称为**策略迭代**(policy iteration)。本书为了显式区分不同类型的迭代，将策略评估和策略改进中的这种交替迭代状态价值和策略的迭代加双引号(策略迭代等名称中的迭代除外)。综上，通过策略评估和策略改进寻找 MDP 中最优策略 $p^*(a_t|s_t)$(或各个状态下的最优行动)的策略迭代算法如下。

【策略迭代算法】

输入：MDP 模型的质量概率函数 $p(s_{t+1},r_{t+1}|s_t,a_t)$、奖赏的取值集合 $\mathcal{R}$，其中 s_t，$s_{t+1}\in\mathcal{S}$、$a_t\in\mathcal{A}(s_t)$、$r_{t+1}\in\mathcal{R}$。

输出：最优策略 $p^*(a_t|s_t)$，或各个状态下的最优行动 $a_t^*|s_t$，$s_t\in\mathcal{S}$。

(1) 初始化当前策略 $p(a_t|s_t)$。对于所有的状态值 $s_t\in\mathcal{S}$，初始化 $a_t|s_t$，a_t 可以为状态 s_t 下的任何可选行动。由所有状态值 $s_t(s_t\in\mathcal{S})$ 下的 $a_t|s_t$ 得出当前策略 $p(a_t|s_t)$，即 $p(a_t|s_t)=1$、$p(a_t^{\cdot}|s_t)=0$，$a_t,a_t^{\cdot}\in\mathcal{A}(s_t)$ 且 $a_t^{\cdot}\neq a_t$，$s_t\in\mathcal{S}$。

(2) 评估并改进当前策略 $p(a_t|s_t)$。

(2.1) 策略评估。使用 3.3.3 节中的策略评估算法计算当前策略 $p(a_t|s_t)$ 下各个状态的不再显著改变的价值，$s_t\in\mathcal{S}$。

(2.2) 策略改进。对于所有的 $s_t(s_t\in\mathcal{S})$，通过式(3-32)给出贪婪行动 $a_t^*|s_t$，由此得出改进策略 $p'(a_t|s_t)$。

(3) 检查改进策略 $p'(a_t|s_t)$ 是否与当前策略 $p(a_t|s_t)$ 完全相同(即对于所有的 $s_t(s_t\in\mathcal{S})$、$a_t(a_t\in\mathcal{A}(s_t))$，$p'(a_t|s_t)$ 与 $p(a_t|s_t)$ 是否全都相等)。如果两个策略完全相同，则把由当前策略 $p(a_t|s_t)$ 给出的各个状态下的贪婪行动 $a_t^*|s_t$ 作为算法输出的最优行动 $a_t^*|s_t$，$s_t\in\mathcal{S}$，并可由此给出最优策略 $p^*(a_t|s_t)$，结束算法；否则，用改进策略 $p'(a_t|s_t)$ 替换当前策略 $p(a_t|s_t)$(对于所有的 $s_t(s_t\in\mathcal{S})$，将 $a_t|s_t$ 赋值为 $a_t^*|s_t$)，并返回至步骤(2)继续评估、改进策略。

接下来，尝试使用策略迭代算法求解实验 3-3 中给出的 MDP 模型。

【实验 3-8】 使用策略迭代算法求解实验 3-3 中给出的 MDP 模型，画出各个状态的价值随策略评估中的迭代次数变化的曲线，并给出算法输出的各个状态下的最优行动。

提示：①可将本次策略评估中计算出的状态价值，作为下一次策略评估中各个状态价值的初始值；②折扣率 γ 可设置为 0.9、容差 ε 可设置为 0.001。

当状态价值的初始值为 0、以各个状态下的行动选择都为“学习”初始化当前策略 $p(a_t|s_t)$、$\gamma=0.9$、$\varepsilon=0.001$ 时，得到的各个状态的价值随策略评估中的迭代次数变化的曲线如图 3-10 所示。图中曲线的函数值发生跳变，是因为在策略改进时策略发生了变化。使用策略迭代算法得到的各个状态下的最优行动，与实验 3-5 中使用价值迭代算法得到的最优行动完全相同。使用这两种迭代算法计算出的各个状态的最优价值也相近。只不过，本实验中策略迭代算法中总的迭代次数(即策略评估中的迭代次数)为 96 次，而实验 3-5 中的迭代次数只有 56 次。这是因为在策略迭代算法中，先通过若干次迭代评估当前策略，直到

各个状态的状态价值都不再显著改变后，再据此改进策略，之后再通过若干次迭代评估改进后的策略，因此总的迭代次数可能相对较多。当然，本实验结果取决于实验 3-3 中建立的 MDP 模型。

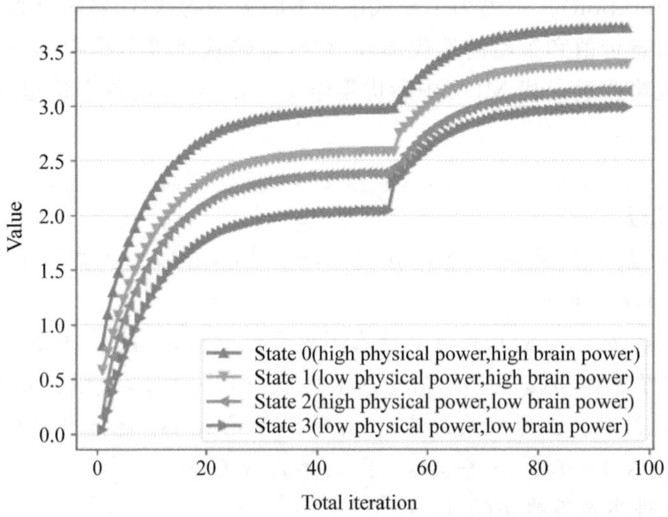

图 3-12　实验 3-8 中状态价值随策略评估中的迭代次数变化的曲线

无论使用价值迭代算法，还是使用策略迭代算法，都能够求解 MDP、得到最优状态价值不再显著改变时的最优策略 $p^*(a_t|s_t)$。尽管使用价值迭代算法所需的迭代次数可能相对较少，但是需要事先给出足够小的容差 ε 方可得出上述最优策略。尽管使用策略迭代算法所需的迭代次数（策略评估中的迭代次数）可能相对较多，但是使用策略迭代算法可以得出上述最优策略。这两种算法各有千秋，可根据实际情况选择使用。

3.3.5　广义策略迭代

策略迭代算法中的每次“迭代”都包含策略评估和策略改进两个过程。策略评估根据贝尔曼方程通过若干次迭代计算各个状态的不再显著改变的价值（即近似的状态价值极限值），在此期间策略保持不变（即使用同一个策略）。而策略改进则根据这些计算出的状态价值（近似的状态价值极限值）找出各个状态下的贪婪行动，据此改进策略（即改进各个状态下的行动选择），在此期间这些计算出的状态价值保持不变。因此，策略迭代算法的每次“迭代”中，包含了若干次基于贝尔曼方程的迭代，也包含了所有状态下的策略改进。

再看价值迭代算法。价值迭代算法中的每次迭代都使用式(3-27)贝尔曼最优方程计算各个状态的最优价值。而式(3-27)又可以拆分为式(3-28)和式(3-40)两个算式。

$$v_i^*(s_t)=\sum_{a_t\in\mathcal{A}(s_t)}p'(a_t\mid s_t)\sum_{s_{t+1}\in\mathcal{S}}\sum_{r_{t+1}\in\mathcal{R}}p(s_{t+1},r_{t+1}\mid s_t,a_t)(r_{t+1}+\gamma v_{i-1}^*(s_{t+1}))\tag{3-40}$$

式(3-28)给出的第 i 次迭代中各个状态下的最优行动 $a_t^*|s_t, s_t\in\mathcal{S}$，构成了式(3-40)中的改进策略 $p'(a_t|s_t)$，即 $p'(a_t^*|s_t)=1$、$p'(a_t^{\cdot}|s_t)=0$，$a_t^*, a_t^{\cdot}\in\mathcal{A}(s_t)$ 且 $a_t^{\cdot}\neq a_t^*$。

因此，价值迭代算法的每次“迭代”中，包含了 1 次基于贝尔曼方程的迭代（式(3-40)），也包含了所有状态下的策略改进（式(3-28)）。这里，可以将式(3-28)看作当前“迭代”中的策略改进过程、将式(3-40)看作下一次"迭代"中的策略评估过程。所以,可以将价值迭代算法也看作一种策略迭代算法,只不过在这种策略迭代算法的每次"迭代"中只包含1次基于贝尔曼方程的迭代。

由此,我们把策略迭代和价值迭代推广为**广义策略迭代**(generalized policy iteration, GPI)。在广义策略迭代中,每次"迭代"都包含策略评估和策略改进两个过程,其中的策略评估过程包含1次或多次基于贝尔曼方程的迭代、策略改进过程包含1个或多个状态下的策略改进。

根据式(3-30),我们知道,通过贝尔曼方程迭代状态的价值,只要其中使用的策略保持不变,无论迭代多少次,都有助于状态价值收敛(更加接近于其极限值)。即便只在1个状态下通过选择贪婪行动改进策略,也有助于提高状态价值的极限值(除非策略毫无改进)。因此,随着"迭代"次数的增加,无论策略评估过程包含多少次基于贝尔曼方程的迭代,也无论策略改进过程包含多少个状态下的策略改进,每次"迭代"中计算出的各个状态的状态价值都将越来越接近于最优状态价值的极限值 $v^*(s_t), s_t\in\mathcal{S}$。所以,当"迭代"次数足够多时,可将计算出的各个状态的状态价值近似当作最优状态价值的极限值 $v^*(s_t)$,故此时根据计算出的各个状态的状态价值给出的贪婪行动就是最优行动,由最优行动可得到最优策略 $p^*(a_t|s_t)$。值得注意的是,使用广义策略迭代得到最优策略的前提是,在策略改进过程中反复改进各个状态下的行动选择,尽管在每次"迭代"中可以只改进1个或部分状态下的行动选择。根据式(3-37)和式(3-39),使用最优策略 $p^*(a_t|s_t)$ 得到的各个状态的状态价值的极限值,等于最优状态价值的极限值。

综上,广义策略迭代算法如下。

【广义策略迭代算法】

输入:MDP模型的质量概率函数 $p(s_{t+1},r_{t+1}|s_t,a_t)$、奖赏的取值集合 $\mathcal{R}$,其中 s_t, $s_{t+1}\in\mathcal{S}$、$a_t\in\mathcal{A}(s_t)$、$r_{t+1}\in\mathcal{R}$。

输出:最优策略 $p^*(a_t|s_t)$,或各个状态下的最优行动 $a_t^*|s_t, s_t\in\mathcal{S}$。

(1) 初始化。

(1.1) 初始化"迭代"中使用的策略 $\tilde{p}(a_t|s_t)$。对于所有的状态值 $s_t(s_t\in\mathcal{S})$,初始化 $a_t|s_t$,a_t 可以为状态 s_t 下的任何可选行动。由所有状态值 $s_t(s_t\in\mathcal{S})$ 下的 $a_t|s_t$ 得出策略 $\tilde{p}(a_t|s_t)$,即 $\tilde{p}(a_t|s_t)=1$、$\tilde{p}(a_t^{'}|s_t)=0$,$a_t, a_t^{'}\in\mathcal{A}(s_t)$ 且 $a_t^{'}\neq a_t$,$s_t\in\mathcal{S}$。

(1.2) 初始化各个状态的价值。$i:=0$;对于所有的 $s_t(s_t\in\mathcal{S})$,$v_0(s_t)$ 可以取任何值。

(1.3) 初始化改进策略 $p'(a_t|s_t)$。将改进策略 $p'(a_t|s_t)$ 赋值为策略 $\tilde{p}(a_t|s_t)$,即 $p'(a_t|s_t):=\tilde{p}(a_t|s_t)$,$s_t\in\mathcal{S}$,$a_t\in\mathcal{A}(s_t)$。

(2) 策略评估和策略改进。

(2.1) 评估策略 $\tilde{p}(a_t|s_t)$。重复步骤(2.1.1)和步骤(2.1.2)1次或多次。

(2.1.1) $i:=i+1$。

(2.1.2) 对所有的 $s_t(s_t\in\mathcal{S})$,通过式(3-41)计算 $v_i(s_t)$。

$$v_i(s_t)=\sum_{a_t\in\mathcal{A}(s_t)}\tilde{p}(a_t\mid s_t)\sum_{s_{t+1}\in\mathcal{S}}\sum_{r_{t+1}\in\mathcal{R}}p(s_{t+1},r_{t+1}\mid s_t,a_t)(r_{t+1}+\gamma v_{i-1}(s_{t+1}))\quad(3\text{-}41)$$

(2.2) 改进策略$\widetilde{p}(a_t|s_t)$。对至少1个状态值s_t,$s_t \in \mathcal{S}$,通过式(3-42)给出贪婪行动$a_t^*|s_t$,由此改进这些状态下的行动选择、改进策略$\widetilde{p}(a_t|s_t)$,即$\widetilde{p}(a_t^*|s_t)=1$、$\widetilde{p}(a_t^\circ|s_t)=0$,$a_t^*$,$a_t^\circ \in \mathcal{A}(s_t)$且$a_t^\circ \neq a_t^*$。

$$a_t^* \mid s_t = \underset{a_t \in \mathcal{A}(s_t)}{\operatorname{argmax}} \sum_{s_{t+1} \in \mathcal{S}} \sum_{r_{t+1} \in \mathcal{R}} p(s_{t+1}, r_{t+1} \mid s_t, a_t)(r_{t+1} + \gamma v_i(s_{t+1})) \tag{3-42}$$

(3) 判断是否结束算法。参照策略迭代算法的结束条件,依次做如下检查。

(3.1) 先检查自从上次赋值改进策略$p'(a_t|s_t)$以来,是否所有状态下的行动选择都已至少被改进1次。如果所有状态下的行动选择都已至少被改进1次,则先将当前策略$p(a_t|s_t)$赋值为改进策略$p'(a_t|s_t)$,即$p(a_t|s_t):=p'(a_t|s_t)$,$s_t \in \mathcal{S}$,$a_t \in \mathcal{A}(s_t)$,再将改进策略$p'(a_t|s_t)$赋值为策略$\widetilde{p}(a_t|s_t)$,即$p'(a_t|s_t):=\widetilde{p}(a_t|s_t)$,$s_t \in \mathcal{S}$,$a_t \in \mathcal{A}(s_t)$;否则返回至步骤(2)继续评估、改进策略$\widetilde{p}(a_t|s_t)$。

(3.2) 再检查改进策略$p'(a_t|s_t)$与当前策略$p(a_t|s_t)$是否完全相同(即对于所有的$s_t(s_t \in \mathcal{S})$、$a_t \in \mathcal{A}(s_t)$,$p'(a_t|s_t)$与$p(a_t|s_t)$是否全都相等)。如果两个策略完全相同,则把由当前策略$p(a_t|s_t)$给出的各个状态下的贪婪行动$a_t^*|s_t$作为算法输出的最优行动$a_t^*|s_t$,$s_t \in \mathcal{S}$,即最优策略$p^*(a_t|s_t)=p(a_t|s_t)$,结束算法;否则返回至步骤(2)继续评估、改进策略$\widetilde{p}(a_t|s_t)$。

作为本章的最后一个实验,尝试使用广义策略迭代求解实验3-3中给出的MDP模型。

【实验3-9】 使用广义策略迭代求解实验3-3中给出的MDP模型,画出各个状态的价值随策略评估中的迭代次数变化的曲线,并给出算法输出的各个状态下的最优行动。其中,策略评估过程包含2次迭代,策略改进过程改进随机1个状态下的行动选择。

提示:①为了便于比对画出的曲线,随机种子可设置为0;②折扣率γ可设置为0.9。

当状态价值的初始值为0、以各个状态下的行动选择都为"学习"来初始化策略$\widetilde{p}(a_t|s_t)$、随机种子为0、$\gamma=0.9$时,得到的各个状态的价值随策略评估中的迭代次数变化的曲线如图3-13所示。使用广义策略迭代算法得到的各个状态下的最优行动,与实验3-5中使用价值迭代算法和实验3-8中使用策略迭代算法得到的最优行动完全相同。可见,使用广义策略迭代,可以得到与使用价值迭代或策略迭代完全相同的最优行动(或最优策略)。当然,在广义策略迭代中,策略评估过程中的迭代次数可以为若干次,策略改进过程中随机选择的状态数量也可以为若干个。

本章中,由于我们假设已知MDP模型(包括概率质量函数$p(s_{t+1}, r_{t+1}|s_t, a_t)$以及奖赏的取值集合$\mathcal{R}$),在使用价值迭代算法、策略迭代算法或广义策略迭代算法求解MDP时,并不需要智能体与环境实际进行交互,就可以得到MDP的解(最优策略)。像这样在智能体与环境实际交互之前就根据已知模型确定行动选择的方式,被称为**规划**(planning)。使用已知模型通过规划求解强化学习问题的方法被称为**依赖模型的方法**(model-based method)。

根据广义策略迭代,只要策略评估过程包含基于贝尔曼方程的迭代,并且在策略改进过程中反复改进各个状态下的行动选择,那么随着包含策略评估和策略改进过程在内的"迭代"次数的增加,每次"迭代"中计算出的各个状态的价值都将收敛至最优状态价值的极

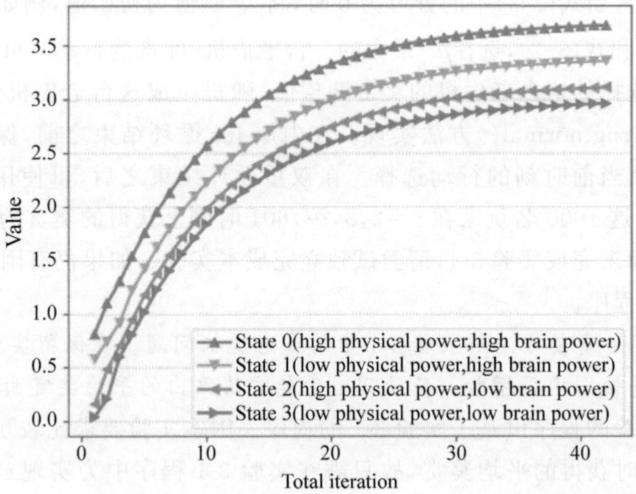

图 3-13　实验 3-9 中状态价值随策略评估中的迭代次数变化的曲线

限值。

3.4　本章实验解析

如果你已经独立完成了本章中的各个实验，祝贺你，可以跳过本节学习。如果未能独立完成，也没有关系，本节将对本章中出现的各个实验做进一步讲解分析。

【实验 3-1】　多老虎机问题。为了简便而又不失代表性，假设每台老虎机给出的奖赏都服从均值不同、方差都为 1 的正态分布，即 $R_{t+1}|A_t=a_t\sim\mathcal{N}(\mu_{a_t},1)$，$a_t\in\mathcal{A}$，$\mathcal{A}=\{0,1,2,\cdots,c-1\}$。其中，$\mu_{a_t}$ 为老虎机 a_t 给出的奖赏的期望值。假如有 1000 名玩家，每名玩家分别面对 10 台这样的老虎机，即 $c=10$，采用由式(3-2)给出的贪婪方法，在第 1 个到第 600 个时刻上连续做 600 次选择，并在第 2 个到第 601 个时刻上获得相应的 600 个奖赏(因此共有 601 个时刻，$l=601$)。请画出一条曲线：在第 2 个到第 601 个时刻上，每名玩家获得的平均奖赏。这里的每名玩家就是上述多老虎机强化学习任务的一次运行(run)。在每次运行开始之前，随机给出每台老虎机的 μ_{a_t}，μ_{a_t} 服从均值为 0、方差为 1 的正态分布，即 $\mu_{a_t}\sim\mathcal{N}(0,1)$，$a_t\in\mathcal{A}$；在每次运行期间，$\mu_{a_t}$ 保持不变。

【解析】　本实验的程序可使用 NumPy 库完成。本实验中，每名玩家(即强化学习任务的每一次运行)面对的 10 台老虎机所给出的奖赏的期望值 μ_{a_t} 可能都不相同。在实验程序中，先创建一个随机数生成器并将随机种子设置为 0：rng=np.random.default_rng(0)，然后通过双重循环得到 1000 名玩家在 600 个时刻上获得的奖赏，进而求出在每个时刻上每名玩家获得的平均奖赏。由于循环次数都已知，故可使用双重 for 循环。外层 for 循环可用来重复每名玩家做出一系列选择这个过程(循环 1000 次)。内层 for 循环可用来实现玩家在每个时刻上从 10 台老虎机中选择一台并获得奖赏这个过程(循环 600 次)。在外层 for 循环中，可使用 rng.normal()方法随机生成不同玩家面对的 10 台老虎机的奖赏的期望值(服从均值为 0、方差为 1 的正态分布)。在内层 for 循环中，由于玩家并不知道这些期望值的值，因此在每个时刻 t 上先根据式(3-3)估计这些老虎机给出的奖赏的期望值，$t=1,2,\cdots$，

600。需要注意的是，当式(3-3)中的分母为 0 时，将$\hat{\mu}_{a_t}$赋值为初始值，例如 0。然后，在内层 for 循环中，根据$\hat{\mu}_{a_t}$和式(3-2)，选择$\hat{\mu}_{a_t}$最大的一台老虎机(即贪婪行动)，可使用 np.argmax()函数实现；再根据选择的这台老虎机的奖赏期望值，随机生成这台老虎机给出的奖赏(服从正态分布)，可使用 rng.normal()方法实现。在内层 for 循环结束之前，保存玩家在当前时刻获得的奖赏，以及当前时刻的行动选择。在双重循环结束之后，可使用 Matplotlib 库的 plt.plot()函数画出这 1000 名玩家在 $t=2,3,\cdots,601$ 时刻上获得的奖赏的平均值曲线。

现在，如果你尚未完成实验 3-1，请尝试独立完成本实验。如果仍有困难，再参考附录 A 中经过注释的实验程序。

【实验 3-2】 用 ε 贪婪方法解实验 3-1 中的多老虎机问题。在保留实验 3-1 中平均奖赏曲线的同时，在同一幅图中再增加一条使用 ε 贪婪方法画出的平均奖赏曲线。

【解析】 本实验的程序可基于实验 3-1 的程序。因本实验要求比较玩家分别使用贪婪方法和 ε 贪婪方法时获得的平均奖赏，故只需在实验 3-1 程序中为实现 ε 贪婪方法再增加一套单独的变量和计算过程。在实现 ε 贪婪方法时，可先使用 rng.random()方法随机给出一个[0,1)区间的数，若该数大于 ε，则选择贪婪行动($\hat{\mu}_{a_t}$最大的一台老虎机)；否则，再使用 rng.integers()方法随机给出一个整数，用来随机选择一台老虎机。

现在，如果你尚未完成实验 3-2，请尝试独立完成本实验。如果仍有困难，再参考附录 A 中经过注释的实验程序。

【实验 3-3】 用 MDP 对 3.2.2 节中的学习时间管理问题进行初步建模，给出用来描述 MDP 模型的概率质量函数 $p(s_{t+1},r_{t+1}|s_t,a_t)$。

【解析】 MDP 模型可通过概率质量函数 $p(s_{t+1},r_{t+1}|s_t,a_t)$和奖赏的取值集合$\mathcal{R}$确定。而 $p(s_{t+1},r_{t+1}|s_t,a_t)=p(s_{t+1}|s_t,a_t)p(r_{t+1}|s_{t+1},s_t,a_t)$，因此可分别给出 $p(s_{t+1}|s_t,a_t)$和 $p(r_{t+1}|s_{t+1},s_t,a_t)$的值。$p(s_{t+1}|s_t,a_t)$用来给出在环境状态 s_t 下智能体选择执行行动 a_t 后，下一时刻环境状态为 s_{t+1} 的概率。在程序中可用一个三维数组存储 $p(s_{t+1}|s_t,a_t)$。$p(r_{t+1}|s_{t+1},s_t,a_t)$用来给出在环境状态 s_t 下智能体选择执行行动 a_t 后、下一时刻的环境状态为 s_{t+1}时，智能体获得奖赏值 r_{t+1} 的概率。在程序中可用一个四维数组存储 $p(r_{t+1}|s_{t+1},s_t,a_t)$。

本实验中，环境的 4 个状态为："体力较好、脑力较好"(可将该状态的取值设置为 0)、"体力较差、脑力较好"(可将该状态的取值设置为 1)、"体力较好、脑力较差"(可将该状态的取值设置为 2)、"体力较差、脑力较差"(可将该状态的取值设置为 3)；每个状态下智能体可选的 3 个行动为："学习"(可将该行动的取值设置为 0)、"休息"(可将该行动的取值设置为 1)、"运动"(可将该行动的取值设置为 2)；智能体获得的奖赏的取值可以为：1(当已取得学业进展时)或 0(当未取得学业进展时)。

因此，可以用一个 4×4×3 大小的三维数组存储 $p(s_{t+1}|s_t,a_t)$，其中各个元素的值(概率)可自行给出，但由于是概率，因此应满足 $\sum_{s_{t+1}\in\mathcal{S}} p(s_{t+1} \mid s_t,a_t)=1$。在给出概率时，可酌情考虑学习时间管理问题的场景：若智能体选择"休息"，则有助于恢复"体力"，即下一时刻"体力较好"的概率高一些；若智能体选择"运动"，则有助于恢复"脑力"，即下一时刻"脑力较好"的概率高一些，并且下一时刻"体力较差"的概率也可以高一些；若智能体选择"学习"，则下一时刻"体力较差"或"脑力较差"的概率高一些。例如，在"体力较好、脑力较差"状态下智

能体选择“运动”后，下一时刻状态为“体力较好、脑力较好”的概率为 0.5。

可以用一个 2×4×4×3 大小的四维数组存储 $p(r_{t+1}|s_{t+1},s_t,a_t)$，其中各个元素的值仍可自行给出，但同样应满足 $\sum_{r_{t+1}\in\mathcal{R}} p(r_{t+1}\mid s_{t+1},s_t,a_t)=1$。在给出概率时，可酌情考虑学习时间管理问题的场景：若智能体选择“学习”，则根据当前时刻和下一时刻的不同状态，智能体以不同的概率获得取值为“1”的奖赏，“1”代表取得一定的学业进展；若智能体选择“休息”或“运动”，则智能体以概率 1 获得取值为“0”的奖赏，“0”代表未取得学业进展。例如，在“体力较好、脑力较好”状态下智能体选择“学习”后，若下一时刻状态为“体力较好、脑力较好”，则智能体获得取值为“1”的奖赏的概率为 0.99。

现在，如果你尚未完成实验 3-3，请尝试独立完成本实验。如果仍有困难，再参考附录 A 中经过注释的实验程序。

【实验 3-4】 以实验 3-3 中给出的 MDP 模型为例，计算各个时刻下各个状态的最优价值，并给出各个时刻各个状态下的最优行动。

【解析】 本实验的程序可基于实验 3-3 的程序。最优价值可参照式(3-22)计算，对应的最优行动可参照式(3-24)得出。两式中，$p(s_{t+1},r_{t+1}|s_t,a_t)=p(s_{t+1}|s_t,a_t)p(r_{t+1}|s_{t+1},s_t,a_t)$。其中 $p(s_{t+1}|s_t,a_t)$ 和 $p(r_{t+1}|s_{t+1},s_t,a_t)$ 的值已在实验 3-3 中给出，故 $p(s_{t+1},r_{t+1}|s_t,a_t)$ 的值可求。可认为存在最后时刻 l，故对于任何状态，都有 $v_l(s_l)=\mathbb{E}(G_l|S_l=s_l)=0,s_l\in\mathcal{S}$，因此，对任何状态都有 $v_l^*(s_l)=0$。也就是说，式(3-22)和式(3-24)中，当 $t=l-1$ 时，$v_{t+1}^*(s_{t+1})=v_l^*(s_l)=0,s_{t+1}\in\mathcal{S}$。或者也可以按照式(3-19)和式(3-20)分别计算 $t=l-1$ 时最优价值及其对应的最优行动。

在实验程序中可使用 for 循环，从 $t=l-1$ 开始，直到 $t=1$ 为止，依次倒推计算出各个时刻下各个状态的最优价值 $v_t^*(s_t)$ 以及最优行动 $a_t^*|s_t,t=l-1,l-2,\cdots,2,1$。在该 for 循环内，可使用四重 for 循环计算各个状态下各个行动选择的 $\sum_{s_{t+1}\in\mathcal{S}}\sum_{r_{t+1}\in\mathcal{R}} p(s_{t+1},r_{t+1}\mid s_t,a_t)(r_{t+1}+\gamma v_{t+1}^*(s_{t+1}))$，即分别对式中的 s_{t+1}、r_{t+1}、s_t、a_t 做循环。式(3-22)和式(3-24)中，折扣率 γ 可取 0.9；max(·)可使用 np.amax()函数实现；argmax(·)可使用 np.argmax()函数实现。

现在，如果你尚未完成实验 3-4，请尝试独立完成本实验。如果仍有困难，再参考附录 A 中经过注释的实验程序。

【实验 3-5】 使用价值迭代算法求解实验 3-3 中给出的 MDP 模型，画出各个状态的最优价值随迭代次数变化的曲线，并给出最优状态价值不再显著改变时的各个状态下的最优行动。

【解析】 本实验的程序可基于实验 3-4 的程序。本实验与实验 3-4 的主要差别是，本实验使用 3.3.2 节中的价值迭代算法计算最优状态价值 $v_i^*(s_t)$，并在此基础之上给出各个状态下的最优行动。价值迭代算法关注的是通过若干次迭代计算出不再显著改变的最优状态价值。由于我们事先并不知道迭代将进行多少次，因此价值迭代算法的主循环可用 while 循环实现(替换实验 3-4 程序中的最外层 for 循环)，直到满足条件再结束循环。这个条件是，各个状态的最优价值在相邻的两次迭代中，两个最优价值之差的绝对值都小于容差 ε，也就是对所有的 $s_t(s_t\in\mathcal{S})$，都满足 $|v_i^*(s_t)-v_{i-1}^*(s_t)|<\varepsilon$。本实验中的容差 ε 可以取 0.001。值得注意的是，复制数组需使用 np.copy()函数。在主循环之内，仍可参照实验 3-4

的程序按照式(3-27)使用四重 for 循环计算各个状态下各个行动的 $\sum_{s_{t+1}\in\mathcal{S}}\sum_{r_{t+1}\in\mathcal{R}}p(s_{t+1},r_{t+1}\mid s_t,a_t)(r_{t+1}+\gamma v_{i-1}^*(s_{t+1}))$，即分别对式中的 s_{t+1}、r_{t+1}、s_t、a_t 做循环。式中的折扣率 γ 可以取 0.9。当主循环结束后，再按照式(3-28)给出各个状态下的最优行动。

现在，如果你尚未完成实验 3-5，请尝试独立完成本实验。如果仍有困难，再参考附录 A 中经过注释的实验程序。

【实验 3-6】 对于实验 3-3 中给出的 MDP 模型，使用策略评估算法评估以下两个策略，分别画出使用这两个策略时各个状态的价值随迭代次数变化的曲线。

策略一 由如下各个状态下的行动选择给出：当状态为"体力较好、脑力较好"时，选择"休息"；当状态为"体力较差、脑力较好"时，选择"运动"；当状态为"体力较好、脑力较差"时，选择"学习"；当状态为"体力较差、脑力较差"时，选择"学习"。

策略二 由如下各个状态下的行动选择给出：当状态为"体力较好、脑力较好"时，选择"学习"；当状态为"体力较差、脑力较好"时，选择"学习"；当状态为"体力较好、脑力较差"时，选择"运动"；当状态为"体力较差、脑力较差"时，选择"休息"。

【解析】 本实验的程序可基于实验 3-5 的程序。本实验与实验 3-5 的主要差别是，本实验使用 3.3.3 节中的策略评估算法计算给定策略下各个状态的不再显著改变的状态价值，而实验 3-5 则是计算各个状态的不再显著改变的最优状态价值，并据此给出各个状态下的最优行动。在本实验的计算过程中，需要使用给定的策略。就本章中的策略而言，既可以使用概率矩阵(二维数组)表示(矩阵中的元素为在某一状态下选择某一行动的概率)，也可以使用各个状态下的行动选择(一维数组)表示。我们可先将本实验给出的各个状态下的行动选择存储在一维数组(或列表)中，写出策略一和策略二中的各个状态下的行动选择分别为 policy1_state_action=[1, 2, 0, 0]、policy2_state_action=[0, 0, 2, 1]。然后可以进一步把各个状态下的行动选择转换为概率矩阵(二维数组)，例如：policy1=np.zeros((tm_num_actions, tm_num_states))，policy1[policy1_state_action, np.arange(tm_num_states)]=1。概率矩阵 policy1 中的每一列之和都为 1。接下来，就可以使用 while 循环作为主循环进行迭代，直到各个状态的价值都不再显著改变为止。这里的容差 ε 仍可设置为 0.001。在主循环之内，可以参照实验 3-5 的程序，使用四重 for 循环按照式(3-31)计算上述给定策略下各个状态的价值。如果使用概率矩阵表示策略，则可直接在式(3-31)的计算中使用该概率矩阵。式中的折扣率 γ 可以取 0.9。注意，在四重 for 循环开始之前，清零其中使用的累加变量。

现在，如果你尚未完成实验 3-6，请尝试独立完成本实验。如果仍有困难，再参考附录 A 中经过注释的实验程序。

【实验 3-7】 对于实验 3-3 中给出的 MDP 模型，使用策略评估算法评估最优策略 $p^*(a_t|s_t)$(即实验 3-6 中的策略二)，并画出最优状态价值，以及使用该最优策略得到的状态价值随迭代次数变化的曲线。

【解析】 本实验的程序可基于实验 3-6 和实验 3-5 的程序。实验 3-6 和实验 3-5 程序的主循环为 while 循环，是因为迭代次数事先未知，而本实验中需要计算并比较相同迭代次数下的状态价值和最优状态价值，故可固定迭代次数(例如迭代 10 次或 60 次)，因此可将该 while 循环改为 for 循环。

现在，如果你尚未完成实验 3-7，请尝试独立完成本实验。如果仍有困难，再参考附录 A 中经过注释的实验程序。

【实验 3-8】 使用策略迭代算法求解实验 3-3 中给出的 MDP 模型，画出各个状态的价值随策略评估中的迭代次数变化的曲线，并给出算法输出的各个状态下的最优行动。

【解析】 本实验的程序可参考实验 3-5 和实验 3-6 的程序。在程序中，可以使用各个状态下的行动选择表示策略。在使用式(3-31)进行计算之前，可将各个状态下的行动选择转换为概率矩阵(参照实验 3-6 的程序)，以便于使用循环进行计算。在策略迭代算法中，当前策略的初始值可以为任何策略(即可能策略中的任何一个)。例如，可以用“学习”作为各个状态下的初始行动选择，以此初始化当前策略。由于策略迭代算法在策略评估算法的基础之上，又增加了一层“迭代”，且“迭代”次数事先未知，故可在策略评估算法程序中的 while 循环之外再增加一个 while 循环，用来实现策略迭代算法中的“迭代”。其中，策略评估算法中各个状态价值的初始值，可以为任何值，不过如果将上一次使用策略评估算法计算出的各个状态的价值作为本次策略评估算法中各个状态价值的初始值，则可能有助于减少本次策略评估算法中的迭代次数。策略评估算法中的容差 ε 可设置为 0.001、折扣率 γ 可以取 0.9。在策略迭代算法中随后的策略改进阶段，使用通过策略评估算法计算出的各个状态的不再显著改变的状态价值按照式(3-32)、参照实验 3-5 的程序，使用四重 for 循环计算各个状态下各个行动选择的 $\sum_{s_{t+1}\in\mathcal{S}}\sum_{r_{t+1}\in\mathcal{R}} p(s_{t+1},r_{t+1}\mid s_t,a_t)(r_{t+1}+\gamma v_{i-1}(s_{t+1}))$，即分别对式中的 s_{t+1}、r_{t+1}、s_t、a_t 做循环。式中的折扣率 γ 可以取 0.9。在四重 for 循环结束后，再按照式(3-32)给出各个状态下的贪婪行动，由此得到改进策略。在最外层 while 循环的最后，比较当前策略与改进策略是否相同，即逐一比较当前策略中各个状态下的行动选择与改进策略中各个状态下的行动选择是否都相同。如果两个策略完全相同，则结束最外层 while 循环，并将两个策略中的任何一个策略作为策略迭代算法输出的最优策略；如果两个策略不完全相同，则用改进策略取代当前策略，并继续最外层的 while 循环。

现在，如果你尚未完成实验 3-8，请尝试独立完成本实验。如果仍有困难，再参考附录 A 中经过注释的实验程序。

【实验 3-9】 使用广义策略迭代求解实验 3-3 中给出的 MDP 模型，画出各个状态的价值随策略评估中的迭代次数变化的曲线，并给出算法输出的各个状态下的最优行动。其中，策略评估过程包含 2 次迭代，策略改进过程改进随机 1 个状态下的行动选择。

【解析】 本实验的程序可基于实验 3-8 的程序。需要在策略评估、策略改进、主循环(while 循环)结束条件等方面修改实验 3-8 的程序。

在策略评估方面，由于本实验中迭代次数已知，故可将实验 3-8 程序中策略迭代的 while 循环改为 for 循环。在策略改进方面，本实验中每次策略改进仅改进随机 1 个状态下的行动选择，故可先使用 rng.integers()方法以相同的概率随机选择一个状态，然后再按照式(3-42)给出该状态下的贪婪行动，并据此更新策略。由于无须再给出其他状态下的贪婪行动，因此策略改进这部分程序可从四重 for 循环改为三重 for 循环。需要注意的是，本实验中，策略改进过程中每次改进的策略，并非“当前策略”或“改进策略”，只是一个在“迭代”中不断被改进的策略。本实验中的“当前策略”是指上一次所有状态下的行动选择都已被改进至少 1 次时的策略，“改进策略”是指本次所有状态下的行动选择都已被改进至少 1 次时的策略。可以用一个一维数组记录各个状态下的行动选择已被改进的次数。本实验中的策略改进以相同的概率随机选择一个状态，因此当“迭代”次数足够多时，各个状态下的行动选择都将被反复改进。

在主循环结束条件方面，仅当每次所有状态下的行动选择都已被改进至少1次时，才检查是否结束循环。结束主循环需满足“改进策略”与“当前策略”完全相同这个条件，可参照实验3-8的程序实现。注意，在每次检查之后，清零用来记录各个状态下行动选择被改进次数的一维数组。

现在，如果你尚未完成实验3-9，请尝试独立完成本实验。如果仍有困难，再参考附录A中经过注释的实验程序。

3.5 本章小结

作为机器学习中的一种学习范式，强化学习主要关注智能体如何根据环境给出的奖赏，做出一系列行动选择（并执行选择的行动），以最大化其收益的期望值。

多老虎机问题是一个较为简单的强化学习问题。玩家（智能体）通过估计多台老虎机给出的奖赏的期望值，每次选择拉动其中一台老虎机的拉杆，以最大化获得累计奖赏的期望值。ε贪婪是利用（利用现有经验获取奖赏）与探索（尝试选择不同的行动）之间的一个折中方法。

强化学习系统通常包含策略、奖赏信号、价值函数，以及环境模型等要素。其中，环境模型是智能体为外部环境建立的、模仿环境行为的数学模型。有限马尔可夫决策过程（MDP）是强化学习中常用的环境模型，它将智能体控制之外的环境划分为若干状态，并假设下一时刻的环境状态仅取决于当前时刻的环境状态和智能体采取的行动，同时也隐含假设智能体在下一时刻获得的奖赏仅取决于当前时刻的环境状态、智能体采取的行动，以及下一时刻的环境状态。

当已知MDP模型（包括已知上述假设下的两类条件概率、智能体获得的奖赏的取值集合）时，可以使用价值迭代算法、策略迭代算法等算法求解MDP，得到指导智能体在各个环境状态下做出行动选择的最优策略，以最大化智能体获得的收益的期望值（最大化各个环境状态的状态价值的极限值）。价值迭代算法借助贝尔曼最优方程通过迭代最优状态价值寻找最优策略，而策略迭代算法则借助贝尔曼方程通过策略评估和策略改进交替迭代状态价值和策略来寻找最优策略，两种算法都可以得到最优策略。广义策略迭代是策略迭代和价值迭代的推广，为求解MDP提供了更多的选择。使用这些算法求解MDP时，由于MDP模型已知，因此智能体并不需要与环境实际进行交互。

3.6 思考与练习

1. 什么是强化学习？举例说明。
2. 什么是多老虎机问题？如何求解多老虎机问题？
3. 如何理解强化学习中的行动（action）和奖赏（reward）？举例说明。
4. 什么是贪婪方法？什么是贪婪行动？试述每次都选择贪婪行动的利弊。

5. 什么是利用？什么是探索？为什么在强化学习中二者都需要？

6. 什么是 ε 软方法？什么是 ε 贪婪方法？

7. 在强化学习中，什么是智能体(agent)？什么是环境(environment)？如何区分二者？

8. 如何理解强化学习中的状态(state)？如何理解状态转移？举例说明。

9. 什么是马尔可夫性？

10. 什么是有限马尔可夫决策过程？举例说明。

11. 如何确定一个 MDP？

12. 什么是终结型强化学习任务？什么是持续型强化学习任务？各举一例说明。

13. 强化学习中的收益(return)是指什么？如何用数学公式统一描述终结型任务和持续型任务中的收益？

14. 什么是折扣率？试述折扣率在强化学习中的作用。

15. 如何理解强化学习中的策略(policy)以及最优策略(optimal policy)？

16. 什么是状态价值函数？谈谈你对状态价值的理解。

17. 写出贝尔曼方程的数学表达式。

18. 什么是最优状态价值函数？谈谈你对最优状态价值的理解。

19. 写出贝尔曼最优方程的数学表达式。

20. 解释为什么不同时刻下智能体的最优策略可能不同。

21. 若 MDP 模型已知，如何给出各个时刻下的最优策略？

22. 为什么在强化学习中通常在各个时刻下都使用同一个最优策略？

23. 如何得到可近似应用于各个时刻的最优策略？

24. 为什么最优状态价值会收敛？

25. 为什么可以将最优状态价值和状态价值的时刻下标替换为迭代次数下标？

26. 什么是价值迭代？试述价值迭代的原理。

27. 写出价值迭代算法。

28. 为什么状态价值会收敛？有何前提条件？

29. 写出策略评估算法，并简述策略评估算法与价值迭代算法之间的差异。

30. 试述最优策略下的状态价值与最优状态价值之间的异同之处。

31. 试述策略对状态价值的影响。

31. 试述策略改进的原理。

32. 什么是策略迭代？为什么使用策略迭代能够找到最优策略？

33. 写出策略迭代算法。

34. 简答价值迭代和策略迭代的优缺点，并给出二者的适用场景。

35. 为什么可以将价值迭代看作一种策略迭代？

36. 什么是广义策略迭代？为什么说广义策略迭代是策略迭代和价值迭代的推广？谈谈你对广义策略迭代的理解。

37. 写出广义策略迭代算法。

38. 在你的生活、学习或工作中，找出一个可以用有限马尔可夫决策过程对其建模的实例。尝试建模并求解该 MDP，给出最优策略。

第 4 章

行动价值方法

对于一个 MDP 问题，只要已知 MDP 模型(包括概率质量函数 $p(s_{t+1},r_{t+1}|s_t,a_t)$以及奖赏的取值集合$\mathcal{R}$)，就可以使用第 3 章中的方法寻找最优策略。

然而，在实际应用中，确定概率质量函数 $p(s_{t+1},r_{t+1}|s_t,a_t)$仍存在一些困难，包括但不限于以下三方面。

(1) 在一些较为复杂的任务中，状态的数量或者行动的数量较多，这使得用来保存概率质量函数 $p(s_{t+1},r_{t+1}|s_t,a_t)$的数组较大，即数组中元素的数量较多。例如，围棋棋盘上有 $19\times19=361$ 个落子点，每个落子点上可能有黑色棋子、白色棋子，或者没有棋子，因此，如果把下围棋建模为 MDP 问题，那么其中仅状态就可能多达 $3^{361}\approx1.74\times10^{172}$ 个。

(2) 概率质量函数 $p(s_{t+1},r_{t+1}|s_t,a_t)$中各个概率的值在实际中往往难以准确确定。

(3) 用 MDP 模型对环境进行建模，默认环境的统计特性不随时间发生变化(仅智能体观察到的环境状态随时刻发生改变)，但在一些任务中环境的统计特性可能会随时间发生变化。

如何在未知 MDP 模型的概率质量函数 $p(s_{t+1},r_{t+1}|s_t,a_t)$及其奖赏取值集合$\mathcal{R}$的情况下，仍能求解 MDP、找到最优策略？

在本章中，我们探究近似求解 MDP 的一类方法：**行动价值方法**(action-value method)。这类方法先估计各个状态下各个行动的价值，再据此做出各个状态下的行动选择。

4.1 行动价值与最优行动价值

求解 MDP 时，例如，在使用广义策略迭代求解 MDP 时，为了找到最优策略，在每次“迭代”中我们将一些状态下的贪婪行动作为这些状态下“新”的行动选择，以此改进策略。使用式(3-42)等算式寻找贪婪行动时，除了需要知道各个状态当前的状态价值 $v_i(s_{t+1})$，$s_{t+1}\in\mathcal{S}$，还需要知道概率质量函数 $p(s_{t+1},r_{t+1}|s_t,a_t)$和奖赏的取值集合$\mathcal{R}$。如果未知 $p(s_{t+1},r_{t+1}|s_t,a_t)$和$\mathcal{R}$，即未知 MDP 模型，就无法通过式(3-42)计算出在状态 s_t 下选择行动 a_t 将带来的价值 $\sum_{s_{t+1}\in\mathcal{S}}\sum_{r_{t+1}\in\mathcal{R}}p(s_{t+1},r_{t+1}|s_t,a_t)(r_{t+1}+\gamma v_i(s_{t+1}))$。而在实际应用中，$p(s_{t+1},r_{t+1}|s_t,a_t)$往往未知或难以准确确定，这怎么办？

4.1.1 行动价值

既然无法直接计算，不妨把状态 s_t 下选择行动 a_t 将带来的价值看作未知数。为此，可对状态价值函数稍做改进，把状态价值函数 $v_t(s_t)$中的自变量从一个自变量 s_t 扩展至两个自变量 s_t 和 a_t，即 $v_t(s_t,a_t)$。由于历史原因，这个具有两个自变量的价值函数 $v_t(s_t,a_t)$被

记为 $q_t(s_t,a_t)$，称为（t 时刻的）**行动价值函数**（action-value function）。$q_t(s_t,a_t)$表示在 t 时刻环境状态 s_t 下，智能体选择并执行行动 a_t 后，再按照给定策略与环境交互，未来可获得的收益的期望值，即在 t 时刻（以及给定策略下）状态值为 s_t 时行动 a_t 的价值，$q_t(s_t,a_t)=\mathbb{E}(G_t|S_t=s_t,A_t=a_t)$。因此，尽管被称为“行动价值函数”，但应将其理解为“状态行动价值函数”。这里的“给定策略”是指 t 时刻之后的各个时刻下的策略，各个时刻下的策略既可以相同，也可以各不相同。本书中，将 t 时刻的行动价值函数 $q_t(s_t,a_t)$的值简称为：t 时刻状态 s_t 下行动 a_t 的价值，或 t 时刻“状态行动对”(s_t,a_t)的价值。本书中，“状态行动对”(s_t,a_t)是指一对状态和行动的取值，代表智能体在环境状态 s_t 下选择行动 a_t 这个组合。需要注意的是，由于 $s_t\in\mathcal{S}$、$a_t\in\mathcal{A}(s_t)$，因此 $q_t(s_t,a_t)$实际上给出了 t 时刻所有可能状态下所有可能行动的价值。

【练一练】 对 $q_t(s_t,a_t)=\mathbb{E}(G_t|S_t=s_t,A_t=a_t)$做进一步整理。

参照式(3-15)，根据全概率公式、条件概率公式，以及马尔可夫性，对 $q_t(s_t,a_t)=\mathbb{E}(G_t|S_t=s_t,A_t=a_t)$做进一步整理如下：

$$\begin{aligned}
q_t(s_t,a_t) &= \mathbb{E}(G_t \mid S_t=s_t,A_t=a_t)=\mathbb{E}((R_{t+1}+\gamma G_{t+1}) \mid S_t=s_t,A_t=a_t)\\
&= \mathbb{E}(R_{t+1} \mid S_t=s_t,A_t=a_t)+\gamma\mathbb{E}(G_{t+1} \mid S_t=s_t,A_t=a_t)\\
&= \sum_{r_{t+1}\in\mathcal{R}} r_{t+1}p(r_{t+1} \mid s_t,a_t)+\gamma\sum_{g_{t+1}\in\mathcal{G}} g_{t+1}p_t(g_{t+1} \mid s_t,a_t)\\
&= \sum_{r_{t+1}\in\mathcal{R}} r_{t+1}\sum_{s_{t+1}\in\mathcal{S}} p(s_{t+1},r_{t+1} \mid s_t,a_t)+\gamma\sum_{g_{t+1}\in\mathcal{G}} g_{t+1}\sum_{s_{t+1}\in\mathcal{S}} p_t(s_{t+1},g_{t+1} \mid s_t,a_t)\\
&= \sum_{s_{t+1}\in\mathcal{S}}\sum_{r_{t+1}\in\mathcal{R}} p(s_{t+1},r_{t+1} \mid s_t,a_t)r_{t+1}+\\
&\quad\ \gamma\sum_{g_{t+1}\in\mathcal{G}} g_{t+1}\sum_{s_{t+1}\in\mathcal{S}} p(s_{t+1} \mid s_t,a_t)p_t(g_{t+1} \mid s_{t+1},s_t,a_t)\\
&= \sum_{s_{t+1}\in\mathcal{S}}\sum_{r_{t+1}\in\mathcal{R}} p(s_{t+1},r_{t+1} \mid s_t,a_t)r_{t+1}+\gamma\sum_{g_{t+1}\in\mathcal{G}} g_{t+1}\sum_{s_{t+1}\in\mathcal{S}} p(s_{t+1} \mid s_t,a_t)p_t(g_{t+1} \mid s_{t+1})\\
&= \sum_{s_{t+1}\in\mathcal{S}}\sum_{r_{t+1}\in\mathcal{R}} p(s_{t+1},r_{t+1} \mid s_t,a_t)r_{t+1}+\\
&\quad\ \gamma\sum_{g_{t+1}\in\mathcal{G}} g_{t+1}\sum_{s_{t+1}\in\mathcal{S}}\sum_{r_{t+1}\in\mathcal{R}} p(s_{t+1},r_{t+1} \mid s_t,a_t)p_t(g_{t+1} \mid s_{t+1})\\
&= \sum_{s_{t+1}\in\mathcal{S}}\sum_{r_{t+1}\in\mathcal{R}} p(s_{t+1},r_{t+1} \mid s_t,a_t)\left(r_{t+1}+\gamma\sum_{g_{t+1}\in\mathcal{G}} p_t(g_{t+1} \mid s_{t+1})g_{t+1}\right)\\
&= \sum_{s_{t+1}\in\mathcal{S}}\sum_{r_{t+1}\in\mathcal{R}} p(s_{t+1},r_{t+1} \mid s_t,a_t)(r_{t+1}+\gamma\mathbb{E}(G_{t+1} \mid S_{t+1}=s_{t+1}))\\
&= \sum_{s_{t+1}\in\mathcal{S}}\sum_{r_{t+1}\in\mathcal{R}} p(s_{t+1},r_{t+1} \mid s_t,a_t)(r_{t+1}+\gamma v_{t+1}(s_{t+1}))
\end{aligned}\tag{4-1}$$

式(4-1)中，$s_t\in\mathcal{S}$，$t=1,2,\cdots,l-1$，l 为最后时刻；g_{t+1} 为收益随机变量 G_{t+1} 的取值，$g_{t+1}\in\mathcal{G}$，$\mathcal{G}$为收益的可能取值集合；$p_t(\cdot)$表示该概率质量函数的值与时刻 t 有关；γ 为折扣率；$v_{t+1}(s_{t+1})$为 $t+1$ 时刻状态 s_{t+1} 的价值。将式(4-1)推导出的结果写为式(4-2)。

$$q_t(s_t,a_t)=\sum_{s_{t+1}\in\mathcal{S}}\sum_{r_{t+1}\in\mathcal{R}} p(s_{t+1},r_{t+1} \mid s_t,a_t)(r_{t+1}+\gamma v_{t+1}(s_{t+1}))\tag{4-2}$$

与状态价值函数 $v_t(s_t)$一样，行动价值函数 $q_t(s_t,a_t)$的值也与时刻 t 有关。那么，$q_t(s_t,a_t)$是否也会像 $v_t(s_t)$那样，随着时刻 t 的不断减小而趋近于收敛？

【练一练】 证明 $q_t(s_t,a_t)$ 收敛。

为此，我们考察两个相邻时刻下同一状态同一行动的行动价值之差，如式(4-3)所示。

$$\begin{aligned}|q_{t-1}(s_t,a_t)-q_t(s_t,a_t)| &= \Big|\sum_{s_{t+1}\in\mathcal{S}}\sum_{r_{t+1}\in\mathcal{R}} p(s_{t+1},r_{t+1}\mid s_t,a_t)(r_{t+1}+\gamma v_t(s_{t+1}))- \\ &\quad \sum_{s_{t+1}\in\mathcal{S}}\sum_{r_{t+1}\in\mathcal{R}} p(s_{t+1},r_{t+1}\mid s_t,a_t)(r_{t+1}+\gamma v_{t+1}(s_{t+1}))\Big| \\ &= \gamma\Big|\sum_{s_{t+1}\in\mathcal{S}}\sum_{r_{t+1}\in\mathcal{R}} p(s_{t+1},r_{t+1}\mid s_t,a_t)(v_t(s_{t+1})-v_{t+1}(s_{t+1}))\Big| \\ &= \gamma\Big|\sum_{s_{t+1}\in\mathcal{S}} p(s_{t+1}\mid s_t,a_t)(v_t(s_{t+1})-v_{t+1}(s_{t+1}))\Big| \\ &\leqslant \gamma\sum_{s_{t+1}\in\mathcal{S}} p(s_{t+1}\mid s_t,a_t)|v_t(s_{t+1})-v_{t+1}(s_{t+1})| \\ &\leqslant \gamma \max_{s_{t+1}\in\mathcal{S}}|v_t(s_{t+1})-v_{t+1}(s_{t+1})| \end{aligned} \tag{4-3}$$

式(4-3)中，第三步根据全概率公式得出；第四步根据绝对值不等式 $|a+b|\leqslant|a|+|b|$ 得出；最后一步根据求解式(3-18)中线性规划问题的分析过程得出。由于式(4-3)对任何 $s_t(s_t\in\mathcal{S})$、$a_t(a_t\in\mathcal{A}(s_t))$ 都成立，因此由式(4-3)不难得出：

$$\max_{s_t\in\mathcal{S},a_t\in\mathcal{A}(s_t)}|q_{t-1}(s_t,a_t)-q_t(s_t,a_t)|\leqslant\gamma\max_{s_t\in\mathcal{S}}|v_t(s_t)-v_{t+1}(s_t)| \tag{4-4}$$

式(4-4)表明，同一状态同一行动在 $t-1$ 时刻和 t 时刻下的行动价值之间的最大差距，不超过 t 时刻和 $t+1$ 时刻下同一状态的状态价值之间的最大差距的 γ 倍($0\leqslant\gamma\leqslant1$)。根据式(3-30)可知，状态价值 $v_t(s_t)$ 将随着时刻 t 的不断减小而趋近于收敛，即 $\max\limits_{s_t\in\mathcal{S}}|v_t(s_t)-v_{t+1}(s_t)|$ 的值越来越小，前提是智能体在 $t-1$ 时刻和 t 时刻下使用同一个策略 $p(a_t\mid s_t)$。因此，当最后时刻 l 足够大时，随着时刻 t 不断减小，$\max\limits_{s_t\in\mathcal{S},a_t\in\mathcal{A}(s_t)}|q_{t-1}(s_t,a_t)-q_t(s_t,a_t)|$ 的值将会越来越小，各个状态下各个行动的价值都将收敛。也就是说，当在各个时刻下都使用同一个策略时，存在 $|\mathcal{A}(s_t^{(1)})|+|\mathcal{A}(s_t^{(2)})|+\cdots+|\mathcal{A}(s_t^{(|\mathcal{S}|)})|$ 个极限值 $q(s_t,a_t),s_t\in\mathcal{S},a_t\in\mathcal{A}(s_t)$，以及足够小的时刻 t(即相距最后时刻 l 足够远的时刻 t)，使得对于任意小的正数 ε，以及对于任何状态值 $s_t\in\mathcal{S}$、任何行动值 $a_t\in\mathcal{A}(s_t)$，都有 $|q_t(s_t,a_t)-q(s_t,a_t)|<\varepsilon$。其中，$q(s_t,a_t)$ 为 $q_t(s_t,a_t)$ 的极限值；$s_t^{(i)}$ 为集合 $\mathcal{S}$ 中的第 i 个元素，$i=1,2,\cdots,|\mathcal{S}|$。

在实际计算中，极限值 $q(s_t,a_t)$ 不易准确求得。当行动价值接近其极限值时，行动价值不再显著改变。因此，在实际中我们可以使用不再显著改变的行动价值替代行动价值的极限值。

由于行动价值收敛的前提是智能体在各个时刻下都使用同一个策略 $p(a_t|s_t)$，故我们无须再关注时刻 t 的大小，可将式(4-2)中行动价值和状态价值的依次递减的时刻下标 t 替换为依次递增的迭代次数下标 i，$i=1,2,3,\cdots$，即

$$q_i(s_t,a_t)=\sum_{s_{t+1}\in\mathcal{S}}\sum_{r_{t+1}\in\mathcal{R}} p(s_{t+1},r_{t+1}\mid s_t,a_t)(r_{t+1}+\gamma v_{i-1}(s_{t+1})) \tag{4-5}$$

尽管式(4-5)中 s_t、a_t、s_{t+1}、r_{t+1} 的值在形式上与时刻 t 和 $t+1$ 有关，但实际上也可以被替换为 s、a、s'、r 等与时刻无关的变量。对照式(4-5)和式(3-32)，可得

$$a_t^*\mid s_t=\underset{a_t\in\mathcal{A}(s_t)}{\operatorname{argmax}}\, q_i(s_t,a_t) \tag{4-6}$$

式(4-6)中，$a_t^*|s_t$ 代表状态 s_t 下的贪婪行动。可见，引入行动价值函数带来的好处是，我们只需知道该函数的值，即各个行动的价值，而无须知道 MDP 模型的概率质量函数 $p(s_{t+1},r_{t+1}|s_t,a_t)$ 和奖赏的取值集合 $\mathcal{R}$，就可以给出各个环境状态下的贪婪行动。

在策略迭代算法中，我们已经隐含地使用到行动价值，因为式(4-5)和式(4-6)实际上就是策略迭代算法中的式(3-32)。

为了进一步理解行动价值，我们在实验 3-3 中给出的学习时间管理问题的 MDP 模型基础之上，尝试计算各个状态下各个行动的价值。

【实验 4-1】 以实验 3-3 中给出的 MDP 模型为例，计算给定策略下各个状态的价值，以及各个状态下各个行动的价值，并画出状态价值和行动价值随迭代次数变化的曲线。给定策略为：无论环境处于哪个状态下，智能体都选择“学习”。

提示：①计算给定策略下的状态价值可参照式(3-31)、计算行动价值可参照式(4-5)；②如果对编写实验程序缺乏思路或者无从下手，可参考 4.7 节的实验解析。

当各个状态的状态价值的初始值为 0、迭代次数为 6 次和 60 次、$\gamma=0.9$ 时，各个状态的价值分别如图 4-1(a)和图 4-1(c)所示、各个状态下各个行动的价值分别如图 4-1(b)和图 4-1(d)所示。从图中可以看出，各个状态下行动 0(“学习”)的行动价值曲线，就是各个状态的状态价值曲线。这是因为本实验中的给定策略为：智能体在任何环境状态下都选择“学习”(行动 0)。由于本实验中的给定策略并非该 MDP 的最优策略，故各个状态的状态价值曲线，并非都是各个状态下所有行动价值曲线中最高的那条。此外，从图 4-1(c)和图 4-1(d)可以看出，状态价值和行动价值都随着迭代次数的增加而趋近于收敛。

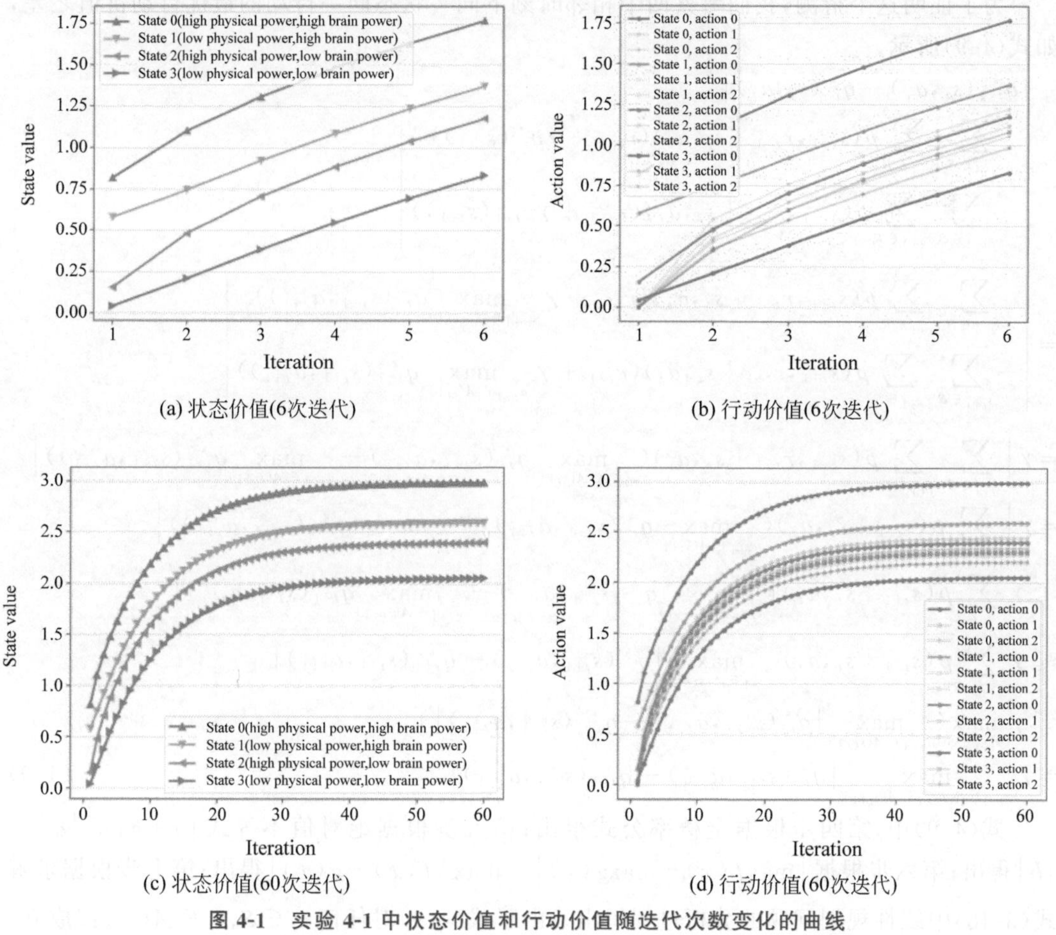

(a) 状态价值(6次迭代)　(b) 行动价值(6次迭代)

(c) 状态价值(60次迭代)　(d) 行动价值(60次迭代)

图 4-1　实验 4-1 中状态价值和行动价值随迭代次数变化的曲线

4.1.2 最优行动价值

我们同样可以把最优状态价值函数 $v_t^*(s_t)$ 中的自变量从一个自变量 s_t 扩展至两个自变量 s_t 和 a_t，并将这个具有两个自变量的最优价值函数记为 $q_t^*(s_t,a_t)$。$q_t^*(s_t,a_t)$ 称为（t 时刻的）**最优行动价值函数**（optimal action-value function），表示在 t 时刻环境状态 s_t 下智能体选择执行行动 a_t 后，再按照各个时刻下的最优策略与环境交互，未来可获得的收益的期望值。同样，应将"最优行动价值函数"理解为"最优状态行动价值函数"。本书中，将 t 时刻的最优行动价值函数 $q_t^*(s_t,a_t)$ 的值简称为：t 时刻状态 s_t 下行动 a_t 的最优价值，或 t 时刻"状态行动对"(s_t,a_t) 的最优价值。

由最优行动价值函数的定义和式(3-22)可得

$$q_t^*(s_t,a_t)=\sum_{s_{t+1}\in\mathcal{S}}\sum_{r_{t+1}\in\mathcal{R}}p(s_{t+1},r_{t+1}\mid s_t,a_t)(r_{t+1}+\gamma v_{t+1}^*(s_{t+1})) \tag{4-7}$$

$$v_t^*(s_t)=\max_{a_t\in\mathcal{A}(s_t)}q_t^*(s_t,a_t) \tag{4-8}$$

同样，我们猜测 $q_t^*(s_t,a_t)$ 可能也会像 $v_t^*(s_t)$ 那样，随着时刻 t 的不断减小而趋近于收敛。

【练一练】 证明 $q_t^*(s_t,a_t)$ 收敛。

为了证明这个猜测，我们考察两个相邻时刻下同一状态同一行动的最优行动价值之差，如式(4-9)所示。

$$\begin{aligned}
&|q_{t-1}^*(s_t,a_t)-q_t^*(s_t,a_t)|\\
&=\left|\begin{array}{l}\displaystyle\sum_{s_{t+1}\in\mathcal{S}}\sum_{r_{t+1}\in\mathcal{R}}p(s_{t+1},r_{t+1}\mid s_t,a_t)(r_{t+1}+\gamma v_t^*(s_{t+1}))\\ \displaystyle-\sum_{s_{t+1}\in\mathcal{S}}\sum_{r_{t+1}\in\mathcal{R}}p(s_{t+1},r_{t+1}\mid s_t,a_t)(r_{t+1}+\gamma v_{t+1}^*(s_{t+1}))\end{array}\right|\\
&=\left|\begin{array}{l}\displaystyle\sum_{s_{t+1}\in\mathcal{S}}\sum_{r_{t+1}\in\mathcal{R}}p(s_{t+1},r_{t+1}\mid s_t,a_t)(r_{t+1}+\gamma\max_{a_{t+1}\in\mathcal{A}(s_{t+1})}q_t^*(s_{t+1},a_{t+1}))\\ \displaystyle-\sum_{s_{t+1}\in\mathcal{S}}\sum_{r_{t+1}\in\mathcal{R}}p(s_{t+1},r_{t+1}\mid s_t,a_t)(r_{t+1}+\gamma\max_{a_{t+1}\in\mathcal{A}(s_{t+1})}q_{t+1}^*(s_{t+1},a_{t+1}))\end{array}\right|\\
&=\gamma\left|\sum_{s_{t+1}\in\mathcal{S}}\sum_{r_{t+1}\in\mathcal{R}}p(s_{t+1},r_{t+1}\mid s_t,a_t)(\max_{a_{t+1}\in\mathcal{A}(s_{t+1})}q_t^*(s_{t+1},a_{t+1})-\max_{a_{t+1}\in\mathcal{A}(s_{t+1})}q_{t+1}^*(s_{t+1},a_{t+1}))\right|\\
&=\gamma\left|\sum_{s_{t+1}\in\mathcal{S}}p(s_{t+1}\mid s_t,a_t)(\max_{a_{t+1}\in\mathcal{A}(s_{t+1})}q_t^*(s_{t+1},a_{t+1})-\max_{a_{t+1}\in\mathcal{A}(s_{t+1})}q_{t+1}^*(s_{t+1},a_{t+1}))\right|\\
&\leqslant\gamma\sum_{s_{t+1}\in\mathcal{S}}p(s_{t+1}\mid s_t,a_t)\left|\max_{a_{t+1}\in\mathcal{A}(s_{t+1})}q_t^*(s_{t+1},a_{t+1})-\max_{a_{t+1}\in\mathcal{A}(s_{t+1})}q_{t+1}^*(s_{t+1},a_{t+1})\right|\\
&\leqslant\gamma\sum_{s_{t+1}\in\mathcal{S}}p(s_{t+1}\mid s_t,a_t)\max_{a_{t+1}\in\mathcal{A}(s_{t+1})}|q_t^*(s_{t+1},a_{t+1})-q_{t+1}^*(s_{t+1},a_{t+1})|\\
&\leqslant\gamma\max_{s_{t+1}\in\mathcal{S}}(\max_{a_{t+1}\in\mathcal{A}(s_{t+1})}|q_t^*(s_{t+1},a_{t+1})-q_{t+1}^*(s_{t+1},a_{t+1})|)\\
&=\gamma\max_{s_{t+1}\in\mathcal{S},a_{t+1}\in\mathcal{A}(s_{t+1})}|q_t^*(s_{t+1},a_{t+1})-q_{t+1}^*(s_{t+1},a_{t+1})|
\end{aligned} \tag{4-9}$$

式(4-9)中，第四步根据全概率公式得出；第五步根据绝对值不等式 $|a+b|\leqslant|a|+|b|$ 得出；第六步根据 $|\max_x f(x)-\max_x g(x)|\leqslant\max_x|f(x)-g(x)|$ 得出；第七步根据求解式(3-18)中线性规划问题的分析过程得出。由于式(4-9)对任何 $s_t\in\mathcal{S}$、$a_t\in\mathcal{A}(s_t)$ 都成立，

因此由式(4-9)不难得出

$$\max_{s_t\in\mathcal{S},a_t\in\mathcal{A}(s_t)}\left|q_{t-1}^*(s_t,a_t)-q_t^*(s_t,a_t)\right|\leqslant\gamma\max_{s_{t+1}\in\mathcal{S},a_{t+1}\in\mathcal{A}(s_{t+1})}\left|q_t^*(s_{t+1},a_{t+1})-q_{t+1}^*(s_{t+1},a_{t+1})\right| \tag{4-10}$$

式(4-10)表明,同一状态同一行动在 $t-1$ 时刻和 t 时刻下的最优行动价值的最大差距,不超过同一状态同一行动在 t 时刻和 $t+1$ 时刻下的最优行动价值的最大差距的 γ 倍($0\leqslant\gamma\leqslant1$)。我们知道,在强化学习中 γ 通常小于 1。因此,当最后时刻 l 足够大时,随着时刻 t 不断减小,$\max\limits_{s_t\in\mathcal{S},a_t\in\mathcal{A}(s_t)}\left|q_{t-1}^*(s_t,a_t)-q_t^*(s_t,a_t)\right|$ 的值将会越来越小,各个状态下各个行动的最优价值都将趋近于各自的极限值。类似地,我们把 $q_t^*(s_t,a_t)$ 的极限值记作 $q^*(s_t,a_t)$,$s_t\in\mathcal{S}$,$a_t\in\mathcal{A}(s_t)$。在实际计算中,我们可以使用不再显著改变的最优行动价值替代最优行动价值的极限值。

当智能体在各个时刻下都使用同一个最优策略 $p^*(a_t|s_t)$时,我们无须再关注时刻 t 的大小,此时可将式(4-7)中最优行动价值和最优状态价值的依次递减的时刻下标 t 替换为依次递增的迭代次数下标 i,$i=1,2,3,\cdots$,即

$$q_i^*(s_t,a_t)=\sum_{s_{t+1}\in\mathcal{S}}\sum_{r_{t+1}\in\mathcal{R}}p(s_{t+1},r_{t+1}\mid s_t,a_t)(r_{t+1}+\gamma v_{i-1}^*(s_{t+1})) \tag{4-11}$$

尽管式(4-11)中 s_t、a_t、s_{t+1}、r_{t+1} 的值在形式上与时刻 t 和 $t+1$ 有关,但实际上也可以被替换为 s、a、s'、r 等与时刻无关的变量。对照式(4-11)和式(3-28),可得

$$a_t^*\mid s_t=\underset{a_t\in\mathcal{A}(s_t)}{\operatorname{argmax}}\,q_i^*(s_t,a_t) \tag{4-12}$$

式(4-12)中,$a_t^*|s_t$ 代表状态 s_t 下的最优行动。可见,只要知道某个状态下各个行动的最优价值,就可以给出该状态下的最优行动。

在 3.3.2 节中我们讨论过,我们使用最优策略 $p^*(a_t|s_t)$近似作为各个时刻下的最优策略 $p_t^*(a_t|s_t)$。根据贝尔曼最优方程迭代最优状态价值,当迭代次数足够多时,各个状态的最优价值都足够接近于其极限值、不再显著改变,此时得到的第 i 次迭代中的最优策略 $p_i^*(a_t|s_t)$不再随迭代次数的继续增加而改变,该最优策略也是最优状态价值的极限值对应的最优策略。此时得到的最优策略 $p_i^*(a_t|s_t)$即最优策略 $p^*(a_t|s_t)$。这也是价值迭代算法的基本思路。

在价值迭代算法中,我们已经隐含地使用到最优行动价值,因为式(4-11)和式(4-12)实际上就是价值迭代算法中的式(3-28)。

由于最优策略 $p^*(a_t|s_t)$并不一定是各个时刻下的最优策略 $p_t^*(a_t|s_t)$,因此使用最优策略 $p^*(a_t|s_t)$和式(4-5)得到的各个行动的价值,可能低于最优行动价值。本章中的行动价值方法通过估计各个状态下各个行动的价值或最优价值,给出各个状态下的贪婪行动或最优行动。

【实验 4-2】 以实验 3-3 中给出的 MDP 模型为例,计算各个状态的最优价值,以及各个状态下各个行动的最优价值,并画出最优状态价值和最优行动价值随迭代次数变化的曲线。

提示:计算最优状态价值可参照式(3-27),计算最优行动价值可参照式(4-11)。

当各个状态的最优状态价值的初始值为 0、迭代次数为 3 次和 60 次、$\gamma=0.9$ 时,部分状态(状态 2 和状态 3)的最优状态价值,以及这些状态下各个行动的最优行动价值随迭代次数变化的曲线如图 4-2 所示。从图 4-2(a)中可以看出,每次迭代中的最优状态价值是同一

状态下各个行动的最优行动价值中的最大值。从图 4-2(b)中可以看出,最优行动价值与最优状态价值都随着迭代次数的增加而趋近于收敛,尽管同一状态下不同行动的最优行动价值的极限值可能有所不同。

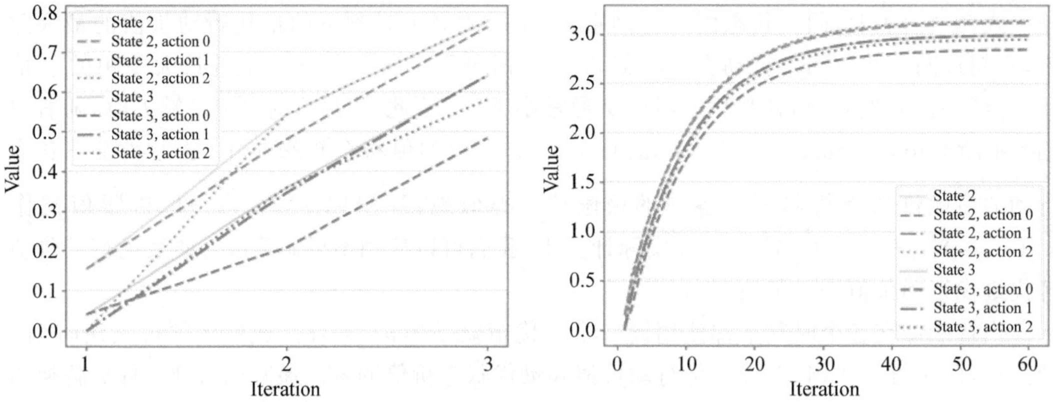

(a) 3次迭代 (b) 60次迭代

图 4-2 实验 4-2 中状态 2 和状态 3 的最优状态价值,以及这些状态下各个行动的最优行动价值随迭代次数变化的曲线

【练一练】 *以实验 3-3 中给出的 MDP 模型为例,计算各个状态下各个行动的最优价值,以及使用最优策略(实验 3-6 中的策略二)时各个状态下各个行动的价值,并画出最优行动价值和上述行动价值随迭代次数变化的曲线。*

图 4-3 示出了一个状态(状态 3)下的各个行动的最优行动价值,以及使用最优策略时该状态下各个行动的行动价值随迭代次数变化的曲线。从图 4-3(a)可以看出,最优策略下各个行动的行动价值可能低于这些行动的最优行动价值。其原因我们在 3.3.2 节中讨论过:这是因为我们是在使用同一个最优策略 $p^*(a_t|s_t)$ 近似各个时刻下的最优策略(也就是各次迭代中的最优策略)。从图 4-3(b)可以看出,最优策略下各个行动的行动价值随着迭代次数的增加而趋近于收敛(归因于每次迭代中都使用相同的策略),其极限值等于最优行动价值的极限值(因最优策略下的状态价值的极限值等于最优状态价值的极限值)。

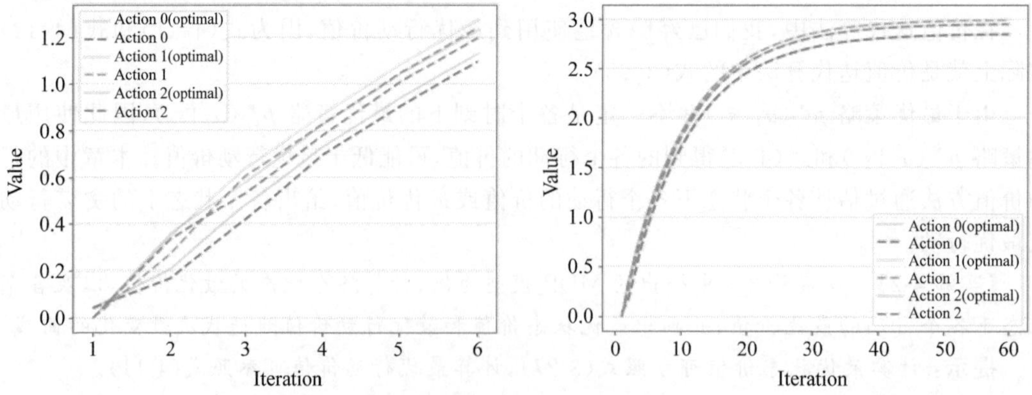

(a) 6次迭代 (b) 60次迭代

图 4-3 实验 3-3 中 MDP 的最优行动价值,以及最优策略下的行动价值随迭代次数变化的曲线(状态 3)

4.2　蒙特卡洛方法

在 4.1.1 节中我们提及过，策略迭代算法隐含地使用了行动价值，因为在策略迭代算法的步骤(2.2)中，可以将式(3-32)替换为式(4-5)和式(4-6)。参照式(3-33)、式(3-34)、式(3-36)、式(4-13)，(作为如下练习)可以证明：对于所有的 $s_t \in \mathcal{S}$、$a_t \in \mathcal{A}(s_t)$，都有 $q'(s_t,a_t) \geqslant q(s_t,a_t)$。其中，$q'(s_t,a_t)$为使用改进策略 $p'(a_t|s_t)$时状态 s_t 下行动 a_t 的价值的极限值，$q(s_t,a_t)$为使用当前策略 $p(a_t|s_t)$时状态 s_t 下行动 a_t 的价值的极限值。根据式(3-31)、式(3-30)、式(4-5)、式(4-4)，当迭代次数 i 无穷大时，$v_i(s_t)=v_{i-1}(s_t)=v(s_t)$、$q_i(s_t,a_t)=q_{i-1}(s_t,a_t)=q(s_t,a_t)$，由此得出式(4-13)。改进策略 $p'(a_t|s_t)$可由各个状态下的贪婪行动构成，而对照式(3-35)和式(4-13)，贪婪行动又可由式(4-14)给出。因此，行动价值可以用在策略迭代中。

$$q(s_t,a_t)=\sum_{s_{t+1}\in\mathcal{S}}\sum_{r_{t+1}\in\mathcal{R}} p(s_{t+1},r_{t+1}\mid s_t,a_t)(r_{t+1}+\gamma v(s_{t+1})) \tag{4-13}$$

$$a_t^* \mid s_t = \underset{a_t\in\mathcal{A}(s_t)}{\operatorname{argmax}}\, q(s_t,a_t) \tag{4-14}$$

式(4-14)中，$a_t^*|s_t$ 代表状态 s_t 下的贪婪行动，在实际计算中可使用式(4-6)得出。

【练一练】 证明：在策略迭代中对于所有的 $s_t \in \mathcal{S}$、$a_t \in \mathcal{A}(s_t)$，都有 $q'(s_t,a_t) \geqslant q(s_t,a_t)$。

当 MDP 模型未知时，式(3-32)中的 $p(s_{t+1},r_{t+1}|s_t,a_t)$和 r_{t+1} 都未知，此时难以根据式(3-32)给出贪婪行动。不过，如果知道同一状态下各个行动的价值，仍可根据式(4-6)给出该状态下的贪婪行动。因此，当 MDP 模型未知时，可以考虑使用行动价值(而非状态价值)给出贪婪行动，用行动价值取代策略迭代和广义策略迭代中的状态价值。

我们知道，广义策略迭代是策略迭代的推广。使用行动价值的广义策略迭代的思路可以概括为：计算当前策略(上一次“迭代”中的改进策略)下的行动价值，用来给出贪婪行动并以此改进策略，如此往复。如果改进策略“优”于当前策略，则改进策略下行动价值的极限值相比当前策略下行动价值的极限值将有所提高；如果改进策略“劣”于当前策略，则改进策略下行动价值的极限值相比当前策略下行动价值的极限值将有所降低。因此，如果能较为准确地给出当前策略下的行动价值，就有望得到比当前策略“更优”的改进策略；而“更优”的改进策略又将带来更高的行动价值极限值，从而在经过足够多次“迭代”之后，“迭代”中计算出来的行动价值有望足够接近于最优行动价值的极限值(也是最优策略 $p^*(a_t|s_t)$下的行动价值的极限值)。此时得到策略不再随“迭代”次数的增加而改变，因此该策略就是我们想得到的最优策略 $p^*(a_t|s_t)$。值得说明的是，尽管在策略迭代中上述“迭代”中的行动价值是使用当前策略和贝尔曼方程迭代足够多次得到的足够接近于当前策略下行动价值极限值的行动价值，但在广义策略迭代框架之下，上述“迭代”中的行动价值只要是相比前一次“迭代”中的行动价值更接近于当前策略下行动价值极限值的行动价值就可以，包括使用当前策略和贝尔曼方程仅迭代 1 次得到的行动价值。

将上述第 k 次“迭代”中计算出来的状态 s_t 下行动 a_t 的价值记作 $q^{(k)}(s_t,a_t)$。这里的 $q^{(k)}(s_t,a_t)$不同于式(4-5)中的 $q_i(s_t,a_t)$：$q^{(k)}(s_t,a_t)$是在广义策略迭代框架下第 k 次“迭代”中计算出来的、用来给出贪婪行动的行动价值，而 $q_i(s_t,a_t)$则是在每次“迭代”中使用当

前策略第 i 次通过贝尔曼方程迭代出来的行动价值。在广义策略迭代框架下，为了(近似)给出当前策略下的行动价值，可通过贝尔曼方程进行 1 次或多次迭代，即 $i \geqslant 1$。迭代次数越多，得到的行动价值就越接近于当前策略下行动价值的极限值。完成(基于贝尔曼方程的)迭代后，把经过 i 次迭代得到的行动价值 $q_i(s_t, a_t)$ 作为本次(第 k 次)“迭代”(广义策略迭代中的“迭代”)中的 $q^{(k)}(s_t, a_t)$。在广义策略迭代中，当“迭代”次数足够多时，各个状态的状态价值将足够接近于最优状态价值的极限值，$q^{(k)}(s_t, a_t)$ 也将足够接近于最优行动价值的极限值 $q^*(s_t, a_t)$，$s_t \in \mathcal{S}, a_t \in \mathcal{A}(s_t)$。这个结论的证明省略，可通过做下面的练一练尝试证明该结论。此外，参照图 3-11 可知，在不断改进策略的过程中，如果改进策略偶尔“劣”于当前策略，那么通常只会增加“迭代”次数，而不会改变上述收敛结果。

【练一练】 证明最优策略 $p^*(a_t|s_t)$ 下的行动价值的极限值 $q(s_t, a_t)$ 等于最优行动价值的极限值 $q^*(s_t, a_t)$，$s_t \in \mathcal{S}, a_t \in \mathcal{A}(s_t)$。

提示：可参照式(3-37)、式(3-39)、式(4-5)、式(4-11)。证明过程略。

基于广义策略迭代思路寻找最优策略的关键在于，每次“迭代”中计算出的行动价值应尽量准确，并且相比前一次“迭代”中的行动价值更加接近于当前策略下行动价值的极限值，这样才能使改进策略越来越“优”。问题是，当 MDP 模型未知时，式(4-2)和式(4-5)中的 $p(s_{t+1}, r_{t+1}|s_t, a_t)$ 和 r_{t+1} 都未知，难以根据贝尔曼方程计算行动价值。那么，我们又如何能够尽量准确地给出每次“迭代”中的行动价值 $q^{(k)}(s_t, a_t)$？

在这种情况下，由于智能体事先并不了解环境(因 MDP 模型未知)，故无法在与环境实际交互前就得到最优策略，所以需要通过不断与环境实际交互逐渐了解环境，以便在此基础上找到最优策略，“摸着石头过河”。

回想行动价值的定义式：$q_t(s_t, a_t) = \mathbb{E}(G_t | S_t = s_t, A_t = a_t)$。也就是说，$t$ 时刻状态 s_t 下行动 a_t 的价值，是在 t 时刻状态 s_t 下选择行动 a_t 之后，再按照给定策略与环境交互，未来可获得的收益 G_t 的期望值。由于在广义策略迭代的每次“迭代”中，我们的目的是借助行动价值评估当前策略，因此这里的“给定策略”指的是广义策略迭代中的当前策略，智能体在同一次“迭代”中的各个时刻下都使用该策略。而随机变量的期望值可以通过其样本的算术平均值无偏地估计出来。根据大数定律，样本的数量越多，样本平均值就越可能接近总体平均值，即期望值。如果能够通过样本的算术平均值近似给出当前策略下的行动价值 $q_t(s_t, a_t)$，就能够以此给出本次“迭代”中的行动价值 $q^{(k)}(s_t, a_t)$，即 $q^{(k)}(s_t, a_t) = q_t(s_t, a_t)$。其中，$q_t(s_t, a_t)$ 和 $q_i(s_t, a_t)$ 同样都是按照贝尔曼方程迭代计算出来的行动价值，只不过下标随迭代次数增减的方向不同。那么，用来近似给出当前策略下 t 时刻收益期望值的样本又从何而来？

【想一想】 如何得到用来估计收益随机变量 $G_t | S_t = s_t, A_t = a_t$ 期望值的样本？

当智能体与环境之间的交互过程存在一个最后时刻 l 时，即在终结型强化学习任务中，每次运行强化学习任务，都可以得到一条状态、奖赏、行动的时间迹线：$S_1 = s_1, A_1 = a_1, S_2 = s_2, R_2 = r_2, A_2 = a_2, S_3 = s_3, R_3 = r_3, \cdots, S_{l-1} = s_{l-1}, R_{l-1} = r_{l-1}, A_{l-1} = a_{l-1}, S_l = s_l, R_l = r_l$。因此，从中找到满足 $S_t = s_t$ 且 $A_t = a_t$ 的时刻 t，再根据 t 时刻之后各个时刻下获得的奖赏，参照式(3-14)按照式(4-15)计算出收益 g_t，就可以得到一个可用来估计收益随机变量 $G_t | S_t = s_t, A_t = a_t$ 期望值的样本 x_{s_t, a_t}，$x_{s_t, a_t} = g_t$。

$$g_t = r_{t+1} + \gamma r_{t+2} + \cdots + \gamma^{l-t-1} r_l = \sum_{j=t+1}^{l} \gamma^{j-t-1} r_j \tag{4-15}$$

式(4-15)中，γ 为折扣率，l 为最后时刻。因 $q^{(k)}(s_t, a_t) = q_t(s_t, a_t) = \mathbb{E}(G_t \mid S_t = s_t, A_t = a_t)$，故 x_{s_t, a_t} 也是用来估计 t 时刻状态 s_t 下行动 a_t 的价值 $q_t(s_t, a_t)$ 的样本，从而也是用来估计广义策略迭代框架下的第 k 次"迭代"中状态 s_t 下行动 a_t 的价值 $q^{(k)}(s_t, a_t)$ 的样本。

不过，在一条时间迹线中，满足 $S_t = s_t$ 且 $A_t = a_t$ 的时刻 t 有可能不止一个，那么应该选择哪个 t？由于 $q_t(s_t, a_t)$ 随时刻 t 的减小而趋近于收敛，因此使用较小时刻 t 下的 g_t 估计行动价值 $q_t(s_t, a_t)$，所得到的结果可能更接近于 $q_t(s_t, a_t)$ 的极限值。这也相当于通过贝尔曼方程进行更多次迭代。所以，我们可以选择最小的时刻 t。这种做法被称为"首访"(first visit)。当然，我们也可以选择所有满足 $S_t = s_t$ 且 $A_t = a_t$ 的时刻 t，这种做法被称为"遍访"(every visit)。尽管使用"遍访"得到的样本数量更多，但是这些样本并非同一时刻下的行动价值 $q_t(s_t, a_t)$ 的样本。本节中，我们默认使用"首访"。

使用"首访"时，每次运行终结型强化学习任务，最多只能得到一个用来估计当前策略下行动价值 $q_t(s_t, a_t)$ 的样本。而使用单个样本估计期望值，结果的方差可能较大。诚然，我们可以使用当前策略多次运行终结型强化学习任务来获得更多的样本，但是要想方差较小，可能需要较多的样本，这可能会显著增加运行次数。而且，每次运行得到的样本，可能并不都是同一时刻下的行动价值 $q_t(s_t, a_t)$ 的样本。那么，是否还有其他办法？

【想一想】 若在广义策略迭代框架下的每次"迭代"中仅使用当前策略运行一次终结型强化学习任务，有何办法获得更多的可用来估计每次"迭代"中的行动价值的样本？

先思考两道证明题。

【练一练】 若 $\left|q^{(k)} - q^{\pi_k}\right| \leqslant \dfrac{\left|q^{(1)} - q^{\pi_k}\right| + \left|q^{(2)} - q^{\pi_k}\right| + \cdots + \left|q^{(k-1)} - q^{\pi_k}\right|}{k-1}$，试证明 $\left|\dfrac{q^{(1)} + q^{(2)} + \cdots + q^{(k)}}{k} - q^{\pi_k}\right| \leqslant \left|\dfrac{q^{(1)} + q^{(2)} + \cdots + q^{(k-1)}}{k-1} - q^{\pi_k}\right|$。

提示：考虑通分、配项、绝对值不等式性质。证明过程略。

【练一练】 若序列 $\{q^{(1)}, q^{(2)}, \cdots, q^{(k)}, \cdots\}$ 的极限值为 q^*，试证明序列 $\left\{q^{(1)}, \dfrac{q^{(1)} + q^{(2)}}{2}, \cdots, \dfrac{q^{(1)} + q^{(2)} + \cdots + q^{(k)}}{k}, \cdots\right\}$ 的极限值也是 q^*。

提示：可根据极限的定义证明。证明过程略。

根据以上两道证明题中的第一道题可知，在广义策略迭代框架下，可以考虑使用各次"迭代"中的行动价值的算术平均值 $\bar{q}^{(k)}(s_t, a_t) = \dfrac{q^{(1)}(s_t, a_t) + q^{(2)}(s_t, a_t) + \cdots + q^{(k)}(s_t, a_t)}{k}$ 替代当前(第 k 次)"迭代"中的行动价值 $q^{(k)}(s_t, a_t)$，因为当当前"迭代"中的行动价值 $q^{(k)}(s_t, a_t)$ 相比前一次"迭代"中的行动价值 $q^{(k-1)}(s_t, a_t)$ 更接近于 $q^{\pi_k}(s_t, a_t)$ 时，当前"迭代"中的算术平均值 $\bar{q}^{(k)}(s_t, a_t) = \dfrac{q^{(1)}(s_t, a_t) + q^{(2)}(s_t, a_t) + \cdots + q^{(k)}(s_t, a_t)}{k}$ 相比前一次"迭代"中的算术平均值 $\bar{q}^{(k-1)}(s_t, a_t) = \dfrac{q^{(1)}(s_t, a_t) + q^{(2)}(s_t, a_t) + \cdots + q^{(k-1)}(s_t, a_t)}{k-1}$ 也更

接近于 $q^{\pi_k}(s_t,a_t)$。其中，$q^{\pi_k}(s_t,a_t)$ 为当前(第 k 次)“迭代”中，当前策略 π_k 下行动价值的极限值，$s_t\in\mathcal{S}$，$a_t\in\mathcal{A}(s_t)$。在广义策略迭代框架下，条件 $|q^{(k)}(s_t,a_t)-q^{\pi_k}(s_t,a_t)|\leqslant\frac{|q^{(1)}(s_t,a_t)-q^{\pi_k}(s_t,a_t)|+|q^{(2)}(s_t,a_t)-q^{\pi_k}(s_t,a_t)|+\cdots+|q^{(k-1)}(s_t,a_t)-q^{\pi_k}(s_t,a_t)|}{k-1}$ 通常可以满足。

根据第二道证明题可知，随着“迭代”次数的增加，各次“迭代”中的行动价值的算术平均值 $\bar{q}^{(k)}(s_t,a_t)=\frac{q^{(1)}(s_t,a_t)+q^{(2)}(s_t,a_t)+\cdots+q^{(k)}(s_t,a_t)}{k}$ 也将收敛，其极限值与 $q^{(k)}(s_t,a_t)$ 的极限值相同。

因此，在广义策略迭代框架下的每次“迭代”中，可以使用行动价值的算术平均值 $\bar{q}^{(k)}(s_t,a_t)$ 替代行动价值 $q^{(k)}(s_t,a_t)$，这样就可以把估计 $q^{(k)}(s_t,a_t)=q_t(s_t,a_t)=\mathbb{E}(G_t|S_t=s_t,A_t=a_t)$ 的问题转换为估计 $\bar{q}^{(k)}(s_t,a_t)$ 的问题。

综合以上分析可得：每次运行终结型强化学习任务之后，都可进行一次广义策略迭代框架下的“迭代”，在“迭代”中根据得到的时间迹线按照式(4-15)计算，估计行动价值 $q^{(k)}(s_t,a_t)$ 的样本 x_{s_t,a_t}，再按照式(4-16)给出 $\bar{q}^{(k)}(s_t,a_t)$ 的估计值，并按照式(4-17)得到贪婪行动，从而据此改进策略。尽管每次运行终结型强化学习任务后最多只能得到一个用来估计当前策略下行动价值 $q_t(s_t,a_t)$ 的样本(若使用“首访”)，也就是用来估计第 k 次“迭代”中的行动价值 $q^{(k)}(s_t,a_t)$ 的样本，但随着“迭代”次数的增加，用来估计算术平均值 $\bar{q}^{(k)}(s_t,a_t)$ 的样本将越来越多，从而使 $\bar{q}^{(k)}(s_t,a_t)$ 估计值的方差更小。值得说明的是，由于并不是每次运行终结型强化学习任务都能得到给定“状态行动对”(s_t,a_t) 下的一个样本，故式(4-16)中将“状态行动对”(s_t,a_t) 下样本的数量记为 $m_{s_t,a_t}^{(k)}$，以区别于 $\frac{q_1(s_t,a_t)+q_2(s_t,a_t)+\cdots+q_k(s_t,a_t)}{k}$ 中的 k。

$$\bar{q}^{(k)}(s_t,a_t)\approx\frac{1}{m_{s_t,a_t}^{(k)}}\sum_{i=1}^{m_{s_t,a_t}^{(k)}}x_{s_t,a_t}^{(i)}=\frac{z_{s_t,a_t}^{(k)}}{m_{s_t,a_t}^{(k)}} \tag{4-16}$$

$$a_t^*\mid s_t=\underset{a_t\in\mathcal{A}(s_t)}{\operatorname{argmax}}\,\bar{q}^{(k)}(s_t,a_t) \tag{4-17}$$

式(4-16)中，$x_{s_t,a_t}^{(i)}$ 为按照式(4-15)得到的“状态行动对”(s_t,a_t) 下的第 i 个样本；$m_{s_t,a_t}^{(k)}$ 为截至第 k 次“迭代”为止，“状态行动对”(s_t,a_t) 下样本的数量；$z_{s_t,a_t}^{(k)}$ 为第 k 次“迭代”中“状态行动对”(s_t,a_t) 下的所有样本之和，$z_{s_t,a_t}^{(k)}=\sum_{i=1}^{m_{s_t,a_t}^{(k)}}x_{s_t,a_t}^{(i)}$。式(4-16)表明，我们使用在前 k 次“迭代”中不同策略下得到的“状态行动对”(s_t,a_t) 下所有样本的算术平均值近似估计第 k 次“迭代”中该“状态行动对”下的行动价值算术平均值 $\bar{q}^{(k)}(s_t,a_t)$。式(4-17)中，$a_t^*|s_t$ 代表状态 s_t 下的贪婪行动。

尽管按照式(4-15)可以得到“状态行动对”下的样本，不过，在每次运行终结型强化学习任务后得到的时间迹线中，并不一定包含所有可能的“状态行动对”，即便重复多次运行终结型强化学习任务，在得到的多条时间迹线中也不一定包含所有可能的“状态行动对”。而为了估计各个“状态行动对”下的行动价值的算术平均值，需要各个“状态行动对”下的样本都尽量多。这怎么办?

【想一想】 如何在各个"状态行动对"下都获得足够多的样本？

对于终结型强化学习任务，至少有以下两种办法。一种办法是，随机设置强化学习任务的初始"状态行动对"，让每个可能的"状态行动对"都有一定概率作为强化学习任务的初始状态和初始行动选择。这样，理论上在重复随机运行足够多次强化学习任务后，每个可能的"状态行动对"下都可获得足够多的样本。这种方法被称为探索起步(exploring starts)。当然，这种方法适用的前提是，环境的状态可以被设置为任何可能的状态，智能体的初始行动选择也可以被设置为任何可选的行动。

另一种办法是，在运行强化学习任务时使用随机型策略(而非通过贪婪行动得到的确定型策略)给出行动选择，例如使用 ε 贪婪方法，以便使智能体在各个状态下都以大于0的概率随机选择各个可选行动。这样也可以在理论上保证在重复随机运行足够多次强化学习任务后，在每个可能的"状态行动对"下都获得足够多的样本。

这种通过重复随机运行强化学习任务估计收益期望值的方法，被称为(强化学习中的)**蒙特卡洛方法**(Monte Carlo method)。蒙特卡洛这个名称源自摩纳哥的蒙特卡洛赌场。蒙特卡洛方法一词用来泛指依靠重复随机采样计算结果的一类计算方法。

根据上述分析过程，基于探索起步和 ε 贪婪方法的蒙特卡洛算法分别如下。在算法中，由于在第 k 次"迭代"中只需使用更新后的 $z_{s_t,a_t}^{(k)}$ 和 $m_{s_t,a_t}^{(k)}$ 更新 $\bar{q}^{(k)}(s_t,a_t)$ 的估计值，而无须使用之前各次"迭代"中的 $\bar{q}^{(1)}(s_t,a_t),\bar{q}^{(2)}(s_t,a_t),\cdots,\bar{q}^{(k-1)}(s_t,a_t)$、$z_{s_t,a_t}^{(1)},z_{s_t,a_t}^{(2)},\cdots,z_{s_t,a_t}^{(k-1)}$、$m_{s_t,a_t}^{(1)},m_{s_t,a_t}^{(2)},\cdots,m_{s_t,a_t}^{(k-1)}$，所以无须保存之前"迭代"中的这些变量值，可将式(4-16)和式(4-17)分别简化为

$$\bar{q}(s_t,a_t) \approx \frac{1}{m_{s_t,a_t}} \sum_{i=1}^{m_{s_t,a_t}} x_{s_t,a_t}^{(i)} = \frac{z_{s_t,a_t}}{m_{s_t,a_t}} \tag{4-18}$$

$$a_t^* \mid s_t = \underset{a_t \in \mathcal{A}(s_t)}{\operatorname{argmax}}\, \bar{q}(s_t,a_t) \tag{4-19}$$

式(4-18)和式(4-19)中，$\bar{q}(s_t,a_t)$ 为当前"迭代"中更新后的行动价值算术平均值；m_{s_t,a_t} 为当前"迭代"中更新后的"状态行动对"(s_t,a_t)下的样本的数量；z_{s_t,a_t} 为当前"迭代"中更新后的"状态行动对"(s_t,a_t)下的所有样本之和；$a_t^* \mid s_t$ 代表状态 s_t 下的贪婪行动。

【(基于探索起步的)蒙特卡洛算法】

输入：每次运行强化学习任务得到的状态、奖赏、行动时间迹线 $S_1=s_1,A_1=a_1,S_2=s_2,R_2=r_2,A_2=a_2,S_3=s_3,R_3=r_3,\cdots,S_{l-1}=s_{l-1},R_{l-1}=r_{l-1},A_{l-1}=a_{l-1},S_l=s_l,R_l=r_l$。

输出：最优策略 $p^*(a_t \mid s_t)$，或各个状态下的最优行动 $a_t^* \mid s_t, s_t \in \mathcal{S}$。

(1) 初始化。

(1.1) 初始化当前策略 $p(a_t \mid s_t)$。对于所有的状态值 $s_t(s_t \in \mathcal{S})$，初始化 $a_t \mid s_t$，a_t 可以为状态 s_t 下的任何可选行动。由所有状态值 $s_t(s_t \in \mathcal{S})$下的 $a_t \mid s_t$ 得出当前策略 $p(a_t \mid s_t)$，即 $p(a_t \mid s_t)=1$、$p(a_t^{\circ} \mid s_t)=0, a_t, a_t^{\circ} \in \mathcal{A}(s_t)$ 且 $a_t^{\circ} \neq a_t, s_t \in \mathcal{S}$。

(1.2) 初始化各个"状态行动对"下的样本之和 z_{s_t,a_t}，以及样本数量 m_{s_t,a_t}。对于所有的 $s_t \in \mathcal{S}, a_t \in \mathcal{A}(s_t)$，$z_{s_t,a_t}:=0, m_{s_t,a_t}:=0$。

(2) 通过运行一次终结型强化学习任务得到一条状态、奖赏、行动时间迹线 $S_1=s_1$，

$A_1=a_1, S_2=s_2, R_2=r_2, A_2=a_2, S_3=s_3, R_3=r_3, \cdots, S_{l-1}=s_{l-1}, R_{l-1}=r_{l-1}, A_{l-1}=a_{l-1}$, $S_l=s_l, R_l=r_l$。

(2.1) 随机选择一个"状态行动对"(s_1, a_1)作为本次运行强化学习任务的初始状态和初始行动选择的取值，$s_1 \in \mathcal{S}, a_1 \in \mathcal{A}(s_1)$。其中，选择任何"状态行动对"的概率都大于0，且选择所有"状态行动对"的概率之和为1。

(2.2) 使用当前策略$p(a_t|s_t)$运行终结型强化学习任务直至结束（至最后时刻l）。

(3) 更新$\bar{q}(s_t, a_t)$的估计值（相当于"策略评估"）。

(3.1) $t:=l-1$。

(3.2) 按照式(4-15)计算本次运行中t时刻下的收益g_t。

(3.3) 检查t时刻下的"状态行动对"(s_t, a_t)是否在t时刻之前的任何时刻（即1，2，…，$t-1$时刻）下出现过。如果没有出现过，则执行步骤(3.3.1)和步骤(3.3.2)，否则跳过这两个步骤。

(3.3.1) 将当前时刻下的收益g_t作为样本x_{s_t, a_t}计入"状态行动对"(s_t, a_t)下的样本之和，即$z_{s_t, a_t}:=z_{s_t, a_t}+g_t$、$m_{s_t, a_t}:=m_{s_t, a_t}+1$。

(3.3.2) 按照式(4-18)更新$\bar{q}(s_t, a_t)$的估计值。

(3.4) $t:=t-1$。如果$t>0$，则返回至步骤(3.2)，否则执行步骤(4)。

(4) 按照式(4-19)给出各个状态下的贪婪行动$a_t^*|s_t$，以此改进当前策略$p(a_t|s_t)$（"策略改进"），即$p(a_t^*|s_t)=1$、$p(a_t^{\circ}|s_t)=0$，$a_t^*, a_t^{\circ} \in \mathcal{A}(s_t)$且$a_t^{\circ} \neq a_t^*$，$s_t \in \mathcal{S}$。

(5) 如果已经重复随机运行足够多次强化学习任务，则结束本算法，并把此时得到的当前策略$p(a_t|s_t)$作为算法输出的最优策略$p^*(a_t|s_t)$，或把此时按照式(4-19)得出的各个状态下的贪婪行动作为算法输出的最优行动；否则返回至步骤(2)。

基于ε贪婪方法的蒙特卡洛算法与基于探索起步的蒙特卡洛算法之间的不同之处主要在于步骤(2.1)、步骤(4)，以及步骤(5)。为减少重复，以下仅列出基于ε贪婪方法的蒙特卡洛算法的步骤(2.1)、步骤(4)和步骤(5)。值得说明的是，该算法中的当前策略$p(a_t|s_t)$是基于ε贪婪方法的随机型策略，此时算法步骤(3.2)中计算的是使用该随机型策略得到的收益。

【(基于ε贪婪方法的)蒙特卡洛算法的步骤(2.1)、步骤(4)、步骤(5)】

……

(2.1) 选择任意状态值作为本次运行强化学习任务的初始状态S_1的取值s_1，$s_1 \in \mathcal{S}$。

……

(4) 按照式(4-19)给出各个状态下的贪婪行动$a_t^*|s_t$，以此为基础使用ε贪婪方法改进当前策略$p(a_t|s_t)$（相当于"策略改进"），即$p(a_t^*|s_t)=1-\varepsilon+\frac{\varepsilon}{|\mathcal{A}(s_t)|}$、$p(a_t^{\circ}|s_t)=\frac{\varepsilon}{|\mathcal{A}(s_t)|}$，$a_t^*, a_t^{\circ} \in \mathcal{A}(s_t)$且$a_t^{\circ} \neq a_t^*$，$s_t \in \mathcal{S}$。其中，ε为预先设置的较小正数；$|\mathcal{A}(s_t)|$为环境状态$s_t$下行动值集合$\mathcal{A}(s_t)$中元素的数量。

(5) 如果已经重复随机运行足够多次强化学习任务，则结束本算法，并把此时按照式(4-19)得出的各个状态下的贪婪行动作为算法输出的最优行动，根据这些最优行动给出算法输出的最优策略 $p^*(a_t|s_t)$；否则返回至步骤(2)。

下面通过两个实验进一步理解蒙特卡洛方法。

【实验 4-3】 实现基于探索起步的蒙特卡洛算法，并通过与实验 3-3 中的 MDP 模型交互，给出各个状态下的最优行动，画出 $\bar{q}(s_t, a_t)$ 随运行次数变化的曲线，$s_t \in \mathcal{S}, a_t \in \mathcal{A}(s_t)$。

提示：①当给定最后时刻 l 时，可以将实验 3-3 中的学习时间管理任务看作终结型任务，在本实验中可以取 $l=60$；②需要注意的是，尽管实验 3-3 中已给出 MDP 模型的概率质量函数 $p(s_{t+1}, r_{t+1}|s_t, a_t)$ 以及奖赏的取值集合 $\mathcal{R}$，但是在实际中我们通常并不清楚这些模型参数的值，因此需要智能体与环境模型(或真实环境)实际进行交互：智能体给出 t 时刻状态 s_t 下的行动选择 a_t，环境模型(这里为 MDP 模型)据此反馈给智能体 $t+1$ 时刻的状态 s_{t+1} 及奖赏 r_{t+1}；③在探索起步中，可以相等的概率选择各个"状态行动对"；④在指定区间内以指定概率随机抽取整数可使用 rng.choice()方法，在指定区间内以相同概率随机抽取整数可使用 rng.integers()方法，取数组沿某一个轴上最大值的索引可使用 np.argmax()函数；⑤可将随机种子设置为 0、折扣率 γ 设置为 0.9、运行次数设置为 5000 次。

当最后时刻 $l=60$、运行次数为 5000 次、随机种子为 0、折扣率 γ 为 0.9、探索起步以相等的概率随机选择各个"状态行动对"、以各个状态下的行动选择都为"学习"来初始化当前策略 $p(a_t|s_t)$时，$\bar{q}(s_t, a_t)$ 随运行次数变化的曲线如图 4-4 所示，$s_t \in \mathcal{S}, a_t \in \mathcal{A}(s_t)$。图中共有 4×3=12 条曲线，每条曲线对应一个"状态行动对"(s_t, a_t)下的 $\bar{q}(s_t, a_t)$。运行足够多次后，使用基于探索起步的蒙特卡洛方法得到的各个状态下的最优行动与第 3 章中使用策略迭代等方法得到的各个状态下的最优行动完全相同，并且此时 $\bar{q}(s_t, a_t)$ 的估计值也较接近最优行动价值的极限值。这表明蒙特卡洛方法具备在未知 MDP 模型的概率质量函数 $p(s_{t+1}, r_{t+1}|s_t, a_t)$ 以及奖赏取值集合 $\mathcal{R}$ 的情况下给出最优行动的能力，尽管所需的运行次数可能较多。

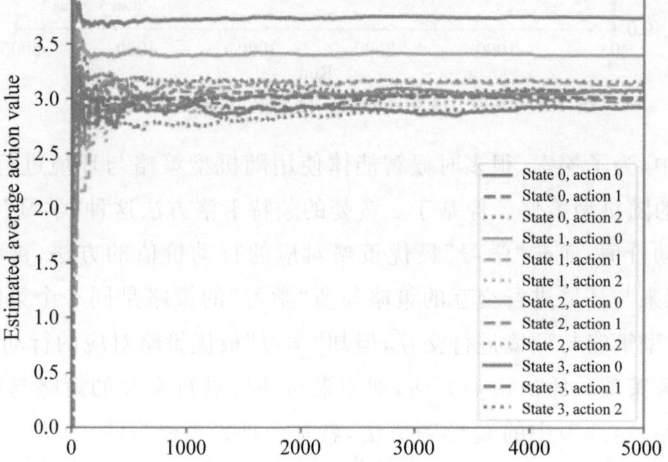

图 4-4　实验 4-3 中的 $\bar{q}(\cdot)$ 随运行次数变化的曲线

【实验 4-4】 实现基于 ε 贪婪方法的蒙特卡洛算法，并通过与实验 3-3 中的 MDP 模型交互，给出各个状态下的最优行动，画出 $\bar{q}(s_t,a_t)$ 随运行次数变化的曲线，$s_t\in\mathcal{S},a_t\in\mathcal{A}(s_t)$。

提示：①从[0,1)区间均匀分布中随机抽取样本可使用 rng.random()方法；②可将随机种子设置为 0、折扣率 γ 设置为 0.9、ε 贪婪方法中的 ε 设置为 0.01、最后时刻 l 设置为 60、运行次数设置为 5000 次。

当最后时刻 $l=60$、运行次数为 5000 次、随机种子为 0、折扣率 γ 为 0.9、ε 贪婪方法中的 ε 为 0.01、总是选择第一个状态取值（状态 0）作为初始状态的取值、以各个状态下的行动选择都为“学习”来初始化当前策略 $p(a_t|s_t)$ 时，$\bar{q}(s_t,a_t)$ 随运行次数变化的曲线如图 4-5 所示，$s_t\in\mathcal{S},a_t\in\mathcal{A}(s_t)$。图中的每条曲线对应一个“状态行动对”$(s_t,a_t)$ 下的 $\bar{q}(s_t,a_t)$。在本实验中，就上述设置而言，使用基于 ε 贪婪的蒙特卡洛方法可以得到与第 3 章中使用策略迭代等方法得到的各个状态下的最优行动完全相同的最优行动，尽管通过该方法估计出的 $\bar{q}(s_t,a_t)$ 可能不及使用基于探索起步的蒙特卡洛方法估计出的 $\bar{q}(s_t,a_t)$ 更接近于最优行动价值的极限值，这是因为在该方法中每次运行强化学习任务时，各个时刻下的行动选择并非都是贪婪行动（有可能选择非贪婪行动）。

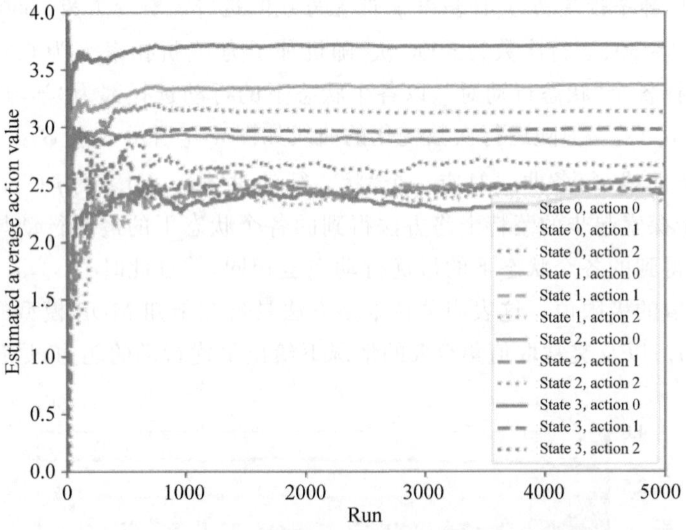

图 4-5 实验 4-4 中的 $\bar{q}(\cdot)$ 随运行次数变化的曲线

在强化学习中，为了探索，很多时候智能体使用随机型策略与环境进行交互，例如使用基于 ε 贪婪方法的随机型策略。像基于 ε 贪婪的蒙特卡洛方法这种“学习”智能体所使用的随机型策略的行动价值，而非“学习”最优策略对应的行动价值的方法，被称为**同策略**（on-policy）方法，即用来与环境进行交互的策略与所“学习”的策略是同一个策略。与之对应的是，虽然使用随机型策略与环境进行交互，但却“学习”最优策略对应的行动价值的方法。这样的方法被称为**异策略**（off-policy）方法，即用来与环境进行交互的策略与所“学习”的策略是两个不同的策略。4.3 节中的 Q 学习方法，就是一种异策略方法。

4.3　Q 学习

在行动价值方法中，我们通过寻找最优行动价值的极限值寻找最优行动，由此得出最优策略。在蒙特卡洛方法中，我们借助广义策略迭代，使估计出来的各次“迭代”中行动价值的算术平均值越来越接近最优行动价值的极限值，从而达到估计最优行动价值极限值的目的。蒙特卡洛方法的一个不足之处是，只有在每次强化学习任务运行结束后，才能得到用来估计行动价值的样本，因此只适用于终结型强化学习任务。如果无须等到强化学习任务运行结束就能得到用来估计行动价值的样本，这样的方法将不仅适用于终结型强化学习任务，而且也适用于持续型强化学习任务。那么，是否有办法在强化学习任务运行时就能得到用来估计行动价值的样本？

为了回答这个问题，进一步思考在广义策略迭代中，当每次“迭代”中的策略评估过程都只包含 1 次基于贝尔曼方程的迭代时，使用行动价值取代状态价值后的广义策略迭代将会是什么形式？此时，广义策略迭代中的“迭代”次数也是各次“迭代”中基于贝尔曼方程的累计迭代次数，故式(3-31)和式(3-42)分别转化为

$$v^{(k)}(s_t)=\sum_{a_t\in\mathcal{A}(s_t)}p(a_t\mid s_t)\sum_{s_{t+1}\in\mathcal{S}}\sum_{r_{t+1}\in\mathcal{R}}p(s_{t+1},r_{t+1}\mid s_t,a_t)(r_{t+1}+\gamma v^{(k-1)}(s_{t+1}))\tag{4-20}$$

$$a_t^*\mid s_t=\underset{a_t\in\mathcal{A}(s_t)}{\operatorname{argmax}}\sum_{s_{t+1}\in\mathcal{S}}\sum_{r_{t+1}\in\mathcal{R}}p(s_{t+1},r_{t+1}\mid s_t,a_t)(r_{t+1}+\gamma v^{(k)}(s_{t+1}))\tag{4-21}$$

式(4-20)和式(4-21)中，$v^{(k)}(s_t)$为本次(第 k 次)“迭代”中基于贝尔曼方程计算出的状态 s_t 的价值；$v^{(k-1)}(s_t)$为上一次(第 $k-1$ 次)“迭代”中计算出的状态 s_t 的价值；$a_t^*\mid s_t$ 仍代表状态 s_t 下的贪婪行动；$s_t\in\mathcal{S}$。这些贪婪行动将给出下一次“迭代”中使用的策略，故有

$$v^{(k+1)}(s_t)=\sum_{a_t\in\mathcal{A}(s_t)}p(a_t^*\mid s_t)\sum_{s_{t+1}\in\mathcal{S}}\sum_{r_{t+1}\in\mathcal{R}}p(s_{t+1},r_{t+1}\mid s_t,a_t)(r_{t+1}+\gamma v^{(k)}(s_{t+1}))\tag{4-22}$$

式(4-22)中，$v^{(k+1)}(s_t)$为下一次(第 $k+1$ 次)“迭代”中基于贝尔曼方程计算出的状态 s_t 的价值；$p(a_t^*\mid s_t)$代表根据式(4-21)中的贪婪行动 $a_t^*\mid s_t$ 得出的策略；$s_t\in\mathcal{S}$。由式(4-5)可得

$$q^{(k)}(s_t,a_t)=\sum_{s_{t+1}\in\mathcal{S}}\sum_{r_{t+1}\in\mathcal{R}}p(s_{t+1},r_{t+1}\mid s_t,a_t)(r_{t+1}+\gamma v^{(k-1)}(s_{t+1}))\tag{4-23}$$

式(4-23)中，$q^{(k)}(s_t,a_t)$为第 k 次“迭代”中计算出的状态 s_t 下行动 a_t 的价值，$a_t\in\mathcal{A}(s_t)$，$s_t\in\mathcal{S}$。根据式(4-22)和式(4-23)可得

$$v^{(k+1)}(s_t)=\sum_{a_t\in\mathcal{A}(s_t)}p(a_t^*\mid s_t)q^{(k+1)}(s_t,a_t)=\max_{a_t\in\mathcal{A}(s_t)}q^{(k+1)}(s_t,a_t)\tag{4-24}$$

式(4-24)中，$q^{(k+1)}(s_t,a_t)$为第 $k+1$ 次“迭代”中计算出的状态 s_t 下行动 a_t 的价值，$a_t\in\mathcal{A}(s_t)$，$s_t\in\mathcal{S}$。因此，根据式(4-23)和式(4-24)有

$$\begin{aligned}q^{(k+1)}(s_t,a_t)&=\sum_{s_{t+1}\in\mathcal{S}}\sum_{r_{t+1}\in\mathcal{R}}p(s_{t+1},r_{t+1}\mid s_t,a_t)(r_{t+1}+\gamma v^{(k)}(s_{t+1}))\\&=\sum_{s_{t+1}\in\mathcal{S}}\sum_{r_{t+1}\in\mathcal{R}}p(s_{t+1},r_{t+1}\mid s_t,a_t)(r_{t+1}+\gamma\max_{a_{t+1}\in\mathcal{A}(s_{t+1})}q^{(k)}(s_{t+1},a_{t+1}))\end{aligned}\tag{4-25}$$

或

$$q^{(k)}(s_t,a_t)=\sum_{s_{t+1}\in\mathcal{S}}\sum_{r_{t+1}\in\mathcal{R}}p(s_{t+1},r_{t+1}\mid s_t,a_t)(r_{t+1}+\gamma\max_{a_{t+1}\in\mathcal{A}(s_{t+1})}q^{(k-1)}(s_{t+1},a_{t+1}))\tag{4-26}$$

也就是说，当策略评估过程只包含1次基于贝尔曼方程的迭代时，使用行动价值取代状态价值后，每基于式(4-26)或式(4-25)完成一次迭代，就是在完成一次广义策略迭代中的“迭代”。此时“迭代”与迭代一一对应，故在这种情况下无须再显式区分“迭代”与迭代，为简便起见，我们将二者统称为迭代。式(4-25)中，$\max_{a_{t+1}\in\mathcal{A}(s_{t+1})}q^{(k)}(s_{t+1},a_{t+1})$是通过改进状态$s_{t+1}$下的策略来提高状态$s_{t+1}$的价值$v^{(k)}(s_{t+1})$；$\sum_{s_{t+1}\in\mathcal{S}}\sum_{r_{t+1}\in\mathcal{R}}p(s_{t+1},r_{t+1}\mid s_t,a_t)(r_{t+1}+\gamma v^{(k)}(s_{t+1}))$是在基于贝尔曼方程迭代状态$s_t$下行动$a_t$的价值。我们知道，在广义策略迭代框架下，只要在每次“迭代”中至少在1个状态下改进策略、并基于贝尔曼方程进行至少1次迭代，各个状态下各个行动的价值最终都将收敛至最优行动价值的极限值(当然，前提是反复在各个状态下改进策略)。因此，随着式(4-26)中迭代次数的增加，行动价值$q^{(k)}(s_t,a_t)$将越来越接近于最优行动价值的极限值$q^*(s_t,a_t)$，而无论初始值$q^{(0)}(s_t,a_t)$为多少。

不过，根据式(4-26)迭代计算$q^{(k)}(s_t,a_t)$的前提是，已知MDP模型的概率质量函数$p(s_{t+1},r_{t+1}|s_t,a_t)$以及奖赏的取值集合$\mathcal{R}$。当MDP模型未知时怎么办？

【想一想】 当MDP模型的概率质量函数$p(s_{t+1},r_{t+1}|s_t,a_t)$，以及奖赏的取值集合$\mathcal{R}$未知时，有什么办法可以近似得到行动价值$q^{(k)}(s_t,a_t)$？

式(4-26)也可以写为

$$q^{(k)}(s_t,a_t)=\mathbb{E}(R_{t+1}+\gamma\max_{a_{t+1}\in\mathcal{A}(S_{t+1})}q^{(k-1)}(S_{t+1},a_{t+1})\mid S_t=s_t,A_t=a_t)\tag{4-27}$$

根据式(4-27)可知，对于给定的s_t和a_t，可以将第k次迭代中的行动价值$q^{(k)}(s_t,a_t)$看作随机变量$R_{t+1}+\gamma\max_{a_{t+1}\in\mathcal{A}(S_{t+1})}q^{(k-1)}(S_{t+1},a_{t+1})|S_t=s_t,A_t=a_t$的期望值。因此，我们可以通过估计该随机变量期望值的方式估计$q^{(k)}(s_t,a_t)$。如前所述，随机变量的期望值可以通过其样本的算术平均值无偏地估计出来。

【想一想】 如何得到用来估计第k次迭代中的行动价值$q^{(k)}(s_t,a_t)$的样本？

根据式(4-26)和式(4-27)可知，用来估计$q^{(k)}(s_t,a_t)$的样本x_{s_t,a_t}可通过式(4-28)计算得出：

$$x_{s_t,a_t}=r_{t+1}+\gamma\max_{a_{t+1}\in\mathcal{A}(s_{t+1})}q^{(k-1)}(s_{t+1},a_{t+1})\tag{4-28}$$

因此，只要知道r_{t+1}、s_{t+1}以及上一次(第$k-1$次)迭代中的$q^{(k-1)}(\cdot)$，就可以根据式(4-28)得到一个用来估计$q^{(k)}(s_t,a_t)$的样本。当第k次迭代中“状态行动对”(s_t,a_t)下样本的数量足够多时，这些样本的算术平均值将足够接近于$q^{(k)}(s_t,a_t)$。

每次运行强化学习任务时，无论是终结型强化学习任务，还是持续型强化学习任务，智能体通过与环境交互，在除初始时刻之外的每个时刻下都可以得到一组s_t、a_t、r_{t+1}、s_{t+1}。姑且将这四个取值记为四元组$(s_t,a_t,r_{t+1},s_{t+1})$。尽管每次运行强化学习任务时，我们可以在若干时刻下得到若干这样的四元组，但是由于我们在每个时刻下都只能得到1个这样的四元组，故在每次运行中只能得到1个用估计第k次迭代中行动价值$q^{(k)}(\cdot)$的样本(若$q^{(k-1)}(\cdot)$已知)。如果仅使用单个样本估计期望值，那么估计值的方差可能较大，即估计值的“波动”较大。而我们又希望在单次运行强化学习任务时就能尽量准确地估计出行动价值以及最优行动价值。这怎么办？

【想一想】 如何减小行动价值估计值的“波动”？

注意到，虽然在一次运行中只能得到1个用来估计第 k 次迭代中行动价值 $q^{(k)}(\cdot)$ 的样本，但是在一次运行中的不同时刻下可能得到同一“状态行动对”(s_t, a_t)下的多个样本，尽管这些样本是不同迭代次数(即不同时刻)下的样本。因此，我们首先会想到，能否借鉴蒙特卡洛方法中的做法，使用同一“状态行动对”(s_t, a_t)下的所有样本的算术平均值估计行动价值？毕竟使用多个样本的算术平均值估计期望值，估计值的方差更小。

然而，这里的情况与蒙特卡洛方法中的情况不同，因为这里我们面对的是在同一次强化学习任务运行中，在每个时刻下根据式(4-28)得出用来估计 $q^{(k)}(\cdot)$ 的样本，而式(4-28)中使用到的 $q^{(k-1)}(\cdot)$ 也同样需要估计。如果使用不同迭代次数下的样本的算术平均值估计 $q^{(k-1)}(\cdot)$，那么实际上是把之前多次迭代中得到的行动价值的算术平均值作为 $q^{(k-1)}(\cdot)$ 代入式(4-26)，而不是使用 $q^{(k-1)}(\cdot)$ 本身。尽管这样做(使用之前不同迭代次数下的样本的算术平均值作为 $q^{(k-1)}(\cdot)$)最终也可以得到最优策略，但是若要估计值足够接近最优行动价值的极限值，所需的迭代次数可能较多。如果初始值 $q^{(0)}(\cdot)$ 相距最优行动价值的极限值较远，所需的迭代次数将更多。是否还有更高效的办法？

先尝试寻找使用样本算术平均值时所需迭代次数较多的原因。假设有 n 个样本 $x_1, x_2, \cdots, x_n$，其算术平均值 y_n 可通过式(4-29)计算：

$$
\begin{aligned}
y_n &= \frac{1}{n}\sum_{i=1}^{n} x_i = \frac{1}{n}\left(x_n + \sum_{i=1}^{n-1} x_i\right) \\
&= \frac{1}{n}\left(x_n + (n-1)\frac{1}{n-1}\sum_{i=1}^{n-1} x_i\right) \\
&= \frac{1}{n}(x_n + (n-1)y_{n-1}) \\
&= \frac{1}{n}(x_n + ny_{n-1} - y_{n-1}) \\
&= y_{n-1} + \frac{1}{n}(x_n - y_{n-1})
\end{aligned} \tag{4-29}
$$

由式(4-29)可知，前 n 个样本的算术平均值 y_n，可以由前 $n-1$ 个样本的算术平均值 y_{n-1}、第 n 个样本 x_n，以及样本数量 n，通过式(4-29)准确计算出来。不过，当样本的数量越来越多时，即 n 越来越大时，第 n 个样本 x_n 对算术平均值 y_n 的影响越来越小$\left(\text{因其与 } y_{n-1} \text{ 之差的权重为}\frac{1}{n}\right)$。也就是说，当上述讨论中提及的迭代次数越来越多时，“新”得到的样本对估计值的影响越来越小，而“新”样本的期望值往往比“旧”样本的期望值更接近于最优行动价值的极限值。这是上述情况下使用样本算术平均值时所需迭代次数较多的原因。

显然，在这种情况下，我们应当给予“新”样本以较大的权重。为此，可将式(4-29)中的权重$\frac{1}{n}$替换为常数 α，$0<\alpha\leqslant 1$，即

$$y_n = y_{n-1} + \alpha(x_n - y_{n-1})$$

$$
\begin{aligned}
&=\alpha x_n+(1-\alpha)y_{n-1}\\
&=\alpha x_n+(1-\alpha)(\alpha x_{n-1}+(1-\alpha)y_{n-2})\\
&=\alpha x_n+\alpha(1-\alpha)x_{n-1}+(1-\alpha)^2 y_{n-2}\\
&=\alpha x_n+\alpha(1-\alpha)x_{n-1}+\alpha(1-\alpha)^2 x_{n-2}+\cdots+\alpha(1-\alpha)^{n-2}x_2+(1-\alpha)^{n-1}y_1\\
&=\alpha x_n+\alpha(1-\alpha)x_{n-1}+\alpha(1-\alpha)^2 x_{n-2}+\cdots+\alpha(1-\alpha)^{n-2}x_2+(1-\alpha)^{n-1}x_1
\end{aligned}
\tag{4-30}
$$

由此可见，这样做的效果是对最“新”的样本 x_n 给予权重 α，对前一个样本 x_{n-1} 给予权重 $\alpha(1-\alpha)$，以此类推。由于 $\alpha(1-\alpha)<\alpha$，所以把 $\frac{1}{n}$ 替换为常数 α 的效果是给予较“新”的样本较大的权重。可以验证，式(4-30)中每一步的各项权重之和都为 1。

另外，从数字信号处理的角度看，若要减小时间序列的“波动”，可以使用数字低通滤波器(low-pass filter，LPF)对其进行滤波。数字滤波器可分为两大类：有限冲激响应(FIR)滤波器和无限冲激响应(infinite impulse response，IIR)滤波器。算术平均值运算可以看作一种有限冲激响应滤波器。为了减小估计值的“波动”并减小初始值 $q^{(0)}(\cdot)$ 带来的影响，可考虑使用比有限冲激响应滤波器更加高效的无限冲激响应滤波器取代算术平均值。式(4-30)给出的正是一种无限冲激响应滤波器的差分方程。式(4-30)中，x_n 代表当前时刻滤波器的输入；y_n 代表当前时刻滤波器的输出；y_{n-1} 代表前一时刻滤波器的输出；α 和 $1-\alpha$ 为滤波器的系数。

若将该滤波器引入基于贝尔曼最优方程的最优行动价值迭代中，则根据式(4-30)和式(4-26)可得

$$
\bar{q}^{(k-1)}(s_t,a_t)=\alpha\,\tilde{q}^{(k-1)}(s_t,a_t)+(1-\alpha)\,\bar{q}^{(k-2)}(s_t,a_t) \tag{4-31}
$$

$$
\tilde{q}^{(k)}(s_t,a_t)=\sum_{s_{t+1}\in\mathcal{S}}\sum_{r_{t+1}\in\mathcal{R}}p(s_{t+1},r_{t+1}\mid s_t,a_t)(r_{t+1}+\gamma\max_{a_{t+1}\in\mathcal{A}(s_{t+1})}\bar{q}^{(k-1)}(s_{t+1},a_{t+1})) \tag{4-32}
$$

式(4-31)和式(4-32)中，$\bar{q}^{(k-1)}(s_t,a_t)$ 为第 $k-1$ 次迭代中滤波器的输出；$\tilde{q}^{(k-1)}(s_t,a_t)$ 为第 $k-1$ 次迭代中按照贝尔曼方程计算出来的行动价值(此时方程的输入为 $\bar{q}^{(k-2)}(\cdot)$)，也就是第 $k-1$ 次迭代中滤波器的输入；$s_t\in\mathcal{S}$，$a_t\in\mathcal{A}(s_t)$。其中，$\bar{q}^{(k)}(s_t,a_t)$ 的初始值 $\bar{q}^{(0)}(s_t,a_t)$ 可以取任意值。我们不禁要问，引入该滤波器后，按照式(4-31)和式(4-32)进行迭代，贝尔曼方程输出的 $\tilde{q}^{(k)}(s_t,a_t)$ 是否还会收敛？如果收敛，其极限值是否与最优行动价值的极限值 $q^*(s_t,a_t)$ 相同？为了回答这两个问题，我们做下面 3 个练习。

【练一练】 证明：若 $0\leqslant\gamma<1$，$0<\alpha\leqslant1$，则有 $\max\limits_{s_t\in\mathcal{S},a_t\in\mathcal{A}(s_t)}|\tilde{q}^{(k)}(s_t,a_t)-\bar{q}^{(k-1)}(s_t,a_t)|<\max\limits_{s_t\in\mathcal{S},a_t\in\mathcal{A}(s_t)}|\tilde{q}^{(k-1)}(s_t,a_t)-\bar{q}^{(k-2)}(s_t,a_t)|$。

提示：参照式(4-10)的证明过程；绝对值不等式性质。证明过程略。

【练一练】 证明：$\tilde{q}^{(k)}(s_t,a_t)$ 和 $\bar{q}^{(k)}(s_t,a_t)$ 都随迭代次数 k 的增加而收敛，$s_t\in\mathcal{S}$，$a_t\in\mathcal{A}(s_t)$。

提示：基于上一个练习的结论，参照式(4-10)，式(4-31)可写为 $\bar{q}^{(k-1)}(s_t,a_t)-\bar{q}^{(k-2)}(s_t,a_t)=\alpha(\tilde{q}^{(k-1)}(s_t,a_t)-\bar{q}^{(k-2)}(s_t,a_t))$。证明过程略。

【练一练】 证明：随着迭代次数 k 的增加，按照式(4-32)计算出的 $\tilde{q}^{(k)}(s_t,a_t)$ 越来越

接近于按照式(4-33)计算出的$\widetilde{q}^{(k)}(s_t,a_t)$，$s_t\in\mathcal{S}$，$a_t\in\mathcal{A}(s_t)$。

$$\widetilde{q}^{(k)}(s_t,a_t)=\sum_{s_{t+1}\in\mathcal{S}}\sum_{r_{t+1}\in\mathcal{R}}p(s_{t+1},r_{t+1}\mid s_t,a_t)\left(r_{t+1}+\gamma\max_{a_{t+1}\in\mathcal{A}(s_{t+1})}\widetilde{q}^{(k-1)}(s_{t+1},a_{t+1})\right)\tag{4-33}$$

提示：参照式(4-10)。证明过程略。

因此，按照式(4-31)和式(4-32)迭代计算出的$\widetilde{q}^{(k)}(s_t,a_t)$收敛，并且当迭代次数足够多时，$\widetilde{q}^{(k)}(s_t,a_t)$足够接近于最优行动价值的极限值$q^*(s_t,a_t)$，即其极限值也是$q^*(s_t,a_t)$。

【练一练】 以实验 3-3 中给出的 MDP 模型为例，使用式(4-31)和式(4-32)迭代计算$\widetilde{q}^{(k)}(s_t,a_t)$，并分别画出当$\alpha=0.1$和$\alpha=0.01$时$\widetilde{q}^{(k)}(s_t,a_t)$随迭代次数变化的曲线，$s_t\in\mathcal{S}$，$a_t\in\mathcal{A}(s_t)$。

当初始值$\widetilde{q}^{(0)}(s_t,a_t)$为 0、迭代次数为 5000 次时，$\widetilde{q}^{(k)}(s_t,a_t)$随迭代次数变化的曲线如图 4-6 所示，$s_t\in\mathcal{S}$，$a_t\in\mathcal{A}(s_t)$。从图中可以看出，$\widetilde{q}^{(k)}(s_t,a_t)$收敛，且其极限值与最优行动价值的极限值$q^*(s_t,a_t)$相同；$\alpha$的值越大，收敛越“快”。

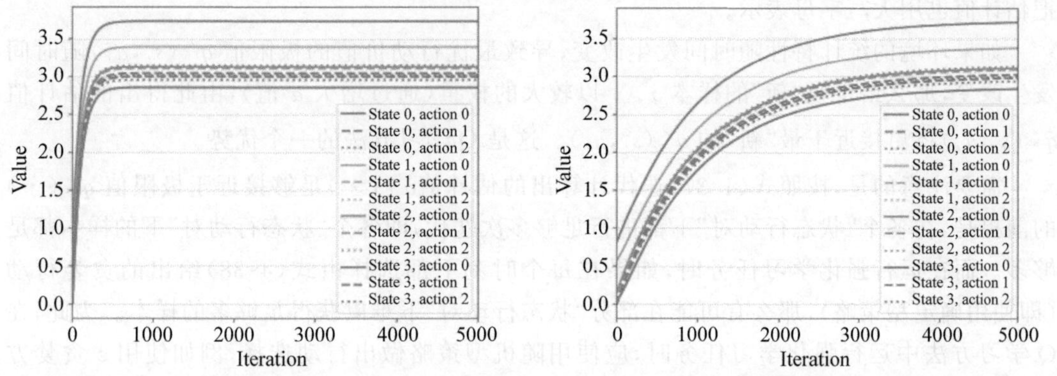

(a) $\alpha=0.1$　　(b) $\alpha=0.01$

图 4-6　使用式(4-31)和式(4-32)计算出的实验 3-3 中 MDP 的$\widetilde{q}^{(k)}(\cdot)$随迭代次数变化的曲线

综上，我们使用由式(4-30)给出的滤波器减小行动价值估计值的“波动”。因$\widetilde{q}^{(k)}(s_t,a_t)$的极限值是$q^*(s_t,a_t)$，且我们的目的是通过估计迭代次数足够多时的$\widetilde{q}^{(k)}(s_t,a_t)$来估计$q^*(s_t,a_t)$，故可将$\widetilde{q}^{(k)}(s_t,a_t)$的估计值看作$q^*(s_t,a_t)$的估计值，并将该估计值记作$\hat{q}^*(s_t,a_t)$，$s_t\in\mathcal{S}$，$a_t\in\mathcal{A}(s_t)$。需要注意的是，这里的$\hat{q}^*(s_t,a_t)$实际上是$\widetilde{q}^{(k)}(s_t,a_t)$的估计值，只不过当迭代次数足够多时，$\hat{q}^*(s_t,a_t)$足够接近于$q^*(s_t,a_t)$。

如前所述，我们使用在运行强化学习任务时得到的样本x_{s_t,a_t}给出估计值$\hat{q}^*(s_t,a_t)$。在强化学习任务的一次运行中，在除初始时刻之外的每个时刻下都可以得到一个四元组$(s_t,a_t,r_{t+1},s_{t+1})$。根据这个四元组以及之前得到的估计值$\hat{q}^*(\cdot)$，参照式(4-28)、按照式(4-34)给出“状态行动对”(s_t,a_t)下的样本x_{s_t,a_t}。其中，估计值$\hat{q}^*(\cdot)$的初始值可以是包括 0 在内的任意值。

$$x_{s_t,a_t}=r_{t+1}+\gamma\max_{a_{t+1}\in\mathcal{A}(s_{t+1})}\hat{q}^*(s_{t+1},a_{t+1})\tag{4-34}$$

每当得到样本x_{s_t,a_t}之后，都参照式(4-30)、按照式(4-35)用该样本更新估计值$\hat{q}^*(s_t,a_t)$。

$$\hat{q}^*(s_t,a_t):=\alpha x_{s_t,a_t}+(1-\alpha)\hat{q}^*(s_t,a_t) \tag{4-35}$$

将式(4-34)代入式(4-35)可得

$$\hat{q}^*(s_t,a_t):=\alpha(r_{t+1}+\gamma\max_{a_{t+1}\in\mathcal{A}(s_{t+1})}\hat{q}^*(s_{t+1},a_{t+1}))+(1-\alpha)\hat{q}^*(s_t,a_t) \tag{4-36}$$

整理式(4-36)可得

$$\hat{q}^*(s_t,a_t):=\hat{q}^*(s_t,a_t)+\alpha(r_{t+1}+\gamma\max_{a_{t+1}\in\mathcal{A}(s_{t+1})}\hat{q}^*(s_{t+1},a_{t+1})-\hat{q}^*(s_t,a_t)) \tag{4-37}$$

因此,最优行动价值的极限值的估计值$\hat{q}^*(\cdot)$可直接由式(4-37)迭代计算得出。根据$\hat{q}^*(\cdot)$按照式(4-38)可给出各个状态下的贪婪行动$a_t^*|s_t,s_t\in\mathcal{S}$。当估计值$\hat{q}^*(s_t,a_t)$足够接近极限值$q^*(s_t,a_t)$时,式(4-38)给出的是最优行动。

$$a_t^*\mid s_t=\underset{a_t\in\mathcal{A}(s_t)}{\operatorname{argmax}}\,\hat{q}^*(s_t,a_t) \tag{4-38}$$

式(4-35)至式(4-37)中,“:=”表示赋值;常数α被称为步长(step size),也被称为**学习率**(learning rate)。学习率α越大,较“新”样本的权重就越大。式(4-37)就是**Q学习**(Q-learning)方法中行动价值的更新算式。字母Q大写是因为在强化学习领域的一些论文中把估计值也用大写字母表示。

如果环境的统计特性随时间发生改变,导致最优行动价值的极限值$q^*(s_t,a_t)$随时间发生改变,那么给予较“新”的样本x_{s_t,a_t}以较大的权重(通过增大α值),由此得出的估计值$\hat{q}^*(s_t,a_t)$将更接近于最“新”的$q^*(s_t,a_t)$。这是Q学习方法的一个优势。

需要注意的是,按照式(4-37)迭代计算出的估计值$\hat{q}^*(\cdot)$足够接近于极限值$q^*(\cdot)$的前提是,在各个“状态行动对”下都进行足够多次迭代,即各个“状态行动对”下的样本都足够多。而在运行强化学习任务时,如果在每个时刻下都选择由式(4-38)给出的贪婪行动(即使用确定型策略),那么有可能在部分“状态行动对”下难以获得足够多的样本。为此,在Q学习方法中运行强化学习任务时,应使用随机型策略做出行动选择,例如使用ε贪婪方法,以便使智能体在各个状态下都以大于0的概率随机选择各个可选行动,从而在理论上保证当时刻的数量足够多时,在每个“状态行动对”下都能获得足够多的样本。实际上,由于按照式(4-37)迭代计算$\hat{q}^*(\cdot)$的同时已隐式完成广义策略迭代中所需的策略改进,因此在运行强化学习任务时智能体可以使用任何随机型策略,包括在各个状态下以相同的概率随机选取行动的策略。使用任何随机型策略得到样本,都不影响迭代计算出的估计值$\hat{q}^*(\cdot)$接近于极限值$q^*(\cdot)$。因此,尽管使用随机型策略,我们仍可根据$\hat{q}^*(\cdot)$以及式(4-38)得到最优行动(以及最优策略),这也是Q学习方法的一个优势。

Q学习之所以被认为是一种异策略方法,正是因为在Q学习中智能体与环境进行交互时使用的是随机型策略,而从与环境的交互中“学习”到的是最优策略(确定型策略)。此外,由于Q学习方法在智能体与环境交互的同时不断改进做出行动选择的策略(若使用ε贪婪方法做出行动选择),因此也被认为是一种“**在线**”(online)方法。相比之下,蒙特卡洛方法在智能体与环境的交互过程之中并不改进做出行动选择的策略,因此被认为是一种“**离线**”(offline)方法。

综合上述分析过程得出的Q学习算法如下。该算法可用来在运行强化学习任务时,基于最优行动价值极限值的估计值,给出当前时刻下智能体的行动选择,最终目的是根据最优行动价值极限值的估计值得到最优策略。

【Q学习算法】

输入：运行强化学习任务时智能体在各个时刻观察到的环境状态 $S_1=s_1, S_2=s_2, \cdots$ 以及从环境获得的奖赏 $R_2=r_2, R_3=r_3, \cdots$。

输出：智能体在各个时刻做出的行动选择 $A_1=a_1, A_2=a_2, \cdots$。当学习率 α 较小、时刻 t 足够大时，可给出最优策略 $p^*(a_t|s_t)$ 或各个状态下的最优行动 $a_t^*|s_t, s_t\in\mathcal{S}$。

(1) 初始化。

(1.1) 初始化当前时刻 t，$t:=1$；初始化状态 $S_1=s_1, s_1\in\mathcal{S}$。

(1.2) 初始化各个状态下各个行动的最优行动价值极限值的估计值 $\hat{q}^*(s_t,a_t)$。对于所有的 $s_t\in\mathcal{S}$、$a_t\in\mathcal{A}(s_t)$，$\hat{q}^*(s_t,a_t)$ 可以取任意值。

(2) 重复以下步骤。如果是终结型任务，则进行到最后时刻 l，即当 $t\leqslant l-1$ 时，重复以下步骤；如果是持续型任务，则不断重复以下步骤。当学习率 α 较小、时刻 t 足够大时，可根据 $\hat{q}^*(\cdot)$ 按照式(4-38)给出各个状态下的最优行动 $a_t^*|s_t, s_t\in\mathcal{S}$，进而给出最优策略 $p^*(a_t|s_t)$。

(2.1) 给出当前时刻下的行动选择 a_t。可使用在各个状态下选择各个行动的概率都大于0的任何策略，包括 ε 贪婪方法。以使用 ε 贪婪方法为例：选择由式(4-38)给出的贪婪行动的概率为 $1-\varepsilon+\dfrac{\varepsilon}{|\mathcal{A}(s_t)|}$；选择其他任何非贪婪行动的概率均为 $\dfrac{\varepsilon}{|\mathcal{A}(s_t)|}$。其中，$\varepsilon$ 为预先设置的较小正数，$|\mathcal{A}(s_t)|$ 为环境状态 s_t 下行动值集合 $\mathcal{A}(s_t)$ 中元素的数量。

(2.2) 执行行动 a_t，得到奖赏 r_{t+1} 以及环境的下一个状态 s_{t+1}。

(2.3) 根据 s_t、a_t、r_{t+1}、s_{t+1}，按照式(4-37)更新 $\hat{q}^*(s_t,a_t)$。

(2.4) $t:=t+1$。

下面通过以下实验进一步理解Q学习方法。

【实验4-5】 实现Q学习算法，并通过与实验3-3中的MDP模型交互，画出估计值 $\hat{q}^*(s_t,a_t)$ 随时刻变化的曲线，$s_t\in\mathcal{S}$，$a_t\in\mathcal{A}(s_t)$。

提示：①可指定最后时刻 l；②可将随机种子设置为0、折扣率 γ 设置为0.9。

当 $\hat{q}^*(s_t,a_t)$ 的初始值为0、最后时刻 l 为100 000、随机种子为0、折扣率 γ 为0.9、使用 ε 贪婪方法给出行动选择、ε 贪婪方法中的 ε 为0.1、学习率 α 分别为0.05和0.01时，估计值 $\hat{q}^*(s_t,a_t)$ 随时刻变化的曲线如图4-7(a)和图4-7(b)所示，$s_t\in\mathcal{S}$，$a_t\in\mathcal{A}(s_t)$。图中的每条曲线对应一个"状态行动对"(s_t,a_t)下的估计值 $\hat{q}^*(s_t,a_t)$。在上述设置下，使用Q学习方法得到的各个状态下的最优行动与使用第3章中策略迭代等方法得到的各个状态下的最优行动相同。学习率 α 的值越小，估计值的"波动"就越小，但同时收敛越"慢"，即"学习"得越"慢"。图4-7(c)示出了当 α 为0.0001、l 为10 000 000时估计值 $\hat{q}^*(\cdot)$ 随时刻变化的曲线。从图中可以看出，当学习率较小、时刻数量足够多时，Q学习方法能够较为准确地估计出各个"状态行动对"下的最优行动价值的极限值。

既然学习率 α 越大，"学习"得越"快"，α 越小，估计值的"波动"越小，我们不禁会问，是

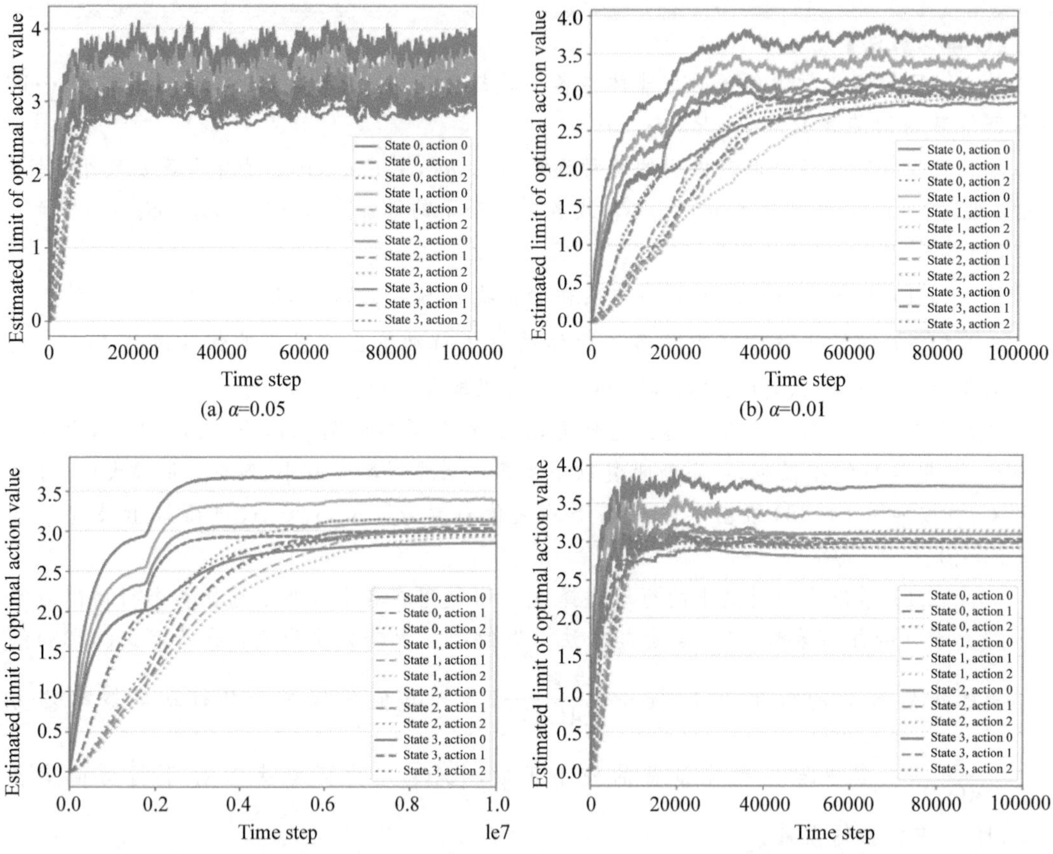

(a) α=0.05　(b) α=0.01　(c) α=0.0001　(d) α从0.05开始逐步缩小

图 4-7　实验 4-5 中$\hat{q}^*(\cdot)$随时刻变化的曲线

否可以在 Q 学习算法运行初期使用相对较大的学习率、在后期使用相对较小的学习率，以便在减小估计值“波动”的同时兼顾“学习速度”？答案是肯定的，因为估计值$\hat{q}^*(\cdot)$的初始值可以为任意值，故可以将学习率 α 每次改变时的$\hat{q}^*(\cdot)$值看作其初始值。作为一个示例，图 4-7(d)示出了当 α 的初始值为 0.05 且每隔 10 000 个时刻减半一次、l 为 100 000 时估计值$\hat{q}^*(\cdot)$随时刻变化的曲线。从图中可以看出，通过逐步缩小学习率得到的$\hat{q}^*(\cdot)$的“波动”较小(因后期使用的学习率相对较小)，同时得到“波动”较小的估计值所需的时刻数量显著减小(因前期使用的学习率相对较大)。

【练一练】 在 Q 学习算法的运行过程中调整所使用的学习率。

4.4 Dyna-Q

无论在蒙特卡洛方法中，还是在 Q 学习中，智能体通过与环境进行交互得到的样本，都仅用来估计行动价值。为了得到这些样本，在一些任务中，可能会付出不菲的代价。很自然地，我们希望尽可能充分地利用这些来之不易的样本，以便用尽量少的样本尽量准确地估计出最优行动价值的极限值 $q^*(\cdot)$。

【想一想】 有何办法更加充分地利用样本？

在 Q 学习中，只要得到一个四元组$(s_t, a_t, r_{t+1}, s_{t+1})$，就可以通过式(4-34)给出一个样本。为了更加充分地利用样本或四元组$(s_t, a_t, r_{t+1}, s_{t+1})$，一个较为朴素的做法是，将得到的这些四元组存储起来(而非在使用之后就丢弃掉)，进而在估计$q^*(\cdot)$时可以反复使用这些四元组。更一般地，如果将这些存储起来的四元组整体上看作一个黑盒子，并将从中随机抽取一个四元组看作黑盒子输出一个四元组，那么这个黑盒子就是一个可用来给出四元组$(s_t, a_t, r_{t+1}, s_{t+1})$的环境模型。

更进一步地，我们可以考虑建立一个能够根据概率生成(而非从存储起来的四元组中抽取)四元组$(s_t, a_t, r_{t+1}, s_{t+1})$的环境模型。这样，智能体就可以使用这个环境模型生成用来估计$q^*(\cdot)$的四元组$(s_t, a_t, r_{t+1}, s_{t+1})$，从而减少对通过与环境实际进行交互得到的四元组的需求。由此，智能体通过与环境进行交互得到的四元组$(s_t, a_t, r_{t+1}, s_{t+1})$，既用来估计$q^*(\cdot)$，同时也用来建立环境模型。

那么，如何根据智能体通过与环境实际交互得到的四元组建立环境模型？环境模型的输入为当前时刻下的"状态行动对"(s_t, a_t)，输出为下一时刻的状态值s_{t+1}和奖赏值r_{t+1}。显然，如果已知概率质量函数$p(s_{t+1} | s_t, a_t)$，就可以根据s_t和a_t给出s_{t+1}；如果已知概率质量函数$p(r_{t+1} | s_{t+1}, s_t, a_t)$和奖赏的取值集合$\mathcal{R}$，就可以根据$s_t$、$a_t$、$s_{t+1}$给出$r_{t+1}$，或者直接根据$s_t$、$a_t$、$s_{t+1}$给出$r_{t+1}$的期望值$\mathbb{E}(R_{t+1} | S_{t+1}=s_{t+1}, S_t=s_t, A_t=a_t)$。因此，我们可以考虑使用智能体通过与环境实际交互得到的四元组，估计概率质量函数$p(s_{t+1} | s_t, a_t)$和奖赏的期望值$\mathbb{E}(R_{t+1} | S_{t+1}=s_{t+1}, S_t=s_t, A_t=a_t)$，分别如式(4-39)和式(4-40)所示。

$$\hat{p}(s_{t+1} \mid s_t, a_t) = \frac{m_{s_t, a_t, s_{t+1}}}{m_{s_t, a_t}} \tag{4-39}$$

$$\hat{\mathbb{E}}(R_{t+1} \mid S_{t+1}=s_{t+1}, S_t=s_t, A_t=a_t) = \frac{\sum_{i=1}^{m_{s_t, a_t, s_{t+1}}} r_{t+1}^{(i)} \mid s_{t+1}, s_t, a_t}{m_{s_t, a_t, s_{t+1}}} = \frac{z_{s_t, a_t, s_{t+1}}}{m_{s_t, a_t, s_{t+1}}} \tag{4-40}$$

式(4-39)和式(4-40)中，$\hat{p}(s_{t+1} | s_t, a_t)$为概率质量函数$p(s_{t+1} | s_t, a_t)$的估计值；$\hat{\mathbb{E}}(R_{t+1} | S_{t+1}=s_{t+1}, S_t=s_t, A_t=a_t)$为奖赏期望值$\mathbb{E}(R_{t+1} | S_{t+1}=s_{t+1}, S_t=s_t, A_t=a_t)$的估计值；$m_{s_t, a_t}$为"状态行动对"$(s_t, a_t)$下的四元组的数量；$m_{s_t, a_t, s_{t+1}}$为"状态行动对"$(s_t, a_t)$下的四元组中下一时刻状态值为$s_{t+1}$的四元组的数量；$r_{t+1}^{(i)} | s_{t+1}, s_t, a_t$代表在当前时刻的状态值为$s_t$、行动值为$a_t$、下一时刻的状态值为$s_{t+1}$时智能体得到的第$i$个奖赏；$z_{s_t, a_t, s_{t+1}}$为$m_{s_t, a_t, s_{t+1}}$个奖赏之和。

无论使用何种方法得到环境模型，都可以在得到环境模型后通过环境模型给出一系列四元组$(s_t, a_t, r_{t+1}, s_{t+1})$，并且使用环境模型给出的四元组帮助估计$q^*(\cdot)$。特别地，每当智能体通过与环境实际交互得到一个四元组，都可以根据已得到的四元组更新一次环境模型。在环境模型更新后，可通过更新后的环境模型再给出一系列四元组，用来帮助估计$q^*(\cdot)$。如此往复。当然，智能体通过与环境实际交互得到的四元组，可同时直接用于估计$q^*(\cdot)$。这种既直接使用通过智能体与环境实际交互得到的"真实经验"，又使用根据"真实经验"构建的环境模型所生成的"模拟经验"来"学习"策略或价值函数的强化学习框架，被称为 Dyna 框架。Dyna 一词来源于 dynamic programming(动态规划)中的 dynamic 一词，因为 Dyna 框架在根据"模拟经验"进行"学习"时基于第 3 章中的动态规划方法(即用来计算给定 MDP 环境模型下最优策略的方法)。

如果将 Dyna 框架用于 Q 学习,就得到了 Dyna-Q 方法。由于 Q 学习方法可用于环境的统计特性随时间发生变化的任务,而在 Dyna 框架下环境模型根据"真实经验"不断更新,因此 Q 学习方法适合用在 Dyna 框架之下。

在第 3 章中,我们在已知 MDP 模型(已知概率质量函数 $p(s_{t+1},r_{t+1}|s_t,a_t)$以及奖赏的取值集合$\mathcal{R}$)这个前提下使用包括价值迭代、策略迭代等方法在内的动态规划方法求解 MDP。这些方法被称为依赖模型的方法。相比之下,在本章中,我们在未知 MDP 模型这个前提下,使用蒙特卡洛方法和 Q 学习方法尝试求解 MDP。这样的方法被称为**不依赖模型的方法**(model-free method),也有人将其直译为"无模型方法"。值得注意的是,尽管被称为不依赖模型的方法,但是这类方法仍使用包括 MDP 在内的模型对环境建模,只不过在求解过程中不依赖于模型的参数而已。本节中的 Dyna-Q 方法既基于动态规划,又基于 Q 学习,因此可以看作上述两类方法的结合。

综上所述,Dyna-Q 算法如下。

【Dyna-Q 算法】

输入:运行强化学习任务时智能体在各个时刻观察到的环境状态 $S_1=s_1,S_2=s_2,\cdots$以及从环境获得的奖赏 $R_2=r_2,R_3=r_3,\cdots$。

输出:智能体在各个时刻做出的行动选择 $A_1=a_1,A_2=a_2,\cdots$。当学习率 α 较小、时刻 t 足够大时,可给出最优策略 $p^*(a_t|s_t)$或各个状态下的最优行动 $a_t^*|s_t,s_t\in\mathcal{S}$。

(1) 初始化。

(1.1) 初始化当前时刻 t,$t:=1$;初始化状态 $S_1=s_1,s_1\in\mathcal{S}$。

(1.2) 初始化各个状态下各个行动的最优行动价值极限值的估计值$\hat{q}^*(s_t,a_t)$。对于所有的 $s_t\in\mathcal{S}$、$a_t\in\mathcal{A}(s_t)$,$\hat{q}^*(s_t,a_t)$可以取任意值。

(1.3) 初始化环境模型。建立环境模型的方法并不唯一。如果使用式(4-39)和式(4-40)给出环境模型,则可将在当前时刻各个状态值、各个行动值、下一时刻各个状态值下得到的四元组的数量 $m_{s_t,a_t,s_{t+1}}$、m_{s_t,a_t},以及奖赏之和 $z_{s_t,a_t,s_{t+1}}$ 都赋值为 0,$s_t,s_{t+1}\in\mathcal{S},a_t\in\mathcal{A}(s_t)$。

(2) 重复以下步骤。如果是终结型任务,则进行到最后时刻 l,即当 $t\leqslant l-1$ 时重复以下步骤;如果是持续型任务,则不断重复以下步骤。当学习率 α 较小、时刻 t 足够大时,可根据$\hat{q}^*(\cdot)$按照式(4-38)给出各个状态下的最优行动 $a_t^*|s_t,s_t\in\mathcal{S}$,进而给出最优策略 $p^*(a_t|s_t)$。

(2.1) 给出当前时刻下的行动选择 a_t。可使用在各个状态下选择各个行动的概率都大于 0 的任何策略,包括 ε 贪婪方法。以使用 ε 贪婪方法为例:选择由式(4-38)给出的贪婪行动的概率为 $1-\varepsilon+\dfrac{\varepsilon}{|\mathcal{A}(s_t)|}$;选择其他任何非贪婪行动的概率均为 $\dfrac{\varepsilon}{|\mathcal{A}(s_t)|}$。其中,$\varepsilon$ 为预先设置的较小正数,$|\mathcal{A}(s_t)|$为环境状态 s_t 下行动值集合 $\mathcal{A}(s_t)$中元素的数量。

(2.2) 执行行动 a_t,得到奖赏 r_{t+1}以及环境的下一个状态 s_{t+1}。

(2.3) 根据 s_t、a_t、r_{t+1}、s_{t+1}，按照式(4-37)更新 $\hat{q}^*(s_t,a_t)$。

(2.4) 更新环境模型。如果使用式(4-39)和式(4-40)给出环境模型，则执行步骤(2.4.1)和步骤(2.4.2)。

(2.4.1) 将在当前时刻状态值 s_t、行动值 a_t、下一时刻状态值 s_{t+1} 下得到的四元组的数量加1，即 $m_{s_t,a_t}:=m_{s_t,a_t}+1$，$m_{s_t,a_t,s_{t+1}}:=m_{s_t,a_t,s_{t+1}}+1$；并累加在状态值 s_t、行动值 a_t、下一时刻状态值 s_{t+1} 下得到的奖赏，即 $z_{s_t,a_t,s_{t+1}}:=z_{s_t,a_t,s_{t+1}}+r_{t+1}$。

(2.4.2) 分别根据式(4-39)和式(4-40)更新 $\hat{p}(s_{t+1}|s_t,a_t)$ 和 $\hat{\mathbb{E}}(R_{t+1}|S_{t+1}=s_{t+1},S_t=s_t,A_t=a_t)$，即 $\hat{p}(s_{t+1}|s_t,a_t):=\dfrac{m_{s_t,a_t,s_{t+1}}}{m_{s_t,a_t}}$、$\hat{\mathbb{E}}(R_{t+1}|S_{t+1}=s_{t+1},S_t=s_t,A_t=a_t):=\dfrac{z_{s_t,a_t,s_{t+1}}}{m_{s_t,a_t,s_{t+1}}}$。

(2.5) $t:=t+1$。

(2.6) 重复以下步骤 n 次。

(2.6.1) 随机选择一个状态值 s 和一个行动值 a，$s\in\mathcal{S}$，$a\in\mathcal{A}(s)$。

(2.6.2) 将状态值 s 和行动值 a 输入至环境模型，得到环境模型输出的下一时刻的状态值 s' 和奖赏值 r。如果使用式(4-39)和式(4-40)给出环境模型，则可根据 s、a，以及概率质量函数的估计值 $\hat{p}(s'|s,a)$ 随机给出 s'，并根据 s、a、s'，以及 $\hat{\mathbb{E}}(R|S'=s',S=s,A=a)$ 给出 r，即 $r:=\dfrac{z_{s,a,s'}}{m_{s,a,s'}}$。

(2.6.3) 根据 s、a、s'、r，以及式(4-37)更新 $\hat{q}^*(s,a)$，即

$$\hat{q}^*(s,a):=\hat{q}^*(s,a)+\alpha\left(r+\gamma\max_{a'\in\mathcal{A}(s')}\hat{q}^*(s',a')-\hat{q}^*(s,a)\right) \tag{4-41}$$

接下来，在实验4-6中实现 Dyna-Q 算法。

【实验4-6】　实现 Dyna-Q 算法，并通过与实验3-3中的 MDP 模型交互，画出估计值 $\hat{q}^*(s_t,a_t)$ 随时刻变化的曲线，$s_t\in\mathcal{S}$，$a_t\in\mathcal{A}(s_t)$。

提示：①可将随机种子设置为0、折扣率 γ 设置为0.9、ϵ 贪婪方法中的 ϵ 设置为0.1、学习率 α 设置为0.05；②在步骤(2.4.2)中，当 $m_{s_t,a_t}=0$ 时，可将 $\hat{p}(s_{t+1}|s_t,a_t)$ 赋值为 $\dfrac{1}{|\mathcal{S}|}$，$s_{t+1}\in\mathcal{S}$，$|\mathcal{S}|$ 为状态值的数量；当 $m_{s_t,a_t,s_{t+1}}=0$ 时，可将 $\hat{\mathbb{E}}(R_{t+1}|S_{t+1}=s_{t+1},S_t=s_t,A_t=a_t)$ 赋值为0。

当 $\hat{q}^*(s_t,a_t)$ 的初始值为0、最后时刻 $l=1000$、随机种子为0、折扣率 γ 为0.9、ϵ 贪婪方法中的 ϵ 为0.1、学习率 α 为0.05、Dyna-Q 算法中的 $n=20$ 时，估计值 $\hat{q}^*(s_t,a_t)$ 随时刻变化的曲线如图4-8(a)所示，$s_t\in\mathcal{S}$，$a_t\in\mathcal{A}(s_t)$。作为参考，图4-8(b)示出了在相同设置下使用实验4-5中的Q学习方法画出的估计值 $\hat{q}^*(s_t,a_t)$ 随时刻变化的曲线。图中的每条曲线对应一个"状态行动对"(s_t,a_t) 下的估计值 $\hat{q}^*(s_t,a_t)$。就上述设置而言，使用 Dyna-Q 得到的各个状态下的最优行动与使用第3章中策略迭代等方法得到的各个状态下的最优行动相同。从图中可以看出，使用 Dyna-Q 得到的估计值 $\hat{q}^*(\cdot)$ 比使用Q学习得到的估计值

$\hat{q}^*(\cdot)$更早接近于极限值$q^*(\cdot)$，这表明引入环境模型有助于提高Q学习的“学习速度”，即使用更少的通过智能体与环境实际交互得到的样本，就可以达到相仿的“学习效果”。

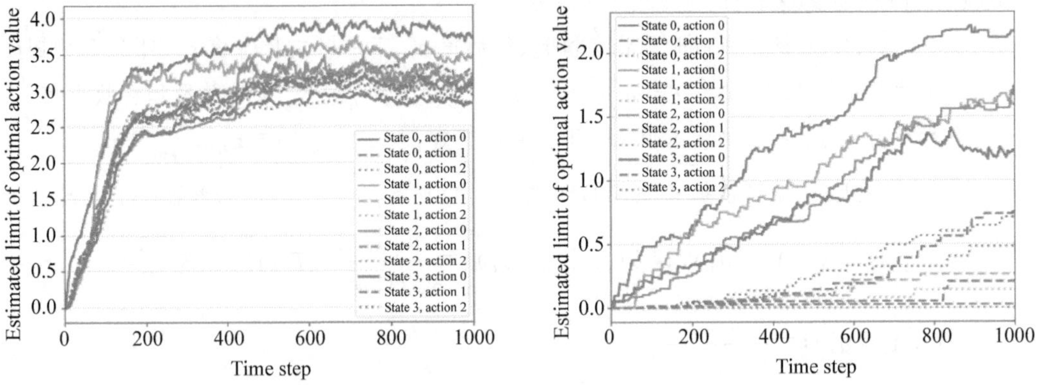

(a) Dyna-Q(实验4-6)　　(b) Q学习(实验4-5)

图 4-8　实验 4-6 和实验 4-5 中$\hat{q}^*(\cdot)$随时刻变化的曲线

4.5　使用监督学习方法推测最优行动价值的极限值

我们知道，最优行动价值的极限值$q^*(s_t,a_t)$是状态值s_t和行动值a_t的函数，每个“状态行动对”(s_t,a_t)都对应一个q^*值。因此，当行动的可能取值集合$\mathcal{A}$与环境所处的状态无关时，所有状态值、所有行动值对应的q^*值就构成了一张二维表格，如图 4-9(a)所示。如果将这张二维表格中每一项的值都呈现在三维坐标系下，就得到了图 4-9(b)。这是状态的可能取值为有限个离散值的情况。然而，在一些任务中，状态的取值连续，或者状态的可能取值较多。例如，在下围棋任务中，状态的可能取值多达$3^{19\times19}\approx1.74\times10^{172}$个。此时，该二维表格较“大”，甚至不大可能通过表格给出所有“状态行动对”对应的q^*值。实际上，当状态的取值连续时(行动的取值仍然离散)，上述二维表格成为多条曲线，曲线的数量等于可选行动的数量，如图 4-9(c)所示。当状态的可能取值较多时，也可以将上述二维表格近似看作多条曲线。当然，我们可以用少量的、离散的状态值近似所有可能的状态值，例如将(0.5,1.5)区间内的状态值都近似为状态值 1(即用状态值 1 替代这些状态值)。不过，更一般地，我们可以尝试寻找“状态行动对”和q^*值之间的对应关系，即函数$q^*(\cdot)$，用以替代上述二维表格。而“学习”自变量与因变量之间的函数对应关系正是监督学习方法的专长。因此，可以考虑使用监督学习方法推测“状态行动对”(s_t,a_t)对应的最优行动价值的极限值$q^*(s_t,a_t)$(即q^*值)。

在监督学习中，我们先使用训练样本训练模型，以使模型能够拟合出训练样本中输入向量和标注之间的对应关系，再使用经过训练的模型推测给定输入向量对应的标注。因此，只要有训练样本，就可以使用监督学习方法拟合“状态行动对”(s_t,a_t)(输入向量)和$q^*(s_t,a_t)$(标注)之间的对应关系，尽管拟合的效果取决于所使用的监督学习方法、模型超参数、训练样本的数量与质量等因素。经过训练后，监督学习模型就可以根据输入的“状态行动对”(s_t,a_t)输出一个$q^*(s_t,a_t)$的推测值。这样，就可以通过监督学习模型近似给出q^*值。由于需要推测的q^*值为标量数值(而非类别值)，因此这里是在使用监督学习方法完成回归任

行动(action)

状态(state)	0	1	2	3
0	1.1	1.67	1.8	1.52
1	1.99	1.46	0.78	0.51
2	0.82	0.31	0.69	1.37
3	0.3	1.23	1.79	1.37
4	1.63	1.81	0.88	0.51

(a) 二维表格

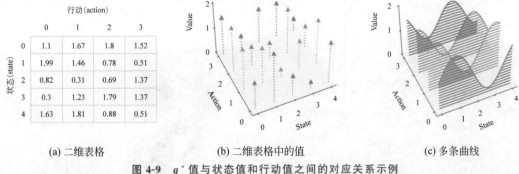

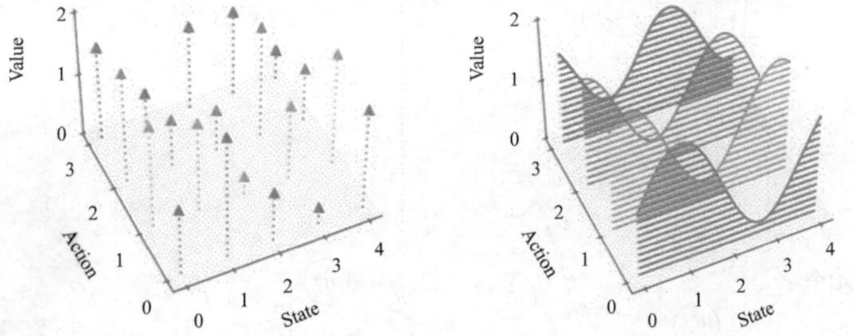

(b) 二维表格中的值　　(c) 多条曲线

图 4-9　q^* 值与状态值和行动值之间的对应关系示例

务。当然，使用监督学习模型推测 q^* 值的前提假设是，q^* 值不随时间发生变化，也就是环境的统计特性不随时间发生变化。本节中，我们以线性回归和神经网络为例，讨论如何使用监督学习方法近似给出 q^* 值。

从直观上看，为了拟合如图 4-9(c)所示的多条曲线，可以使用多个监督学习模型，每个监督学习模型用来拟合其中的一条曲线，即一个行动值下的状态值与 q^* 值之间的对应关系。其中，每个监督学习模型的输入为用来给出状态的向量(姑且称为状态向量，例如离散型状态值对应的 one-hot 向量)，输出为当前行动值下该状态对应的 q^* 的推测值。当然，监督学习模型输入的状态向量并不局限于离散型状态值对应的 one-hot 向量，还可以是用来确定状态的一组数值。例如，在 3.2.2 节的学习时间管理问题中，每个环境状态由体力状态和脑力状态共同确定，因此可以用“体力值”和“脑力值”两个数值给出一个状态，将“体力值”和“脑力值”两个数值作为状态向量中的两个元素输入至监督学习模型。

也可以考虑进一步将上述多个监督学习模型“合并”为一个监督学习模型。就神经网络而言，通常至少有两种方法可以把多个模型“合并”为一个模型，尽管这样做不一定有助于提高推测的准确度：一种方法是把多个模型的输入层节点并排组成一个新的输入层，以共享隐含层和输出层，姑且称这种方法为输入层合并，如图 4-10(a)所示；另一种方法是把多个模型的输出层节点并排组成一个新的输出层，每个节点输出一个特定行动值下的推测值，以共享输入层和隐含层，姑且称这种方法为输出层合并，如图 4-10(b)所示。图 4-10 中，$\boldsymbol{u}$ 为用来确定状态的包含 c 个元素的向量，即状态向量，$\boldsymbol{u}=(u_1,u_2,\cdots,u_c)$；$|\mathcal{A}|$ 为行动可能取值的数量。

在输入层合并方法中，神经网络模型输入层节点的数量为 $c|\mathcal{A}|$(若不将常数 1 节点计算在内)，输出层节点的数量为 1，神经网络模型将输出某一个行动值下的 q^* 的推测值。至于模型输出的是哪个行动值下的推测值，则取决于状态向量 $\boldsymbol{u}$ 在输入向量中所处的位置。例如，若让模型输出第 1 个行动值下的推测值，则将状态向量 $\boldsymbol{u}=(u_1,u_2,\cdots,u_c)$ 赋值给输入向量的第 1 个至第 c 个元素，并将输入向量的其余元素都赋值为 0；若让模型输出第 2 个行动值下的推测值，则将状态向量 $\boldsymbol{u}=(u_1,u_2,\cdots,u_c)$ 赋值给输入向量的第 $c+1$ 个至第 $2c$ 个元素，并将输入向量的其余元素都赋值为 0；以此类推，如图 4-11 所示。

在输出层合并方法中，神经网络模型输入层节点的数量为 c(若不将常数 1 节点计算在内)，输出层节点的数量为 $|\mathcal{A}|$。神经网络的输入为状态向量 $\boldsymbol{u}$，输出为同一状态下的所有行动值的 q^* 的推测值。看起来通过这种方法得到的神经网络模型比通过输入层合并方法

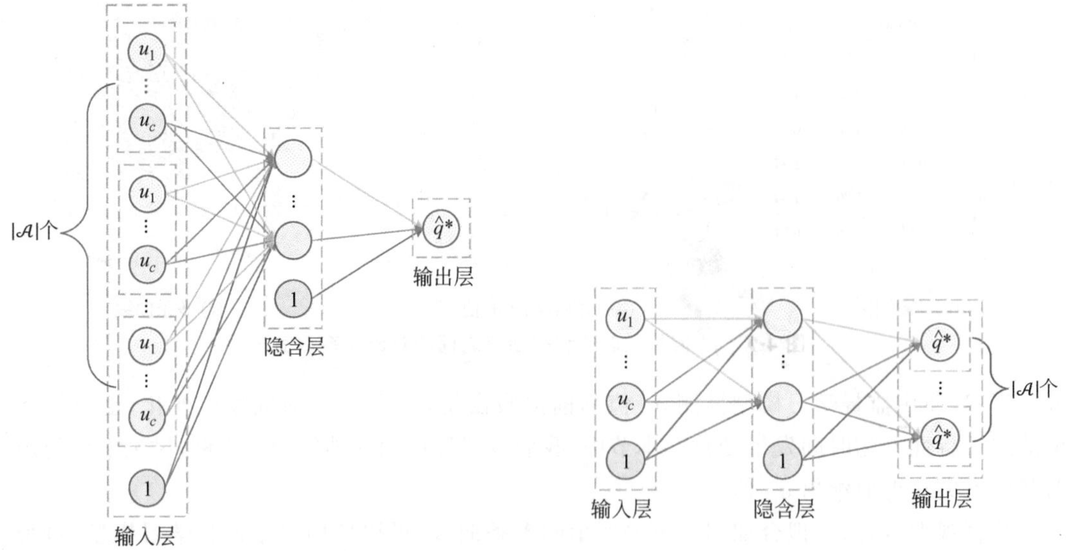

(a) 输入层合并　　　　(b) 输出层合并

图 4-10　将多个神经网络模型“合并”为一个神经网络模型

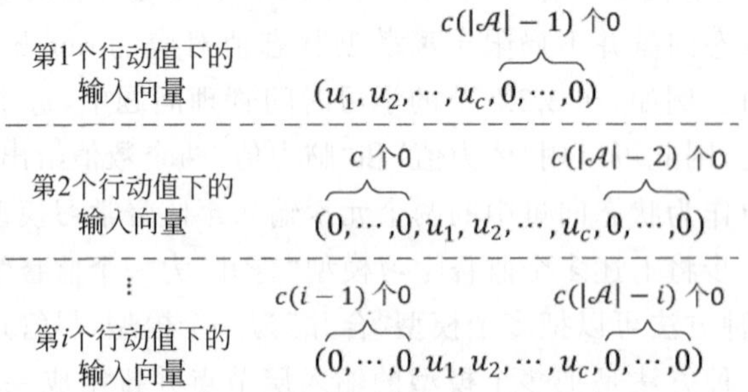

图 4-11　不同行动值下的输入向量

得到的神经网络模型更加“简单”。不过，在训练通过这种方法得到的神经网络模型时会遇到一个问题，稍后我们将讨论这个问题。

接下来的问题是，用来训练监督学习模型的训练样本从何而来？如何训练监督学习模型？

回想一下，在 Q 学习中，我们按照式(4-34)给出用来估计最优行动价值极限值的样本，并使用由式(4-30)和式(4-35)给出的低通滤波器对样本进行滤波，以减小估计值的“波动”。因此，我们既可以使用监督学习模型直接推测 $q^*(\cdot)$，也可以使用监督学习模型推测式(4-35)中滤波器的输出。使用平方误差损失函数训练监督学习模型时，二者之间并无太大差别。故为简化运算起见(并省去式(4-35)中的超参数 α)，选择使用监督学习模型直接推测 $q^*(\cdot)$。在这种情况下，用来训练监督学习模型的训练样本中的标注可由式(4-34)中的 x_{s_t,a_t} 给出(因 x_{s_t,a_t} 本身就是行动价值的样本)，我们是在用 x_{s_t,a_t} 近似 $q^*(s_t,a_t)$，训练样本中的输入向量则根据“状态行动对”(s_t,a_t)参照图 4-10 给出。也就是说，当使用输入层合并时，输入向量由 $c|\mathcal{A}|$ 个元素组成，状态向量 $\boldsymbol{u}$ 在其中的位置取决于行动值 a_t；当使用输出层合并时，输入向量由 c 个元素组成(即状态向量 $\boldsymbol{u}$)。

所以，在运行强化学习任务时初始时刻除外的每个时刻下，都可以根据四元组 $(s_t, a_t, r_{t+1}, s_{t+1})$ 以及监督学习模型输出的推测值 $\hat{q}^*(\cdot)$ 按照式(4-34)得到 1 个样本 x_{s_t,a_t}，从而得到 1 个用来训练监督学习模型的训练样本，并可使用单个训练样本以及梯度下降法完成监督学习模型训练过程中的一次迭代。

值得说明的是，尽管在 Q 学习中已将最优行动价值的极限值 $q^*(s_t, a_t)$ 的估计值记作 $\hat{q}^*(s_t, a_t)$，但为了保持一致，这里我们仍将监督学习模型输出的 $q^*(s_t, a_t)$ 的推测值记作 $\hat{q}^*(s_t, a_t)$。注意，尽管二者在形式上相同，但二者的计算方法不同。

之前我们讨论过，使用输出层合并时，神经网络模型的输出为同一状态下所有行动值的 q^* 的推测值。在训练这种具有多个输出值的神经网络模型时，训练样本的标注也应该是多个数值或向量。该向量中应有 $|\mathcal{A}|$ 个元素，每个元素为单个行动值对应的 q^* 值。然而，在强化学习任务运行中，智能体与环境进行交互时，每个时刻只能从可选行动中选择 1 个行动，故只能得到单个行动值下的 1 个样本，因此，实际中我们无法获得上述标注为向量的训练样本，只能获得标注为标量的训练样本(其中的标量为某一行动值下的标注)。这就是上文中我们提及的问题。所以，在训练这种神经网络模型时，我们只好使用可以获得的标量标注替代无法获得的向量标注，并认为被替代的向量标注中除某个元素(由标量标注给出的那个元素)可用外，其余元素都不可用。这样，在训练过程中计算损失时，仅计算该可用元素对应的损失，而忽略其他元素对应的损失(因存在未知数而无从计算)。尽管这样做使我们仍能训练这种神经网络模型，但同时可能会使训练过程中模型参数的"波动"更大。

综上所述，使用监督学习方法推测 $q^*(\cdot)$ 的、基于 Q 学习的行动价值方法如下。因其基于 Q 学习方法，支持使用线性回归、神经网络等基于节点间互连"网络"的监督学习方法推测 $q^*(\cdot)$，并且在训练过程的每次迭代中仅使用 1 个训练样本，姑且称为单训练样本 Q 网络算法。与 Q 学习算法相同，Q 网络算法可用来在运行强化学习任务时，给出当前时刻下智能体的行动选择，最终目的仍是得到最优策略。因能否得到最优策略取决于 $q^*(\cdot)$ 的推测值 $\hat{q}^*(\cdot)$ 是否足够接近于 $q^*(\cdot)$，而推测值 $\hat{q}^*(\cdot)$ 又取决于所使用的监督学习模型、训练监督学习模型时使用的学习率、时刻数量等诸多因素，故在以下算法中不再显式注明算法输出最优策略，尽管使用以下算法仍然可以得到最优策略。

【单训练样本 Q 网络算法】

输入：运行强化学习任务时智能体在各个时刻观察到的环境状态 $S_1=s_1, S_2=s_2, \cdots$ 以及从环境获得的奖赏 $R_2=r_2, R_3=r_3, \cdots$。

输出：智能体在各个时刻做出的行动选择 $A_1=a_1, A_2=a_2, \cdots$。

(1) 初始化。

(1.1) 初始化当前时刻 t，$t:=1$；初始化状态 $S_1=s_1$，$s_1\in\mathcal{S}$。

(1.2) 初始化监督学习模型(如线性回归模型、神经网络模型等)的参数。

(2) 重复以下步骤。如果是终结型任务，则进行到最后时刻 l，即当 $t\leqslant l-1$ 时重复以下步骤；如果是持续型任务，则不断重复以下步骤。

(2.1) 给出当前时刻下的行动选择 a_t。可使用在各个状态下选择各个行动的概率都大于 0 的任何策略，包括 ε 贪婪方法。以使用 ε 贪婪方法为例：选择由式(4-38)给

出的贪婪行动的概率为 $1-\varepsilon+\frac{\varepsilon}{|\mathcal{A}(s_t)|}$；选择其他任何非贪婪行动的概率均为 $\frac{\varepsilon}{|\mathcal{A}(s_t)|}$。其中，$\varepsilon$ 为预先设置的较小正数；$|\mathcal{A}(s_t)|$ 为环境状态 s_t 下行动值集合 $\mathcal{A}(s_t)$ 中元素的数量；$\hat{q}^*(s_t,a_t)$ 为监督学习模型输出的"状态行动对"(s_t,a_t) 下的 $q^*(s_t,a_t)$ 的推测值。

(2.2) 执行行动 a_t，得到奖赏 r_{t+1}，以及环境的下一个状态 s_{t+1}。

(2.3) 根据 s_t、a_t、r_{t+1}、s_{t+1}，按照式(4-34)给出 x_{s_t,a_t}，式中的推测值 $\hat{q}^*(\cdot)$ 由监督学习模型给出。

(2.4) 根据 s_t、a_t、x_{s_t,a_t} 得到 1 个用来训练监督学习模型的训练样本，并使用该训练样本训练监督学习模型，完成训练过程中的一次迭代。可使用梯度下降法等方法训练模型。完成迭代后不必再保存该训练样本。

(2.5) $t:=t+1$。

接下来，分别使用线性回归模型和神经网络模型作为监督学习模型，使用输入层合并或输出层合并实现单训练样本 Q 网络算法，并使用实验 3-3 中的 MDP 模型验证该算法。

【实验 4-7】 使用线性回归模型和输入层合并实现单训练样本 Q 网络算法，并通过与实验 3-3 中的 MDP 模型交互，画出最优行动价值极限值的推测值 $\hat{q}^*(s_t,a_t)$ 随时刻变化的曲线，$s_t\in\mathcal{S}$，$a_t\in\mathcal{A}(s_t)$。

提示：①由于每个环境状态都由体力状态和脑力状态共同确定，因此可以用"体力值"和"脑力值"两个数值共同给出一个状态，例如，将"脑力较好、体力较差"状态用(1，-1)表示；②当使用输入层合并时，线性回归模型输入向量中元素的数量为 $2\times3=6$，其中，2 代表"体力值"和"脑力值"两个数值，3 为每个状态下可选行动的数量；③可使用 PyTorch 的 torch.nn.Linear 类实现线性回归模型；④训练线性回归模型时可使用平方误差损失函数；⑤可将随机种子设置为 0、折扣率 γ 设置为 0.9、ε 贪婪方法中的 ε 设置为 0.1、训练线性回归模型时的学习率设置为 0.01。

当随机种子为 0、折扣率 γ 为 0.9、ε 贪婪方法中的 ε 为 0.1、最后时刻 l 为 10 000、训练线性回归模型的学习率为 0.01、线性回归模型权重和偏差的初始值都为 0 时，推测值 $\hat{q}^*(s_t,a_t)$ 随时刻变化的曲线如图 4-12 所示，$s_t\in\mathcal{S}$，$a_t\in\mathcal{A}(s_t)$。图中的每条曲线对应一个"状态行动对"(s_t,a_t) 下的推测值 $\hat{q}^*(s_t,a_t)$。从图中可以看出，尽管本实验中使用较为"简单"的线性回归模型推测 $q^*(\cdot)$，但就上述设置而言，使用基于线性回归模型和输入层合并的单训练样本 Q 网络算法可以近似求解实验 3-3 中的学习时间管理问题。

【实验 4-8】 使用神经网络模型和输入层合并实现单训练样本 Q 网络算法，并通过与实验 3-3 中的 MDP 模型交互，画出最优行动价值极限值的推测值 $\hat{q}^*(s_t,a_t)$ 随时刻变化的曲线，$s_t\in\mathcal{S}$，$a_t\in\mathcal{A}(s_t)$。

提示：①注意用随机数初始化神经网络各层的权重和偏差；②神经网络的隐含层节点可使用 ReLU 激活函数。

当随机种子为 0、折扣率 γ 为 0.9、ε 贪婪方法中的 ε 为 0.1、最后时刻 l 为 10 000、训练神经网络模型的学习率为 0.002、神经网络隐含层节点的数量为 $4\times6=24$、隐含层节点使用

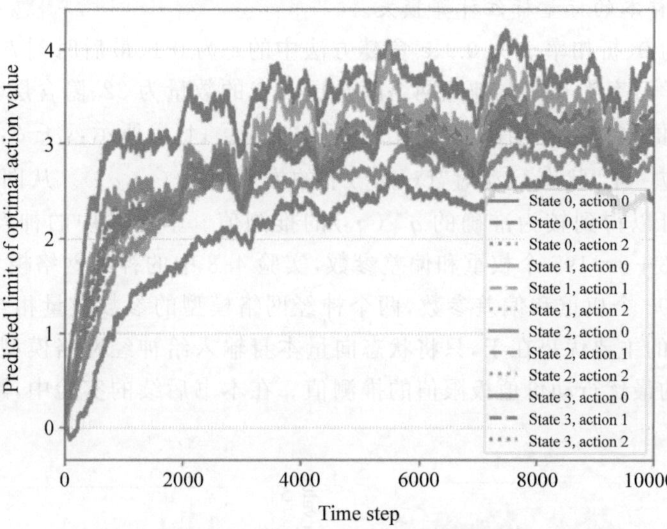

图 4-12 实验 4-7 中$\hat{q}^*(\cdot)$随时刻数量变化的曲线

ReLU 激活函数时，推测值$\hat{q}^*(s_t,a_t)$随时刻变化的曲线如图 4-13 所示，$s_t \in \mathcal{S}, a_t \in \mathcal{A}(s_t)$。图中的每条曲线对应一个"状态行动对"$(s_t,a_t)$下的推测值$\hat{q}^*(s_t,a_t)$。从图中可以看出，尽管在神经网络中代价函数往往不是各层权重和偏差的凸函数，但是使用更为"复杂"的神经网络模型替换线性回归模型，就上述设置而言，可以得到更为准确的$q^*(\cdot)$的推测值。

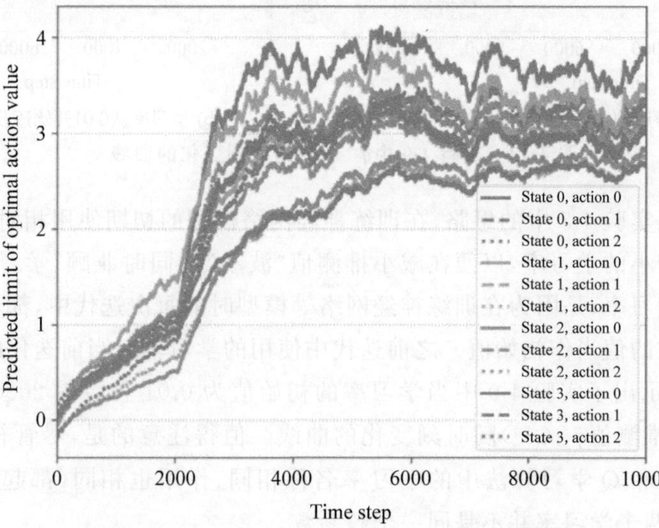

图 4-13 实验 4-8 中$\hat{q}^*(\cdot)$随时刻变化的曲线

【实验 4-9】 使用神经网络模型和输出层合并实现单训练样本 Q 网络算法，并通过与实验 3-3 中的 MDP 模型交互，画出最优行动价值极限值的推测值$\hat{q}^*(s_t,a_t)$随时刻变化的曲线，$s_t \in \mathcal{S}, a_t \in \mathcal{A}(s_t)$。

提示：①神经网络的输入层节点数量为 2(每个状态都由"体力值"和"脑力值"两个数值确定)、输出层节点数量为 3(可选行动的数量)；②在训练神经网络模型过程中计算损失时，只使用神经网络模型输出层多个节点中与当前时刻的行动选择对应的那个节点输出的推测值，以及当前训练样本的标量标注计算损失。

当随机种子为 0、折扣率 γ 为 0.9、ε 贪婪方法中的 ε 为 0.1、最后时刻 l 为 10 000、训练神经网络模型的学习率为 0.002、神经网络隐含层节点的数量为 32、隐含层节点使用 ReLU 激活函数时，推测值 $\hat{q}^*(s_t,a_t)$ 随时刻变化的曲线如图 4-14(a)所示，$s_t\in\mathcal{S}$，$a_t\in\mathcal{A}(s_t)$。图中的每条曲线对应一个“状态行动对”(s_t,a_t)下的推测值 $\hat{q}^*(s_t,a_t)$。从图中可以看出，使用输出层合并也可以得到较为准确的 $q^*(\cdot)$ 的推测值。本实验中的神经网络模型共有 $2\times32+32+32\times3+3=195$ 个权重和偏差参数，实验 4-8 中的神经网络模型共有 $6\times24+24+24\times1+1=193$ 个权重和偏差参数，两个神经网络模型的参数数量相当。相比输入层合并，输出层合并的主要优势在于，只将状态向量本身输入给神经网络模型，就可以得到神经网络模型输出的最优行动价值极限值的推测值。在本书后续的实验中，默认使用输出层合并。

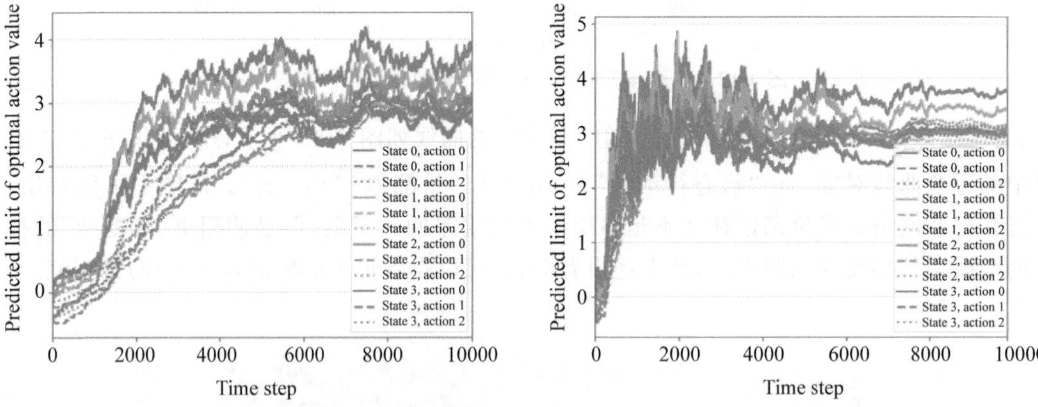

(a) 学习率为0.002　　(b) 学习率从0.01开始逐步缩小

图 4-14　实验 4-9 中 $\hat{q}^*(\cdot)$ 随时刻变化的曲线

同样可以参照实验 4-5 中的思路，在训练神经网络模型的初期使用相对较大的学习率、在后期使用相对较小的学习率，以便在减小推测值“波动”的同时兼顾“学习速度”。之所以可以使用不同的学习率，是因为在训练神经网络等模型时的每次迭代中，都可以将此时模型的权重和偏差参数的值当作初始值。之前迭代中使用的学习率对当前迭代的影响仅限于初始值。图 4-14(b)示出了实验 4-9 中当学习率的初始值为 0.01 且每隔 2000 个时刻减半一次、l 为 10 000 时推测值 $\hat{q}^*(\cdot)$ 随时刻变化的曲线。值得注意的是，尽管神经网络模型训练过程中的学习率和 Q 学习算法中的学习率名称相同、作用也相同(都起到调节“学习速度”的作用)，但这两个学习率并不是同一个超参数。

【练一练】 使用逐步缩小的学习率训练实验 4-9 中的神经网络模型。

提示：可使用 PyTorch 的 torch.optim.lr_scheduler.StepLR 类及其.step()方法实现。

4.6 使用深度神经网络推测最优行动价值的极限值

当状态向量与最优行动价值的极限值之间的对应关系更加“复杂”时，可以考虑进一步使用深度神经网络、卷积神经网络、循环神经网络等更加“复杂”的模型拟合二者之间的对应关系。下面通过实验 4-10 加以验证。

【实验 4-10】 使用深度神经网络模型和输出层合并实现单训练样本 Q 网络算法，并通过与实验 3-3 中的 MDP 模型交互，画出最优行动价值极限值的推测值$\hat{q}^*(s_t,a_t)$随时刻变化的曲线，$s_t\in\mathcal{S},a_t\in\mathcal{A}(s_t)$。

提示：可在神经网络的基础之上再增加一个隐含层。

当随机种子为 0、折扣率 γ 为 0.9、ε 贪婪方法中的 ε 为 0.1、最后时刻 l 为 10 000、训练深度神经网络模型的学习率为 0.002、深度神经网络两个隐含层节点的数量都为 24、隐含层节点都使用 ReLU 激活函数时，推测值$\hat{q}^*(s_t,a_t)$随时刻变化的曲线如图 4-15(a)所示，$s_t\in\mathcal{S},a_t\in\mathcal{A}(s_t)$。图 4-15(a)中，推测值曲线的“波动”较大。为了减小推测值的“波动”，可以逐步缩小深度神经网络模型训练过程中的学习率。图 4-15(b)示出了当学习率的初始值为 0.01 且每隔 2000 个时刻学习率减半一次、l 为 10 000 时推测值$\hat{q}^*(\cdot)$随时刻变化的曲线。当然，为了减小推测值的“波动”，也可以在模型训练过程中使用一个相对较小的固定的学习率，尽管这样做可能导致需要使用更多的训练样本来训练模型，即需要强化学习任务运行的时刻数量更多。在本实验中，若将学习率减小至 0.00003125 并将最后时刻增加至 640 000，则可得到如图 4-15(c)所示的推测值曲线。可见，使用相对较小的学习率有助于减小推测值的“波动”。不过，由于在训练深度神经网络模型的每次迭代中，仅使用 1 个训练样本更新

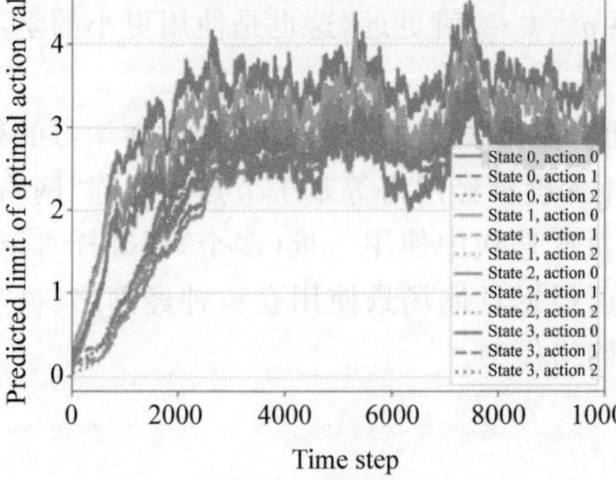

(a) 学习率为0.002

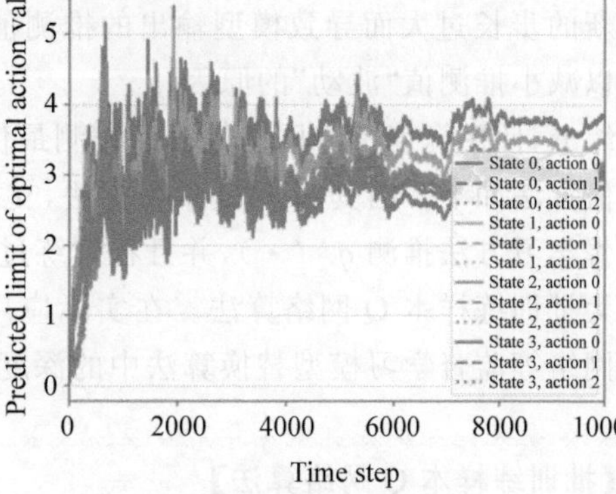

(b) 学习率从0.01开始逐步缩小

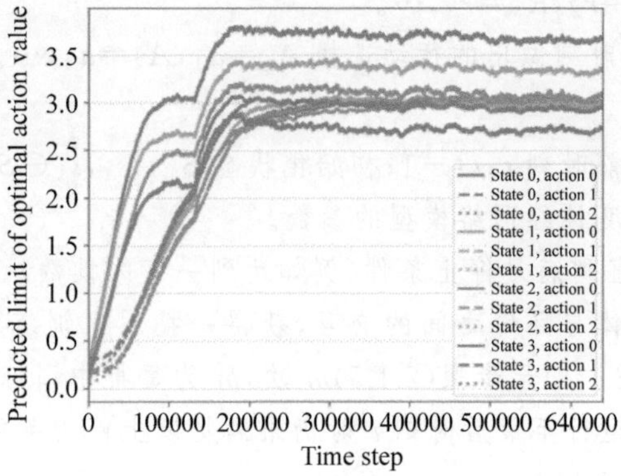

(c) 学习率为0.00003125

图 4-15 实验 4-10 中$\hat{q}^*(\cdot)$随时刻变化的曲线

模型的权重和偏差，当训练样本的数量较多时，所需的训练时间也较长。是否有办法在减小推测值"波动"的同时也减小深度神经网络模型的训练时长（若使用相同数量的训练样本）？

为了缩短深度神经网络模型的训练时长，可考虑在训练深度神经网络模型的每次迭代中使用多个（一批）训练样本来更新模型的权重和偏差，毕竟这样做有助于并行计算。不过，运行强化学习任务时每个时刻只能得到1个训练样本。那么，为了使用多个训练样本更新模型的参数，是否可以在运行强化学习任务时每隔若干时刻再进行一次深度神经网络模型训练过程中的迭代（而非在每个时刻都进行一次）？

幸运的是，我们可以这样做，而不会给推测值接近最优行动价值的极限值带来负面影响。这是因为，深度神经网络模型的参数只在进行迭代的运行时刻更新，因此在不进行迭代的运行时刻，模型输出的推测值并不随时刻的增加而改变，即式(4-27)和式(4-28)中的 $q^{(k-1)}(\cdot)$ 值并不改变。所以，在此期间每个运行时刻根据式(4-28)得到的样本都是用来估计式(4-27)中期望值的样本，也就是用来估计下一次迭代中的 $q^{(k)}(\cdot)$ 值的样本。用来估计期望值的样本的数量越多，估计值的方差可能越小，即估计值的"波动"越小，估计值就越可能接近于期望值。因此，在训练深度神经网络模型的每次迭代中，使用根据这些样本得到的多个（一批）训练样本来更新模型的权重和偏差，就是希望模型输出的推测值更接近于 $q^{(k)}(\cdot)$ 值。从而根据式(4-10)，可以预期模型输出的推测值将会接近于最优行动价值的极限值，当然，前提是训练过程中使用的学习率足够小（否则可能会因模型的权重和偏差参数更新的步长过大而导致模型输出的推测值相距 $q^{(k)}(\cdot)$ 值更远，这也是使用更小的学习率可以减小推测值"波动"的原因）。

综上，使用深度神经网络等模型推测最优行动价值极限值 $q^*(\cdot)$ 的、基于Q学习的行动价值方法如下。因其基于Q学习方法，支持使用深度神经网络等基于节点间互连"网络"的监督学习方法推测 $q^*(\cdot)$，并且在训练过程的每次迭代中使用一批（多个）训练样本，姑且称为批训练样本Q网络算法。在实际应用中，可根据具体场景使用卷积神经网络、循环神经网络等监督学习模型替换算法中的深度神经网络模型。

【批训练样本Q网络算法】

输入：运行强化学习任务时智能体在各个时刻观察到的环境状态 $S_1=s_1, S_2=s_2, \cdots$ 以及从环境获得的奖赏 $R_2=r_2, R_3=r_3, \cdots$。

输出：智能体在各个时刻做出的行动选择 $A_1=a_1, A_2=a_2, \cdots$。

(1) 初始化。

(1.1) 初始化当前时刻 t，$t:=1$；初始化状态 $S_1=s_1, s_1\in\mathcal{S}$。

(1.2) 初始化深度神经网络模型的参数。

(2) 重复以下步骤，直到满足停止条件（例如达到一定的批数）。

(2.1) 通过智能体与环境之间的交互，获得一批用来训练深度神经网络模型的训练样本。重复步骤(2.1.1)至步骤(2.1.5) m 次，m 为每批中训练样本的数量。对于终结型强化学习任务，若运行至最后时刻 l 时仍未满足以上停止条件，则再次运行该终结型任务、再次执行步骤(1.1)。

(2.1.1) 给出当前时刻下的行动选择 a_t。可使用在各个状态下选择各个行动的概率都大于0的任何策略，包括 ϵ 贪婪方法。下面以使用 ϵ 贪婪方法为例：选

择由式(4-38)给出的贪婪行动的概率为 $1-\varepsilon+\frac{\varepsilon}{|\mathcal{A}(s_t)|}$；选择其他任何非贪婪行动的概率均为 $\frac{\varepsilon}{|\mathcal{A}(s_t)|}$。其中，$\varepsilon$ 为预先设置的较小正数；$|\mathcal{A}(s_t)|$ 为环境状态 s_t 下行动值集合 $\mathcal{A}(s_t)$ 中元素的数量；$\hat{q}^*(s_t,a_t)$ 为深度神经网络模型输出的"状态行动对"(s_t,a_t) 下的 $q^*(s_t,a_t)$ 的推测值。

(2.1.2) 执行行动 a_t，得到奖赏 r_{t+1}，以及环境的下一个状态 s_{t+1}。

(2.1.3) 根据 s_t、a_t、r_{t+1}、s_{t+1}，按照式(4-34)给出 x_{s_t,a_t}，式中的推测值 $\hat{q}^*(\cdot)$ 由深度神经网络模型给出。在环境进入某些特定状态时结束运行的终结型强化学习任务中，当 $t=l-1$ 时，$x_{s_t,a_t}=r_{t+1}$（因在这些特定状态下任何行动的价值都是0）。

(2.1.4) 根据 s_t、a_t、x_{s_t,a_t} 得到1个用来训练深度神经网络模型的训练样本，并保存该训练样本以及 a_t。

(2.1.5) $t:=t+1$。

(2.2) 使用在步骤(2.1)中得到的一批(m 个)训练样本训练深度神经网络模型，完成训练过程中的一次迭代。可使用批梯度下降法等方法训练模型。完成迭代后不必再保存这 m 个训练样本。

【实验 4-11】 使用深度神经网络模型和输出层合并实现批训练样本Q网络算法，并通过与实验3-3中的MDP模型交互，画出最优行动价值极限值的推测值 $\hat{q}^*(s_t,a_t)$ 随训练样本批数变化的曲线，$s_t\in\mathcal{S}$，$a_t\in\mathcal{A}(s_t)$。

提示：在批训练样本Q网络算法中，训练深度神经网络模型时可使用均方误差代价函数。

当随机种子为0、折扣率 γ 为0.9、ε 贪婪方法中的 ε 为0.1、批的数量为10 000、每批中训练样本的数量 m 为64、训练深度神经网络模型的学习率为0.002、深度神经网络两个隐含层节点的数量都为24、隐含层节点都使用ReLU激活函数时，推测值 $\hat{q}^*(s_t,a_t)$ 随训练样本批数变化的曲线如图4-16(a)所示，$s_t\in\mathcal{S}$，$a_t\in\mathcal{A}(s_t)$。图4-16(a)中的曲线与图4-15(c)中的曲线看起来基本相同，但本实验中深度神经网络模型的训练时长显著小于实验4-10中深度神经网络模型的训练时长。也可以在批训练样本Q网络算法中使用逐步缩小的学习率，以减少训练过程中所需的批的数量。图4-16(b)示出了当学习率的初始值为0.1且每隔200批训练样本减半一次、批的数量 m 为1000时推测值 $\hat{q}^*(\cdot)$ 随批数变化的曲线。

在学习时间管理问题中，环境可能的状态共有4个、智能体的可选行动共有3个，故需要估计的最优行动价值的极限值只有 $4\times3=12$ 个。而实验4-11中的深度强化学习模型共有747个偏差和权重参数，因此在学习时间管理问题中使用该模型推测最优行动价值的极限值，未免"大材小用"。

为了进一步评估使用深度神经网络的强化学习方法，我们考虑一个更"复杂"的强化学习任务：简化玩法的21点(blackjack)。假设我们有一副扑克牌，除大王和小王两张牌之后还剩下52张牌。其中，牌面为2至10的牌，其点数按牌面数字计算；牌面为J、Q、K的牌，其点数算作10点；牌面为A的牌，其点数既可算作1点，也可算作11点，由玩家自行决定。在简化玩法中，只有庄家和一名玩家。每局游戏开局时，玩家和庄家分别获得两张牌。我们

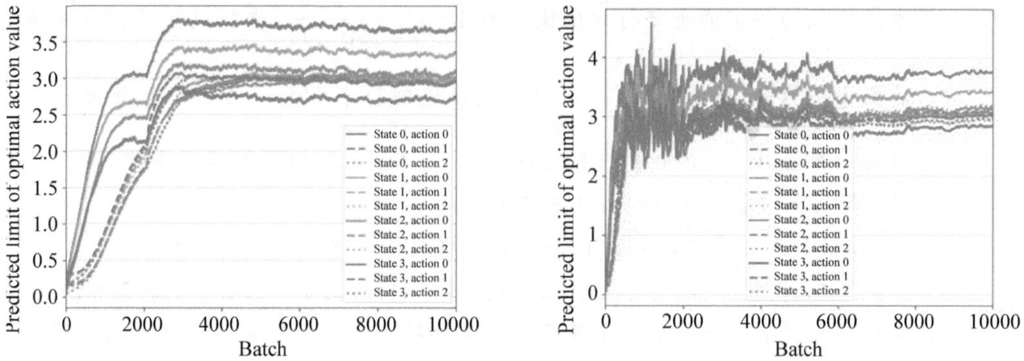

(a) 学习率为0.002　　　　(b) 学习率从0.1开始逐步缩小

图 4-16　实验 4-11 中$\hat{q}^*(\cdot)$随批数变化的曲线

暂且认为庄家的这两张牌玩家都可以看到。在简化玩法中，开局之后，玩家可以选择“拿牌”(hit)或者“停牌”(stand)。如果玩家选择“拿牌”，则庄家再发给玩家一张牌；如果拿牌后玩家手牌的点数之和超过 21 点，则玩家输掉该局游戏。当手牌点数之和不超过 21 点时，玩家既可以选择“拿牌”，也可以选择“停牌”。如果玩家选择“停牌”，则庄家持续选择“拿牌”，直到其手牌点数之和不小于 17 点。若在此过程中庄家的手牌点数之和超过 21 点，则玩家获胜；否则，比较玩家和庄家的手牌点数之和，点数之和较大者获胜，若点数之和相同，则为平局。

显然，简化玩法的 21 点是终结型强化学习任务。强化学习中的智能体作为玩家，通过进行多局游戏，学习如何在每局游戏中做出一系列行动选择，以尽量赢得该局游戏。该任务中的环境状态可由玩家和庄家的手牌共同给出，可供智能体(玩家)选择的行动包括“拿牌”和“停牌”。尽管可供智能体选择的行动只有 2 个，但是由玩家和庄家手牌给出的环境状态的数量却数以万计。

作为本章最后一个实验，我们使用基于深度神经网络和输出层合并的单训练样本 Q 网络算法，完成简化玩法的 21 点这个强化学习任务。扫描二维码可下载该强化学习任务中环境的参考实现代码，读者可在此基础上完成实验程序。为了简便起见，我们将“简化玩法的 21 点”任务简称为“21 点”任务。

简化玩法的 21 点环境实现代码

【实验 4-12】 使用基于深度神经网络模型和输出层合并的单训练样本 Q 网络算法，完成 21 点强化学习任务。画出胜率随游戏局数变化的曲线。

提示：①在 21 点任务中，环境状态由一个包含 20 个元素的向量给出，该向量的前 10 个元素分别为玩家手中的牌面为 A 到 10 的牌的数量，该向量的后 10 个元素分别为庄家手中的牌面为 A 到 10 的牌的数量，这里的牌面为 10 的牌包括实际牌面为 10、J、Q、K 的牌；②在开始一局游戏时，调用环境参考实现代码中的 blackjack_init()函数初始化环境(包括初始化环境状态)；③调用 blackjack_get_state()函数返回当前的环境状态；④调用 blackjack_step()函数进行一步游戏(运行一个时刻)，该函数返回的第一个值为环境给出的奖赏值、第二个值为代表本局游戏是否已结束的布尔值(“真”或“假”)；⑤需要注意的是，在该强化学习任务中，当环境进入某些特定状态(例如玩家手牌点数之和超过 21 点)时结束运行，故这些特定状态下的行动价值为 0；⑥在该强化学习任务中，折扣率 γ 可以取 0.8；⑦胜率可以是累计获胜局数与累计游戏局数之比。

当随机种子为 0、折扣率 γ 为 0.8、ε 贪婪方法中的 ε 为 0.1、强化学习任务的运行次数(游戏局数)为 100 000 次、训练深度神经网络模型的学习率的初始值为 0.02、深度神经网络模型两个隐含层节点的数量都为 40、隐含层节点都使用 ReLU 激活函数时,胜率随游戏局数变化的曲线如图 4-17(a)所示。在训练该深度神经网络模型时,使用了逐步缩小的学习率:强化学习任务每运行 40 000 次,学习率减半一次。作为参考,图 4-17(b)示出了一小部分(3 个)状态下的最优行动价值极限值的推测值 $\hat{q}^*(\cdot)$ 随运行时刻变化的曲线。这 3 个状态分别是:玩家和庄家的手牌都为 2 张牌面为 10 的牌("状态 0");玩家手牌为 1 张 A 和 1 张 2、庄家手牌为 1 张 9 和 1 张牌面为 10 的牌("状态 1");玩家手牌为 1 张 9 和 1 张牌面为 10 的牌、庄家手牌为 1 张 A 和 1 张 2("状态 2")。图 4-17(b)中,各次运行的各个运行时刻首尾相连;行动 0 代表"拿牌",行动 1 代表"停牌"。从图中可以看出,就上述设置而言,尽管在该 21 点任务中环境状态的数量数以万计,但借助深度神经网络,在使用几万个训练样本训练深度神经网络模型之后,智能体可以获得较高的胜率。

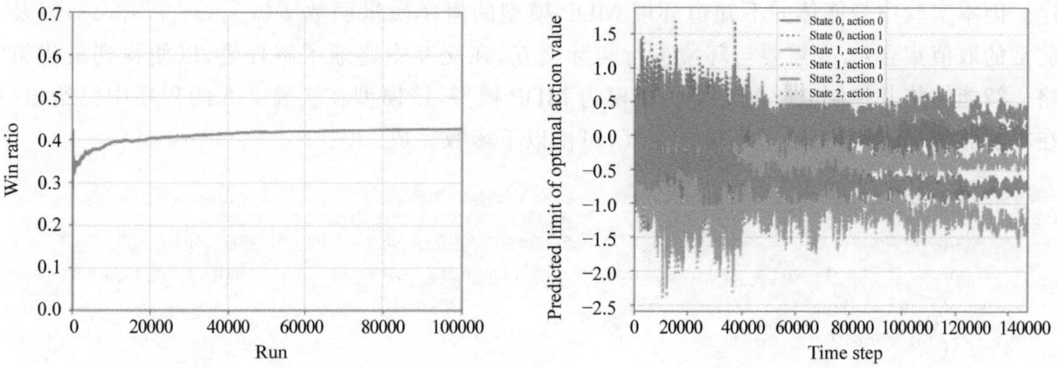

(a) 胜率随游戏局数变化的曲线　　(b) $\hat{q}^*(\cdot)$随时刻变化的曲线

图 4-17　实验 4-12 中胜率随游戏局数、$\hat{q}^*(\cdot)$随时刻变化的曲线

4.7　本章实验解析

如果你已经独立完成了本章中的各个实验,祝贺你,可以跳过本节学习。如果未能独立完成,也没有关系,因为在本节中,我们将对本章中出现的各个实验做进一步讲解分析。

【实验 4-1】 以实验 3-3 中给出的 MDP 模型为例,计算给定策略下各个状态的价值,以及各个状态下各个行动的价值,并画出状态价值和行动价值随迭代次数变化的曲线。给定策略为:无论环境处于哪个状态下,智能体都选择"学习"。

【解析】 本实验的程序可参考实验 3-7 的程序。将实验 3-7 程序中给定的各个状态下的行动选择修改为[0, 0, 0, 0](即各个状态下的行动选择都是"学习")。由于本实验中的迭代次数已知,故主循环仍可使用 for 循环,且可使用预先定义的数组保存每次迭代中的状态价值和行动价值。在主循环内,仍可使用四重 for 循环按照式(3-31)计算给定策略下各个状态的价值、参照式(4-5)计算各个状态下各个行动的价值。

现在,如果你尚未完成实验 4-1,请尝试独立完成本实验。如果仍有困难,再参考附录 A

中经过注释的实验程序。

【实验 4-2】 以实验 3-3 中给出的 MDP 模型为例，计算各个时刻下各个状态的最优价值，以及各个时刻各个状态下各个行动的最优价值，并画出最优状态价值和最优行动价值随时刻变化的曲线。

【解析】 本实验的程序可基于实验 4-1 的程序。本实验中，主循环可使用 for 循环，仍可使用预先定义的数组保存各个时刻下的最优状态价值和最优行动价值。在主循环内，仍可使用四重 for 循环参照式(4-11)计算各个状态下各个行动的最优价值、参照式(4-10)计算各个状态的最优价值。最优行动可参照式(4-18)给出。

现在，如果你尚未完成实验 4-2，请尝试独立完成本实验。如果仍有困难，再参考附录 A 中经过注释的实验程序。

【实验 4-3】 实现基于探索起步的蒙特卡洛算法，并通过与实验 3-3 中的 MDP 模型交互，给出各个状态下的最优行动，画出$\bar{q}(s_t,a_t)$随运行次数变化的曲线，$s_t \in \mathcal{S}$，$a_t \in \mathcal{A}(s_t)$。

【解析】 由于使用实验 3-3 中的 MDP 模型，因此本实验的程序可基于实验 3-3 的程序。因本实验中智能体并不知道环境 MDP 模型的概率质量函数 $p(s_{t+1},r_{t+1}|s_t,a_t)$以及奖赏的取值集合$\mathcal{R}$，故需要与环境进行实际交互，在交互中逐渐了解环境，以便找到最优策略。智能体将其控制之外的环境仍建模为 MDP 模型，该模型在实验 3-3 的程序中已给出。在本实验中，智能体每次与环境的交互，可由以下函数完成。

```
def tm_step(cur_s, cur_a):
    next_s=rng.choice(tm_num_states, p=tm_mdp_p_s[:, cur_s, cur_a])
    next_r=tm_reward_values[rng.choice(tm_num_rewards, p=tm_mdp_p_r[:, next_s,
cur_s, cur_a])]
    return next_s, next_r
```

该函数的参数为智能体已知的当前时刻环境状态 s_t(cur_s)和智能体在当前时刻做出的行动选择 a_t(cur_a)，返回值为下一时刻的环境状态 s_{t+1}(next_s)和环境给出的奖赏 r_{t+1}(next_r)。在该函数内，根据实验 3-3 中定义的环境状态转移概率矩阵 tm_mdp_p_s，随机给出下一时刻的环境状态，并根据奖赏概率矩阵 tm_mdp_p_r，随机给出奖赏取值集合$\mathcal{R}$中的一个奖赏。

本实验中，仍可使用各个状态下的行动选择表示策略，并可使用一维数组(或列表)存储。各个状态下行动选择的初始值可以为任何可选的行动。对于$\bar{q}(\cdot)$，可用一个二维数组保存，并可用任意值初始化其中的元素(因为算法中并没有用到其初始值)。

由于强化学习任务的运行次数事先已给出，所以程序的主循环可以使用 for 循环，完成每次运行(也就是广义策略迭代框架下的一次"迭代")。主循环(每次运行)开始后，可使用 rng.integers()方法分别随机选取一个初始状态值 s_1 和一个初始行动选择 a_1。接下来，在 $t=1,2,\cdots,l-1$ 时刻(可用 for 循环实现)，调用 tm_step()函数，得到状态 s_{t+1} 和奖赏 r_{t+1}，然后将 s_t、a_t、r_{t+1}保存至数组，并根据当前策略(即上述各个状态下的行动选择)给出状态 s_{t+1}下的行动选择 a_{t+1}，周而复始，直到运行至最后时刻。

得到一条状态、奖赏、行动时间迹线(保存 s_t、a_t、r_{t+1}的数组)后，就可以按照时刻从 $l-1$ 至 1 依次递减的顺序(可用 for 循环实现)，按照式(4-15)计算当前时刻下的收益 g_t(也可通

过 $g_t=r_{t+1}+\gamma g_{t+1}$ 迭代计算，其中 $g_l=0$、$\gamma=0.9$)，并且检查当前时刻下的“状态行动对”(s_t,a_t)是否在更早的时刻出现过。如果没有出现过，则说明当前时刻的这个“状态行动对”(s_t,a_t)在当前时间迹线中是首次出现（即“首访”），此时应把当前时刻下的收益 g_t 作为样本加入至“状态行动对”(s_t,a_t)下的样本中，例如直接加入累加和 z_{s_t,a_t} 中，并将样本数量 m_{s_t,a_t} 加 1。同时，根据更新后的累加和及样本数量，用样本算术平均值 $\frac{z_{s_t,a_t}}{m_{s_t,a_t}}$ 顺便更新 $\bar{q}(s_t,a_t)$，因为此后在当前的时间迹线中不会再次遇到这个“状态行动对”。各个“状态行动对”的累加和及样本数量，可以用两个二维数组分别保存。至于如何检查当前时刻的“状态行动对”(s_t,a_t)是否在更早的时刻出现过，有多种实现方法。其中一种办法是，再用一个 for 循环，逐一与之前各个时刻下的“状态行动对”做比较。

在主循环结束前，根据 $\bar{q}(\cdot)$ 按照式(4-19)给出各个状态下的贪婪行动（可使用 np.argmax()函数实现），并用这些贪婪行动更新各个状态下的行动选择。主循环结束后，将最新得到的各个状态下的行动选择作为程序输出的最优行动。

现在，如果你尚未完成实验 4-3，请尝试独立完成本实验。如果仍有困难，再参考附录 A 中经过注释的实验程序。

【实验 4-4】 实现基于 ε 贪婪方法的蒙特卡洛算法，并通过与实验 3-3 中的 MDP 模型交互，给出各个状态下的最优行动，画出 $\bar{q}(s_t,a_t)$ 随运行次数变化的曲线，$s_t\in\mathcal{S}, a_t\in\mathcal{A}(s_t)$。

【解析】 本实验的程序可基于实验 4-3 的程序。修改实验 4-3 程序主循环中初始状态的取值和做出各个时刻下的行动选择这部分代码。由于无须探索起步，故可删除随机选取初始状态 s_1 和初始行动选择 a_1 这部分代码。可将第一个状态值（状态 0）固定作为初始状态的取值，并加入代码实现使用 ε 贪婪方法给出初始行动选择。在每个运行时刻的 for 循环中，同样使用 ε 贪婪方法给出当前时刻的行动选择。实现 ε 贪婪方法可使用 if 语句：如果使用 rng.random()方法得到的随机数大于 ε(ε 可设置为 0.01)，则根据各个状态下的行动选择给出行动选择，否则使用 rng.integers()方法随机给出一个行动选择。

现在，如果你尚未完成实验 4-4，请尝试独立完成本实验。如果仍有困难，再参考附录 A 中经过注释的实验程序。

【实验 4-5】 实现 Q 学习算法，并通过与实验 3-3 中的 MDP 模型交互，画出估计值 $\hat{q}^*(s_t,a_t)$ 随时刻变化的曲线，$s_t\in\mathcal{S}, a_t\in\mathcal{A}(s_t)$。

【解析】 本实验的程序可基于实验 4-4 的程序。由于本实验中智能体仍需与环境交互，故保留实验 4-4 程序中的 tm_step()函数；由于本实验中只需运行一次强化学习任务，故可去掉实验 4-4 程序中的最外层 for 循环。对于 $\hat{q}^*(s_t,a_t)$，同样可用一个二维数组保存，并可用任意值初始化其中的元素。初始状态 s_1 可设置为任意状态。仍可用 for 循环实现智能体在 $t=1,2,\cdots,l-1$ 时刻与环境的交互。在该 for 循环中：先通过 ε 贪婪方法给出当前时刻的行动选择 a_t；再调用 tm_step()函数得到下一时刻的状态值 s_{t+1} 和奖赏值 r_{t+1}；然后按照式(4-37)更新 $\hat{q}^*(s_t,a_t)$，式中的取最大值运算可使用 np.amax()函数实现，α 可设置为 0.05 等较小的正数，γ 仍可设置为 0.9；最后用下一时刻的状态值 s_{t+1} 取代当前时刻的状态值 s_t。实现 ε 贪婪方法仍可使用 if 语句：如果使用 rng.random()方法得到的随机数大于 ε（在 Q 学习中 ε 可设置为 0.1 等小于或等于 1 的正数），则根据 $\hat{q}^*(\cdot)$ 和式(4-38)选择当前状态下的贪婪行动作为当前时刻的行动选择，否则随机选择一个行动（可使用 rng.integers()

方法）。

现在，如果你尚未完成实验 4-5，请尝试独立完成本实验。如果仍有困难，再参考附录 A 中经过注释的实验程序。

【实验 4-6】 实现 Dyna-Q 算法，并通过与实验 3-3 中的 MDP 模型交互，画出估计值 $\hat{q}^*(s_t,a_t)$ 随时刻变化的曲线，$s_t\in\mathcal{S},a_t\in\mathcal{A}(s_t)$。

【解析】 本实验的程序可基于实验 4-5 的程序。可使用两个三维数组分别存储 $m_{s_t,a_t,s_{t+1}}$ 和 $z_{s_t,a_t,s_{t+1}}$。因 $m_{s_t,a_t}=\sum_{s_{t+1}\in\mathcal{S}}m_{s_t,a_t,s_{t+1}}$，故可不使用额外的二维数组单独存储 m_{s_t,a_t}。为了便于以指定概率随机抽取下一时刻的状态值，可再使用一个三维数组存储概率质量函数 $p(s_{t+1}|s_t,a_t)$。初始状态 s_1 仍可设置为任意状态。

本实验程序的主循环可沿用实验 4-5 程序中的主循环（for 循环）。在主循环中，与 Q 学习一样，先通过 ε 贪婪方法得到当前时刻的行动选择 a_t，再调用 tm_step() 函数得到下一时刻的状态值 s_{t+1} 和奖赏值 r_{t+1}，然后按照式(4-37)更新 $\hat{q}^*(s_t,a_t)$，式中的 α 可设置为 0.05，γ 仍可设置为 0.9。接着，用本次循环中得到的四元组 $(s_t,a_t,r_{t+1},s_{t+1})$ 更新 $m_{s_t,a_t,s_{t+1}}$ 和 $z_{s_t,a_t,s_{t+1}}$，即 $m_{s_t,a_t,s_{t+1}}:=m_{s_t,a_t,s_{t+1}}+1$、$z_{s_t,a_t,s_{t+1}}:=z_{s_t,a_t,s_{t+1}}+r_{t+1}$，并在此基础之上更新 $\hat{p}(s_{t+1}|s_t,a_t)$，即 $m_{s_t,a_t}=\sum_{s_{t+1}\in\mathcal{S}}m_{s_t,a_t,s_{t+1}}$、$\hat{p}(s_{t+1}|s_t,a_t):=\frac{m_{s_t,a_t,s_{t+1}}}{m_{s_t,a_t}}$。需要注意的是，当 $m_{s_t,a_t}=0$ 时，可将 $\hat{p}(s_{t+1}|s_t,a_t)$ 赋值为 $\frac{1}{|\mathcal{S}|}$，$s_{t+1}\in\mathcal{S}$，$|\mathcal{S}|$ 为状态值的数量。之后，再用下一时刻的状态值 s_{t+1} 取代当前时刻的状态值 s_t。

在主循环的最后，根据环境模型生成的“模拟经验”进行“学习”：先随机生成 1 个“状态行动对”，再根据“状态行动对”和建立的模型给出四元组，然后按照式(4-41)继续更新 $\hat{q}^*(s_t,a_t)$，重复进行上述过程 n 次。因此，此处需增加一个 for 循环（循环 n 次，n 可以取 20）。由于这些生成的四元组与智能体同环境进行交互的时刻并没有关系，故在 Dyna-Q 算法中将这些四元组记作 (s,a,r,s')。具体来说，在该内层 for 循环中，先随机生成 1 个“状态行动对” (s,a)；再根据 $\hat{p}(s'|s,a)$ 使用 rng.choice() 方法随机给出 s'；接着根据 s、a、s'、$z_{s,a,s'}$，以及 $m_{s,a,s'}$ 直接给出 r，即 $r:=\frac{z_{s,a,s'}}{m_{s,a,s'}}$。当 $m_{s,a,s'}=0$ 时，可将 r 赋值为 0。最后，按照式(4-41)更新 $\hat{q}^*(s,a)$。这里的 $\hat{q}^*(s,a)$ 与主循环中的 $\hat{q}^*(s_t,a_t)$ 相同，在程序中为同一个二维数组。

现在，如果你尚未完成实验 4-6，请尝试独立完成本实验。如果仍有困难，再参考附录 A 中经过注释的实验程序。

【实验 4-7】 使用线性回归模型和输入层合并实现单训练样本 Q 网络算法，并通过与实验 3-3 中的 MDP 模型交互，画出最优行动价值极限值的推测值 $\hat{q}^*(s_t,a_t)$ 随时刻变化的曲线，$s_t\in\mathcal{S},a_t\in\mathcal{A}(s_t)$。

【解析】 本实验的程序可基于实验 4-6 的程序，并参照实验 2-2 的程序。本实验中，我们借助 PyTorch 框架实现线性回归模型，当然，也可以使用 NumPy 库直接实现线性回归模型。在用给定种子构造 NumPy 的随机数生成器之后（随机数种子可为 0），设置 PyTorch 的随机数种子（例如设置为 0）：torch.manual_seed(0)。定义线性回归模型（Q 网络）并将权重和偏差的初始值赋值为 0,参考代码如下。

```
class q_net(torch.nn.Module):
    def __init__(self):
        super(q_net, self).__init__()
        self.linear=torch.nn.Linear(in_features=d, out_features=1)
        self.linear.weight.data.fill_(0)
        self.linear.bias.data.fill_(0)
    def forward(self, x):
        y_hat=self.linear(x)
        return y_hat
```

其中,d 为线性回归模型输入向量中元素的数量。之后,创建一个模型对象:model_q_net=q_net();创建一个用来计算平方误差损失(即每批中训练样本的数量为 1 时的均方误差代价)的对象:loss_function=torch.nn.MSELoss();再创建一个优化器对象,例如 optimizer=torch.optim.SGD(model_q_net.parameters(), lr=learning_rate)。

环境的初始状态 s_1 可以为任意状态。程序的主循环可沿用实验 4-6 程序中对每个运行时刻的 for 循环。由于在单训练样本 Q 网络算法中,在除初始时刻之外的每个时刻都进行一次监督学习模型(Q 网络)训练过程中的迭代,因此本实验程序可使用该 for 循环一并实现运行强化学习任务的每一步以及训练 Q 网络过程中的每一次迭代。在该 for 循环中,先用 ε 贪婪方法得到当前时刻的行动选择 a_t,其中使用的行动价值通过 Q 网络推测给出;再调用 tm_step()函数得到下一时刻的状态值 s_{t+1} 和奖赏值 r_{t+1};然后使用 Q 网络给出的推测值、按照式(4-34)计算出当前时刻的样本,并将其作为当前训练样本的标注;再参照实验 2-2程序使用该训练样本和梯度下降法训练监督学习模型;最后用下一时刻的状态值 s_{t+1} 取代当前时刻的状态值 s_t。

当使用输入层合并时,线性回归模型(Q 网络)的输入以及训练样本的输入向量,由"行动状态对"给出。根据"行动状态对"给出输入向量可通过如下代码实现。其中,输入向量中元素的数量 d 为 6;状态的取值可能为{0,1,2,3},分别对应 4 个可能的状态;行动的取值可能为{0,1,2},分别对应 3 个可选行动;每个状态都由"体力值"和"脑力值"两个数值共同给出,"脑力较好"和"体力较好"都用 1 表示,"脑力较差"和"体力较差"都用−1 表示。

```
inputs=np.zeros((1, d))
inputs[0, 0+action * 2]=1 if state==0 or state==2 else -1
inputs[0, 1+action * 2]=1 if state==0 or state==1 else -1
```

现在,如果你尚未完成实验 4-7,请尝试独立完成本实验。如果仍有困难,再参考附录 A 中经过注释的实验程序。

【实验 4-8】 使用神经网络模型和输入层合并实现单训练样本 Q 网络算法,并通过与实验 3-3 中的 MDP 模型交互,画出最优行动价值极限值的推测值 $\hat{q}^*(s_t,a_t)$ 随时刻变化的曲线,$s_t\in\mathcal{S},a_t\in\mathcal{A}(s_t)$。

【解析】 本实验的程序可基于实验 4-7 的程序稍作改动。修改 Q 网络的定义,通过加入使用 ReLU 激活函数的隐含层,将线性回归模型修改为神经网络模型。隐含层节点数量可设置为 24。需要注意的是,应删除将权重和偏差初始化为 0 的代码,以便 PyTorch 使用随机数初始化神经网络模型各层的权重和偏差。

现在,如果你尚未完成实验4-8,请尝试独立完成本实验。如果仍有困难,再参考附录A中经过注释的实验程序。

【实验4-9】 使用神经网络模型和输出层合并实现单训练样本Q网络算法,并通过与实验3-3中的MDP模型交互,画出最优行动价值极限值的推测值$\hat{q}^*(s_t,a_t)$随时刻变化的曲线,$s_t\in\mathcal{S},a_t\in\mathcal{A}(s_t)$。

【解析】 本实验的程序可基于实验4-8的程序。修改Q网络的定义,将输入层节点的数量修改为2,将输出层节点的数量修改为3。隐含层节点的数量可以设置为32。对依赖于输入层节点数量和输出层节点数量的代码做相应修改。此时,神经网络模型的输入为状态向量本身(本实验中使用的实验3-3中的MDP模型的状态向量包含2个元素);神经网络模型的输出不再是一个标量数值,而是一个1×3大小的行向量(在程序中是一个二维数组)。该向量中的3个元素分别为当前状态(由神经网络模型输入的状态向量给出)下3个可选行动的最优行动价值极限值的推测值。由于当前时刻的训练样本的标注为标量数值,且该标注为当前环境状态下智能体选择当前行动之后得到的样本,因此训练样本的标注只能用于评估神经网络模型输出的当前行动对应的这个推测值。故在计算损失时,仅使用该推测值和训练样本的标注计算损失。计算损失的参考代码为:costs=loss_function(y_hat[0, action], label)。其中,y_hat为神经网络模型输出的推测值向量(二维数组);action为当前时刻选择的行动;label为训练样本的标量标注。

现在,如果你尚未完成实验4-9,请尝试独立完成本实验。如果仍有困难,再参考附录A中经过注释的实验程序。

【实验4-10】 使用深度神经网络模型和输出层合并实现单训练样本Q网络算法,并通过与实验3-3中的MDP模型交互,画出最优行动价值极限值的推测值$\hat{q}^*(s_t,a_t)$随时刻变化的曲线,$s_t\in\mathcal{S},a_t\in\mathcal{A}(s_t)$。

【解析】 本实验的程序可基于实验4-9的程序。修改Q网络的定义,在神经网络模型的基础之上,再增加一个使用ReLU激活函数的隐含层。两个隐含层节点数量可都设置为24。

为了实现训练过程中逐步缩小的学习率,可在创建优化器对象之后再创建一个学习率调度器对象,参考代码为:scheduler=torch.optim.lr_scheduler.StepLR(optimizer, step_size=num_lr_iterations, gamma=0.5)。其中,num_lr_iterations为在缩小学习率之前训练过程中需完成的迭代次数,也就是说学习率在最多num_lr_iterations次迭代中保持不变;0.5为学习率的缩减系数,即在每次缩小学习率时都将学习率缩减至原来的一半。此外,还需在训练过程中更新权重和偏差参数之后,通过调用该调度器对象的.step()方法改变学习率,参考代码为:scheduler.step()。

现在,如果你尚未完成实验4-10,请尝试独立完成本实验。如果仍有困难,再参考附录A中经过注释的实验程序。

【实验4-11】 使用深度神经网络模型和输出层合并实现批训练样本Q网络算法,并通过与实验3-3中的MDP模型交互,画出最优行动价值极限值的推测值$\hat{q}^*(s_t,a_t)$随训练样本批数变化的曲线,$s_t\in\mathcal{S},a_t\in\mathcal{A}(s_t)$。

【解析】 本实验的程序可基于实验4-10的程序。由于本实验中算法的结束条件为完成一定批数的训练，故程序的主循环可从对每个运行时刻的 for 循环更改为对每批训练样本的 for 循环。在主循环中，先获取并保存一批（m 个）训练样本，再使用这批训练样本训练深度神经网络模型，以完成训练过程中的一次迭代。为了获取 m 个训练样本，可参照实验 4-10 程序的主循环，使用 for 循环在 m 个时刻下运行强化学习任务。在保存训练样本的同时，保存在这些时刻下做出的行动选择。在训练过程中计算均方误差代价时，根据保存的行动值选择模型输出的推测值，参考代码为：costs＝loss_function(y_hat[torch.arange(0, batch_size), action_tensor], label_tensor)。其中，y_hat 为深度神经网络模型的输出，在本实验中为二维数组，该数组第一维的大小等于每批中训练样本的数量 m，第二维的大小等于可选行动的数量（本实验中为 3）；batch_size 即 m；action_tensor 为保存的行动值数组（大小为 m 的一维数组）；label_tensor 为训练样本的标注数组（大小为 m 的一维数组）；y_hat[torch.arange(0, batch_size), action_tensor]用来从 y_hat 数组中抽取出用于计算代价的推测值。

现在，如果你尚未完成实验 4-11，请尝试独立完成本实验。如果仍有困难，再参考附录 A 中经过注释的实验程序。

【实验 4-12】 使用基于深度神经网络模型和输出层合并的单训练样本 Q 网络算法，完成 21 点强化学习任务。画出胜率随游戏局数变化的曲线。

【解析】 本实验的程序可基于由二维码 4-1 给出的环境参考实现代码，并参考实验 4-10的程序。修改 Q 网络的定义：输入层节点的数量改为 20；两个隐含层节点的数量可均改为 40；输出层节点的数量改为 2。该 Q 网络的输入为包含 20 个元素的状态向量，输出为包含 2 个元素的推测值向量。在推测值向量中，第一个元素为“拿牌”（行动 0）的最优行动价值极限值的推测值，第二个元素为“停牌”（行动 1）的最优行动价值极限值的推测值。

本实验程序的主循环可使用对每次运行强化学习任务的 for 循环。在主循环内，先调用环境参考代码提供的 blackjack_init() 函数初始化环境，该函数同时也初始化环境的状态。由于在 21 点任务中，每局游戏的步数（即时刻数）并不固定（取决于玩家和庄家的手牌，以及玩家做出的行动选择），因此为了进行一局游戏中的每一步，需要使用一个 while 循环。

在该 while 循环中，可参考实验 4-10 的程序，使用 ε 贪婪方法借助深度神经网络模型给出智能体在当前时刻下的行动选择；调用环境参考代码提供的 blackjack_step() 函数进行一步游戏；根据奖赏值（blackjack_step() 函数的第一个返回值）和深度神经网络模型输出的推测值计算样本；保存得到的训练样本。值得说明的是，调用 blackjack_step() 函数会改变环境的状态，也就是说：调用该函数之前，调用 blackjack_get_state() 函数得到的是当前时刻的环境状态向量；调用该函数之后，调用 blackjack_get_state() 函数得到的是下一时刻的环境状态向量。该状态向量是深度神经网络模型的输入，也是训练样本中的输入向量。值得注意的是，如果游戏已结束（即 blackjack_step() 函数的第二个返回值为“真”），那么在计算样本（即训练样本的标注）时，应根据 $x_{s_t,a_t}=r_{t+1}$ 计算，而非再根据式（4-34）计算（式中的折扣率 γ 可取 0.8）。此外，每局游戏结束时，如果玩家（智能体）获胜，则可将累计获胜局数加 1；无论玩家是否获胜，都可以在每局游戏结束时，通过累计获胜局数除以累计游戏局数得到一个胜率。保存这些胜率用于画图。得到训练样本之后，可参照实验 4-10 的程序，用该训练样本训练深度神经网络模型，以完成训练过程中的一次迭代。

现在，如果你尚未完成实验 4-12，请尝试独立完成本实验。如果仍有困难，再参考附录

A 中经过注释的实验程序。

4.8 本章小结

当 MDP 模型的概率质量函数 $p(s_{t+1},r_{t+1}|s_t,a_t)$及其奖赏的取值集合$\mathcal{R}$未知时，可使用行动价值方法，通过估计各个状态下各个行动的最优行动价值的极限值找出各个状态下的最优行动，由此得出最优策略，从而求解 MDP 问题。

行动价值函数用来给出当前时刻环境处于某一状态时，智能体在选择并执行某一行动后，再按照给定策略与环境进行交互，未来可获得的收益的期望值。若各个时刻下的给定策略都相同，行动价值将随时刻的减小(或随迭代次数的增加)收敛至其极限值。各个时刻下行动价值的最大取值由最优行动价值函数给出。由于我们想寻找的是行动价值的极限值等于最优行动价值极限值的最优策略，故可通过估计最优行动价值的极限值寻找该最优策略。

蒙特卡洛方法通过估计各次“迭代”中的行动价值的算术平均值，估计最优行动价值的极限值，因为在广义策略迭代框架下，当“迭代”次数越来越多时，该估计值越来越接近最优行动价值的极限值。由于只有在强化学习任务运行结束后才能得到用来估计行动价值的样本，因此蒙特卡洛方法只适用于终结型强化学习任务。

而 Q 学习方法则可在强化学习任务运行时得到用来估计行动价值的样本，并据此估计最优行动价值的极限值。Dyna-Q 在 Q 学习的基础之上，使用获得的样本同时为环境建立模型，并借助该模型生成更多的样本。

在行动价值方法中，可以将各个“状态行动对”对应的最优行动价值看成一张二维表格。当状态的取值连续或者状态的可能取值较多时，该二维表格成为多条曲线，曲线的数量等于可选行动的数量。可以使用线性回归、神经网络、深度神经网络、卷积神经网络、循环神经网络等监督学习模型拟合这些曲线，从而使用这些模型推测出最优行动价值的极限值。

4.9 思考与练习

1. 在实际应用中，确定一个 MDP 模型会遇到哪些困难？
2. 什么是行动价值函数？谈谈你对行动价值的理解。
3. 如何计算行动价值？
4. 引入行动价值函数会带来什么好处？
5. 什么是最优行动价值函数？谈谈你对最优行动价值的理解。
6. 如何计算最优行动价值？
7. 证明最优行动价值随迭代次数的增加而收敛。
8. 为什么说从最优行动价值可以得出最优策略？
9. 试述行动价值与最优行动价值之间的关系。
10. 为什么行动价值可以用在策略迭代中？
11. 为什么在广义策略迭代框架下通过“迭代”行动价值可以得到最优策略？
12. 什么是蒙特卡洛方法？为什么该方法只适用于终结型强化学习任务？
13. 蒙特卡洛方法是如何估计行动价值的？

14. 写出基于探索起步的蒙特卡洛算法。

15. 写出基于 ε 贪婪方法的蒙特卡洛算法。

16. 什么是同策略方法？什么是异策略方法？

17. 相比蒙特卡洛方法，Q 学习方法有何优势？

18. Q 学习方法是如何估计最优行动价值的极限值的？为什么这样做能估计出最优行动价值的极限值？

19. 在 Q 学习中，有哪些减小估计值“波动”的办法？为什么这些办法能减小估计值的“波动”？

20. 写出 Q 学习中 $\hat{q}^*(s_t, a_t)$ 的更新算式。

21. 试比较“在线”方法与“离线”方法。

22. 写出 Q 学习算法。

23. 在 Dyna-Q 中，如何通过样本建立环境模型？

24. 写出 Dyna-Q 算法。

25. 为什么可以使用监督学习方法推测最优行动价值的极限值？

26. 在行动价值方法中，如何将多个神经网络模型“合并”为一个神经网络模型？

27. 在行动价值方法中，如何得到用来训练监督学习模型的训练样本？

28. 在行动价值方法中，如何训练通过输出层合并方法得到的神经网络模型？

29. 写出单训练样本 Q 网络算法。

30. 使用深度学习方法推测最优行动价值的极限值有何优势？是否有劣势？

31. 写出批训练样本 Q 网络算法。

32. 试分析单训练样本 Q 网络算法和批训练样本 Q 网络算法各自的优势。

33. 自选一个强化学习任务，使用行动价值方法给出该任务的最优策略。

第 5 章

策略梯度方法

在第 4 章中，当未知 MDP 模型的概率质量函数 $p(s_{t+1}, r_{t+1} | s_t, a_t)$ 及其奖赏的取值为集合$\mathcal{R}$时，我们通过估计各个状态下各个行动的最优行动价值的极限值，给出各个状态下的最优行动，由此得出最优策略。这是一类间接寻找最优策略的方法。

本章将讨论**策略梯度方法**(policy gradient method)，一类直接寻找最优策略的方法。这类方法将智能体选择各个可选行动的概率(即策略)看作状态的函数，并通过最大化状态价值的极限值直接寻找最优策略。这类方法可以给出以一定概率(不等于 0 或 1 的概率)选择各个可选行动的策略，这是此类方法的鲜明特点之一。

5.1 策略梯度基本方法

求解 MDP 的过程，就是寻找最优策略的过程。我们想得到的最优策略通常是不随时刻的改变而改变的最优策略，并且该最优策略下各个状态的状态价值的极限值等于最优状态价值的极限值。尽管在第 3 章和第 4 章中，我们通过贪婪行动得到的策略 $p(a_t | s_t)$ 以及通过最优行动得到的最优策略 $p^*(a_t | s_t)$ 都是确定型策略(在每个状态下选择某一行动的概率为 1、选择其他行动的概率为 0)，但这并不意味着策略和最优策略不可以是随机型策略(选择各个可选行动的概率在 0 和 1 之间)。最优策略本身也是策略，故以下讨论以策略为对象。

策略 $p(a_t | s_t)$ 给出了智能体在状态 s_t 下选择行动 a_t 的概率，$s_t \in \mathcal{S}, a_t \in \mathcal{A}(s_t)$。一般地，策略给出的概率可以在[0,1]之间，即 $0 \leqslant p(a_t | s_t) \leqslant 1$，$\sum_{a_t \in \mathcal{A}(s_t)} p(a_t | s_t) = 1$。从形式上看，策略 $p(a_t | s_t)$ 是 s_t 和 a_t 的函数。当行动值为有限个离散值、状态值也为有限个离散值，且行动值集合$\mathcal{A}$不取决于状态值时，策略 $p(a_t | s_t)$ 可由一张二维表格给出，如图 5-1(a)所示。该二维表格中，每一行对应一个状态值、每一列对应一个行动值，每一行的各项之和都为 1(同一状态下选择各个行动的概率之和为 1)。如果将这张二维表格中每一项的值都呈现在三维坐标系下，就得到了图 5-1(b)。当状态值为连续值时(此时行动值仍为有限个离散值)，上述二维表格成为多条曲线，曲线的数量等于可选行动的数量，如图 5-1(c)所示。当然，当状态的可能取值较多时，也可以将上述二维表格近似看作多条曲线。需要注意的是，尽管图 5-1(c)中的多条曲线看上去与图 4-9(c)中的多条曲线相像，但因图 5-1(c)中每条曲线代表的都是概率，故需要在任何状态下都满足“选择各个行动的概率之和为 1”这个条件。

参照 4.5 节中的讨论，可以考虑使用神经网络等监督学习方法拟合图 5-1(c)中的多条

行动(action)

状态(state)	0	1	2	3
0	0.3	0.2	0.3	0.2
1	0.33	0.25	0.26	0.15
2	0.36	0.31	0.22	0.11
3	0.38	0.37	0.18	0.08
4	0.38	0.42	0.14	0.06

(a) 二维表格

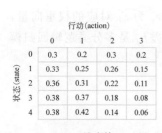

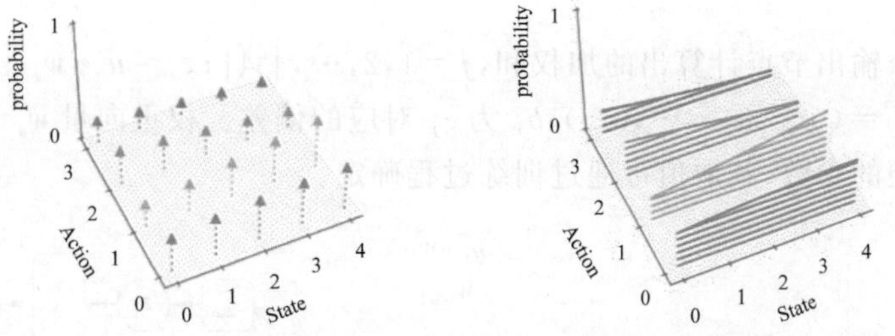

(b) 二维表格中的值　　(c) 多条曲线

图 5-1　策略 $p(a_t|s_t)$的一个示例

曲线，即可以考虑使用神经网络等监督学习方法给出策略 $p(a_t|s_t)$。但图 5-1(c)中的多条曲线与图 4-9(c)中的多条曲线有所不同。问题是，如何满足"任何状态下选择各个行动的概率之和都为 1"这个条件？

【想一想】 *若使用神经网络等监督学习方法近似图 5-1(c)中的多条曲线，如何满足"任何状态下选择各个行动的概率之和都为 1"这个条件？*

想一想多分类任务中的神经网络。多分类神经网络输出层各个节点输出的是一个(0,1)区间内的数值，并且各个节点输出的数值加起来和为 1。这归因于多分类神经网络的输出层使用 softmax 激活函数。因此，为了满足"任何状态下选择各个行动的概率之和都为 1"这个条件，可以在神经网络的输出层中使用 softmax 激活函数：$g(z_j;z_1,z_2,\cdots,z_n)=\dfrac{e^{z_j}}{\sum_{l=1}^{n}e^{z_l}}, j=1,2,\cdots,n$。其中，$z_j$ 为神经网络输出层第 j 个节点计算出的加权和；n 为神经网络输出层节点的数量，也是多分类任务中类别的数量；e 为自然常数。softmax 函数的输入为 n 个数值，输出也为 n 个数值，每个输出值都在(0,1)区间内，故可将其输出值看作概率，例如智能体在同一环境状态下选择各个行动的概率，尽管(0,1)开区间与概率的取值范围[0,1]闭区间略有差别。综上，我们可以使用多分类逻辑回归、多分类神经网络、多分类深度神经网络等可用于多分类任务的、使用 softmax 函数的监督学习方法近似给出策略 $p(a_t|s_t)$。值得说明的是，softmax 函数由于可同时给出智能体在同一环境状态下选择各个行动的概率，故不适合使用输入层合并方法"合并"上述监督学习模型。本章默认使用输出层合并方法将多个用来拟合图 5-1(c)中多条曲线的模型"合并"为一个模型。

那么，如何使用这些监督学习方法给出 $p(a_t|s_t)$？为了便于解释说明，我们以较为"简单"的多分类逻辑回归方法为例。图 5-2 示出了可用来给出 $p(a_t|s_t)$的多分类逻辑回归模型架构。使用输出层合并方法时，多分类逻辑回归模型的输入为用来确定状态的、包含 c 个元素的状态向量 $\boldsymbol{u}$，$\boldsymbol{u}=(u_1,u_2,\cdots,u_c)$。环境的每个状态都由该向量中所有元素的值共同确定。多分类逻辑回归模型的输出可以看作使用输出层合并方法"合并"后的模型的输出，也就是给定状态(由状态向量 $\boldsymbol{u}$ 给出)下智能体选择各个可选行动的概率。这些概率分别由模型输出的推测值$\hat{y}_1,\hat{y}_2,\cdots,\hat{y}_{|\mathcal{A}|}$给出：$p(a_t^{(1)}|s_t)=\hat{y}_1, p(a_t^{(2)}|s_t)=\hat{y}_2,\cdots,p(a_t^{(|\mathcal{A}|)}|s_t)=\hat{y}_{|\mathcal{A}|}$。其中，$s_t$ 为给定状态；$|\mathcal{A}|$为可选行动的数量；$a_t^{(1)},a_t^{(2)},\cdots,a_t^{(|\mathcal{A}|)}$ 为状态 s_t

下的 $|\mathcal{A}|$ 个可选行动；$\hat{y}_j=g(z_j;z_1,z_2,\cdots,z_{|\mathcal{A}|})=\dfrac{e^{z_j}}{\sum_{l=1}^{|\mathcal{A}|}e^{z_l}}$，$z_j$ 为多分类逻辑回归模型第 j 个输出节点计算出的加权和，$j=1,2,\cdots,|\mathcal{A}|$；$z_j=\boldsymbol{u}\cdot\boldsymbol{w}_j+b_j$，$\boldsymbol{w}_j$ 为 z_j 对应的权重向量，$\boldsymbol{w}_j=(w_{j1},w_{j2},\cdots,w_{jc})$，$b_j$ 为 z_j 对应的偏差。权重向量 $\boldsymbol{w}_j$ 和偏差 b_j 是多分类逻辑回归模型的参数，其取值可通过训练过程确定。

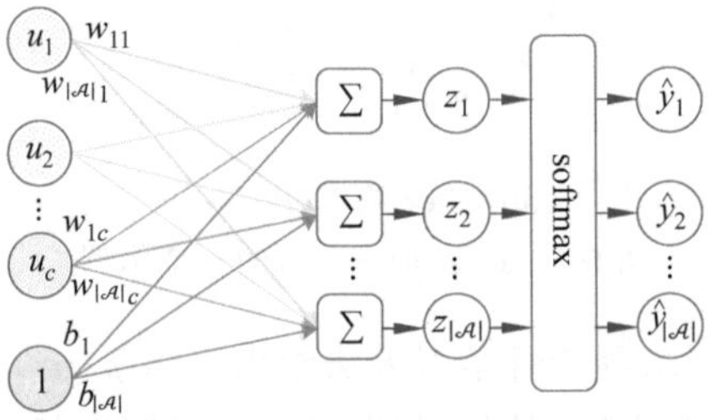

图 5-2　可用来给出 $p(a_t|s_t)$ 的多分类逻辑回归模型

在监督学习中，我们使用包含若干训练样本的训练数据集来训练多分类逻辑回归等模型，以确定权重和偏差的值。每个训练样本由输入向量和标注两部分组成。如果希望由多分类逻辑回归模型输出的推测值给出的策略 $p(a_t|s_t)$ 接近于最优策略 $p^*(a_t|s_t)$，那么训练样本的输入向量可以为状态向量，而训练样本的标注应为在由状态向量给出的状态下智能体的最优行动，即智能体应该选择的那个行动的行动值（或者该行动值对应的 one-hot 向量）。看起来只要知道智能体在某些状态下应该选择哪些相应的行动，就可以得到多个训练样本。然而，问题是怎样知道智能体在某些状态下应该选择哪些相应的行动？在强化学习中，智能体在给定状态下的最优行动正是我们所需要求解的，因此通常我们事先并不知道智能体在某些状态下应该选择哪些相应的行动。这怎么办？

【想一想】　如何确定上述多分类逻辑回归模型的权重和偏差的值？

不妨换一个角度思考。在训练多分类逻辑回归等可以使用梯度下降法训练的监督学习模型时，我们的目标是最小化代价函数（或损失函数）的值，并通过调整权重和偏差参数的值的方式尽量减小代价函数（或损失函数）的值。在强化学习中，尽管我们的最终目标是寻找最优策略，但策略的优劣则是通过价值函数衡量：使各个状态的状态价值的极限值都最大的策略就是我们要寻找的最优策略。而我们训练模型的目的是，通过调整模型的权重和偏差参数的值，让模型输出的推测值给出最优策略。因此，可以考虑通过最大化各个状态的状态价值的极限值，调整模型的权重和偏差参数的值，以此训练模型。那么，状态价值的极限值又从何而来？

回顾式(3-36)和式(4-13)，可知

$$v(s_t)=\sum_{a_t\in\mathcal{A}(s_t)}p(a_t\mid s_t)q(s_t,a_t)\tag{5-1}$$

式(5-1)中，$p(a_t|s_t)$ 为智能体使用的策略，其给出了智能体在状态 s_t 下选择行动 a_t 的概率，$s_t\in\mathcal{S}$，$a_t\in\mathcal{A}(s_t)$；$q(s_t,a_t)$ 为使用策略 $p(a_t|s_t)$ 时状态 s_t 下行动 a_t 的行动价值的极限值，$s_t\in\mathcal{S}$，$a_t\in\mathcal{A}(s_t)$；$v(s_t)$ 为使用策略 $p(a_t|s_t)$ 时状态 s_t 的状态价值的极限值，$s_t\in\mathcal{S}$。式(5-1)中，$p(a_t|s_t)$ 是策略，也是概率，因此状态价值的极限值可以看作该状态下各个可选行动的行动价值的极限值的均值。当策略以及同一状态下各个可选行动的行动价值的极限

值都已知时，就可以通过式(5-1)计算出该状态的状态价值的极限值。

需要注意的是，式(5-1)中的行动价值的极限值是给定策略 $p(a_t|s_t)$下的行动价值的极限值。因此，通过式(5-1)计算状态 s_t 的状态价值的极限值，也是在状态 s_t 下对策略 $p(a_t|s_t)$进行评估。由此想到广义策略迭代：先评估给定策略下至少一个状态的状态价值，再据此改进智能体在该状态下的策略，如此往复，直到各个状态的状态价值的极限值都不再有所提高。所以，如果能够在策略评估的基础之上再进行策略改进，那么随着"迭代"次数的增加，最终有望得到最优策略 $p^*(a_t|s_t)$。

如何改进策略？根据式(5-1)可知，当已知同一状态下各个可选行动的行动价值的极限值时，可以通过增大选择行动价值极限值较大的行动的概率的方式(同时减小选择行动价值极限值较小的行动的概率，因为智能体在同一状态下选择各个可选行动的概率之和为1)，增大该状态的状态价值的极限值。由于如此改变智能体选择各个行动的概率是为了提高状态价值的极限值，因此这样做是在改进策略。

接下来的问题是，如何增大选择行动价值极限值较大的行动的概率，即如何实现策略改进？如前所述，我们使用多分类逻辑回归、多分类神经网络、多分类深度神经网络等模型给出策略，也就是给出同一状态下智能体选择各个可选行动的概率。为了便于指代，以下姑且将这些用来给出策略的，且可以使用梯度下降法训练的模型统称为策略梯度模型。显然，可以通过改变策略梯度模型的权重和偏差参数的值，改变模型输出的同一状态下智能体选择各个行动的概率，从而实现策略改进。

综上，可以通过最大化由式(5-1)给出的各个状态的状态价值的极限值，训练包括多分类逻辑回归模型在内的策略梯度模型，即调整模型的权重和偏差参数的值，以期模型输出的推测值最终接近于最优策略中的各个概率。

那么，在训练策略梯度模型时，是否需要以最大化所有状态的状态价值的极限值为目标？这倒不必。因为根据广义策略迭代，在每次"迭代"中，只需评估至少一个状态的状态价值并据此改进策略。因此，在训练策略梯度模型时，损失函数可以由单个状态的状态价值的极限值 $v(s_t)$给出，即

$$L_{\text{pg}}(\boldsymbol{W},\boldsymbol{b})=-v(s_t)=-\sum_{a_t\in\mathcal{A}(s_t)}p(a_t\mid s_t)q(s_t,a_t) \tag{5-2}$$

式(5-2)中，$L_{\text{pg}}(\boldsymbol{W},\boldsymbol{b})$为策略梯度模型训练过程中的损失函数，这里用 $\boldsymbol{W}$ 和 $\boldsymbol{b}$ 分别泛指策略梯度模型的权重和偏差参数；s_t 为任何可能的环境状态，可以由状态向量 $\boldsymbol{u}$ 确定，$s_t\in\mathcal{S}$；在状态价值的极限值前面加负号，是因为我们使用梯度下降法(而非梯度上升法)训练模型，最小化状态价值的极限值的相反数等同于最大化状态价值的极限值。

我们知道，在训练过程中使用梯度下降法每次进行迭代时，都需要重新计算损失函数对权重和偏差的偏导数(以及重新计算损失函数的值)，并根据计算出的偏导数更新权重和偏差。这相当于广义策略迭代中的策略评估(因计算损失函数的值)和策略改进(因更新策略梯度模型的权重和偏差)两个过程。因此，使用梯度下降法训练策略梯度模型时的每次迭代，都相当于广义策略迭代中的一次"迭代"。这是为什么通过最大化各个状态的状态价值的极限值训练策略梯度模型可以得到最优策略的原因。值得注意的是，根据广义策略迭代，我们仍需要在上述迭代中反复改进智能体在各个状态下的策略。所以，在使用梯度下降法训练策略梯度模型时的每次迭代中，损失可以由不同状态的状态价值极限值给出，而且我们

需要尽可能多次地使用到尽可能多个状态的状态价值的极限值。

在实际计算中，极限值不易准确求得。而且当 MDP 模型的概率质量函数 $p(s_{t+1}, r_{t+1} \mid s_t, a_t)$ 和奖赏的取值集合 $\mathcal{R}$ 未知时，也无法通过迭代贝尔曼方程近似给出状态价值的极限值或行动价值的极限值。此时，需要想办法估计状态价值的极限值和行动价值的极限值。

若用行动价值极限值 $q(s_t, a_t)$ 的估计值 $\hat{q}(s_t, a_t)$ 替代 $q(s_t, a_t)$，则式(5-2)成为

$$L_{\text{pg}}(\boldsymbol{W}, \boldsymbol{b}) = -\hat{v}(s_t) = -\sum_{a_t \in \mathcal{A}(s_t)} p(a_t \mid s_t)\hat{q}(s_t, a_t) = -\sum_{a_t \in \mathcal{A}(s_t)} \hat{y}_{a_t|s_t}\hat{q}(s_t, a_t) \quad (5\text{-}3)$$

式(5-3)中，$\hat{v}(s_t)$ 为 $v(s_t)$ 的估计值；$p(a_t|s_t)$ 为智能体在状态 s_t 下选择行动 a_t 的概率(策略)，由策略梯度模型输出的推测值 $\hat{y}_{a_t|s_t}$ 给出，即 $p(a_t|s_t) = \hat{y}_{a_t|s_t}$；$\hat{y}_{a_t|s_t}$ 表示当策略梯度模型的输入为状态 s_t 的状态向量时，模型输出的与行动 a_t 对应的推测值，$\hat{y}_{a_t|s_t} \in (0,1)$；$\hat{q}(s_t, a_t)$ 为使用策略 $p(a_t|s_t)$ 时状态 s_t 下行动 a_t 的行动价值极限值的估计值；$s_t \in \mathcal{S}, a_t \in \mathcal{A}(s_t)$。需要注意的是，为了使式(5-3)中的 $\hat{v}(s_t)$ 尽量接近 $v(s_t)$，$\hat{q}(s_t, a_t)$ 的值应尽量接近极限值 $q(s_t, a_t)$。

5.2 蒙特卡洛策略梯度方法

在 4.2 节中，我们曾使用蒙特卡洛方法估计行动价值的极限值。因此，可以考虑使用同样的方法估计 5.1 节策略梯度基本方法中的行动价值的极限值。这种使用蒙特卡洛方法估计行动价值极限值的策略梯度方法，被称为**蒙特卡洛策略梯度**(Monte Carlo policy gradient)方法。

5.2.1 各个行动的蒙特卡洛策略梯度方法

在蒙特卡洛方法中，我们以重复随机运行终结型强化学习任务的方式，获取行动价值的样本并使用样本估计行动价值的极限值。可以参照 4.2 节中的基于探索起步的蒙特卡洛算法，得到任何给定“状态行动对”下的样本。不过，当环境状态向量中元素的取值为连续值或者可能的取值较多时，存储各个“状态行动对”下的样本之和以及样本的数量，几乎成为奢望。在这种情况下，难以再按照式(4-18)估计行动价值的极限值。所以，只好退而求其次，考虑使用“非存储型”方法，例如使用在单次运行中得到的单个样本估计行动价值的极限值(即行动价值极限值的估计值为该样本值)。当然，也可以使用在同一策略下多次随机运行强化学习任务后得到的同一个“状态行动对”下的多个样本估计对应的行动价值的极限值，尽管这样做可能会显著增加运行次数。

需要注意的是，通常这里并非使用多个样本的算术平均值作为行动价值极限值的估计值。这是因为，在一些终结型强化学习任务(例如 21 点任务)中，以同一个“状态行动对”作为状态和行动选择的初始值开始运行强化学习任务时，每次运行至任务结束时所需的时刻数量可能并不完全相同。而根据以下证明可知，当每次运行的时刻数量足够多时，根据式(4-2)迭代计算出的各个时刻下的行动价值的算术平均值足够接近极限值 $q(s_t, a_t)$，故可用各个时刻下的行动价值的算术平均值估计行动价值的极限值。

【练一练】 若序列 $\{q_{l-1}, q_{l-2}, \cdots, q_{t+1}, q_t, \cdots\}$ 的极限值为 q，试证明序列 $\Big\{q_{l-1},$

$\frac{q_{l-2}+q_{l-1}}{2},\cdots,\frac{q_{t+1}+q_{t+2}+\cdots+q_{l-1}}{l-t-1},\frac{q_t+q_{t+1}+\cdots+q_{l-1}}{l-t},\cdots\}$的极限值也是 q。

提示：可根据极限的定义证明。证明过程略。

若终结型强化学习任务每次从开始运行至运行结束最多需要 n 个时刻，则根据以上证明有

$$\hat{q}=\frac{q_{l-n}+q_{l-n+1}+\cdots+q_{l-1}}{n}=\frac{1}{n}\sum_{j=1}^{n}q_{l-j} \tag{5-4}$$

式(5-4)中，$\hat{q}$为行动价值极限值的估计值；l 为最后时刻；q_{l-j} 为第 $l-j$ 个时刻下的行动价值。而式(5-4)中的各个时刻下的行动价值又可按照式(5-5)使用样本的算术平均值估计。

$$\hat{q}_{l-j}=\frac{x_{l-j}^{(1)}+x_{l-j}^{(2)}+\cdots+x_{l-j}^{(m_{l-j})}}{m_{l-j}}=\frac{1}{m_{l-j}}\sum_{i=1}^{m_{l-j}}x_{l-j}^{(i)} \tag{5-5}$$

式(5-5)中，$\hat{q}_{l-j}$为第 $l-j$ 个时刻下的行动价值的估计值；$x_{l-j}^{(i)}$为用来估计$\hat{q}_{l-j}$的第 i 个样本；m_{l-j} 为这些样本的数量。将式(5-5)代入式(5-4)可得

$$\begin{aligned}\hat{q}&=\frac{\hat{q}_{l-n}+\hat{q}_{l-n+1}+\cdots+\hat{q}_{l-1}}{n}\\&=\frac{\frac{1}{m_{l-n}}\sum_{i=1}^{m_{l-n}}x_{l-n}^{(i)}+\frac{1}{m_{l-n+1}}\sum_{i=1}^{m_{l-n+1}}x_{l-n+1}^{(i)}+\cdots+\frac{1}{m_{l-1}}\sum_{i=1}^{m_{l-1}}x_{l-1}^{(i)}}{n}\\&=\frac{1}{n}\sum_{j=1}^{n}\frac{1}{m_{l-j}}\sum_{i=1}^{m_{l-j}}x_{l-j}^{(i)}\end{aligned} \tag{5-6}$$

式(5-4)～式(5-6)对任何“状态行动对”都成立。式(5-6)表明，在21点等终结型强化学习任务中，行动价值极限值的估计值通常并非在同一策略下多次随机运行强化学习任务得到的同一个“状态行动对”下的多个样本的算术平均值，而是不同时刻下的行动价值估计值的算术平均值。同一时刻下的行动价值的估计值，可由运行至任务结束所需时刻数量相同的样本的算术平均值给出。

由此，结合5.1节中的策略梯度基本方法，列出估计同一状态下各个行动的行动价值极限值的蒙特卡洛策略梯度算法如下。姑且称为各个行动的蒙特卡洛策略梯度算法。该算法可通过多次随机运行终结型强化学习任务，训练策略梯度模型以近似给出最优策略。

【(各个行动的)蒙特卡洛策略梯度算法】

输入：给定初始状态 s_1 和初始行动 a_1 时，运行终结型强化学习任务得到的状态、奖赏、行动时间迹线 $S_1=s_1,A_1=a_1,S_2=s_2,R_2=r_2,A_2=a_2,S_3=s_3,R_3=r_3,\cdots,S_{l-1}=s_{l-1},R_{l-1}=r_{l-1},A_{l-1}=a_{l-1},S_l=s_l,R_l=r_l$。

输出：经过训练的策略梯度模型(用来给出各个状态下智能体选择各个行动的概率，即策略)。

(1) 初始化。用随机数初始化策略梯度模型的权重和偏差。策略梯度模型可以是多分类逻辑回归、多分类神经网络、多分类深度神经网络等可使用梯度下降法训练的可用于多分类任务的监督学习模型。

(2) 完成梯度下降法中的一次迭代。

(2.1) 随机选取一个状态值,将该状态值作为初始状态的状态值,使用蒙特卡洛方法通过随机运行终结型强化学习任务估计该状态下各个行动的行动价值的极限值。运行强化学习任务时,非初始状态下智能体选择各个行动的概率由当前的策略梯度模型给出,依此概率随机选择行动。每次运行结束后,按照式(4-15)得到用来估计行动价值极限值的样本。估计行动价值的极限值时,既可使用单个样本,也可使用通过在同一策略下多次随机运行强化学习任务得到的多个样本。使用多个样本估计行动价值的极限值时可参照式(5-6)。

(2.2) 根据上述状态下各个行动的行动价值极限值的估计值以及由当前策略梯度模型给出的上述状态下选择各个行动的概率,按照式(5-3)给出本次迭代中的损失函数。

(2.3) 计算损失函数对策略梯度模型的权重和偏差的偏导数,并使用这些偏导数更新模型的权重和偏差,从而完成梯度下降法中的一次迭代。

(3) 若尚未完成足够多次迭代,则返回至步骤(2);若已完成足够多次迭代,则认为已完成对上述策略梯度模型的训练,并可使用该策略梯度模型近似给出最优策略(各个状态下智能体选择各个行动的概率)。

接下来,在3个实验中分别基于单个样本和多个样本分步实现各个行动的蒙特卡洛策略梯度算法,以加深对蒙特卡洛策略梯度方法的理解。在接下来的实验中,继续使用21点这个终结型强化学习任务评估我们的算法。

【实验 5-1】 使用深度神经网络实现策略梯度模型,并使用蒙特卡洛方法通过单个样本估计21点任务中给定状态下各个行动的行动价值的极限值。

提示:①在21点任务中,每个状态下可供智能体选择的行动的数量为2("拿牌"或"停牌"),故深度神经网络输出层节点的数量可以为2,分别对应这2个可选行动;②深度神经网络的输入为包含20个元素的环境状态向量;③深度神经网络模型隐含层的数量可以取2,各隐含层节点的数量可以取40;④可使用 torch.nn.functional.softmax()函数实现深度神经网络输出层的 softmax 激活函数;⑤可借助 PyTorch 的默认方法用随机数初始化深度神经网络模型的权重和偏差,故在代码中可不必再考虑初始化深度神经网络模型的权重和偏差的问题;⑥调用 blackjack_init()函数初始化环境,调用 blackjack_get_state()函数返回当前的环境状态,调用 blackjack_save_env()函数保存当前环境,调用 blackjack_restore_env()函数恢复已保存的环境,调用 blackjack_step()函数进行一步游戏;⑦将给定的状态值作为初始状态的状态值、将该状态下的各个可选行动依次作为该状态下的初始行动选择,为该状态下的每个行动选择都运行1次21点任务,并将每次运行得到的样本作为该"状态行动对"对应的行动价值极限值的估计值;⑧每次运行21点任务时,非初始状态下智能体选择各个行动的概率由深度神经网络模型给出;⑨根据这些概率,随机选择一个行动作为智能体在非初始状态下的行动选择,可使用 torch.multinomial()函数实现;⑩折扣率 γ 可以取0.8;⑪可将"估计给定状态下各个行动的行动价值极限值"这部分代码写为一个函数,以便在下一个实验中调用;⑫如果对编写实验程序缺乏思路或者无从下手,可参考5.5节的本章实验解析。

【实验 5-2】 在实验 5-1 的基础之上，实现基于单个样本的各个行动的蒙特卡洛策略梯度算法。画出 21 点任务中胜率随游戏局数变化的曲线。

提示：①因 21 点任务中环境状态的取值与游戏进行的步数（时刻数）有关，故可将每次随机运行 21 点任务时得到的不同时刻下的一系列状态值依次作为在梯度下降法的每次迭代中随机选取的状态值，每进行一步该 21 点任务进行一次梯度下降法中的迭代；②智能体在同一环境状态下选择各个行动的概率由深度神经网络模型给出，根据这些概率随机选择行动；③根据式(5-3)直接给出每次迭代中的损失（而无须再创建用来计算损失的对象，例如 torch.nn.MSELoss 对象），之后使用该损失借助 PyTorch 框架更新深度强化学习模型的权重和偏差；④训练该深度神经网络模型时学习率的初始值可以取 0.02，并可使用逐步缩小的学习率。

当随机种子都为 0、折扣率 γ 为 0.8、迭代次数为 100 000 次、训练深度神经网络模型的学习率的初始值为 0.02、深度神经网络模型两个隐含层节点的数量都为 40、隐含层节点都使用 ReLU 激活函数、使用 PyTorch 的默认方法初始化深度神经网络模型的权重和偏差、使用单个样本估计给定状态下给定行动的行动价值极限值时，胜率随游戏局数变化的曲线如图 5-3(a)所示。在训练该深度神经网络模型时，使用了逐步缩小的学习率：强化学习任务每运行 20 000 次学习率减半一次。因胜率由当前累计获胜局数除以当前累计游戏局数

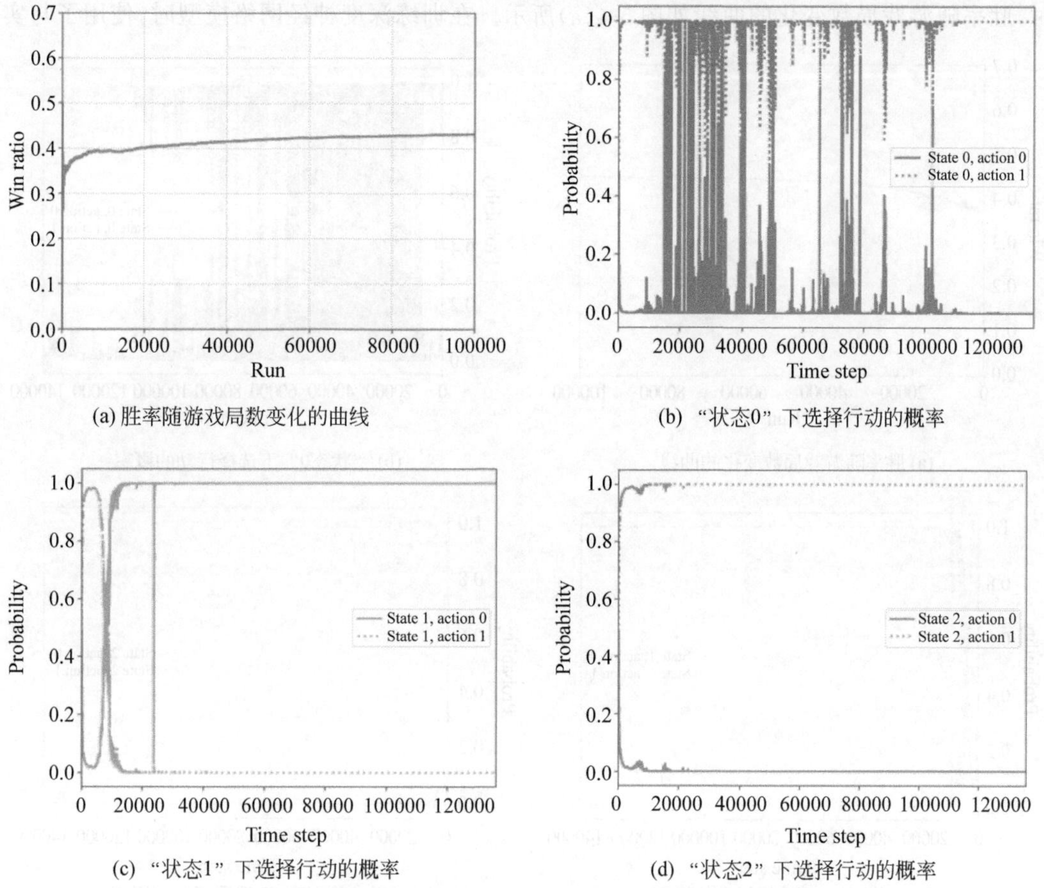

(a) 胜率随游戏局数变化的曲线　(b) "状态0"下选择行动的概率

(c) "状态1"下选择行动的概率　(d) "状态2"下选择行动的概率

图 5-3　实验 5-2 中的胜率以及部分状态下选择行动的概率

给出，故图 5-3(a)中的左侧尖峰为总局数较少时胜率波动较大所致。从图 5-3(a)中可以看出，就 21 点任务和上述设置而言，使用基于单个样本的各个行动的蒙特卡洛策略梯度算法可以得到胜率较高的策略，尽管所需的迭代次数(及运行次数)可能较多。在策略梯度方法中，需要多次在尽量多个状态下更新策略梯度模型的权重和偏差。

作为参考，图 5-3(b)、图 5-3(c)、图 5-3(d)分别示出了在 3 个给定状态下智能体选择各个行动的概率随运行时刻变化的曲线。这 3 个状态分别是：玩家和庄家的手牌都为 2 张牌面为 10 的牌(“状态 0”)；玩家手牌为 1 张 A 和 1 张 2、庄家手牌为 1 张 9 和 1 张牌面为 10 的牌(“状态 1”)；玩家手牌为 1 张 9 和 1 张牌面为 10 的牌、庄家手牌为 1 张 A 和 1 张 2(“状态 2”)。图中，各次运行的各个运行时刻首尾相连；行动 0 代表“拿牌”，行动 1 代表“停牌”。可以看出，若以经过训练后的策略梯度模型给出的概率随机选择行动，则可以接近于 1 的概率选择这些状态下的最优行动。

【实验 5-3】 实现基于多个样本的各个行动的蒙特卡洛策略梯度算法。画出 21 点任务中胜率随游戏局数变化的曲线。

提示：①将实验 5-2 中的为每个“状态行动对”都运行 1 次 21 点任务，改为运行多次 21 点任务，从而得到多个用来估计该“状态行动对”对应的行动价值极限值的样本；②参照式(5-6)使用多个样本估计行动价值的极限值。

当为每个“状态行动对”都运行 10 次 21 点任务、其他设置都与实验 5-2 中的设置相同时，胜率随游戏局数变化的曲线如图 5-4(a)所示。在训练深度神经网络模型时，使用了与实

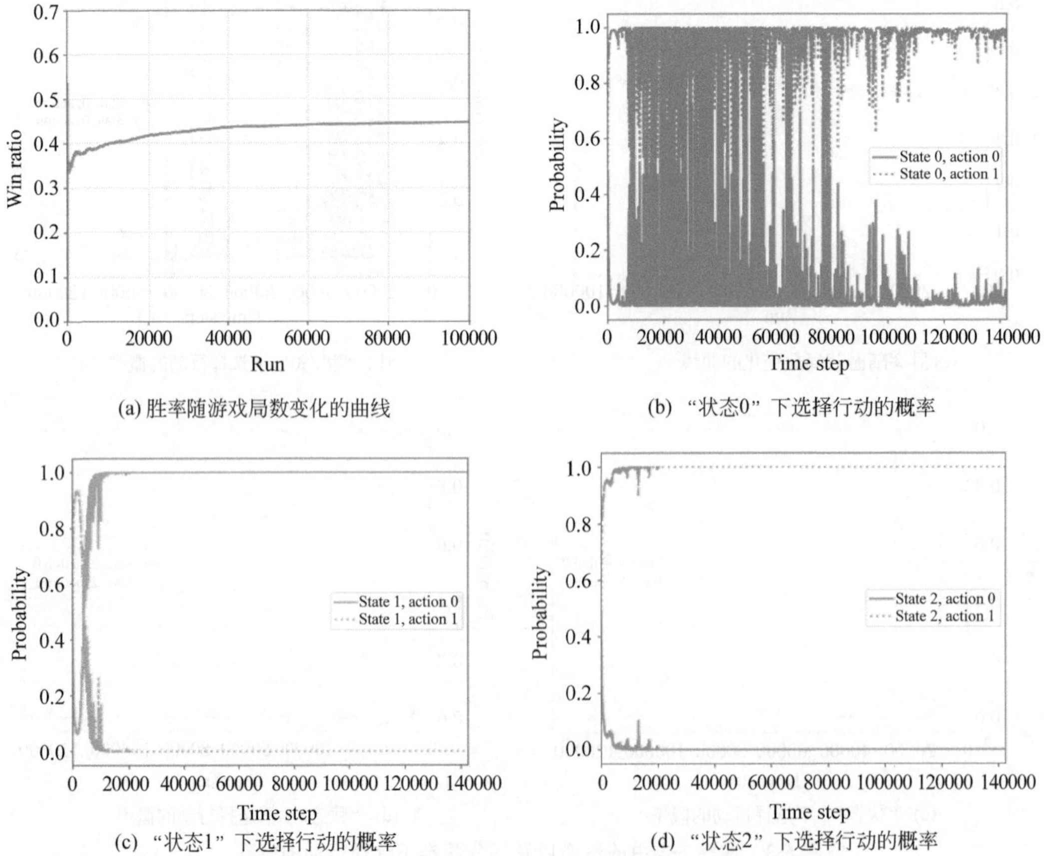

(a) 胜率随游戏局数变化的曲线

(b) “状态0”下选择行动的概率

(c) “状态1”下选择行动的概率

(d) “状态2”下选择行动的概率

图 5-4 实验 5-3 中的胜率以及部分状态下选择行动的概率

验5-2中相同的逐步缩小学习率的方式。对照图5-3(a)和图5-4(a)可以看出，使用多个样本按照式(5-6)估计行动价值的极限值，相比使用单个样本可获得更高的胜率。不过其中的代价是，为了得到多个样本，所需的运行次数更多。作为参考，图5-4(b)、图5-4(c)、图5-4(d)分别示出了在3个给定状态下智能体选择各个行动的概率随运行时刻变化的曲线。

5.2.2 单个行动的蒙特卡洛策略梯度方法

5.2.1节中的蒙特卡洛策略梯度算法需要估计给定状态下各个行动的行动价值的极限值，这需要智能体在同一环境状态下尝试各个可选的行动选择。在21点等强化学习任务中，这个要求通常可以满足。然而，对于另一些强化学习任务而言，在同一环境状态下反复尝试各个行动选择并不容易做到。例如，在自动驾驶任务中，在同一状态下尝试各种可能的转动方向盘、踩油门踏板或踩刹车踏板等指令组合，恐怕并不现实。这怎么办？

这种情况下，可以考虑仅使用同一状态下单个行动的由单个样本给出的行动价值极限值的估计值，近似给出该状态的状态价值的极限值。此时，损失函数式(5-3)成为

$$L_{\mathrm{pg}}(\boldsymbol{W},\boldsymbol{b})=-p(a_t \mid s_t)\,\hat{q}(s_t,a_t) \tag{5-7}$$

式(5-7)中，$p(a_t|s_t)$为状态s_t下选择行动a_t的概率，由策略梯度模型给出；$\hat{q}(s_t,a_t)$为状态s_t下行动a_t的行动价值极限值的估计值，可按照式(4-15)由状态s_t下选择行动a_t所获得的收益g_t近似给出，即$\hat{q}(s_t,a_t)=g_t$。

然而，式(5-7)中的$p(a_t|s_t)\hat{q}(s_t,a_t)$并非状态价值极限值$v(s_t)$的无偏估计量。为此，我们对式(5-7)做如下修正：

$$L_{\mathrm{pg}}(\boldsymbol{W},\boldsymbol{b})=-\frac{p(a_t \mid s_t)\,\hat{q}(s_t,a_t)}{p(a_t \mid s_t)} \tag{5-8}$$

式(5-8)可以看作用状态价值极限值的单个样本估计状态价值的极限值：$\frac{p(a_t|s_t)\hat{q}(s_t,a_t)}{p(a_t|s_t)}=\hat{q}(s_t,a_t)=g_t=\hat{v}(s_t)$，因此式(5-8)中的$\frac{p(a_t|s_t)\hat{q}(s_t,a_t)}{p(a_t|s_t)}$是状态价值极限值$v(s_t)$的无偏估计量。

不过，问题是如何使用由式(5-8)给出的损失函数训练策略梯度模型？毕竟当分子和分母中的$p(a_t|s_t)$消掉之后，由式(5-8)给出的损失函数在形式上与策略梯度模型输出的$p(a_t|s_t)$已没有关联。考虑到引入式(5-8)中的分母$p(a_t|s_t)$主要起“修正”$p(a_t|s_t)\hat{q}(s_t,a_t)$的作用，因此在训练策略梯度模型时，可以将式(5-8)中的分母$p(a_t|s_t)$看作常数，只不过该常数的值“碰巧”与策略梯度模型输出的$p(a_t|s_t)$值相等。由此可得，在训练过程中，由式(5-8)给出的损失函数的导数为

$$\frac{\mathrm{d}\left(-\dfrac{p(a_t \mid s_t)\,\hat{q}(s_t,a_t)}{p(a_t \mid s_t)}\right)}{\mathrm{d}p(a_t \mid s_t)}=-\frac{\hat{q}(s_t,a_t)}{p(a_t \mid s_t)}=\frac{\mathrm{d}(-\ln(p(a_t \mid s_t))\,\hat{q}(s_t,a_t))}{\mathrm{d}p(a_t \mid s_t)} \tag{5-9}$$

式(5-9)表明，在训练过程中，使用由式(5-8)给出的损失函数，相当于使用由式(5-10)给出的损失函数。

$$L_{\mathrm{pg}}(\boldsymbol{W},\boldsymbol{b})=-\ln(p(a_t \mid s_t))\,\hat{q}(s_t,a_t)=-\ln(\hat{y}_{a_t|s_t})\,\hat{q}(s_t,a_t) \tag{5-10}$$

因此，在训练过程中可以使用由式(5-10)给出的损失函数替代由式(5-8)给出的损失函数。

综上所述，列出估计同一状态下单个行动的行动价值极限值的蒙特卡洛策略梯度算法如下。姑且称之为单个行动的蒙特卡洛策略梯度算法。为了减少重复，以下仅列出单个行动的蒙特卡洛策略梯度算法的步骤(2.1)和步骤(2.2)，其余步骤与各个行动的蒙特卡洛策略梯度算法中的步骤相同。

【(单个行动的)蒙特卡洛策略梯度算法的步骤(2.1)和步骤(2.2)】

……

(2.1) 随机选取一个状态值，将该状态值作为初始状态的状态值，使用蒙特卡洛方法和单个样本估计该状态下单个行动的行动价值的极限值。运行强化学习任务时，非初始状态下智能体选择各个行动的概率由当前的策略梯度模型给出，依此概率随机选择行动。运行结束后，按照式(4-15)得到用来估计行动价值极限值的单个样本。

(2.2) 根据上述状态下单个行动的行动价值极限值的估计值以及由当前策略梯度模型给出的上述状态下选择该行动的概率，按照式(5-10)给出本次迭代中的损失函数。

……

接下来，实现上述单个行动的蒙特卡洛策略梯度算法。

【实验 5-4】 实现基于单个样本的单个行动的蒙特卡洛策略梯度算法。画出 21 点任务中胜率随游戏局数变化的曲线。

提示：①因 21 点任务中环境状态的取值与游戏进行的步数(时刻数)有关，故可将每次随机运行 21 点任务时得到的不同时刻下的一系列状态值依次作为在梯度下降法的每次迭代中随机选取的状态值，每进行一步 21 点任务进行一次梯度下降法中的迭代；②计算自然对数可使用 torch.log()函数；③训练深度神经网络模型时学习率的初始值可以取 0.02，并可使用逐步缩小的学习率。

当使用与实验 5-2 相同的设置时，胜率随游戏局数变化的曲线如图 5-5(a)所示。训练深度神经网络模型时，使用了与实验 5-2 中相同的逐步缩小学习率的方式。可见，当在同一状态下只能得到单个行动的单个用来估计行动价值极限值的样本时，仍可使用蒙特卡洛策略梯度算法训练策略梯度模型近似给出最优策略，尽管在迭代次数相仿时，得到的胜率相比

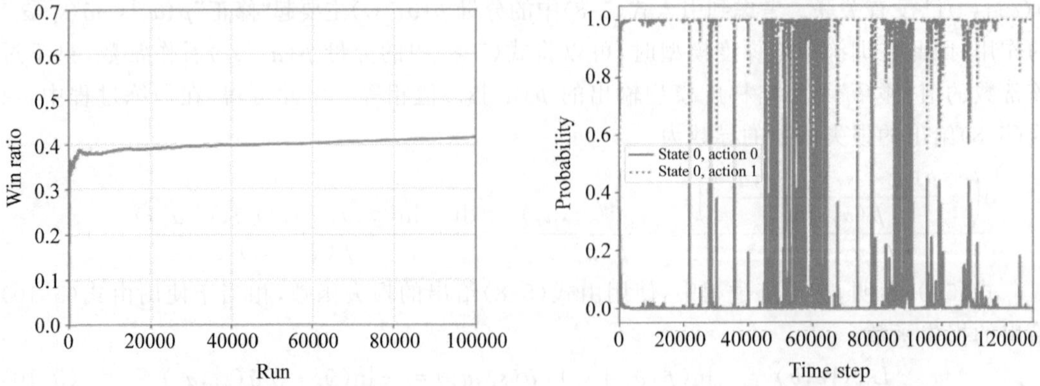

(a) 胜率随游戏局数变化的曲线　　(b) “状态0”下选择行动的概率

图 5-5　实验 5-4 中的胜率以及部分状态下选择行动的概率

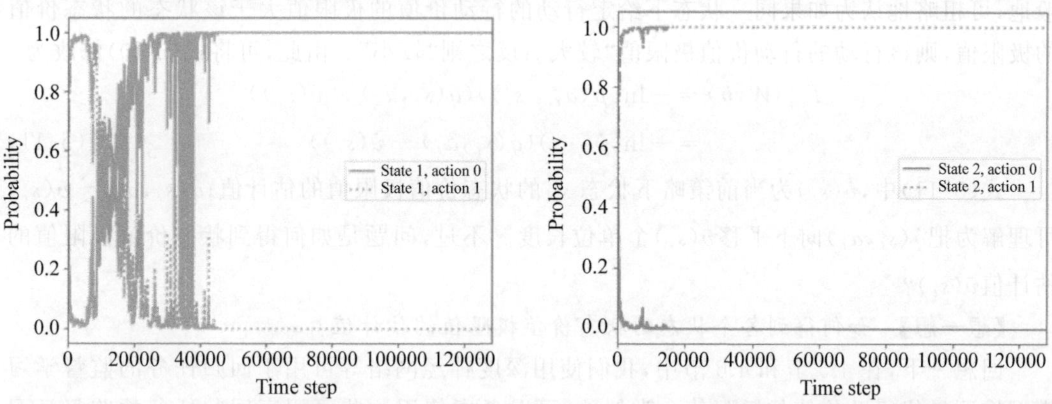

(c) “状态1”下选择行动的概率　　(d) “状态2”下选择行动的概率

图 5-5 （续）

实验 5-2 中使用各个行动的单个样本的蒙特卡洛策略梯度算法略低一些。作为参考，图 5-5(b)、图 5-5(c)、图 5-5(d)分别示出了在 3 个给定状态下智能体选择各个行动的概率随运行时刻变化的曲线。从图中可以看出，使用单个行动的蒙特卡洛策略梯度算法仍可有效训练策略梯度模型。

5.2.3 平移的蒙特卡洛策略梯度方法

我们知道，在单个行动的蒙特卡洛策略梯度算法中，使用由式(5-8)或式(5-10)给出的损失函数，目的是最大化状态价值的极限值，无论该状态下各个行动的行动价值的极限值为正数还是为负数。在一些强化学习任务中，同一状态下各个行动的行动价值的极限值可能都为正数或者都为负数。在这些强化学习任务中，按照式(4-15)得到的用来估计行动价值极限值的样本也可能同为正数或者同为负数。在这种情况下，使用由式(5-8)或式(5-10)给出的损失函数的效果是：增大同一状态下选择任何行动的概率（若得到的样本同为正数），或者减小同一状态下选择任何行动的概率（若得到的样本同为负数），尽管增大或减小选择各个行动的概率的程度可能有所不同。而我们使用由式(5-8)或式(5-10)给出的损失函数的初衷是：增大同一状态下选择行动价值极限值较大行动的概率、减小同一状态下选择行动价值极限值较小行动的概率。因此，在这种情况下使用单个行动的蒙特卡洛策略梯度算法，会降低策略梯度模型的训练效率。

【想一想】 如何解决上述降低策略梯度模型训练效率的问题？

为了做到“增大同一状态下选择行动价值极限值较大行动的概率、减小同一状态下选择行动价值极限值较小行动的概率”，关键在于如何判别同一状态下给定行动的行动价值的极限值是“较大”还是“较小”。在单个行动的蒙特卡洛策略梯度算法中，使用由式(5-8)或式(5-10)给出的损失函数，相当于将样本与 0 做比较：如果样本为正数（大于 0），则认为样本对应的行动的行动价值极限值“较大”，并增大选择该行动的概率；反之则认为“较小”，并减小选择该行动的概率。

根据式(5-1)可知，状态价值的极限值是该状态下各个可选行动的行动价值极限值的均值。由此可知，如果同一状态下给定行动的行动价值的极限值大于该状态的状态价值的极限值，那么增大选择该行动的概率，将有助于提高该状态的状态价值的极限值。因此，更一般地，可粗略地认为如果同一状态下给定行动的行动价值的极限值大于该状态的状态价值的极限值，则该行动的行动价值极限值“较大”；反之则“较小”。由此，可将式(5-10)修改为

$$\begin{aligned} L_{\text{pg}}(\boldsymbol{W},\boldsymbol{b}) &= -\ln(p(a_t \mid s_t))(\hat{q}(s_t,a_t)-\hat{v}(s_t)) \\ &= -\ln(\hat{y}_{a_t|s_t})(\hat{q}(s_t,a_t)-\hat{v}(s_t)) \end{aligned} \tag{5-11}$$

式(5-11)中，$\hat{v}(s_t)$为当前策略下状态 s_t 的状态价值极限值的估计值；$\hat{q}(s_t,a_t)-\hat{v}(s_t)$可理解为把$\hat{q}(s_t,a_t)$向下平移$\hat{v}(s_t)$个单位长度。不过，问题是如何得到状态价值极限值的估计值$\hat{v}(s_t)$？

【想一想】 如何得到各个状态的状态价值极限值的估计值？

回想一下，在 4.5 节和 4.6 节中，我们使用深度神经网络等可用于回归任务的监督学习模型推测最优行动价值的极限值。类似地，可以考虑使用这些可用于回归任务的监督学习模型根据输入的状态向量推测状态价值的极限值。为了便于指代，以下姑且将用来推测状态价值极限值的监督学习模型称为状态价值模型。那么，又该如何训练状态价值模型？

每次运行终结型强化学习任务后，我们都可以根据智能体在各个时刻下得到的奖赏按照式(4-15)计算收益 g_t。该收益既是用来估计行动价值极限值的样本，也是用来估计状态价值极限值的样本。因此，可以考虑使用与训练监督学习中用来完成回归任务的模型同样的方式，使用这些状态价值极限值的样本以及由式(5-12)给出的平方误差损失函数训练状态价值模型。其中，训练样本的输入向量为状态向量，训练样本的标注为上述样本。

$$L_{\text{sv}}(\boldsymbol{W},\boldsymbol{b}) = (g_t - \hat{y}_{s_t})^2 \tag{5-12}$$

式(5-12)中，$L_{\text{sv}}(\boldsymbol{W},\boldsymbol{b})$为状态价值模型训练过程中使用的损失函数；$g_t$ 为按照式(4-15)计算出的收益，也就是样本；$\hat{y}_{s_t}$ 为当状态价值模型的输入为用来确定状态 s_t 的状态向量时，模型输出的状态 s_t 的状态价值极限值的推测值，$\hat{y}_{s_t} \in \mathbb{R}$。

综上，可使用由式(5-11)给出的损失函数训练策略梯度模型，并通过状态价值模型得到状态价值极限值的估计值。由此列出估计同一状态下单个行动的行动价值极限值的，且对行动价值极限值的估计值进行平移的蒙特卡洛策略梯度算法如下。姑且称之为平移的蒙特卡洛策略梯度算法。

【(平移的)蒙特卡洛策略梯度算法】

输入：给定初始状态 s_1 和初始行动 a_1 时，运行终结型强化学习任务得到的状态、奖赏、行动时间迹线 $S_1=s_1, A_1=a_1, S_2=s_2, R_2=r_2, A_2=a_2, S_3=s_3, R_3=r_3, \cdots, S_{l-1}=s_{l-1}, R_{l-1}=r_{l-1}, A_{l-1}=a_{l-1}, S_l=s_l, R_l=r_l$。

输出：经过训练的策略梯度模型(用来给出各个状态下智能体选择各个行动的概率，即策略)。

(1) 初始化。用随机数初始化策略梯度模型和状态价值模型的权重和偏差。策略梯度模型可以是多分类逻辑回归、多分类神经网络、多分类深度神经网络等可使用梯度下降法训练的可用于多分类任务的监督学习模型。状态价值模型可以是线性回归、神经网络、深度神经网络等可使用梯度下降法训练的可用于回归任务的监督学习模型。

(2) 完成梯度下降法中的一次迭代。

(2.1) 随机选取一个状态值，将该状态值作为初始状态的状态值，使用蒙特卡洛方

法和单个样本估计该状态下单个行动的行动价值的极限值。运行强化学习任务时，非初始状态下智能体选择各个行动的概率由当前的策略梯度模型给出，依此概率随机选择行动。运行结束后，按照式(4-15)得到用来估计行动价值极限值的单个样本。

(2.2) 使用状态价值模型给出上述状态的状态价值极限值的推测值。

(2.3) 将得到的单个样本作为行动价值极限值的估计值，根据该行动价值极限值的估计值、上述状态的状态价值极限值的推测值(估计值)，以及由策略梯度模型给出的上述状态下选择该行动的概率，按照式(5-11)给出本次迭代中策略梯度模型的损失函数。根据得到的单个样本以及由状态价值模型给出的上述状态的状态价值极限值的推测值，按照式(5-12)给出本次迭代中状态价值模型的损失函数。

(2.4) 分别计算上述两个损失函数对策略梯度模型和状态价值模型的权重和偏差的偏导数，并根据这些偏导数更新两个模型的权重和偏差，从而完成梯度下降法中的一次迭代。

(3) 若尚未完成足够多次迭代，则返回至步骤(2)；若已完成足够多次迭代，则认为已完成对上述策略梯度模型的训练，并可使用该策略梯度模型近似给出最优策略(各个状态下智能体选择各个行动的概率)。

接下来，在实验5-5中实现平移的蒙特卡洛策略梯度算法。

【实验5-5】 实现基于单个样本的平移的蒙特卡洛策略梯度算法。画出21点任务中胜率随游戏局数变化的曲线。

提示：①在21点任务中，状态价值模型的输入为包含20个元素的状态向量，输出为状态价值极限值的推测值；②状态价值模型的隐含层的数量可以取2，各隐含层的节点数量可以取40；③计算幂可使用torch.pow()函数；④在按照式(5-11)给出策略梯度模型的损失函数、计算行动价值极限值的估计值与状态价值极限值的估计值(推测值)之差时，因为此时要给出的是策略梯度模型的损失函数(而非状态价值模型的损失函数)，故在该式中应将状态价值极限值的推测值看作常数，使用PyTorch实现该式时应注意将保存状态价值极限值推测值的变量从计算图中分离出来；⑤训练状态价值模型时学习率的初始值可以取0.02。

当状态价值模型的隐含层数量为2、两个隐含层的节点数量都为40、训练状态价值模型使用的学习率的初始值为0.02、其他设置与实验5-4中的设置相同时，胜率随游戏局数变化的曲线如图5-6(a)所示。训练两个深度神经网络模型时，都使用了与实验5-4中相同的逐步缩小学习率的方式。从图中可以看出，就21点任务以及上述设置而言，使用平移的蒙特卡洛策略梯度算法获得的胜率与使用单个行动的蒙特卡洛策略梯度算法获得的胜率相差不大。作为参考，图5-6(b)、图5-6(c)、图5-6(d)分别示出了在3个给定状态下智能体选择各个行动的概率随运行时刻变化的曲线；图5-6(e)示出了这些给定状态的状态价值极限值的推测值随运行时刻变化的曲线。从图5-6(e)中可以看出，使用由式(4-15)给出的样本训练出来的状态价值模型能够近似给出各个状态的状态价值极限值；在21点任务中，并非每个状态的状态价值极限值都为0。因此，就21点任务而言，相比单个行动的蒙特卡洛策略梯度算法，更适合使用平移的蒙特卡洛策略梯度算法，尽管在该任务中使用平移的蒙特卡洛策略梯度算法的优势可能不够显著。

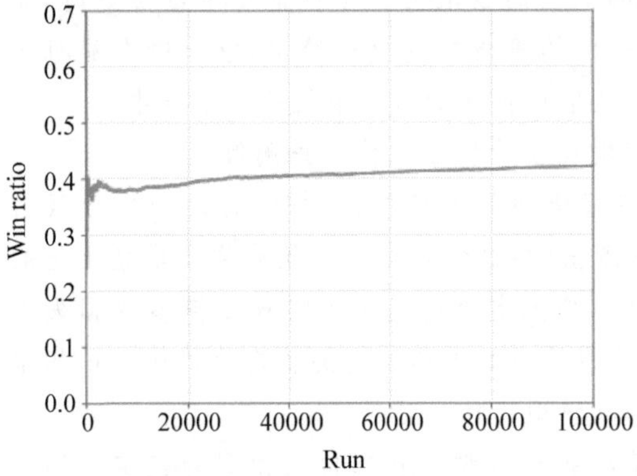

(a) 胜率随游戏局数变化的曲线

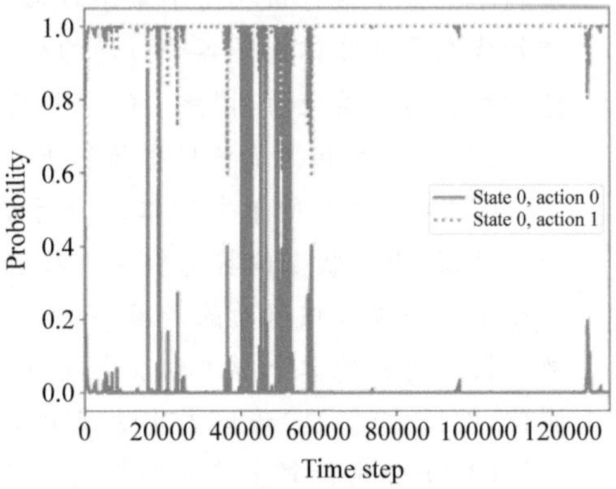

(b) “状态0”下选择行动的概率

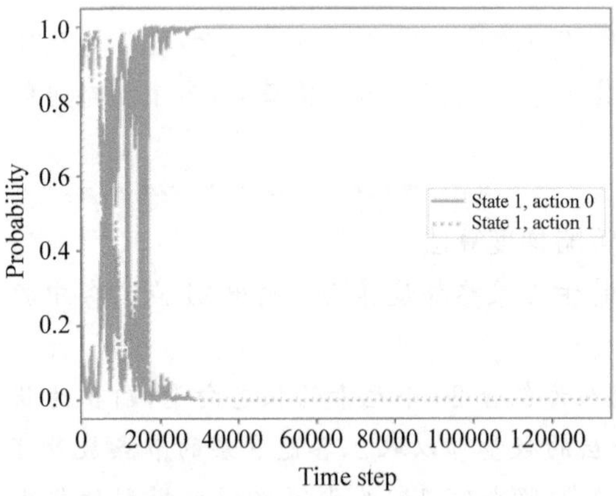

(c) “状态1”下选择行动的概率

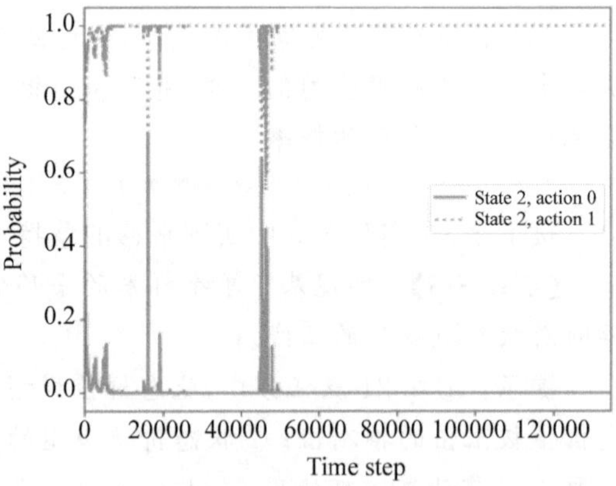

(d) “状态2”下选择行动的概率

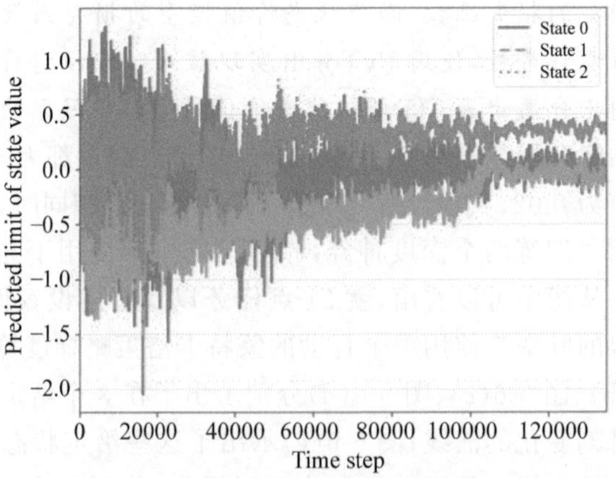

(e) 部分状态的状态价值极限值的推测值

图 5-6 实验 5-5 中的胜率、部分状态下选择行动的概率，以及状态价值

在实验 5-5 中，策略梯度模型和状态价值模型的输入完全相同。因此，可以考虑把这两个模型合二为一，让两个模型共享同一个输入层和离输入层较近的部分隐含层，即用一个深度神经网络模型同时给出策略（给定状态下选择各个行动的概率）和状态价值极限值的推测值。当然，两个模型的输出层无须合并在一起。为此，将由式(5-11)和式(5-12)分别给出的损失函数合并在一起，用来训练合并后的深度神经网络模型，如式(5-13)所示。

$$\begin{aligned} L(\boldsymbol{W},\boldsymbol{b}) &= -\ln(p(a_t \mid s_t))(\hat{q}(s_t,a_t)-\hat{v}(s_t))+\beta(g_t-\hat{y}_{s_t})^2 \\ &= -\ln(\hat{y}_{a_t|s_t})(\hat{q}(s_t,a_t)-\hat{v}(s_t))+\beta(g_t-\hat{y}_{s_t})^2 \end{aligned} \tag{5-13}$$

式(5-13)中，$L(\boldsymbol{W},\boldsymbol{b})$为合并后的深度神经网络模型训练过程中的损失函数；$\beta$ 为超参数，$\beta>0$，用来调整两项中后者的学习率。需要注意的是，尽管在训练过程中第一项中$\hat{v}(s_t)$的值与第二项中$\hat{y}_{s_t}$的值相同(前者由后者给出)，但在每次迭代中给出损失函数时应将$\hat{v}(s_t)$看作常数，因为第一项给出的是策略梯度模型的损失，而非状态价值模型的损失。

【实验 5-6】 使用一个深度神经网络模型同时作为策略梯度模型和状态价值模型，实现基于单个样本的平移的蒙特卡洛策略梯度算法。画出 21 点任务中胜率随游戏局数变化的曲线。

提示：①该深度神经网络模型的输入仍为包含 20 个元素的状态向量，输出为该状态下智能体选择各个行动的概率(即策略)，以及该状态的状态价值极限值的推测值；②该深度神经网络模型隐含层的数量可以取 2，各隐含层节点的数量可以取 40；③该深度神经网络模型的输出层由实验 5-5 中的策略梯度模型的输出层和状态价值模型的输出层共同构成；④在计算行动价值极限值的估计值与状态价值极限值的估计值(推测值)之差时，仍需注意将计算时使用的保存状态价值极限值的推测值的变量从计算图中分离出来；⑤训练该深度神经网络模型时，学习率的初始值可以取 0.02，β 可以取 1。

当 β 为 1、训练深度神经网络模型使用的学习率的初始值为 0.02、其他设置与实验 5-4 中的设置相同时，胜率随游戏局数变化的曲线如图 5-7(a)所示。训练深度神经网络模型时，使用了与实验 5-4 中相同的逐步缩小学习率的方式。从图中可以看出，就 21 点任务以及上述设置而言，将策略梯度模型和状态价值模型合二为一之后，胜率略有提高。作为参考，图 5-7(b)、图 5-7(c)、图 5-7(d)分别示出了在 3 个给定状态下智能体选择各个行动的概率随运行时刻变化的曲线；图 5-7(e)示出了这些给定状态的状态价值极限值的推测值随运行时刻变化的曲线。

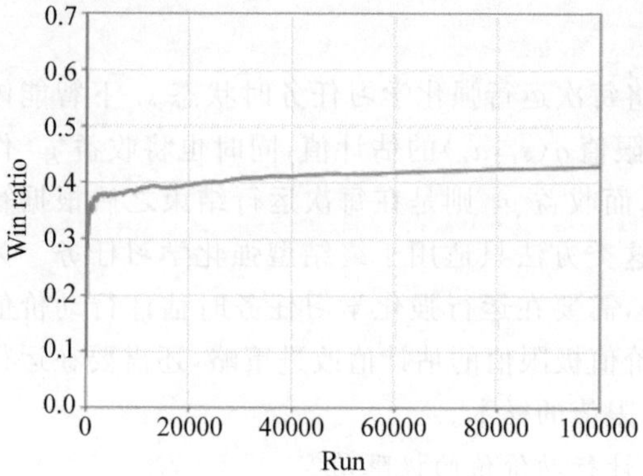

(a) 胜率随游戏局数变化的曲线

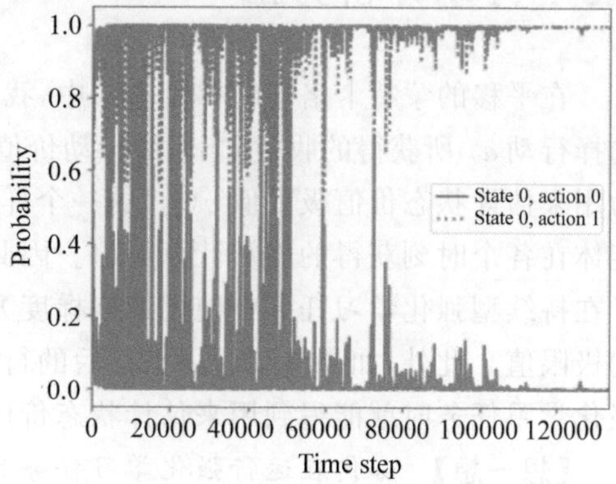

(b) “状态0” 下选择行动的概率

图 5-7 实验 5-6 中的胜率、部分状态下选择行动的概率，以及状态价值

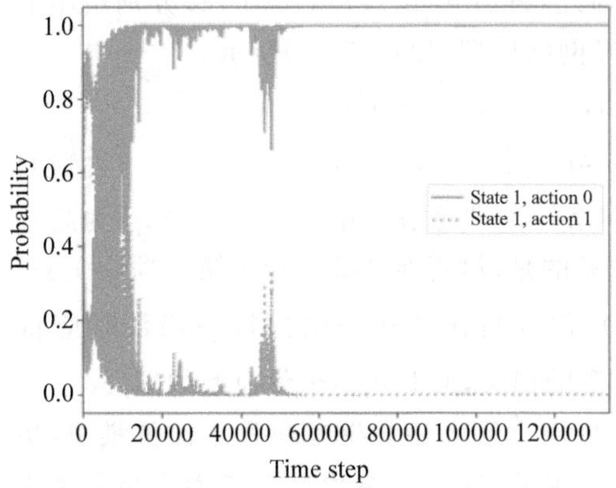

(c) “状态1”下选择行动的概率

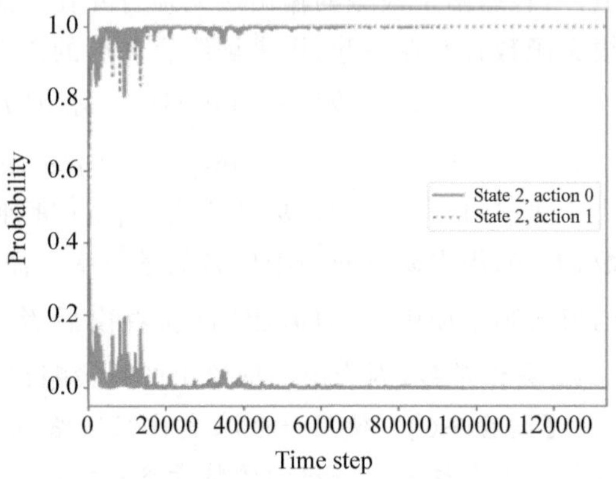

(d) “状态2”下选择行动的概率

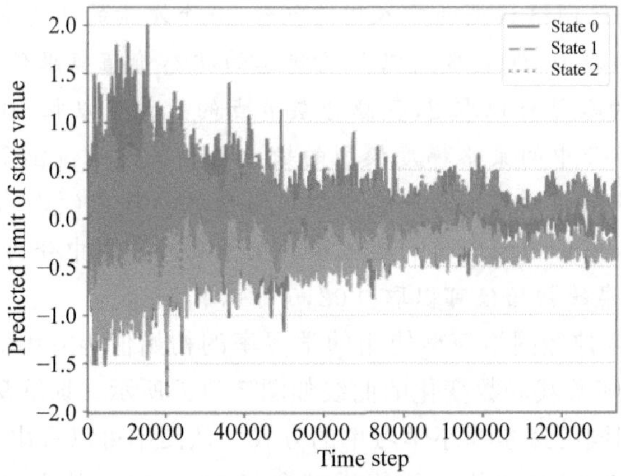

(e) 部分状态的状态价值极限值的推测值

图 5-7 （续）

5.3 行动评价方法

在平移的蒙特卡洛策略梯度方法中，我们将每次运行强化学习任务时状态 s_t 下智能体选择行动 a_t 所获得的收益 g_t 作为行动价值极限值 $q(s_t,a_t)$ 的估计值，同时也将收益 g_t 作为用来估计状态价值极限值 $v(s_t)$ 的一个样本，而收益 g_t 则是在每次运行结束之后根据智能体在各个时刻获得的奖赏计算得出。因此，这类方法只适用于终结型强化学习任务。为了在持续型强化学习任务中使用策略梯度方法，需要在运行强化学习任务时估计行动价值的极限值。此外，如果继续使用平移后的行动价值极限值的估计值改进策略，还需要在运行强化学习任务时就能得到用来估计状态价值极限值的样本。

【想一想】 如何在运行强化学习任务时估计行动价值的极限值？

注意到式(4-13)可以写为

$$q(s_t,a_t)=\mathbb{E}(R_{t+1}+\gamma v(S_{t+1})\mid S_t=s_t,A_t=a_t) \tag{5-14}$$

根据式(5-14)可知，对于给定的 s_t 和 a_t，可以将行动价值的极限值 $q(s_t,a_t)$ 看作随机变量 $R_{t+1}+v(S_{t+1})|S_t=s_t,A_t=a_t$ 的期望值。因此，可以通过估计该随机变量期望值的

方式估计 $q(s_t,a_t)$。而随机变量的期望值可以通过其样本的算术平均值无偏地估计出来。其中,样本 x_{s_t,a_t} 可根据式(5-15)得出。

$$x_{s_t,a_t}=r_{t+1}+\gamma v(s_{t+1})\approx r_{t+1}+\gamma \hat{v}(s_{t+1}) \tag{5-15}$$

式(5-15)中,r_{t+1} 为智能体在下一时刻($t+1$ 时刻)获得的奖赏;$v(s_{t+1})$ 为下一时刻状态 s_{t+1} 的状态价值的极限值;$\hat{v}(s_{t+1})$ 为 $v(s_{t+1})$ 的估计值(或推测值);γ 为折扣率。智能体只需等到下一时刻,就可以得到奖赏值 r_{t+1} 和状态值 s_{t+1}。如果智能体同时也知道状态 s_{t+1} 的状态价值的极限值 $v(s_{t+1})$,那么在下一时刻($t+1$ 时刻)就可以给出一个用来估计行动价值极限值 $q(s_t,a_t)$ 的样本,并可将这单个样本作为 $q(s_t,a_t)$ 的估计值。类似地,由式(3-36)可知,由式(5-15)给出的样本同时也是用来估计状态价值极限值 $v(s_t)$ 的一个样本。因此,可以考虑使用由式(5-15)给出的样本替代蒙特卡洛策略梯度方法中由式(4-15)给出的样本。这种使用 $r_{t+1}+\gamma v(s_{t+1})$ 估计行动价值极限值和状态价值极限值的策略梯度方法被称为**行动评价方法**(actor-critic method)。

那么,如何得到式(5-15)中的下一个时刻状态 s_{t+1} 的状态价值的极限值 $v(s_{t+1})$?

在 5.2.3 节中,我们使用状态价值模型推测状态价值的极限值,将模型输出的推测值近似当作当前策略下给定状态的状态价值的极限值。由此,我们同样可以使用状态价值模型近似给出状态价值的极限值,包括当前时刻状态 s_t 的状态价值极限值 $v(s_t)$ 和下一时刻状态 s_{t+1} 的状态价值极限值 $v(s_{t+1})$。因此,参照由式(5-11)给出的损失函数,写出行动评价方法中训练策略梯度模型时使用的损失函数 $L_{\text{pg}}(\boldsymbol{W},\boldsymbol{b})$ 如下。

$$\begin{aligned}L_{\text{pg}}(\boldsymbol{W},\boldsymbol{b})&=-\ln(p(a_t\mid s_t))(\hat{q}(s_t,a_t)-\hat{v}(s_t))\\&=-\ln(p(a_t\mid s_t))(r_{t+1}+\gamma \hat{v}(s_{t+1})-\hat{v}(s_t))\\&=-\ln(\hat{y}_{a_t|s_t})(r_{t+1}+\gamma \hat{v}(s_{t+1})-\hat{v}(s_t))\end{aligned} \tag{5-16}$$

式(5-16)中,$\hat{v}(s_{t+1})$ 为状态 s_{t+1} 的状态价值极限值的估计值(推测值),由状态价值模型给出。同样,参照由式(5-12)给出的损失函数,写出行动评价方法中训练状态价值模型时使用的损失函数 $L_{\text{sv}}(\boldsymbol{W},\boldsymbol{b})$ 如下。

$$L_{\text{sv}}(\boldsymbol{W},\boldsymbol{b})=(r_{t+1}+\gamma \hat{v}(s_{t+1})-\hat{y}_{s_t})^2 \tag{5-17}$$

如果将策略梯度模型和状态价值模型合并成一个模型,那么参照式(5-13)训练合并后模型时的损失函数 $L(\boldsymbol{W},\boldsymbol{b})$ 可以写为

$$L(\boldsymbol{W},\boldsymbol{b})=-\ln(\hat{y}_{a_t|s_t})(r_{t+1}+\gamma \hat{v}(s_{t+1})-\hat{v}(s_t))+\beta(r_{t+1}+\gamma \hat{v}(s_{t+1})-\hat{y}_{s_t})^2 \tag{5-18}$$

式(5-18)中,β 为超参数,$\beta>0$。以下姑且将上述合并后的模型称为状态价值策略梯度模型。需要注意的是,尽管在训练过程中式(5-18)第一项中 $\hat{v}(s_t)$ 的值与第二项中 $\hat{y}_{s_t}$ 的值相同(前者由后者给出),但在每次迭代中给出损失函数时应将 $\hat{v}(s_t)$ 看作常数。另外,尽管式(5-18)两项中的 $\hat{v}(s_{t+1})$ 也由模型给出,但在给出损失函数时也应将 $\hat{v}(s_{t+1})$ 看作常数,因为这里的 $\hat{v}(s_{t+1})$ 用来给出式(5-15)中的样本,而在训练过程中样本是已知的常数。

综上,列出行动评价的基本算法如下。

【行动评价基本算法】

输入:运行强化学习任务时智能体在各个时刻观察到的环境状态 $S_1=s_1,S_2=s_2,\cdots$ 以

及从环境获得的奖赏 $R_2=r_2, R_3=r_3, \cdots$。

输出：智能体在各个时刻做出的行动选择 $A_1=a_1, A_2=a_2, \cdots$ 以及经过训练的策略梯度模型(用来给出策略)。

(1) 初始化。

(1.1) 用随机数初始化策略梯度模型和状态价值模型的权重和偏差。策略梯度模型可以是多分类逻辑回归、多分类神经网络、多分类深度神经网络等可使用梯度下降法训练的可用于多分类任务的监督学习模型。状态价值模型可以是线性回归、神经网络、深度神经网络等可使用梯度下降法训练的可用于回归任务的监督学习模型。也可以使用一个模型(状态价值策略梯度模型)同时实现策略梯度模型和状态价值模型。

(1.2) 初始化当前时刻 t，$t:=1$；初始化状态 S_1，$S_1=s_1, s_1\in\mathcal{S}$。

(2) 重复以下步骤。如果是终结型任务，则进行到最后时刻 l，即当 $t\leqslant l-1$ 时重复以下步骤；如果是持续型任务，则不断重复以下步骤。

(2.1) 给出当前时刻下的行动选择 a_t。智能体在当前时刻状态 s_t 下选择各个行动的概率由当前的策略梯度模型给出，依此概率随机选择一个行动作为当前时刻的行动选择。

(2.2) 执行行动 a_t，得到奖赏 r_{t+1}，以及环境的下一个状态 s_{t+1}。

(2.3) 使用状态价值模型给出当前时刻状态 s_t 的状态价值极限值的推测值 $\hat{v}(s_t)$，以及下一时刻状态 s_{t+1} 的状态价值极限值的推测值 $\hat{v}(s_{t+1})$。

(2.4) 按照式(5-16)给出当前时刻策略梯度模型的损失函数，按照式(5-17)给出当前时刻状态价值模型的损失函数；或者按照式(5-18)给出当前时刻状态价值策略梯度模型的损失函数。

(2.5) 分别计算上述按式(5-16)和式(5-17)给出的两个损失函数对策略梯度模型和状态价值模型的权重和偏差的偏导数，或者计算按式(5-18)给出的损失函数对状态价值策略梯度模型的权重和偏差的偏导数，并根据这些偏导数更新模型的权重和偏差，从而完成梯度下降法中的一次迭代。

(2.6) $t:=t+1$。

在接下来的实验中，我们使用一个深度神经网络模型同时作为策略梯度模型和状态价值模型，即状态价值策略梯度模型，实现行动评价的基本算法，并分别借助 21 点终结型强化学习任务和实验 3-3 中的学习时间管理持续型强化学习任务来评估该算法。

【实验 5-7】 使用深度神经网络模型作为状态价值策略梯度模型，在 21 点任务中实现行动评价基本算法。画出胜率随游戏局数变化的曲线。

提示：①可通过多次随机运行 21 点任务训练该深度神经网络模型；②由于在运行的每一步中，使用模型给出 $\hat{v}(s_t)$ 和 $\hat{v}(s_{t+1})$ 之后，都更新模型的权重与偏差，因此每一步都应使用模型重新给出 $\hat{v}(s_t)$ 和 $\hat{v}(s_{t+1})$；③使用模型给出 $\hat{v}(s_{t+1})$ 时，可借助 torch.inference_mode()类缩短正向传播的运行时长；④按照式(5-18)给出损失函数时，注意将保存第一项中的 $\hat{v}(s_t)$ 和两项中的 $\hat{v}(s_{t+1})$ 的变量从计算图中分离出来；⑤在 21 点任务中，当环境进入某些特定状态(例如玩家手牌点数之和超过 21 点)时结束运行，故这些特定状态的状态价值的极限值都为 0；⑥训练该深度神经网络模型时，学习率的初始值可以取 0.02，β 可以取 0.5。

当β为 0.5、其他设置与实验 5-6 中的设置相同时，胜率随游戏局数变化的曲线如图 5-8(a)所示。训练深度神经网络模型时，使用了与实验 5-6 中相同的逐步缩小学习率的方式。从图中可以看出，就 21 点任务以及上述设置而言，使用行动评价基本算法得到的胜率与使用平移的蒙特卡洛策略梯度算法得到的胜率相仿。作为参考，图 5-8(b)、图 5-8(c)、图 5-8(d)分别给出了在 3 个给定状态下智能体选择各个行动的概率随运行时刻变化的曲线；图 5-8(e)给出了这些给定状态的状态价值极限值的推测值随运行时刻变化的曲线。

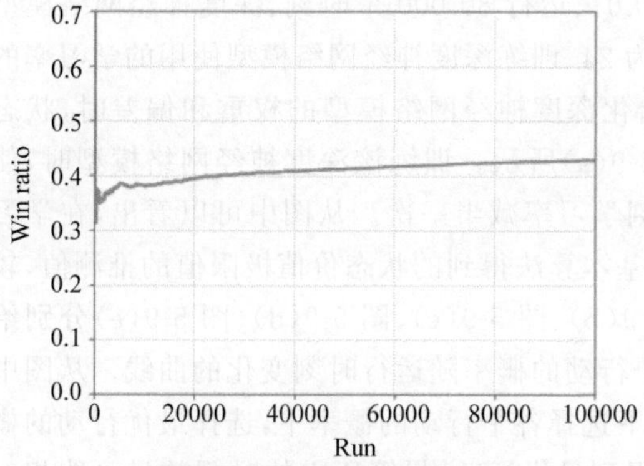

(a) 胜率随游戏局数变化的曲线

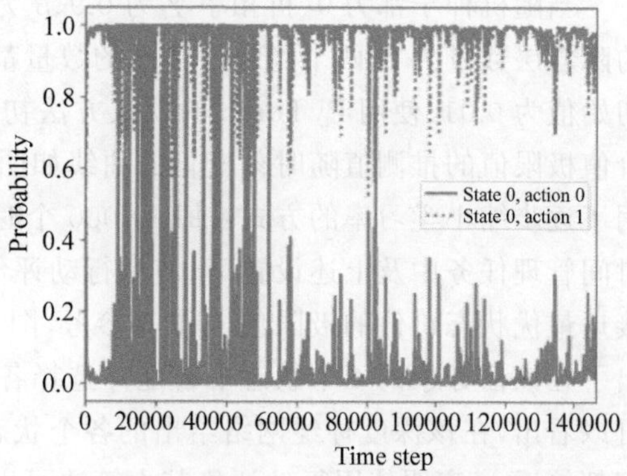

(b) “状态0”下选择行动的概率

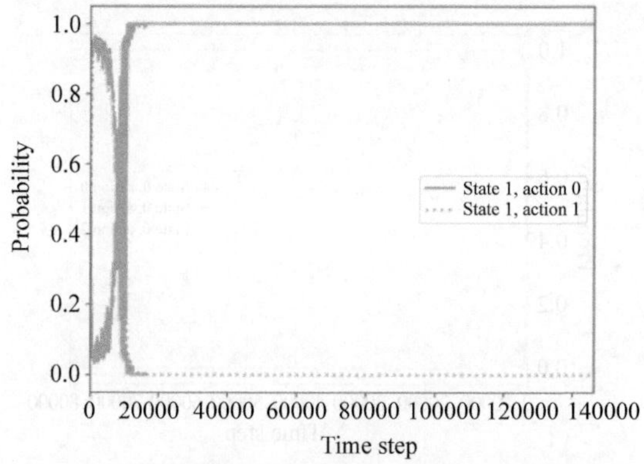

(c) “状态1”下选择行动的概率

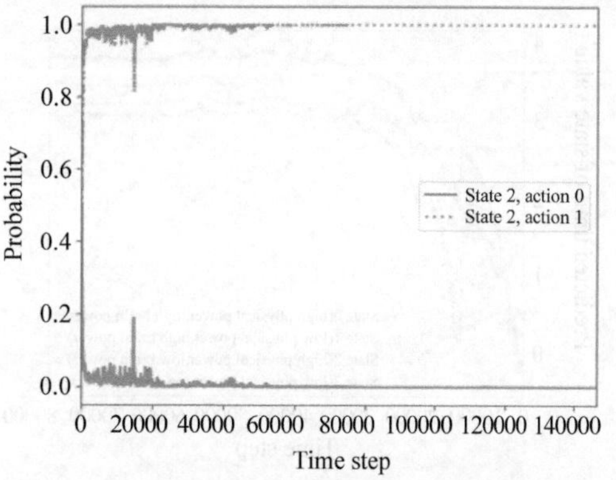

(d) “状态2”下选择行动的概率

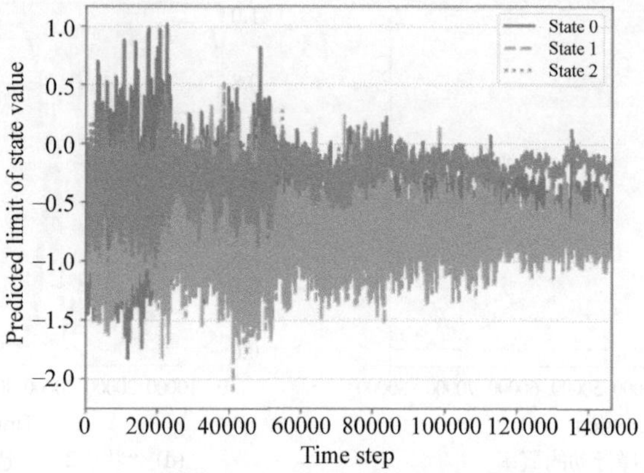

(e) 部分状态的状态价值极限值的推测值

图 5-8 实验 5-7 中的胜率、部分状态下选择行动的概率，以及状态价值

【实验 5-8】 使用深度神经网络模型作为状态价值策略梯度模型，在学习时间管理任务中实现行动评价基本算法。画出状态价值的极限值的推测值随时刻变化的曲线。

提示：①深度神经网络模型的输入为包含 2 个元素的状态向量，输出为该状态下智能体选择各个行动的概率(即策略)，以及该状态的状态价值极限值的推测值；②深度神经网络模型隐含层的数量可以取 2，各隐含层的节点数量可以取 24；③训练该深度神经网络模型时，学习率的初始值可以取 0.01，β 可以取 0.01；④折扣率 γ 可以取 0.9。

当随机种子都为 0、折扣率 γ 为 0.9、β 为 0.01、运行 80 000 个时刻、深度神经网络模型的隐含层数量为 2、两个隐含层节点的数量都为 24、训练深度神经网络模型使用的学习率的初始值为 0.01、使用 PyTorch 的默认方法初始化深度神经网络模型的权重和偏差时，状态价值极限值的推测值随时刻变化的曲线如图 5-9(a)所示。训练该深度神经网络模型时，使用了逐步缩小学习率的方式：每 20 000 个时刻学习率减半一次。从图中可以看出，在学习时间管理任务中及上述设置下，使用行动评价基本算法得到的状态价值极限值的推测值，较接近最优状态价值的极限值。作为参考，图 5-9(b)、图 5-9(c)、图 5-9(d)、图 5-9(e)分别给出了在该任务中的 4 个状态下智能体选择各个行动的概率随运行时刻变化的曲线。从图中可以看出，在该深度神经网络给出的各个状态下选择各个行动的概率中，选择最优行动的概率都接近 1，表明使用行动评价基本算法可以得到最优行动，尽管所需的时刻数量可能相对较多。

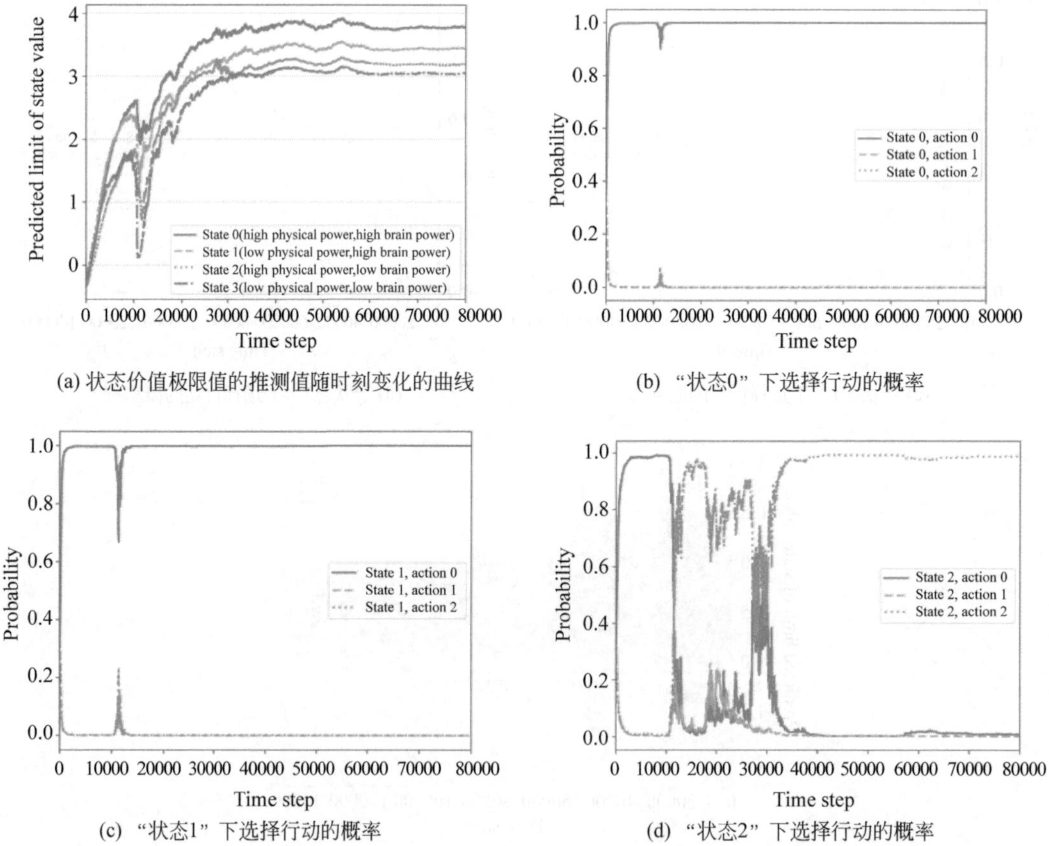

(a) 状态价值极限值的推测值随时刻变化的曲线

(b) “状态0”下选择行动的概率

(c) “状态1”下选择行动的概率

(d) “状态2”下选择行动的概率

图 5-9 实验 5-8 中的状态价值及各个状态下选择行动的概率

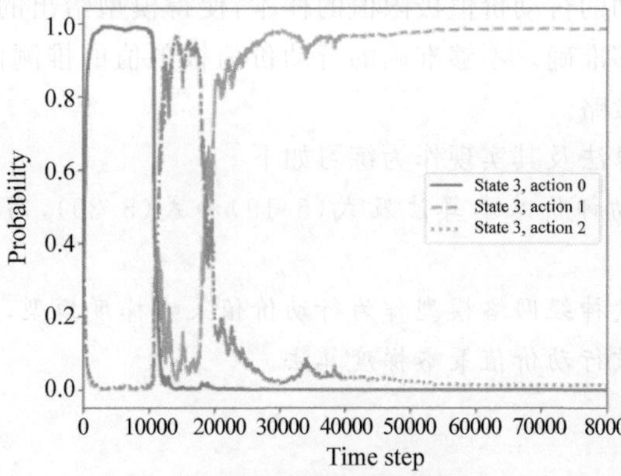

(e) “状态3” 下选择行动的概率

图 5-9 （续）

在行动评价基本算法中，我们使用根据式(5-15)得到的样本借助深度神经网络等模型推测状态价值的极限值。而由式(5-15)得到的样本，本身也是用来估计行动价值极限值的样本。那么，是否可以使用这些样本估计行动价值的极限值，然后使用行动价值极限值的估计值给出训练深度神经网络等模型时使用的损失函数？答案是：原理上可以。

【想一想】 如何使用行动价值的极限值替换行动评价基本算法中的状态价值的极限值？

将式(5-1)代入式(5-15)可得

$$
\begin{aligned}
x_{s_t,a_t} &= r_{t+1} + \gamma \sum_{a_{t+1} \in \mathcal{A}(s_{t+1})} p(a_{t+1} \mid s_{t+1}) q(s_{t+1}, a_{t+1}) \\
&\approx r_{t+1} + \gamma \sum_{a_{t+1} \in \mathcal{A}(s_{t+1})} p(a_{t+1} \mid s_{t+1}) \hat{q}(s_{t+1}, a_{t+1})
\end{aligned} \tag{5-19}
$$

式(5-19)中，$\hat{q}(s_{t+1},a_{t+1})$为$q(s_{t+1},a_{t+1})$的推测值。由式(5-19)可知，样本x_{s_t,a_t}也可根据行动价值的极限值和策略求得。因此，如果参照第 4 章中的使用输出层合并的行动价值模型，将行动评价基本算法中使用的可给出状态价值极限值的推测值的深度神经网络等模型，修改为可给出行动价值极限值的推测值的模型，那么使用该模型可近似给出式(5-19)中所需的行动价值极限值以及策略。姑且将该模型称为行动价值策略梯度模型。训练行动价值策略梯度模型时，可使用由式(5-19)给出的样本，以及由式(5-20)给出的损失函数。

$$
\begin{aligned}
L(\boldsymbol{W},\boldsymbol{b}) &= -\sum_{a_t \in \mathcal{A}(s_t)} p(a_t \mid s_t) \hat{q}(s_t, a_t) + \beta (x_{s_t,a_t} - \hat{y}_{s_t,a_t})^2 \\
&= -\sum_{a_t \in \mathcal{A}(s_t)} \hat{y}_{a_t \mid s_t} \hat{q}(s_t, a_t) + \beta (x_{s_t,a_t} - \hat{y}_{s_t,a_t})^2
\end{aligned} \tag{5-20}
$$

式(5-20)中，$\hat{y}_{s_t,a_t}$为当模型的输入为用来确定状态s_t的状态向量时，模型输出的状态s_t下行动a_t的行动价值极限值的推测值，$\hat{y}_{s_t,a_t} \in \mathbb{R}$；$\hat{q}(s_t,a_t)$为$q(s_t,a_t)$的推测值，由上述模型给出。姑且将这种使用行动价值极限值替换状态价值极限值的策略梯度方法称为行动价值策略梯度方法。

由行动价值策略梯度模型给出的选择各个行动的概率都大于 0，故理论上同一状态下的各个行动都有可能被选择。不过，在实际中，由行动价值策略梯度模型给出的选择部分行动的概率可能会很小，小到几乎不大可能选择这些行动，从而导致在训练过程中难以得到足够多的用来估计这些行动的行动价值极限值的样本，使得模型给出的这些行动的行动价值极限值的推测值可能不够准确。不够准确的行动价值极限值的推测值，可能导致模型给出的策略不够接近于最优策略。

行动价值策略梯度算法及其实现作为练习如下。

【练一练】 参照行动评价基本算法及式(5-19)和式(5-20)，写出行动价值策略梯度算法。

【练一练】 使用深度神经网络模型作为行动价值策略梯度模型，分别在21点任务和学习时间管理任务中实现该行动价值策略梯度算法。

5.4 不完全观测

到目前为止，我们默认智能体知道环境状态的可能取值集合(状态集)，并且在各个时刻都完全确定环境处在该集合中的哪个状态。显然，这是一种最为理想的情况，即智能体以"上帝视角"全局地观测环境状态。

然而，在一些强化学习任务中，智能体往往只能观测到决定环境状态的部分因素，或者只能观测到局部环境的状态。例如，在"升级""斗地主"等扑克牌游戏中，玩家通常看不到其他玩家手中的牌，而这些牌对玩家做出出牌选择有直接帮助，也是环境状态的组成部分。再如，在一些应用场景中，移动机器人只能观测到其周围的局部环境状态，而非做出移动选择所需的全局环境状态。因此，在这些强化学习任务中，智能体并不确定或者并不知道各个时刻下环境的准确状态，即智能体不能完全观测到环境的状态。这怎么办？

在无法完全观测到环境状态的情况下，智能体只能根据其观测到的决定环境状态的部分因素或者局部环境状态等已知信息尽量辨别环境的状态，以便在各个状态下都做出最优行动选择，尽管此时智能体"认为"的最优行动并不一定是完全观测情况下的最优行动。在不完全观测的情况下，我们至少可以使用以下两种做法之一。

第一种做法是：直接使用不完全观测到的环境状态近似完全观测到的环境状态。举一个具体的例子。之前提及的21点任务，是简化玩法的21点任务。我们对该任务稍作修改，将"向玩家展示庄家手中的两张牌"修改为"仅向玩家展示庄家手中的一张牌(另一张牌不展示)"，从而成为"不完全观测的简化玩法的21点"任务，以下简称不完全观测的21点任务。在该任务中，由于玩家看不到庄家手中的另一张牌，所以玩家无法确定环境的准确状态。不过，玩家仍可以根据手中的牌以及庄家展示的那张牌，确定环境的状态为10个可能的状态之一(因为庄家手中另一张牌可能为A、2、3、4、5、6、7、8、9，以及点数为10的牌)，尽管这些可能状态出现的概率并不完全相等。因此，可以考虑使用同一个状态近似这10个可能的状态。也就是说，只根据玩家手中的牌和庄家展示的那张牌近似给出该强化学习任务中的环境状态。这样做的结果是，在这10个状态下，智能体都将使用相同的策略给出行动选择。显然，这样做通常并不一定能得到完全观测情况下的最优策略，尽管在该任务中根据玩家手中的牌和庄家展示的一张牌给出的环境状态也满足马尔可夫性。

不完全观测的21点任务的环境参考实现代码

先通过一个实验进一步理解上述第一种做法。在本节的实验中，仍沿用行动评价基本算法，尽管本节中给出的两种做法也可用于其他深度强化学习方法。扫描二维码可下载不完全观测的21点任务的环境参考实现代码。

【实验 5-9】 使用行动评价基本算法完成不完全观测的 21 点强化学习任务。画出胜率随游戏局数变化的曲线。

提示：折扣率 γ 可以取 0.8。

当使用与实验 5-7 中相同的设置时，本实验中的胜率随游戏局数变化的曲线如图 5-10(a)所示。从图中可以看出，就本实验中使用的算法和设置而言，不完全观测的 21 点任务的胜率不及 21 点任务的胜率，正如我们所预料的那样。当深度神经网络各隐含层节点的数量增加至 400、运行次数增加至 300 000 次、每运行 60 000 次学习率减半一次、其他设置与实验 5-7中的设置相同时，胜率随游戏局数变化的曲线如图 5-10(b)所示。可见，就本实验而言，使用更加“复杂”的深度神经网络模型、增加运行次数对提高胜率有所帮助。本实验中的每个环境状态都对应实验 5-7 中的 10 个环境状态，故本实验中的状态价值的极限值为实验 5-7中对应的 10 个状态的状态价值的极限值的加权平均值。

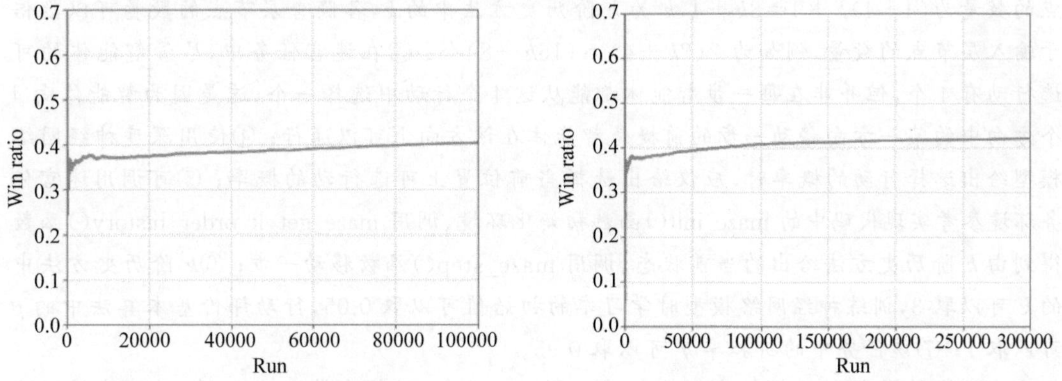

(a) 使用与实验5-7中相同的设置时 (b) 模型更“复杂”、运行次数更多时

图 5-10 实验 5-9 中的胜率随游戏局数变化的曲线

第二种做法是，用智能体对环境状态的不完全观测以及选择行动的历史替代环境的状态，即

$$\boldsymbol{S}_t=(O_1,A_1,O_2,A_2,\cdots,O_{t-1},A_{t-1},O_t) \tag{5-21}$$

式(5-21)中，$\boldsymbol{S}_t$ 为智能体“脑海中”的 t 时刻的环境状态，是随机向量；O_t 为 t 时刻智能体对环境状态的不完全观测，其既可以是随机变量，也可以是随机向量，这里姑且写为随机变量的形式；A_t 为 t 时刻智能体的行动选择，可以看作随机变量。不难得出，由式(5-21)给出的环境状态满足马尔可夫性。

不过，由式(5-21)给出的环境状态向量中的元素数量随着时刻 t 的增大而增加，这给使用该环境状态带来挑战。一种解决方法是，固定该环境状态向量中的元素数量，用当前时刻 t 之前的 k 个时刻的环境状态的不完全观测及其行动选择的历史再加上当前时刻对环境状态的不完全观测近似给出当前时刻的环境状态，如式(5-22)所示，尽管这样得到的环境状态并不满足马尔可夫性。这种方法被称为 ***k* 阶历史方法**（k th-order history approach）。

$$\boldsymbol{S}_t=(O_{t-k},A_{t-k},\cdots,O_{t-1},A_{t-1},O_t) \tag{5-22}$$

在本书最后一个实验中，我们使用 k 阶历史方法给出不完全观测情况下的环境状态。在这个实验中，我们将使用行动评价基本算法完成迷宫任务。该强化学习任务旨在寻找给定迷宫内指定入口和指定出口之间的最短可达路径，故可将该任务中的智能体看作移动机器人。在该强化学习任务中，智能体仅根据对其当前位置的上、下、左、右侧的观测结果做出行动选择。可选行动有 4 个，分别是向上、下、左、右侧移动。智能体每移动一步，都将获得一个大小为 0 的奖赏，如果移动到指定出口处，则将获得一个大小为 1 的奖赏并结束本次运行。如果智能体移动一定步数后仍未到达指定出口处，也将结束本次运行。扫描二维码可下载迷宫任务的环境参考实现代码。

迷宫任务的环境参考实现代码

【实验 5-10】 使用 k 阶历史方法给出环境状态，在此基础上使用行动评价基本算法完成迷宫任务。给出每次运行的移动步数。

提示：①在迷宫任务中，智能体对周围环境的观测结果由一个包含 4 个元素的向量给出，其中的元素分别对应当前位置的上、下、左、右侧是否可以通行（“1”表示可以通行、“0”表示不能通行），智能体的 4 个行动选择分别为向上、下、左、右侧移动一步；②可使用深度神经网络模型作为行动评价基本算法中的状态价值策略梯度模型，该神经网络模型输入层节点的数量为 $(4+4)k+4=8k+4$，k 为 k 阶历史方法中的 k，各隐含层节点的数量可以数倍于输入层节点的数量，例如为 $2(8k+4)=(16k+8)$ 个；③在迷宫任务中，尽管智能体的可选行动有 4 个，但并非在每一步智能体都能从这 4 个行动中选择一个，这是因为智能体向 4 个方向中的某一方向移动一步的前提是智能体在该方向上可以通行；④使用深度神经网络模型给出选择行动的概率时，应仅给出选择当前位置上可选行动的概率；⑤可调用迷宫任务环境参考实现代码中的 maze_init() 函数初始化环境、调用 maze_get_k_order_history() 函数得到由 k 阶历史方法给出的当前状态、调用 maze_step() 函数移动一步；⑥k 阶历史方法中的 k 可以取 3，训练神经网络模型时学习率的初始值可以取 0.05，行动评价基本算法中的 β 可以取 1；⑦该任务中的折扣率 γ 可以取 0.95。

当随机种子都为 0、折扣率 γ 为 0.95、β 为 1、k 为 3、运行次数为 1000 次、当深度神经网络模型的隐含层数量为 2、各隐含层节点的数量都为 56、训练深度神经网络模型时学习率的初始值为 0.05 时，每次运行的移动步数如图 5-11 所示。训练该深度神经网络模型时，使用了逐步缩小的学习率：强化学习任务每运行 500 次学习率减半一次。从图中可以看出，尽管 k 阶历史方法只是一种较为“简单”的用来近似给出不完全观测时环境状态的方法，但借助 k 阶历史方法，就迷宫任务以及上述设置而言，在不完全观测情况下智能体仍可有效完成强化学习任务。

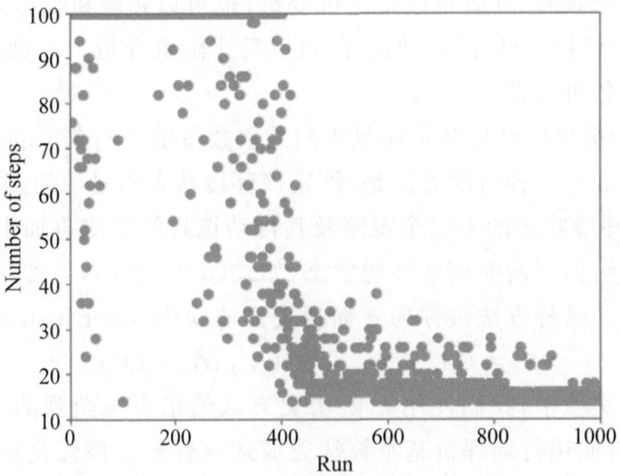

图 5-11 实验 5-10 中每次运行的移动步数

5.5 本章实验解析

如果你已经独立完成了本章中的各个实验，祝贺你，可以跳过本节学习。如果未能独立完成，也没有关系，因为在本节中，我们将对本章中出现的各个实验做进一步讲解分析。

【实验 5-1】 使用深度神经网络实现策略梯度模型，并使用蒙特卡洛方法通过单个样本估计21点任务中给定状态下各个行动的行动价值的极限值。

【解析】 本实验的程序可基于由二维码4-1给出的21点任务中环境的参考实现代码，并可参考实验4-12的程序。在本章的实验中，我们仍借助PyTorch框架实现深度神经网络模型。可参照实验4-12中的深度神经网络模型，先定义用来实现策略梯度模型的深度神经网络模型。参考代码如下。

```
class policy_net(torch.nn.Module):
    def __init__(self):
        super(policy_net, self).__init__()
        self.linear1=torch.nn.Linear(in_features=d, out_features=n1)
        self.linear2=torch.nn.Linear(in_features=n1, out_features=n2)
        self.linear3=torch.nn.Linear(in_features=n2, out_features=bj_num_
        actions)
    def forward(self, x):
        a_1=torch.nn.functional.relu(self.linear1(x))
        a_2=torch.nn.functional.relu(self.linear2(a_1))
        z_3=self.linear3(a_2)
        y_hat=torch.nn.functional.softmax(z_3, dim=-1)
        return y_hat
```

其中，d为深度神经网络模型输入向量中元素的数量，也是状态向量中元素的数量；bj_num_actions为各个环境状态下可供智能体选择的行动的数量；n1和n2分别为深度神经网络模型两个隐含层中节点的数量；函数torch.nn.functional.softmax()用来实现softmax激活函数。

同样，用给定种子构造NumPy的随机数生成器（随机数种子可设置为0），并设置PyTorch的随机数种子（例如设置为0）。创建一个深度神经网络模型（策略梯度模型）。之后，调用blackjack_init()函数初始化环境，并调用blackjack_save_env()函数保存当前环境（为了重现当前环境）。再估计当前环境状态下各个可选行动的行动价值极限值（可将这部分代码写为一个函数）。该函数的参考实现思路如下。

由于需要估计当前环境状态（给定状态）下各个可选行动的行动价值的极限值，故在该函数中可使用for循环作为主循环，用来对给定状态下的每个可选行动进行循环。在for循环中，运行1次21点任务，得到1个样本。仍可使用while循环实现21点任务中的每一步。值得注意的是，初始状态下的行动选择已由for循环中的循环变量给定，非初始状态下的行动选择根据深度神经网络模型输出的该状态下选择各个行动的概率随机给出。进一步而言，当深度神经网络模型的输入为该状态的状态向量时，可将深度神经网络模型输出的推测值看作该状态下智能体选择各个行动的概率，然后可使用torch.multinomial()函数根据这些概率随机选择一个行动。由于这里我们无须根据深度神经网络模型输出的这些推测值更新深度神经网络模型的权重和偏差，故可借助 torch.inference_mode()类缩短正向传播的运行时长。根据运行 21 点任务时得到的一系列奖赏值按照式(4-15)给出 1 个用来估计行动价值极限值的样本。由于我们使用的是单个样本估计行动价值的极限值，故行动价值极限值的估计值就是该样本值。需要注意的是，每次运行强化学习任务之后，都应调用 blackjack_restore_env()函数恢复已保存的环境，以便在下一次运行强化学习任务时，环境的初始状态仍为给定状态。

现在，如果你尚未完成实验 5-1，请尝试独立完成本实验。如果仍有困难，再参考附录 A 中经过注释的实验程序。

【实验 5-2】 在实验 5-1 的基础之上，实现基于单个样本的各个行动的蒙特卡洛策略梯度算法。画出 21 点任务中胜率随游戏局数变化的曲线。

【解析】 本实验的程序可基于实验 5-1 的程序。在实验 5-1 的程序基础之上，创建一个优化器对象，用来更新深度神经网络的权重和偏差，例如用 torch.optim.SGD()创建一个梯度下降法优化器对象。若在训练过程中使用逐步缩小的学习率，可在创建优化器对象之后再创建一个学习率调度器对象。

实验 5-2 程序的主循环可使用 for 循环，用来完成运行给定次数的 21 点任务。每次运行时，每进行一步，都进行一次梯度下降法中的迭代。因此，在主循环内可依旧使用一个 while 循环用来实现该任务中的每一步。每一步开始时，首先调用 blackjack_save_env()函数保存当前环境，接着可调用在实验 5-1 中编写的函数，估计当前环境状态下各个可选行动的行动价值的极限值。之后，可根据深度神经网络模型输出的当前环境状态下选择各个行动的概率，随机选择一个行动，并调用 blackjack_step()函数进行一步游戏。根据获得的行动价值极限值的估计值以及选择各个行动的概率，按照式(5-3)创建损失对象。再借助 PyTorch 框架，依次调用优化器对象的 zero_grad()方法清零偏导数、调用损失对象的 backward()方法实现反向传播、调用优化器对象的 step()方法更新深度神经网络模型的权重和偏差，从而完成梯度下降法中的一次迭代，也就是每次运行该任务时的每一步。每次运行时的胜率可由当前累计获胜局数除以当前累计游戏局数(即已完成的运行次数)给出。如果使用逐步缩小的学习率并且在每完成一定的游戏局数后缩小学习率，可在主循环(for 循环)的最后调用调度器对象的.step()方法。

现在，如果你尚未完成实验 5-2，请尝试独立完成本实验。如果仍有困难，再参考附录 A 中经过注释的实验程序。

【实验 5-3】 实现基于多个样本的各个行动的蒙特卡洛策略梯度算法。画出 21 点任务中胜率随游戏局数变化的曲线。

【解析】 本实验的程序可基于实验 5-2 的程序，修改“估计给定状态下各个行动的行动价值极限值”函数。在该函数中的对每个可选行动的 for 循环内，再增加一个对每个样本(或每次运行)的 for 循环，用来通过多次运行 21 点任务得到同一“状态行动对”下的多个样本。然后参照式(5-6)使用多个样本估计行动价值的极限值。这里，可先将多个样本按照其对应的运行时刻数进行分组，然后分别对各组内的样本做算术平均，再对各组样本的算术平均值做算术平均，以得到行动价值极限值的估计值。可使用多种方法实现，一种参考实现方法如下。

```
steps_values, steps_indices, steps_counts= np.unique(steps_samples, return_
inverse=True, return_counts=True)
for n in range(steps_values.size):
    weight_samples[steps_indices==n]=1 / steps_counts[n]
q_hat[a_0_trial]=np.dot(q_hat_samples, weight_samples) / steps_values.size
```

其中,steps_samples 为一维数组,用来保存各个样本对应的运行时刻数;np.unique()函数返回输入数组 steps_samples 中排序后的不同元素值(一维数组 steps_values)、steps_samples 中的各个元素对应的索引值(一维数组 steps_indices),以及 steps_samples 中不同元素值出现的次数(一维数组 steps_counts);weight_samples 为各个样本对应的权重数组,各个样本与其对应的权重相乘后再相加,相当于对各组内的样本分别做算术平均后再把算术平均值相加;q_hat_samples 为保存各个样本的一维数组;q_hat[a_0_trial]用来保存各组样本的算术平均值的算术平均值,即行动价值极限值的估计值。

现在,如果你尚未完成实验 5-3,请尝试独立完成本实验。如果仍有困难,再参考附录 A 中经过注释的实验程序。

【实验 5-4】 实现基于单个样本的单个行动的蒙特卡洛策略梯度算法。画出 21 点任务中胜率随游戏局数变化的曲线。

【解析】 本实验的程序可基于实验 5-2 的程序。将“估计给定状态下各个行动的行动价值极限值”函数改为“估计给定状态下给定行动的行动价值极限值”函数:去掉该函数中的对每个可选行动的 for 循环,只需将给定的行动选择作为初始行动选择,由此得到 1 个样本。

程序的主循环仍为用来完成运行给定次数 21 点任务的 for 循环,在主循环内仍可使用 while 循环实现运行该任务的每一步。进行每一步时,根据深度神经网络模型输出的当前环境状态选择各个行动的概率,随机选择一个行动,调用“估计给定状态下给定行动的行动价值极限值”函数得到用来估计该行动的行动价值极限值的 1 个样本,再调用 blackjack_step()函数进行一步游戏。使用得到的样本按照式(5-10)给出损失函数。其中,计算自然对数可使用 torch.log()函数。

现在,如果你尚未完成实验 5-4,请尝试独立完成本实验。如果仍有困难,再参考附录 A 中经过注释的实验程序。

【实验 5-5】 实现基于单个样本的平移的蒙特卡洛策略梯度算法。画出 21 点任务中胜率随游戏局数变化的曲线。

【解析】 本实验的程序可基于实验 5-4 的程序。首先,参照实验 5-4 中的策略梯度模型和实验 4-12 中的行动价值模型,定义并创建本实验中的状态价值模型,同时为该模型创建一个优化器对象和一个学习率调度器对象。然后,在用来实现 21 点任务每次运行的 while 循环中,使用状态价值模型给出当前环境状态的状态价值极限值的推测值。按照式(5-11)给出当前迭代中策略梯度模型的损失函数、按照式(5-12)给出状态价值模型的损失函数。其中,计算自然对数可使用 torch.log()函数,计算幂可使用 torch.pow()函数。值得注意的是,在计算行动价值极限值的估计值与状态价值极限值的估计值(推测值)之差时,应将保存状态价值极限值的推测值的变量从计算图中分离出来,例如可借助 tensor 的 item()方法实现分离。最后,分别为策略梯度模型和状态价值模型这两个深度神经网络模型,依次调用优化器对象的 zero_grad()方法清零偏导数、调用损失对象的 backward()方法实现反向传播、调用优化器对象的 step()方法更新深度神经网络模型的权重和偏差，从而完成梯度下降法中的一次迭代。可在主循环(for 循环)的最后调用两个学习率调度器对象的.step()方法。

现在，如果你尚未完成实验 5-5，请尝试独立完成本实验。如果仍有困难，再参考附录 A 中经过注释的实验程序。

【实验 5-6】 使用一个深度神经网络模型同时作为策略梯度模型和状态价值模型，实现基于单个样本的平移的蒙特卡洛策略梯度算法。画出 21 点任务中胜率随游戏局数变化的曲线。

【解析】 本实验的程序可基于实验 5-5 的程序。首先，定义用来同时实现策略梯度模型和状态价值模型的深度神经网络模型，参考代码如下。

```
class policy_value_net(torch.nn.Module):
    def __init__(self):
        super(policy_value_net, self).__init__()
        self.linear1=torch.nn.Linear(in_features=d, out_features=n1)
        self.linear2=torch.nn.Linear(in_features=n1, out_features=n2)
        self.linear3_policy=torch.nn.Linear(in_features=n2, out_features=bj_
num_actions)
        self.linear3_value=torch.nn.Linear(in_features=n2, out_features=1)
    def forward(self, x):
        a_1=torch.nn.functional.relu(self.linear1(x))
        a_2=torch.nn.functional.relu(self.linear2(a_1))
        z_3_policy=self.linear3_policy(a_2)
        y_hat_policy=torch.nn.functional.softmax(z_3_policy, dim=-1)
        y_hat_value=self.linear3_value(a_2)
        return y_hat_policy, y_hat_value
```

其中，分别定义用来给出策略和状态价值极限值的输出层，并同时返回策略和状态价值极限值的推测值。接着，创建该深度神经网络模型并创建一个优化器对象。

对使用该模型进行推测的代码做相应修改。按照式(5-13)给出损失函数。仍需注意的是，在计算行动价值极限值的估计值与状态价值极限值的估计值(推测值)之差时，应将保存状态价值极限值的推测值的变量从计算图中分离出来。

现在，如果你尚未完成实验 5-6，请尝试独立完成本实验。如果仍有困难，再参考附录 A 中经过注释的实验程序。

【实验 5-7】 使用深度神经网络模型作为状态价值策略梯度模型，在 21 点任务中实现行动评价基本算法。画出胜率随游戏局数变化的曲线。

【解析】 本实验的程序可基于实验 5-6 的程序。主要差别在于，本实验中用来估计行动价值极限值的样本由式(5-15)给出。在用来实现强化学习任务每一步运行的 while 循环中，在调用 blackjack_step()函数进行一步游戏之后，若本次运行(本局游戏)尚未结束，则再次使用模型给出下一时刻状态 s_{t+1} 的状态价值极限值的推测值 $\hat{v}(s_{t+1})$(可借助 torch.inference_mode()类缩短正向传播的运行时长)，并按照式(5-15)给出样本；若本次运行已结束，则可直接将奖赏值 r_{t+1} 作为样本，因为此时式(5-15)中的 $v(s_{t+1})$ 为 0。之后，按照式(5-18)给出当前迭代中的损失函数。需要注意的是，在计算过程中，将用来保存该式第一项中的 $\hat{v}(s_t)$ 和两项中的 $\hat{v}(s_{t+1})$ 的变量从计算图中分离出来。

现在，如果你尚未完成实验 5-7，请尝试独立完成本实验。如果仍有困难，再参考附录 A 中经过注释的实验程序。

【实验 5-8】 *使用深度神经网络模型作为状态价值策略梯度模型，在学习时间管理任务中实现行动评价基本算法。画出状态价值的极限值的推测值随时刻变化的曲线。*

【解析】 本实验的程序可参考实验 4-10 的程序和实验 5-7 的程序。本实验中使用的深度神经网络模型可参照实验 5-7 中的模型，各隐含层节点的数量可以设置为 24。学习时间管理任务的初始状态可以随机选择。

程序的主循环可以是用来以给定步数(时刻数量)运行强化学习任务的 for 循环。在该 for 循环中，先使用深度神经网络模型得到当前状态下智能体选择各个行动的概率，以及当前状态的状态价值极限值的推测值，并根据这些概率给出当前状态下的行动选择。其中，深度神经网络模型的输入为状态向量，故需要先根据当前状态的状态值得到状态向量。之后，调用 tm_step()函数运行一步学习时间管理任务，得到奖赏和下一时刻的状态。再通过深度神经网络模型得到下一时刻状态的状态价值极限值的推测值。为了画出状态价值极限值的推测值随时刻变化的曲线，这里可通过深度神经网络模型得到各个状态值对应的状态价值极限值的推测值并保存。接着，按照式(5-15)给出样本，并按照式(5-18)给出当前迭代中的损失函数，依此更新神经网络模型的权重和偏差。折扣率 γ 可以取 0.9。最后，更新当前状态(将下一时刻的状态作为当前状态)。值得说明的是，为了使本实验中模型输出的状态价值极限值的推测值"波动"更小，训练过程中应使用较小的 β 值，例如 β 取 0.01。

现在，如果你尚未完成实验 5-8，请尝试独立完成本实验。如果仍有困难，再参考附录 A 中经过注释的实验程序。

【实验 5-9】 *使用行动评价基本算法完成不完全观测的 21 点强化学习任务。画出胜率随游戏局数变化的曲线。*

【解析】 本实验大概是本书中最容易完成的一个实验。在不完全观测的 21 点任务环境参考实现代码的后面，附上去除 21 点环境代码之后的实验 5-7 的程序代码即可。

现在，如果你尚未完成实验 5-9，请尝试独立完成本实验。如果仍有困难，再参考附录 A 中经过注释的实验程序。

【实验 5-10】 *使用 k 阶历史方法给出环境状态，在此基础上使用行动评价基本算法完成迷宫任务。给出每次运行的移动步数。*

【解析】 本实验的程序可基于实验 5-9 的程序和迷宫任务的环境参考实现代码。程序的总体框架仍可参照实验 5-9 的程序框架。可使用深度神经网络模型作为行动评价基本算法中的状态价值策略梯度模型。当 $k=3$ 时，该神经网络模型输入层节点的数量为 $8\times3+4=28$，各隐含层节点的数量可以为输入层节点数量的两倍：$28\times2=56$ 个。由于只有当在某一方向上可以通行时，智能体方可向该方向移动，因此，在每一步中智能体需要根据当前观测结果给出当前可选行动的集合，并从该集合中选择一个行动。所以，在使用深度神经网络模型借助 softmax 函数给出选择行动的概率时，应仅给出选择可选行动集合中的行动的概率，即 softmax 函数的输入仅为当前可选行动对应的加权和。此外，为了便于在后续程序中根据这些概率给出行动选择，可同时返回这些可选行动值。定义该深度神经网络模型的参考代码如下。

```
class policy_value_net(torch.nn.Module):
    def __init__(self):
        super(policy_value_net, self).__init__()
        self.linear1=torch.nn.Linear(in_features=d, out_features=n1)
        self.linear2=torch.nn.Linear(in_features=n1, out_features=n2)
        self.linear3_policy=torch.nn.Linear(in_features=n2, out_features=mz_
        num_actions)
        self.linear3_value=torch.nn.Linear(in_features=n2, out_features=1)
    def forward(self, x):
        a_1=torch.nn.functional.relu(self.linear1(x))
        a_2=torch.nn.functional.relu(self.linear2(a_1))
        y_hat_value=self.linear3_value(a_2)
        z_3_policy=self.linear3_policy(a_2)
        o_t_tensor=x[-mz_num_observed_vars : ]
        z_3_policy_available=z_3_policy[o_t_tensor ==1]
        y_hat_policy_available=torch.nn.functional.softmax(z_3_policy_
available, dim=-1)
        available_actions=torch.nonzero(o_t_tensor)
        return y_hat_policy_available, y_hat_value, available_actions[:, 0]
```

其中，mz_num_observed_vars 为迷宫任务中观测结果向量中的元素数量，也就是 4；torch.nonzero()函数返回非零元素的索引，每行为一个非零元素的索引。

在每次运行迷宫任务之前，调用 maze_init()函数初始化环境。在用来实现迷宫任务每次运行的 while 循环中，调用 maze_get_k_order_history()函数得到由 k 阶历史方法给出的当前状态，调用 maze_step()函数运行一步强化学习任务。在该循环中，注意从深度神经网络模型返回的可选行动的取值集合(第三个返回数组)中依概率(第一个返回数组)随机选择行动；在给出损失函数时，使用随机选择出的行动所对应的概率。

现在，如果你尚未完成实验 5-10，请尝试独立完成本实验。如果仍有困难，再参考附录 A 中经过注释的实验程序。

5.6 本章小结

当 MDP 模型的概率质量函数 $p(s_{t+1},r_{t+1}|s_t,a_t)$ 及其奖赏取值集合 $\mathcal{R}$ 未知时，还可使用策略梯度方法直接寻找最优策略。策略梯度方法将各个状态下选择各个可选行动的概率(即策略)看作状态的函数，并通过最大化各个状态的状态价值的极限值寻找最优策略。特别地，可以使用多分类逻辑回归、多分类神经网络、多分类深度神经网络等可用于多分类任务的、使用 softmax 函数的监督学习方法拟合状态向量与最优策略之间的函数关系。如何有效、高效地训练这些监督学习模型(策略梯度模型)，是策略梯度方法面临的挑战。

当已知一些状态下各个可选行动的行动价值极限值的估计值时，可根据各个行动的行动价值极限值的估计值和选择这些行动的概率(即策略)参照式(5-1)近似给出状态价值的极限值，从而给出训练策略梯度模型时所需的损失函数。同一状态下各个行动的行动价值极限值的估计值可使用蒙特卡洛方法通过多次随机运行终结型强化学习任务给出。

当仅已知一些状态下单个行动的行动价值极限值的估计值时，可根据修正后的单个行动的行动价值极限值的估计值与选择该行动的概率之积近似给出状态价值的极限值，从而给出训练策略梯度模型时所需的损失函数。用来估计单个行动的行动价值极限值的样本，可通过随机运行终结型强化学习任务的方式按照式(4-15)给出。为了进一步提高策略梯度模型的训练效率，在损失函数中可使用平移后的行动价值极限值的估计值替代行动价值极限值的估计值。用来估计单个行动的行动价值极限值的样本，还可在强化学习任务运行时按照式(5-15)给出。这种在强化学习任务运行时就可以给出样本的方法，不仅可用于终结型强化学习任务，也可用于持续型强化学习任务。

在智能体不能完全观测到环境状态的情况下，可以直接使用不完全观测到的环境状态近似完全观测到的环境状态，尽管这样做通常并不能得到在各个实际环境状态下都最优的策略；还可以用智能体对环境状态的不完全观测以及选择行动的历史替代环境的状态，例如 k 阶历史方法。

尽管近年来深度强化学习领域在算法和应用等方面取得了令人瞩目的进展，但深度强化学习仍处于发展之中，仍有众多方向与分支等待着你去尝试、去探索、去研究、去发现、去发明，仍有众多潜在应用等待着你去识别、去验证、去完善、去发展、去开拓。如何在减少运行次数或运行步数(交互次数)的同时给出更优的策略，是深度强化学习走向更多应用领域时需要解决的首要问题。

尽管目前尚难实现"机器治理"(machine ruling)，但在不远的未来，将有望让智能体基于更加全面的事实(完全观测)辅助我们做选择、做决策，帮助我们自动处理个人事务，把我们从纷杂琐碎的事务中解脱出来，使每个人都能更加专注于自己所擅长的工作、尽量避免"走弯路"，从而进一步提高工作效率、实现自我价值、提升每个人的幸福感、提高人类社会的生产效率、促进全人类持续繁荣与发展。

"路漫漫其修远兮，吾将上下而求索。"

5.7　思考与练习

1. 策略梯度方法有哪些特点？

2. 为什么可以使用多分类深度神经网络等模型给出策略？

3. 若已知一些状态下各个可选行动的行动价值极限值的估计值，如何训练策略梯度模型？

4. 什么是蒙特卡洛策略梯度方法？为什么该方法只适用于终结型强化学习任务？

5. 写出各个行动的蒙特卡洛策略梯度算法。

6. 若已知一些状态下单个行动的行动价值极限值的单个样本，如何训练策略梯度模型？

7. 写出单个行动的蒙特卡洛策略梯度算法。

8. 为什么单个行动的蒙特卡洛策略梯度算法中策略梯度模型的训练效率可进一步提高？

9. 为什么平移的蒙特卡洛策略梯度方法中使用状态价值模型？如何训练状态价值模型？

10. 写出平移的蒙特卡洛策略梯度算法。

11. 如何把策略梯度模型和状态价值模型合并为一个模型？如何训练合并后的模型？

12. 什么是行动评价方法？相比蒙特卡洛策略梯度方法，此类方法有何优势？

13. 写出行动评价基本算法。

14. 写出行动价值策略梯度算法。

15. 试分析行动评价基本算法和行动价值策略梯度算法各自的优势与劣势。

16. 试分析使用策略梯度方法和使用行动价值方法求解 MDP 问题的优势与劣势。

17. 什么是不完全观测？如何应对不完全观测带来的挑战？

18. 自选一个强化学习任务，使用策略梯度方法寻找该任务的最优策略。

19. 讲解一个深度强化学习领域的最新应用案例。可在查找资料后作答。

20. 讲解一个深度强化学习领域的最新算法。可在查找资料后作答，并分析该算法的适用场景。

附录 A

实验参考程序及注释

【实验 1-1】 使用 ndarray 以及 NumPy 库函数实现两个一维数组中对应元素相乘并累加,即点积运算,如式(1-1)所示。计算结果,并给出点积运算程序的运行时长。

$$\boldsymbol{a}\cdot\boldsymbol{b}=\sum_{i=1}^{n}a_ib_i \tag{1-1}$$

式(1-1)中,$\boldsymbol{a},\boldsymbol{b}\in\mathbb{R}^n$,$n=1000000$,$\boldsymbol{a}=(0,1,2,\cdots,999999)$,$\boldsymbol{b}=(1000000,1000001,1000002,\cdots,1999999)$。

【实验 1-1 参考程序】

```
import numpy as np                #导入 NumPy
import time                       #导入 time 模块
#初始化(在 CPU 上运行 NumPy)
print('NumPy on CPU:')
a_numpy=np.arange(0, 1000000, 1, dtype=np.float32)          #创建向量 a
b_numpy=np.arange(1000000, 2000000, 1, dtype=np.float32)    #创建向量 b
print(f'Shape of a_numpy: {a_numpy.shape}, data type of a_numpy: {a_numpy.dtype}')
print(f'Shape of b_numpy: {b_numpy.shape}, data type of b_numpy: {b_numpy.dtype}')
#使用 np.dot()函数计算点积
tic=time.perf_counter()                     #读取当前时钟读数
p_numpy=np.dot(a_numpy, b_numpy)            #计算向量 a 和 b 的点积
toc=time.perf_counter()                     #读取当前时钟读数
#打印结果
print(f'Dot product (NumPy)={p_numpy}')
print(f'Time (NumPy)={toc-tic:.5f} seconds\n')
```

实验 1-1 的程序

完整的实验参考程序可通过扫描二维码下载。

【实验 1-2】 运行实验 1-1 中的点积运算 100 次,得到 100 个运行时长。将这 100 个运行时长分成 10 组,每组中包含 10 个运行时长。使用 Matplotlib 库画出由各组运行时长的平均值构成的曲线(折线),并填充由各组中最大运行时长构成的曲线和由各组中最小运行时长构成的曲线之间的区域。

【实验 1-2 参考程序】

```
…
import matplotlib.pyplot as plt                 #导入 Matplotlib
#本实验中的参数
```

```
num_groups=10                                 #组数
num_runs=10                                   #每组中运行时长的数量
#初始化
run_time=np.zeros((num_groups, num_runs))     #用来保存各个运行时长的二维数组
#用来完成每组的循环
for group in range(num_groups):
    #用来完成每组中每次运行的循环
    for run in range(num_runs):
        #使用 np.dot()函数计算点积
        tic=time.perf_counter()               #读取当前时钟读数
        p_numpy=np.dot(a_numpy, b_numpy)      #计算向量 a 和 b 的点积
        toc=time.perf_counter()               #读取当前时钟读数
        run_time[group, run]=toc-tic          #保存运行时长
#画图
plt.figure(dpi=150)                           #新建一个图形(每英寸 150 点)
plt.plot(np.arange(1, num_groups+1), np.mean(run_time, axis=1), 'r.-',
linewidth=2)                                  #画平均运行时长曲线
plt.fill_between(np.arange(1, num_groups+1), np.amin(run_time, axis=1), np.
amax(run_time, axis=1), color='r', alpha=0.1, linewidth=0)
#填充最大运行时长曲线和最小运行时长曲线之间的区域
plt.ylabel('Time/s')                          #设置纵轴标签
plt.xlabel('Group')                           #设置横轴标签
plt.legend(['Mean of run time'])              #设置图例
plt.xlim(1, num_groups)                       #设置横轴范围
plt.show()                                    #显示图形
```

实验 1-2 的程序

完整的实验参考程序可通过扫描二维码下载。

【实验 1-3】 使用 tensor 以及 PyTorch 提供的函数实现实验 1-1 中的点积运算。计算结果，给出点积运算程序的运行时长，并与实验 1-1 中使用 ndarray 及 NumPy 库函数的运行时长做比较。如果你的计算机配有支持 CUDA 的 GPU，则可进一步比较点积运算在 CPU 和 GPU 上的运行时长。

【实验 1-3 参考程序】

```
import numpy as np                            #导入 NumPy
import torch                                  #导入 PyTorch
import time                                   #导入 time 模块
...
#使用 PyTorch 和 CPU 实现点积运算
dev=torch.device('cpu')                       #创建一个设备对象,指定运行设备为 CPU
print('PyTorch on CPU:')
a_pytorch_cpu=torch.arange(0, 1000000, 1, device=dev, dtype=torch.float32)
#创建向量 a(使用 CPU)
b_pytorch_cpu=torch.arange(1000000, 2000000, 1, device=dev, dtype=torch.
float32)                                      #创建向量 b(使用 CPU)
print(f'Shape of a_pytorch_cpu: {a_pytorch_cpu.shape}, data type of a_pytorch_
cpu: {a_pytorch_cpu.dtype}')
```

```
print(f'Shape of b_pytorch_cpu: {b_pytorch_cpu.shape}, data type of b_pytorch_cpu: {b_pytorch_cpu.dtype}')
#使用 torch.dot()函数计算点积
tic=time.perf_counter()
p_pytorch_cpu=torch.dot(a_pytorch_cpu, b_pytorch_cpu)
#计算向量 a 和 b 的点积(使用 CPU)
toc=time.perf_counter()
#打印结果
print(f'Dot product (PyTorch on CPU)={p_pytorch_cpu.item()}')
print(f'Time (PyTorch on CPU)={toc-tic:.5f} seconds\n')
#使用 PyTorch 和 GPU 实现点积运算
if torch.cuda.is_available():          #检查支持 CUDA 的 GPU 是否可用
    dev=torch.device('cuda')           #指定运行设备为 GPU
    print('PyTorch on GPU:')
    a_pytorch_gpu=torch.arange(0, 1000000, 1, device=dev, dtype=torch.float32)
    #创建向量 a(使用 GPU)
    b_pytorch_gpu=torch.arange(1000000, 2000000, 1, device=dev, dtype=torch.float32)
                                       #创建向量 b(使用 GPU)
    print(f'Shape of a_pytorch_gpu: {a_pytorch_gpu.shape}, data type of a_tensor: {a_pytorch_gpu.dtype}')
    print(f'Shape of b_pytorch_gpu: {b_pytorch_gpu.shape}, data type of b_tensor: {b_pytorch_gpu.dtype}')
    #使用 torch.dot()函数计算点积
    tic=time.perf_counter()
    p_pytorch_gpu=torch.dot(a_pytorch_gpu, b_pytorch_gpu)
    #计算向量 a 和 b 的点积(使用 GPU)
    toc=time.perf_counter()
    #打印结果
    print(f'Dot product (PyTorch on GPU)={p_pytorch_gpu.item()}')
    print(f'Time (PyTorch on GPU)={toc-tic:.5f} seconds\n')
```

实验 1-3 的程序

完整的实验参考程序可通过扫描二维码下载。

【实验 1-4】 使用 NumPy 在 CPU 上、使用 PyTorch 在 CPU 和 GPU 上分别运行实验 1-3 中的点积运算 100 次，得到 300 个运行时长。使用 Matplotlib 库根据这 300 个运行时长画出使用 NumPy 在 CPU 上、使用 PyTorch 在 CPU 上，以及使用 PyTorch 在 GPU 上运行时长的箱线图。

【实验 1-4 参考程序】

```
...
import matplotlib.pyplot as plt       #导入 Matplotlib
#本实验中的参数
num_runs=100                          #每组中运行时长的数量
#初始化
run_time=np.zeros((num_runs, 3))      #用来保存运行时长的二维数组
#用来完成每组中每次运行的循环
for run in range(num_runs):
```

```
    #使用 NumPy 实现点积运算
    tic=time.perf_counter()
    p_numpy=np.dot(a_numpy, b_numpy)          #计算点积(使用 CPU)
    toc=time.perf_counter()
    run_time[run, 0]=toc-tic                   #在 run_time 的第一列中保存运行时长
    #使用 PyTorch 和 CPU 实现点积运算
    tic=time.perf_counter()
    p_pytorch_cpu=torch.dot(a_pytorch_cpu, b_pytorch_cpu) #计算点积(使用 CPU)
    toc=time.perf_counter()
    run_time[run, 1]=toc-tic                   #在 run_time 的第二列中保存运行时长
    if torch.cuda.is_available():              #检查支持 CUDA 的 GPU 是否可用
        #使用 PyTorch 和 GPU 实现点积运算
        tic=time.perf_counter()
        p_pytorch_gpu=torch.dot(a_pytorch_gpu, b_pytorch_gpu)   #计算点积(使用 GPU)
        toc=time.perf_counter()
        run_time[run, 2]=toc-tic               #在 run_time 的第三列中保存运行时长
#画箱线图
plt.figure(dpi=150)                            #新建一个图形(每英寸 150 点)
plt.boxplot(run_time, patch_artist=True, medianprops={'color':'r',
'linewidth':2}, boxprops={'facecolor':'lightcyan', 'edgecolor':'steelblue',
'linewidth':2}, whiskerprops={'color':'steelblue', 'linewidth':2}, capprops=
{'color':'steelblue', 'linewidth':2}, flierprops={'markeredgecolor':
'steelblue', 'markersize':4, 'alpha':0.2}) #画箱线
plt.xticks(ticks=[1, 2, 3], labels=['NumPy on CPU', 'PyTorch on CPU', 'PyTorch on
GPU'])                                         #设置横轴的刻度标签
plt.ylabel('Time/s')                           #设置纵轴标签
plt.grid(linestyle=':', axis='y')              #设置并显示网格线
plt.show()                                     #显示图形
```

实验 1-4 的程序

完整的实验参考程序可通过扫描二维码下载。

【实验 2-1】 仅使用 NumPy 实现如图 2-1 所示的二分类神经网络,并使用如图 2-3 所示的方型数据集训练该神经网络。画出代价函数的值随迭代次数变化的曲线,并给出神经网络模型在该数据集上的推测准确度。

【实验 2-1 参考程序】

```
import numpy as np
import matplotlib.pyplot as plt
#生成方型数据集
spaced_points=np.arange(-1, 1.1, 0.1)          #生成一组等间距的数
X_train=np.array([(i, j for i in spaced_points for j in spaced_points])
#生成训练样本中的输入向量
y_train=np.logical_and(np.abs(X_train[:, 0])<0.61, np.abs(X_train[:, 1])<
0.61).reshape((-1, 1))                         #生成训练样本中的标注
m=X_train.shape[0]                             #训练数据集中训练样本的数量
d=X_train.shape[1]                             #训练样本输入向量中元素的数量
#本实验中的参数
iterations=5000                                #神经网络训练过程中的迭代次数
```

```
learning_rate=0.2                              #神经网络训练过程中的学习率
n=4                                            #神经网络隐含层节点的数量
#创建随机数生成器
rng=np.random.default_rng(10)
#初始化
v=np.ones((m, 1))                              #列向量 v
costs_saved=np.zeros(iterations)               #用来保存训练过程中代价的数组
#初始化权重与偏差
W_1=rng.random((n, d))                         #用随机数初始化权重 W[1]
b_1=rng.random((1, n))                         #用随机数初始化偏差 b[1]
w_2=rng.random((1, n))                         #用随机数初始化权重 w[2]
b_2=rng.random()                               #用随机数初始化偏差 b[2]
#用来完成训练过程中每次迭代的循环
for i in range(iterations):
    #正向传播
    Z_1=np.dot(X_train, W_1.T)+b_1             #式(2-13)
    A_1=Z_1 * (Z_1>0)                          #式(2-14)
    z_2=np.dot(A_1, w_2.T)+b_2                 #式(2-15)
    y_hat=1. / (1.+np.exp(-z_2))               #式(2-16)
    #计算代价并保存
    costs_saved[i]=-(np.dot(y_train.T, np.log(y_hat))+np.dot((1-y_train).T,
    np.log(1-y_hat))) / m                      #式(2-19)
    #反向传播
    e=y_hat-y_train                            #式(2-40)
    db_2=np.dot(e.T, v) / m                    #式(2-36)
    dw_2=np.dot(e.T, A_1) / m                  #式(2-37)
    db_1=np.dot(e.T, np.dot(v, w_2) * (Z_1>0)) / m            #式(2-38)
    dW_1=np.dot((np.dot(e, w_2) * (Z_1>0)).T, X_train) / m    #式(2-39)
    #更新权重和偏差参数
    b_1=b_1-learning_rate * db_1               #式(2-41)
    W_1=W_1-learning_rate * dW_1               #式(2-41)
    b_2=b_2-learning_rate * db_2               #式(2-41)
    w_2=w_2-learning_rate * dw_2               #式(2-41)
#打印训练结束后的权重和偏差
print('W_[1]=\n', np.array2string(W_1, precision=3))
print('b_[1]=', np.array2string(np.squeeze(b_1, axis=0), precision=3))
print('w_[2]=', np.array2string(np.squeeze(w_2, axis=0), precision=3))
print(f'b_[2]={b_2.item(0):.3f}')
#画训练过程中的代价
plt.figure(dpi=150)
plt.plot(np.arange(1, iterations+1), costs_saved, 'r-o', linewidth=2,
markersize=4)
plt.ylabel('Cost')
plt.xlabel('Iteration')
plt.show()
#在训练数据集上进行推测
Z_1=np.dot(X_train, W_1.T)+b_1                 #使用了广播操作的式(2-13)
```

```
A_1=Z_1 * (Z_1>0)                        #式(2-14)
z_2=np.dot(A_1, w_2.T)+b_2               #使用了广播操作的式(2-15)
y_hat=1. / (1.+np.exp(-z_2))             #式(2-16)
k=(y_hat >=0.5)                          #式(2-8)
#计算并打印推测准确度
print('Accuracy={:.2f}% '.format(100 * np.sum(y_train ==k) / m))
```

实验 2-1 的程序

完整的实验参考程序可通过扫描二维码下载。

【实验 2-2】 使用 PyTorch 实现如图 2-1 所示的二分类神经网络，并使用如图 2-3 所示的方型数据集训练该神经网络。画出代价函数的值随迭代次数变化的曲线，并给出神经网络模型在该数据集上的推测准确度。

【实验 2-2 参考程序】

```
import numpy as np
import matplotlib.pyplot as plt
import torch
…
#本实验中的参数
iterations=5000                                   #神经网络训练过程中的迭代次数
learning_rate=0.2                                 #神经网络训练过程中的学习率
n=4                                               #神经网络隐含层节点的数量
#设置 PyTorch 的随机种子
torch.manual_seed(10)
#定义神经网络
class ann(torch.nn.Module):
    def __init__(self):
        super(ann, self).__init__()
        self.linear1=torch.nn.Linear(in_features=d, out_features=n)
        #第 1 层的线性部分(用来计算加权和)
        self.linear2=torch.nn.Linear(in_features=n, out_features=1)
        #第 2 层的线性部分(用来计算加权和)
    def forward(self, x):
        a_1=torch.nn.functional.relu(self.linear1(x))
        #实现第 1 层(隐含层、ReLU 激活函数)
        y_hat=torch.sigmoid(self.linear2(a_1))
        #实现第 2 层(输出层、sigmoid 激活函数)
        return y_hat                              #返回神经网络输出的推测值
#函数功能：计算神经网络模型在给定数据集上的推测准确度
#输入参数：model——神经网络模型;X——样本的输入向量;y——样本的标注
#返回值：准确度
def evaluate_accuracy(model, X, y):
    with torch.inference_mode():                  #推测模式
        y_hat=model(X)                            #进行推测
    k=(y_hat >=0.5)                               #式(2-8)
    return 100 * torch.sum(y ==k) / X.shape[0]    #计算并返回准确度
#若 GPU 可用，则使用 GPU，否则使用 CPU
```

```
processor=torch.device('cuda' if torch.cuda.is_available() else 'cpu')
#初始化
costs_saved=torch.zeros(iterations, device=processor)
#用来保存训练过程中代价的数组
#复制训练数据集至处理器内存(或显存)
X_train_gpu=torch.tensor(X_train, device=processor, dtype=torch.float32)
y_train_gpu=torch.tensor(y_train, device=processor, dtype=torch.float32)
#创建神经网络模型
model_ann=ann().to(device=processor)
#创建用来计算二分类交叉熵代价的对象
loss_function=torch.nn.BCELoss()
#创建梯度下降法优化器对象
optimizer=torch.optim.SGD(model_ann.parameters(), lr=learning_rate)
#用来完成训练过程中每次迭代的循环
for i in range(iterations):
    #正向传播
    y_hat=model_ann(X_train_gpu)
    #计算并保存代价
    costs=loss_function(y_hat, y_train_gpu)
    costs_saved[i]=costs.item()
    #反向传播
    optimizer.zero_grad()          #清零梯度(偏导数)
    costs.backward()               #进行反向传播
    #更新权重和偏差
    optimizer.step()
    #打印训练进展
    if (i+1) % 1000 ==0:
        print('Training {}/{}: costs={:.4f}'.format(i+1, iterations, costs.item
()))
#打印训练结束后的权重和偏差
print('W_[1]=\n', np.array2string(model_ann.state_dict()["linear1.weight"].
cpu().numpy(), precision=3))
print('b_[1]=', np.array2string(model_ann.state_dict()["linear1.bias"].cpu().
numpy(), precision=3))
print('w_[2]=', np.array2string(np.squeeze(model_ann.state_dict()["linear2.
weight"].cpu().numpy(), axis=0), precision=3))
print(f'b_[2]={model_ann.state_dict()["linear2.bias"].item():.3f}')
#画训练过程中的代价
plt.figure(dpi=150)
plt.plot(np.arange(1, iterations+1), costs_saved.tolist(), 'r-o', linewidth=2,
markersize=4)
plt.xlabel('Iteration')
plt.ylabel('Cost')
plt.show()
#计算并打印神经网络模型在训练数据集上的推测准确度
accuracy=evaluate_accuracy(model_ann, X_train_gpu, y_train_gpu)
print('Accuracy={:.2f}% '.format(accuracy))
```

完整的实验参考程序可通过扫描二维码下载。

实验 2-2 的程序

【实验 2-3】 使用 PyTorch 实现如图 2-1 所示的二分类神经网络，并使用如图 2-8 所示的回型数据集训练该神经网络。如果希望该神经网络模型在回型数据集上的推测准确度为 100%，那么该神经网络模型大约需要具有多少个隐含层节点？

【实验 2-3 参考程序】

```
…
#生成回型数据集
spaced_points=np.arange(-1, 1.1, 0.1)      #生成一组等间距的数
X_train=np.array([(i, j for i in spaced_points for j in spaced_points])
#生成训练样本中的输入向量
y_train=np.logical_xor(np.logical_and(np.abs(X_train[:, 0])<0.61, np.abs(X_
train[:, 1])<0.61), np.logical_and(np.abs(X_train[:, 0])<0.19, np.abs(X_train
[:, 1])<0.19)).reshape((-1, 1))            #生成训练样本中的标注
m=X_train.shape[0]                         #训练数据集中训练样本的数量
d=X_train.shape[1]                         #训练样本输入向量中元素的数量
#本实验中的参数
iterations =50000                          #神经网络训练过程中的迭代次数
learning_rate=0.2                          #神经网络训练过程中的学习率
n=90                                       #神经网络隐含层节点的数量
#设置 PyTorch 的随机种子
torch.manual_seed(100)
…
```

实验 2-3 的程序

完整的实验参考程序可通过扫描二维码下载。

【实验 2-4】 使用 PyTorch 实现如图 2-9 所示的深度神经网络，并使用如图 2-8 所示的回型数据集训练该深度神经网络。如果希望该深度神经网络模型在回型数据集上的推测准确度为 100%，那么该深度神经网络模型的两个隐含层各需要有大约多少个节点？

【实验 2-4 参考程序】

```
…
#本实验中的参数
iterations=20000                          #深度神经网络训练过程中的迭代次数
learning_rate=0.2                         #深度神经网络训练过程中的学习率
n1=4                                      #深度神经网络第一个隐含层中节点的数量
n2=2                                      #深度神经网络第二个隐含层中节点的数量
#设置 PyTorch 的随机种子
torch.manual_seed(0)
#定义深度神经网络
class dnn(torch.nn.Module):
    def __init__(self):
        super(dnn, self).__init__()
        self.linear1=torch.nn.Linear(in_features=d, out_features=n1)
        #第 1 层的线性部分(用来计算加权和)
        self.linear2=torch.nn.Linear(in_features=n1, out_features=n2)
        #第 2 层的线性部分(用来计算加权和)
```

```
        self.linear3=torch.nn.Linear(in_features=n2, out_features=1)
        #第 3 层的线性部分(用来计算加权和)
    def forward(self, x):
        a_1=torch.nn.functional.relu(self.linear1(x))
        #实现第 1 层(第一个隐含层、ReLU 激活函数)
        a_2=torch.nn.functional.relu(self.linear2(a_1))
        #实现第 2 层(第二个隐含层、ReLU 激活函数)
        y_hat=torch.sigmoid(self.linear3(a_2))
        #实现第 3 层(输出层、sigmoid 激活函数)
        return y_hat                    #返回深度神经网络输出的推测值
…
```

实验 2-4 的程序

完整的实验参考程序可通过扫描二维码下载。

【实验 2-5】 使用 PyTorch 实现一个二分类卷积神经网络，并使用含噪正弦波数据集训练该卷积神经网络。调整卷积神经网络的架构以及超参数，使得训练后的卷积神经网络模型在该数据集上的推测准确度为 100%。

【实验 2-5 参考程序】

```
import numpy as np
import matplotlib.pyplot as plt
import torch
#生成含噪正弦波数据集
m_0=100                                 #类别"0"训练样本的数量
m_1=100                                 #类别"1"训练样本的数量
m=m_0+m_1                               #训练数据集中训练样本的数量
ts=np.arange(0, 1.05, 0.05)             #采样时刻(单位为 s)
d=ts.size                               #训练样本输入向量中元素的数量
sinwave_0=np.sin(2 * np.pi * ts)        #生成频率为 1Hz 的正弦波(正弦波 1)
sinwave_1=np.sin(4 * np.pi * ts)        #生成频率为 2Hz 的正弦波(正弦波 2)
noise_std_0=np.sqrt(np.sum(sinwave_0 ** 2) / d / 10)
#正弦波 1 中噪声的标准差(信噪比为 10dB)
noise_std_1=np.sqrt(np.sum(sinwave_1 ** 2) / d / 10)
#正弦波 2 中噪声的标准差(信噪比为 10dB)
X_train=np.zeros((m, d))                #用来保存训练样本输入向量的数组
y_train=np.zeros((m, 1))                #用来保存训练样本标注的数组
rng=np.random.default_rng(0)            #创建随机数生成器
X_train[0 : m_0, :]=sinwave_0+noise_std_0 * rng.standard_normal(size=(m_0, d))
#生成类别"0"训练样本的输入向量
X_train[m_0 :, :]=sinwave_1+noise_std_1 * rng.standard_normal(size=(m_1, d))
#生成类别"1"训练样本的输入向量
y_train[m_0 :, 0]=1                     #设置类别"1"训练样本的标注
#本实验中的参数
iterations=100                          #卷积神经网络训练过程中的迭代次数
learning_rate=0.2                       #卷积神经网络训练过程中的学习率
n_conv1=1                               #卷积层节点的数量
f_conv1=5                               #卷积层滤波器(或核)的大小
#设置 PyTorch 的随机种子
```

```
torch.manual_seed(0)
#禁用算法评测
torch.backends.cudnn.benchmark=False
#定义卷积神经网络
class cnn(torch.nn.Module):
    def __init__(self):
        super(cnn, self).__init__()
        self.conv1=torch.nn.Conv1d(in_channels=1, out_channels=n_conv1,
        kernel_size=f_conv1)                        #卷积层的线性部分(用来计算加权和)
        self.pool=torch.nn.MaxPool1d(kernel_size=2, stride=2) #最大合并层
        self.linear1=torch.nn.Linear(in_features=(d-(f_conv1-1))//2, out_
        features=1)                                 #输出层的线性部分(用来计算加权和)
    def forward(self, x):
        a_1=torch.nn.functional.relu(self.conv1(x)) #实现卷积层(ReLU 激活函数)
        a_2=self.pool(a_1)                          #实现最大合并层
        a_2_flat=torch.flatten(a_2, start_dim=1)    #展开多维数组
        y_hat=torch.sigmoid(self.linear1(a_2_flat)) #实现输出层(sigmoid 激活函数)
        return y_hat                                #返回卷积神经网络输出的推测值
#函数功能:计算神经网络模型在给定数据集上的推测准确度
#输入参数:model——神经网络模型;X——样本的输入向量;y——样本的标注
#返回值:准确度
def evaluate_accuracy(model, X, y):
    with torch.inference_mode():                    #推测模式
        y_hat=model(X)                              #进行推测
    k=(y_hat >=0.5)                                 #式(2-8)
    return 100 * torch.sum(y ==k) / X.shape[0]      #计算并返回准确度
#若 GPU 可用,则使用 GPU,否则使用 CPU
processor=torch.device('cuda' if torch.cuda.is_available() else 'cpu')
#初始化
costs_saved=torch.zeros(iterations, device=processor)
#用来保存训练过程中代价的数组
#在 X_train 数组的第 1 维和第 2 维之间添加一个新轴,以满足卷积层的输入要求
X_train=np.expand_dims(X_train, axis=1)
#复制训练数据集至处理器内存(或显存)
X_train_gpu=torch.tensor(X_train, device=processor, dtype=torch.float32)
y_train_gpu=torch.tensor(y_train, device=processor, dtype=torch.float32)
#创建卷积神经网络模型
model_cnn=cnn().to(device=processor)
#创建用来计算二分类交叉熵代价的对象
loss_function=torch.nn.BCELoss()
#创建梯度下降法优化器对象
optimizer=torch.optim.SGD(model_ann.parameters(), lr=learning_rate)
#用来完成训练过程中每次迭代的循环
for i in range(iterations):
    #正向传播
    y_hat=model_cnn(X_train_gpu)
    #计算并保存代价
    costs=loss_function(y_hat, y_train_gpu)
```

```
    costs_saved[i]=costs.item()
    #反向传播
    optimizer.zero_grad()            #清零梯度(偏导数)
    costs.backward()                 #进行反向传播
    #更新权重和偏差
    optimizer.step()
    #打印训练进展
    if (i+1) % 100 ==0:
        print('Training {}/{}: costs={:.4f}'.format(i+1, iterations, costs.item()))
#打印训练结束后的权重和偏差
print('w_[1] =\n', np.array2string(np.squeeze(model_cnn.state_dict()["conv1.
weight"].cpu().numpy()), precision=3))
print(f'b_[2]={model_cnn.state_dict()["conv1.bias"].item():.3f}')
print('w_[2] =', np.array2string(np.squeeze(model_cnn.state_dict()["linear1.
weight"].cpu().numpy(), axis=0), precision=3))
print(f'b_[2]={model_cnn.state_dict()["linear1.bias"].item():.3f}')
#画训练过程中的代价
plt.figure(dpi=150)
plt.plot(np.arange(1, iterations+1), costs_saved.tolist(), 'r-o', linewidth=2,
markersize=4)
plt.xlabel('Iteration')
plt.ylabel('Cost')
plt.show()
#计算并打印卷积神经网络模型在训练数据集上的推测准确度
accuracy=evaluate_accuracy(model_cnn, X_train_gpu, y_train_gpu)
print('Accuracy={:.2f}% '.format(accuracy))
```

实验 2-5 的程序

完整的实验参考程序可通过扫描二维码下载。

【实验 2-6】 使用 PyTorch 实现如图 2-19 所示的二分类循环神经网络,并使用含噪正弦波数据集训练该循环神经网络。调整循环神经网络的超参数或训练参数,使得训练后的循环神经网络模型在该数据集上的推测准确度为 100%。

【实验 2-6 参考程序】

```
...
#本实验中的参数
iterations=100                 #训练神经网络训练过程中的迭代次数
learning_rate=0.2              #训练神经网络训练过程中的学习率
n=5                            #隐含层节点的数量
#设置 PyTorch 的随机种子
torch.manual_seed(0)
#禁用算法评测
torch.backends.cudnn.benchmark=False
#定义循环神经网络(多对一型)
class rnn(torch.nn.Module):
    def __init__(self):
        super(rnn, self).__init__()
```

```
        self.rnn=torch.nn.RNN(input_size=1, hidden_size=n, nonlinearity='tanh',
        batch_first=True)
        #隐含层(tanh激活函数),其输入数组的形状为:(训练样本的数量,输入向量序列的长
        #度,输入向量中元素的数量),其输出数组的形状为:(训练样本的数量,输入向量序列
        #的长度,隐含层节点的数量)
        self.linear=torch.nn.Linear(in_features=n, out_features=1)
        #输出层的线性部分(用来计算加权和)
    def forward(self, x):
        output, _=self.rnn(x)                              #实现隐含层
        y_hat=torch.sigmoid(self.linear(output[:, -1, :]))
        #实现输出层(sigmoid激活函数),将隐含层在最后时刻的输出作为输出层的输入
        return y_hat                                       #返回循环神经网络输出的推测值
...
#在X_train数组的第2维之后添加一个新轴,以满足循环神经网络的输入要求
X_train=np.expand_dims(X_train, axis=2)
...
```

实验 2-6 的程序

完整的实验参考程序可通过扫描二维码下载。

【实验 3-1】 多老虎机问题。为了简便而又不失代表性,假设每台老虎机给出的奖赏都服从均值不同、方差为 1 的正态分布,即 $R_{t+1}|A_t=a_t \sim \mathcal{N}(\mu_{a_t},1)$,$a_t \in \mathcal{A}$,$\mathcal{A}=\{0,1,2,\cdots,c-1\}$。其中,$\mu_{a_t}$ 为老虎机 a_t 给出的奖赏的期望值。假如有 1000 名玩家,每名玩家分别面对 10 台这样的老虎机,即 $c=10$,采用由式(3-2)给出的贪婪方法,在第 1 个到第 600 个时刻上连续做 600 次选择,并在第 2 个到第 601 个时刻上获得相应的 600 个奖赏(因此共有 601 个时刻,$l=601$)。请画出一条曲线:在第 2 个到第 601 个时刻上,每名玩家获得的平均奖赏。这里的每名玩家,就是上述多老虎机强化学习任务的一次运行(run)。在每次运行开始之前,随机给出每台老虎机的 μ_{a_t},μ_{a_t} 服从均值为 0、方差为 1 的正态分布,即 $\mu_{a_t} \sim \mathcal{N}(0,1)$,$a_t \in \mathcal{A}$;每次运行期间,$\mu_{a_t}$ 保持不变。

【实验 3-1 参考程序】

```
import numpy as np
import matplotlib.pyplot as plt
#本实验中的参数
c=10                                                #可选行动的数量(老虎机的数量)
l=601                                               #最后时刻
runs=1000                                           #运行次数(玩家的数量)
#创建随机数生成器
rng=np.random.default_rng(0)
#初始化
rewards_timestep=np.zeros(l)                        #用来保存在每个时刻获得的奖赏之和的数组
#用来完成每次运行(每名玩家)的循环
for run in range(runs):
    #初始化每次运行
    actions=np.zeros(c)                             #选择每台老虎机次数
    rewards=np.zeros(c)                             #在选择每台老虎机后获得的奖赏之和
    estimated_mean_rewards=np.zeros(c)              #每台老虎机给出的奖赏的期望值的估计值
    actual_mean_rewards=rng.normal(0, 1, c)         #每台老虎机给出的奖赏的期望值
```

```
    #用来完成每个时刻的循环
    for t in range(l-1):
        #估计每台老虎机给出的奖赏的期望值
        for i in range(c):
            estimated_mean_rewards[i]=rewards[i] / actions[i] if actions[i]>0
            else 0                                                  #式(3-3)
        #选择贪婪行动(奖赏期望值的估计值最大的老虎机)
        a_t=np.argmax(estimated_mean_rewards)                       #参照式(3-2)
        #被选择的这台老虎机在下一个时刻给出的奖赏
        r_t1=rng.normal(actual_mean_rewards[a_t], 1)                #正态分布
        #累加这台老虎机被选择的次数,以及选择这台老虎机后获得的奖赏
        actions[a_t] + =1                                           #被选择的次数加 1
        rewards[a_t] + =r_t1         #累加选择这台老虎机后获得的奖赏
        #累加各次运行(各个玩家)在当前时刻获得的奖赏
        rewards_timestep[t+1] + =r_t1
#画每次运行(每名玩家)获得的平均奖赏
plt.figure(dpi=150)
plt.plot(np.arange(2, l+1), rewards_timestep[1:] / runs, 'b', linewidth=2)
plt.ylabel('Average reward')
plt.xlabel('Time step')
plt.legend(['Greedy method'])
plt.grid(linestyle=':')
plt.show()
#打印结果
print('Actual mean rewards for each action:\n', actual_mean_rewards)
print('Number of times that each action has been chosen:\n', actions)
```

实验 3-1 的程序

完整的实验参考程序可通过扫描二维码下载。

【实验 3-2】 用 ε 贪婪方法解实验 3-1 中的多老虎机问题。在保留实验 3-1 中平均奖赏曲线的同时,在同一幅图中再增加一条使用 ε 贪婪方法画出的平均奖赏曲线。

【实验 3-2 参考程序】

```
import numpy as np
import matplotlib.pyplot as plt
#本实验中的参数
c=10                                  #可选行动的数量(老虎机的数量)
l=601                                 #最后时刻
runs=1000                             #运行次数(玩家的数量)
epsilon=0.1                           #ε 贪婪方法中的ε
#创建随机数生成器
rng=np.random.default_rng(0)
#初始化
rewards_timestep=np.zeros(l)  #用来保存在每个时刻获得的奖赏之和的数组(贪婪方法)
rewards_timestep_epsilon=np.zeros(l)
#用来保存在每个时刻获得的奖赏之和的数组(ε 贪婪方法)
#用来完成每次运行(每名玩家)的循环
```

```
for run in range(runs):
    #初始化每次运行
    actions=np.zeros(c)        #选择每台老虎机次数(贪婪方法)
    rewards=np.zeros(c)        #在选择每台老虎机后获得的奖赏之和(贪婪方法)
    estimated_mean_rewards=np.zeros(c)
    #每台老虎机给出的奖赏的期望值的估计值(贪婪方法)
    actual_mean_rewards=rng.normal(0, 1, c)     #每台老虎机给出的奖赏的期望值
    actions_epsilon=np.zeros(c)                 #选择每台老虎机次数(ε 贪婪方法)
    rewards_epsilon=np.zeros(c)    #在选择每台老虎机后获得的奖赏之和(ε 贪婪方法)
    estimated_mean_rewards_epsilon=np.zeros(c)
    #每台老虎机给出的奖赏的期望值的估计值(ε 贪婪方法)
    #用来完成每个时刻的循环
    for t in range(l-1):
        #估计每台老虎机给出的奖赏的期望值
        for i in range(c):
            estimated_mean_rewards[i]=rewards[i] / actions[i] if actions[i]>0
            else 0                              #贪婪方法
            estimated_mean_rewards_epsilon[i]=rewards_epsilon[i] / actions_
            epsilon[i] if actions_epsilon[i]>0 else 0          #ε 贪婪方法
        #选择贪婪行动(奖赏期望值的估计值最大的老虎机)
        a_t=np.argmax(estimated_mean_rewards) #式(3-2)
        #使用ε 贪婪方法选择行动(老虎机)
        if rng.random()>epsilon:
            a_t_epsilon=np.argmax(estimated_mean_rewards_epsilon) #选择贪婪行动
        else:
            a_t_epsilon=rng.integers(0, c)                        #随机选择行动
        #被选择的老虎机在下一个时刻给出的奖赏
        r_t1=rng.normal(actual_mean_rewards[a_t], 1)              #贪婪方法
        r_t1_epsilon=rng.normal(actual_mean_rewards[a_t_epsilon], 1) #ε 贪婪方法
        #累加老虎机被选择的次数,以及选择老虎机后获得的奖赏
        actions[a_t] + =1                       #被选择的次数加 1(贪婪方法)
        rewards[a_t] + =r_t1                    #累加选择老虎机后获得的奖赏(贪婪方法)
        actions_epsilon[a_t_epsilon] + =1  #被选择的次数加 1(ε 贪婪方法)
        rewards_epsilon[a_t_epsilon] + =r_t1_epsilon
        #累加选择老虎机后获得的奖赏(ε 贪婪方法)
        #累加各次运行(各个玩家)在当前时刻获得的奖赏
        rewards_timestep[t+1] + =r_t1                       #贪婪方法
        rewards_timestep_epsilon[t+1] + =r_t1_epsilon      #ε 贪婪方法
#画每次运行(每名玩家)获得的平均奖赏
plt.figure(dpi=150)
plt.plot(np.arange(2, l+1), rewards_timestep[1:] / runs, 'b--', linewidth=2)
plt.plot(np.arange(2, l+1), rewards_timestep_epsilon[1:] / runs, 'r', linewidth=2)
plt.ylabel('Average reward')
plt.xlabel('Time step')
plt.legend(['Greedy method', 'Epsilon-greedy method'])
plt.grid(linestyle=':')
plt.show()
```

```
#打印结果
print('Actual mean rewards for each action:\n', actual_mean_rewards)
print('Number of times that each action has been chosen (greedy method):\n',
actions)
print('Number of times that each action has been chosen (epsilon-greedy method):
\n', actions_epsilon)
```

完整的实验参考程序可通过扫描二维码下载。

实验 3-2
的程序

【实验 3-3】 用 MDP 对 3.2.2 节中的学习时间管理问题进行初步建模，给出用来描述 MDP 模型的概率质量函数 $p(s_{t+1},r_{t+1}|s_t,a_t)$。

【实验 3-3 参考程序】

```
import numpy as np
#学习时间管理任务中的参数与设置
tm_state_names=['high physical power, high brain power', 'low physical power,
high brain power', 'high physical power, low brain power', 'low physical power,
low brain power']                                          #状态的名称
tm_action_names=['study', 'rest', 'exercise']              #行动的名称
tm_state_labels=['State 0 (high physical power, high brain power)', 'State 1 (low
physical power, high brain power)', 'State 2 (high physical power, low brain
power)', 'State 3 (low physical power, low brain power)']  #状态值与状态名称
tm_action_labels=['Action 0 (study)', 'Action 1 (rest)', 'Action 2 (exercise)']
#行动值与行动名称
tm_reward_values=np.array([0, 1])                          #奖赏的可能取值
tm_num_states=len(tm_state_names)                          #状态的数量
tm_num_actions=len(tm_action_names)                        #行动的数量
tm_num_rewards=np.size(tm_reward_values)                   #奖赏取值的数量
#初始化环境
tm_mdp_p_s=np.zeros((tm_num_states, tm_num_states, tm_num_actions))
#用来保存 p(s_{t+1}|s_t,a_t)的数组
tm_mdp_p_r=np.zeros((tm_num_rewards, tm_num_states, tm_num_states, tm_num_
actions))        #用来保存 p(r_{t+1}|s_{t+1},s_t,a_t)的数组
#给出概率质量函数 p(s_{t+1}|s_t,a_t)
tm_mdp_p_s[:, 0, 0]=[0.1, 0.3, 0.3, 0.3]
tm_mdp_p_s[:, 0, 1]=[0.3, 0.3, 0.3, 0.1]
tm_mdp_p_s[:, 0, 2]=[0.3, 0.3, 0.1, 0.3]
tm_mdp_p_s[:, 1, 0]=[0.1, 0.1, 0.1, 0.7]
tm_mdp_p_s[:, 1, 1]=[0.5, 0.1, 0.3, 0.1]
tm_mdp_p_s[:, 1, 2]=[0.1, 0.5, 0.1, 0.3]
tm_mdp_p_s[:, 2, 0]=[0.3, 0.1, 0.3, 0.3]
tm_mdp_p_s[:, 2, 1]=[0.3, 0.1, 0.5, 0.1]
tm_mdp_p_s[:, 2, 2]=[0.5, 0.3, 0.1, 0.1]
tm_mdp_p_s[:, 3, 0]=[0.1, 0.1, 0.1, 0.7]
tm_mdp_p_s[:, 3, 1]=[0.3, 0.1, 0.5, 0.1]
tm_mdp_p_s[:, 3, 2]=[0.1, 0.5, 0.1, 0.3]
#给出概率质量函数 p(r_{t+1}|s_{t+1},s_t,a_t)
tm_mdp_p_r[0, :, :, 1 :]=1       #选择"休息"或"运动"后，获得奖赏 0 的概率为 1
```

```
tm_mdp_p_r[:, 0, 0, 0]=[0.01, 0.99]
tm_mdp_p_r[:, 1, 0, 0]=[0.1, 0.9]
tm_mdp_p_r[:, 2, 0, 0]=[0.2, 0.8]
tm_mdp_p_r[:, 3, 0, 0]=[0.3, 0.7]
tm_mdp_p_r[:, 0, 1, 0]=[0.1, 0.9]
tm_mdp_p_r[:, 1, 1, 0]=[0.2, 0.8]
tm_mdp_p_r[:, 2, 1, 0]=[0.4, 0.6]
tm_mdp_p_r[:, 3, 1, 0]=[0.5, 0.5]
tm_mdp_p_r[:, 0, 2, 0]=[0.7, 0.3]
tm_mdp_p_r[:, 1, 2, 0]=[0.8, 0.2]
tm_mdp_p_r[:, 2, 2, 0]=[0.9, 0.1]
tm_mdp_p_r[:, 3, 2, 0]=[0.95, 0.05]
tm_mdp_p_r[:, 0, 3, 0]=[0.8, 0.2]
tm_mdp_p_r[:, 1, 3, 0]=[0.9, 0.1]
tm_mdp_p_r[:, 2, 3, 0]=[0.95, 0.05]
tm_mdp_p_r[:, 3, 3, 0]=[0.99, 0.01]
```

实验 3-3 的程序

完整的实验参考程序可通过扫描二维码下载。

【实验 3-4】 以实验 3-3 中给出的 MDP 模型为例，计算各个时刻下各个状态的最优价值，并给出各个时刻各个状态下的最优行动。

【实验 3-4 参考程序】

```
…
#本实验中的参数
l=10          #最后时刻
gamma=0.9  #折扣率
#初始化
v_optimal=np.zeros((l, tm_num_states))  #用来保存最优状态价值的数组
a_optimal=np.zeros((l, tm_num_states))  #用来保存最优行动的数组
#用来计算每个时刻最优状态价值的循环(时刻依次递减)
for t in range((l-1)-1, -1, -1):
    #初始化每个时刻
    action_v_optimal=np.zeros((tm_num_states, tm_num_actions))
    #用来保存各个状态下各个行动对应的最优价值
    #用来给出当前时刻每个状态的循环
    for s_t in range(tm_num_states):
        #用来给出当前时刻状态下每个行动的循环
        for a_t in range(tm_num_actions):
            #用来给出下一时刻每个状态的循环
            for s_t1 in range(tm_num_states):
                #用来给出各个奖赏取值的循环
                for r_t1 in range(tm_num_rewards):
                    prob=tm_mdp_p_s[s_t1, s_t, a_t] * tm_mdp_p_r[r_t1, s_t1, s_t, a_t]
                    #计算 p(s_{t+1}, r_{t+1}|s_t, a_t)
                    action_v_optimal[s_t, a_t] + =prob * (tm_reward_values[r_t1]
                    +gamma * v_optimal[t+1, s_t1])  #累加式(3-22)中的一项
    #给出最优状态价值和最优行动
```

```
    v_optimal[t, :]=np.amax(action_v_optimal, axis=1)    #式(3-22)
    a_optimal[t, :]=np.argmax(action_v_optimal, axis=1)  #式(3-24)
#画出最优状态价值
line_marker=['^-', 'v-', '<-', '>-']                        #线型与标记
plt.figure(dpi=150)
for i in range(tm_num_states):
    plt.plot(np.arange(l-1)+1, v_optimal[:-1, i], line_marker[i], linewidth=2,
label=tm_state_labels[i])
plt.ylabel('Optimal state value')
plt.xlabel('Time step')
plt.ylim(0, 3.3)
plt.legend()
plt.show()
#画出最优行动
bar_width=0.2                                               #条宽
plt.figure(dpi=150)
for s in range(tm_num_states):
    plt.bar(np.arange(l-1)+1-3 * bar_width / 2+bar_width * s, a_optimal[:-1,
s]+1, bar_width, label=tm_state_labels[s])
plt.xlabel('Time step')
plt.yticks(np.arange(tm_num_actions)+1, labels=tm_action_labels)
plt.ylim(0, 4.3)
plt.legend()
plt.show()
```

实验 3-4
的程序

完整的实验参考程序可通过扫描二维码下载。

【实验 3-5】 使用价值迭代算法求解实验 3-3 中给出的 MDP 模型，画出各个状态的最优价值随迭代次数变化的曲线，并给出最优状态价值不再显著改变时的各个状态下的最优行动。

【实验 3-5 参考程序】

```
…
#本实验中的参数
gamma=0.9        #折扣率
epsilon_vi=0.001  #价值迭代算法中的容差
#初始化
v_optimal=np.zeros(tm_num_states)          #用来保存本次迭代中最优状态价值的数组
v_optimal_prev=np.zeros(tm_num_states)     #用来保存上一次迭代中最优状态价值的数组
v_optimal_saved=[]                         #用来保存各次迭代中最优状态价值的列表
converged=False                            #收敛标志
iterations=0                               #迭代次数
#价值迭代循环
while not converged:
    #初始化每次迭代
    iterations + =1                        #迭代次数加 1
    v_optimal_prev=np.copy(v_optimal)      #保存上一次迭代中的最优状态价值
```

```
    action_v_optimal=np.zeros((tm_num_states, tm_num_actions))
    #用来保存各个状态下各个行动对应的最优价值的数组
    #用来给出当前时刻每个状态的循环
    for s_t in range(tm_num_states):
        #用来给出当前时刻状态下每个行动的循环
        for a_t in range(tm_num_actions):
            #用来给出下一时刻每个状态的循环
            for s_t1 in range(tm_num_states):
                #用来给出各个奖赏取值的循环
                for r_t1 in range(tm_num_rewards):
                    prob=tm_mdp_p_s[s_t1, s_t, a_t] * tm_mdp_p_r[r_t1, s_t1, s_t,
                    a_t]  #计算 p(s_{t+1},r_{t+1}|s_t,a_t)
                    action_v_optimal[s_t, a_t] + =prob * (tm_reward_values[r_t1]
                    +gamma * v_optimal_prev[s_t1])  #累加式(3-27)中的一项
    #计算并保存本次迭代中的最优状态价值
    v_optimal=np.amax(action_v_optimal, axis=1)  #式(3-27)
    v_optimal_saved.append(v_optimal)
    #检查是否满足结束条件
    converged=(np.sum(np.abs(v_optimal-v_optimal_prev)<epsilon_vi)==tm_num_
states)
#给出最优行动
action_optimal=np.argmax(action_v_optimal, axis=1)  #式(3-28)
#打印结果
print('Number of iterations=', iterations)
print('Optimal state values=', np.array2string(v_optimal, precision=2))
print('Optimal actions=', action_optimal)
#画出最优状态价值
line_marker=['^-', 'v-', '<-', '>-']
plt.figure(dpi=150)
for s in range(tm_num_states):
    plt.plot(np.arange(iterations)+1, np.asarray(v_optimal_saved)[:, s], line_
marker[s], linewidth=2, label=tm_state_labels[s])
plt.ylabel('Optimal state value')
plt.xlabel('Iteration')
plt.grid(linestyle=':', axis='y')
plt.legend()
plt.show()
#画出最优行动
bar_width=0.4
plt.figure(dpi=150)
plt.bar(np.arange(tm_num_states), action_optimal+1, bar_width, color=['tab:
blue', 'tab:orange', 'tab:green', 'tab:red'])
plt.xticks(np.arange(tm_num_states), labels=['State 0', 'State 1', 'State 2',
'State 3'])
plt.yticks(np.arange(tm_num_actions)+1, labels=tm_action_labels)
plt.show()
```

完整的实验参考程序可通过扫描二维码下载。

实验 3-5 的程序

【实验 3-6】 对于实验 3-3 中给出的 MDP 模型，使用策略评估算法评估以下两个策略，分别画出使用这两个策略时各个状态的价值随迭代次数变化的曲线。

策略一由如下各个状态下的行动选择给出：当状态为“体力较好、脑力较好”时，选择“休息”；当状态为“体力较差、脑力较好”时，选择“运动”；当状态为“体力较好、脑力较差”时，选择“学习”；当状态为“体力较差、脑力较差”时，选择“学习”。

策略二由如下各个状态下的行动选择给出：当状态为“体力较好、脑力较好”时，选择“学习”；当状态为“体力较差、脑力较好”时，选择“学习”；当状态为“体力较好、脑力较差”时，选择“运动”；当状态为“体力较差、脑力较差”时，选择“休息”。

【实验 3-6 参考程序】

```
...
#本实验中的参数
gamma=0.9                                   #折扣率
epsilon_pe=0.001                            #策略评估算法中的容差
#待评估策略
the_policy='policy1'                        #选择策略：policy1 或 policy2
if the_policy=='policy1':
    policy_state_action=[1, 2, 0, 0]        #策略一中各个状态下的行动选择
else:
    policy_state_action=[0, 0, 2, 1]        #策略二中各个状态下的行动选择
policy=np.zeros((tm_num_actions, tm_num_states))
#策略(各个状态下选择各个行动的概率)
policy[policy_state_action, np.arange(tm_num_states)]=1
#根据行动选择给出策略中的概率
#初始化
v=np.zeros(tm_num_states)                   #用来保存本次迭代中状态价值的数组
v_prev=np.zeros(tm_num_states)              #用来保存上一次迭代中状态价值的数组
v_saved=[]                                  #用来保存各次迭代中状态价值的列表
converged=False                             #收敛标志
iterations=0                                #迭代次数
#策略评估循环
while not converged:
    #初始化每次迭代
    iterations + =1                         #迭代次数加 1
    v_prev=np.copy(v)                       #保存上一次迭代中的状态价值
    v=np.zeros(tm_num_states)               #清零本次迭代中的状态价值
    #用来给出当前时刻每个状态的循环
    for s_t in range(tm_num_states):
        #用来给出当前时刻状态下每个行动的循环
        for a_t in range(tm_num_actions):
            #用来给出下一时刻每个状态的循环
            for s_t1 in range(tm_num_states):
                #用来给出各个奖赏取值的循环
                for r_t1 in range(tm_num_rewards):
```

```
                        prob=tm_mdp_p_s[s_t1, s_t, a_t] * tm_mdp_p_r[r_t1, s_t1, s_t,
                        a_t]  #计算 p(s_{t+1},r_{t+1}|s_t,a_t)
                        v[s_t] + =policy[a_t, s_t] * prob * (tm_reward_values[r_t1]+
                        gamma * v_prev[s_t1])  #式(3-31)
            #保存本次迭代中的状态价值
            v_saved.append(v)
            #检查是否满足结束条件
            converged=(np.sum(np.abs(v-v_prev)<epsilon_pe)==tm_num_states)
...
```

实验 3-6 的程序

完整的实验参考程序可通过扫描二维码下载。

【实验 3-7】 对于实验 3-3 中给出的 MDP 模型，使用策略评估算法评估最优策略 $p^*(a_t|s_t)$(即实验 3-6 中的策略二)，并画出最优状态价值，以及使用该最优策略得到的状态价值随迭代次数变化的曲线。

【实验 3-7 参考程序】

```
...
#本实验中的参数
gamma=0.9                                 #折扣率
num_iterations=60                         #迭代次数
#待评估策略(策略二)
policy_state_action=[0, 0, 2, 1]  #策略二中各个状态下的行动选择
policy=np.zeros((tm_num_actions, tm_num_states))
#策略(各个状态下选择各个行动的概率)
policy[policy_state_action, np.arange(tm_num_states)]=1
#根据行动选择给出策略中的概率
...
#用来完成每次迭代的循环
for it in range(num_iterations):
...
```

实验 3-7 的程序

完整的实验参考程序可通过扫描二维码下载。

【实验 3-8】 使用策略迭代算法求解实验 3-3 中给出的 MDP 模型，画出各个状态的价值随策略评估中的迭代次数变化的曲线，并给出算法输出的各个状态下的最优行动。

【实验 3-8 参考程序】

```
...
#本实验中的参数
gamma=0.9                                   #折扣率
epsilon_pe=0.001                            #策略评估算法中的容差
#初始化
iterations=0                                #策略迭代中的"迭代"次数
iterations_pe_total=0                       #策略评估中的迭代次数
same=False                                  #策略相同标志
v=np.zeros(tm_num_states)                   #用来保存本次迭代中状态价值的数组
v_prev=np.zeros(tm_num_states)              #用来保存上一次迭代中状态价值的数组
```

```
v_saved=[]                                  #用来保存各次迭代中状态价值的列表
#初始化当前策略
policy_state_action_cur=np.zeros(tm_num_states)
#用"学习"作为各个状态下的行动选择
#策略迭代循环
while not same:
    iterations + =1  #"迭代"次数加 1
    #初始化策略评估
    policy_cur=np.zeros((tm_num_actions, tm_num_states))      #当前策略
    policy_cur[policy_state_action_cur.astype(int), np.arange(tm_num_states)]=1
    #根据行动选择给出当前策略中的概率
    converged=False                         #收敛标志
    #策略评估循环
    while not converged:
        #初始化策略评估中的每次迭代
        iterations_pe_total + =1            #迭代次数加 1
        v_prev=np.copy(v)                   #保存上一次迭代中的状态价值
        v=np.zeros(tm_num_states)           #清零本次迭代中的状态价值
        #用来给出当前时刻每个状态的循环
        for s_t in range(tm_num_states):
            #用来给出当前时刻状态下每个行动的循环
            for a_t in range(tm_num_actions):
                #用来给出下一时刻每个状态的循环
                for s_t1 in range(tm_num_states):
                    #用来给出各个奖赏取值的循环
                    for r_t1 in range(tm_num_rewards):
                        prob=tm_mdp_p_s[s_t1, s_t, a_t] * tm_mdp_p_r[r_t1, s_t1, s
                        _t, a_t]  #计算 p(s_{t+1},r_{t+1}|s_t,a_t)
                        v[s_t] + =policy_cur[a_t, s_t] * prob * (tm_reward_values
                        [r_t1]+gamma * v_prev[s_t1])  #式(3-31)
        #保存本次迭代中的状态价值
        v_saved.append(v)
        #检查是否满足策略评估中的结束条件
        converged=(np.sum(np.abs(v-v_prev)<epsilon_pe)==tm_num_states)
    #初始化策略改进
    action_v=np.zeros((tm_num_states, tm_num_actions))
    #用来保存各个状态下各个行动对应的价值的数组
    #用来给出当前时刻每个状态的循环
    for s_t in range(tm_num_states):
        #用来给出当前时刻状态下每个行动的循环
        for a_t in range(tm_num_actions):
            #用来给出下一时刻每个状态的循环
            for s_t1 in range(tm_num_states):
                #用来给出各个奖赏取值的循环
                for r_t1 in range(tm_num_rewards):
                    prob=tm_mdp_p_s[s_t1, s_t, a_t] * tm_mdp_p_r[r_t1, s_t1, s_t,
                    a_t]  #计算 p(s_{t+1},r_{t+1}|s_t,a_t)
```

```
                action_v[s_t, a_t] + =prob * (tm_reward_values[r_t1]+gamma
                * v[s_t1])  #式(3-32)
    #给出改进策略
    policy_state_action_improved=np.argmax(action_v, axis=1)  #式(3-32)
    #比较当前策略和改进策略
    same=(np.sum(policy_state_action_cur==policy_state_action_improved)==tm_
num_states)  #两个策略(各个状态下的行动选择)是否相同
    policy_state_action_cur=np.copy(policy_state_action_improved)
    #用改进策略替换当前策略
...
```

实验 3-8 的程序

完整的实验参考程序可通过扫描二维码下载。

【实验 3-9】 使用广义策略迭代求解实验 3-3 中给出的 MDP 模型，画出各个状态的价值随策略评估中的迭代次数变化的曲线，并给出算法输出的各个状态下的最优行动。其中，策略评估过程包含 2 次迭代，策略改进过程改进随机 1 个状态下的行动选择。

【实验 3-9 参考程序】

```
...
#本实验中的参数
gamma=0.9                                   #折扣率
num_iteration_pe=2                          #策略评估中的迭代次数
#创建随机数生成器
rng=np.random.default_rng(0)
#初始化
iterations=0                                #广义策略迭代中的“迭代”次数
iterations_pe_total=0                       #策略评估中的迭代次数
same=False                                  #策略相同标志
v=np.zeros(tm_num_states)                   #用来保存本次迭代中状态价值的数组
v_prev=np.zeros(tm_num_states)              #用来保存上一次迭代中状态价值的数组
v_saved=[]                                  #用来保存各次迭代中状态价值的列表
improvement_record=np.zeros(tm_num_states)
#用来记录各个状态下的行动选择已被改进的次数的数组
policy_state_action=np.zeros(tm_num_states)
#初始化策略(用“学习”作为各个状态下的行动选择)
policy_state_action_improved=np.copy(policy_state_action)
#用以上策略初始化改进策略
#广义策略迭代循环
while not same:
    iterations + =1  #“迭代”次数加 1
    #初始化策略评估
    policy=np.zeros((tm_num_actions, tm_num_states))  #策略
    policy[policy_state_action.astype(int), np.arange(tm_num_states)]=1
#根据行动选择给出策略中的概率
    #策略评估循环
    for it_pe in range(num_iteration_pe):
        #初始化策略评估中的每次迭代
        iterations_pe_total + =1            #迭代次数加 1
```

```
        v_prev=np.copy(v)                        #保存上一次迭代中的状态价值
        v=np.zeros(tm_num_states)                #清零本次迭代中的状态价值
        #用来给出当前时刻每个状态的循环
        for s_t in range(tm_num_states):
            #用来给出当前时刻状态下每个行动的循环
            for a_t in range(tm_num_actions):
                #用来给出下一时刻每个状态的循环
                for s_t1 in range(tm_num_states):
                    #用来给出各个奖赏取值的循环
                    for r_t1 in range(tm_num_rewards):
                        prob=tm_mdp_p_s[s_t1, s_t, a_t] * tm_mdp_p_r[r_t1, s_t1, s
                        _t, a_t]  #计算 p(s_{t+1},r_{t+1}|s_t,a_t)
                        v[s_t] + =policy[a_t, s_t] * prob * (tm_reward_values[r_
                        t1]+gamma * v_prev[s_t1])  #式(3-41)
        #保存本次迭代中的状态价值
        v_saved.append(v)
    #初始化策略改进
    s_t=rng.integers(tm_num_states)      #随机选取 1 个状态
    action_v=np.zeros(tm_num_actions)
    #用来保存这个状态下各个行动对应的价值的数组
    #用来给出这个状态下每个行动的循环
    for a_t in range(tm_num_actions):
        #用来给出下一时刻每个状态的循环
        for s_t1 in range(tm_num_states):
            #用来给出各个奖赏取值的循环
            for r_t1 in range(tm_num_rewards):
                prob=tm_mdp_p_s[s_t1, s_t, a_t] * tm_mdp_p_r[r_t1, s_t1, s_t, a_t]
                  #计算 p(s_{t+1},r_{t+1}|s_t,a_t)
                action_v[a_t] + =prob * (tm_reward_values[r_t1]+gamma * v[s_
                t1])  #式(3-42)
    policy_state_action[s_t]=np.argmax(action_v)  #式(3-42)
    improvement_record[s_t] + =1  #记录这个状态下的行动选择已被改进(改进次数加 1)
    #检查是否满足结束条件
    if np.sum(improvement_record>0)==tm_num_states:
    #若所有状态下的行动选择都已被改进过
        policy_state_action_cur=np.copy(policy_state_action_improved)
        #用改进策略替换当前策略
        policy_state_action_improved=np.copy(policy_state_action)
        #用策略替换改进策略
        same=(np.sum(policy_state_action_cur==policy_state_action_improved)==
       tm_num_states)  #当前策略与改进策略是否相同
        improvement_record=np.zeros(tm_num_states)
        #清零各个状态下的行动选择已被改进的次数
...
```

完整的实验参考程序可通过扫描二维码下载。

实验 3-9 的程序

【实验 4-1】　以实验 3-3 中给出的 MDP 模型为例，计算给定策略下各个状态的价值，以及各个状态下各个行动的价值，并画出状态价值和行动价值随迭代次数变化的曲线。给定策略为：无论环境处于哪个状态下，智能体都选择“学习”。

【实验 4-1 参考程序】

```
...
#本实验中的参数
gamma=0.9          #折扣率
num_iterations=60   #迭代次数
#给定策略
policy_state_action=[0, 0, 0, 0]                    #各个状态下的行动选择都是“学习”
policy=np.zeros((tm_num_actions, tm_num_states)) #用来保存给定策略的数组
policy[policy_state_action, np.arange(tm_num_states)]=1
#根据行动选择给出给定策略中的概率
#初始化
v=np.zeros((num_iterations+1, tm_num_states))  #用来保存各次迭代中状态价值的数组
q=np.zeros((num_iterations+1, tm_num_states, tm_num_actions))
#用来保存各次迭代中行动价值的数组
#用来完成每次迭代的循环(循环变量从 1 开始递增)
for it in range(1, num_iterations+1):
    #用来给出当前时刻每个状态的循环
    for s_t in range(tm_num_states):
        #用来给出当前时刻状态下每个行动的循环
        for a_t in range(tm_num_actions):
            #用来给出下一时刻每个状态的循环
            for s_t1 in range(tm_num_states):
                #用来给出各个奖赏取值的循环
                for r_t1 in range(tm_num_rewards):
                    prob=tm_mdp_p_s[s_t1, s_t, a_t] * tm_mdp_p_r[r_t1, s_t1, s_t,
                    a_t]                                    #计算 p(s_{t+1},r_{t+1}|s_t,a_t)
                    v[it, s_t] + =policy[a_t, s_t] * prob * (tm_reward_values[r_
                    t1]+gamma * v[it-1, s_t1])      #式(3-31)
                    q[it, s_t, a_t] + =prob * (tm_reward_values[r_t1]+gamma * v
                    [it-1, s_t1])                           #式(4-5)
#画状态价值曲线
line_marker=['^-', 'v-', '<-', '>-']
plt.figure(dpi=150)
for s in range(tm_num_states):
    plt.plot(np.arange(num_iterations)+1, v[1:, s], line_marker[s], linewidth=
2, label=tm_state_labels[s])
plt.ylabel('State value')
plt.xlabel('Iteration')
plt.grid(linestyle=':', axis='y')
plt.legend()
plt.show()
#画行动价值曲线
line_marker=['-o', '-s', '-d']
```

```
color_table=['tab:blue', 'tab:orange', 'tab:green', 'tab:red']  #色表
alpha_table=[1, 0.2, 0.2, 0.2]                                   #不透明度表
plt.figure(dpi=150)
for s in range(tm_num_states):
    for a in range(tm_num_actions):
        plt.plot(np.arange(num_iterations)+1, q[1:, s, a], line_marker[a],
        color=color_table[s], linewidth=2, markersize=3, alpha=alpha_table[a],
        label='State '+str(s)+', action '+str(a))
plt.ylabel('Action value')
plt.xlabel('Iteration')
plt.grid(linestyle=':', axis='y')
plt.legend(fontsize='small')
plt.show()
```

实验 4-1 的程序

完整的实验参考程序可通过扫描二维码下载。

【实验 4-2】 以实验 3-3 中给出的 MDP 模型为例，计算各个时刻下各个状态的最优价值，以及各个时刻各个状态下各个行动的最优价值，并画出最优状态价值和最优行动价值随时刻变化的曲线。

【实验 4-2 参考程序】

```
…
#初始化
v_optimal=np.zeros((num_iterations+1, tm_num_states))
#用来保存各次迭代中最优状态价值的数组
q_optimal=np.zeros((num_iterations+1, tm_num_states, tm_num_actions))
#用来保存各次迭代中最优行动价值的数组
#用来完成每次迭代的循环(循环变量从 1 开始递增)
for it in range(1, num_iterations+1):
    #用来给出当前时刻每个状态的循环
    for s_t in range(tm_num_states):
        #用来给出当前时刻状态下每个行动的循环
        for a_t in range(tm_num_actions):
            #用来给出下一时刻每个状态的循环
            for s_t1 in range(tm_num_states):
                #用来给出各个奖赏取值的循环
                for r_t1 in range(tm_num_rewards):
                    prob=tm_mdp_p_s[s_t1, s_t, a_t] * tm_mdp_p_r[r_t1, s_t1, s_t,
                    a_t]                                   #计算 p(s_{t+1},r_{t+1}|s_t,a_t)
                    q_optimal[it, s_t, a_t] + =prob * (tm_reward_values[r_t1]+
                   gamma * v_optimal[it-1, s_t1])          #式(4-11)
    #给出最优状态价值
    v_optimal[it, :]=np.amax(q_optimal[it, :, :], axis=1) #式(3-27)
…
```

实验 4-2 的程序

完整的实验参考程序可通过扫描二维码下载。

【实验 4-3】 实现基于探索起步的蒙特卡洛算法，并通过与实验 3-3 中的 MDP 模型交互，给出各个状态下的最优行动，画出$\bar{q}(s_t,a_t)$随运行次数变化的曲线，$s_t\in\mathcal{S},a_t\in\mathcal{A}(s_t)$。

【实验 4-3 参考程序】

```
...
#本实验中的参数
gamma=0.9           #折扣率
runs=5000           #运行次数
l=60                #最后时刻
#函数功能：进行一步学习时间管理任务
#输入参数：cur_s——s_t；cur_a——a_t
#返回值：s_{t+1}、r_{t+1}
def tm_step(cur_s, cur_a):
    next_s=rng.choice(tm_num_states, p=tm_mdp_p_s[:, cur_s, cur_a])
    #根据 p(s_{t+1}|s_t,a_t)随机给出 s_{t+1}
    next_r=tm_reward_values[rng.choice(tm_num_rewards, p=tm_mdp_p_r[:, next_s, 
cur_s, cur_a])]  #根据 p(r_{t+1}|s_{t+1},s_t,a_t)随机给出 r_{t+1}
    return next_s, next_r
#创建随机数生成器
rng=np.random.default_rng(0)
#初始化
q_bar=np.zeros((tm_num_states, tm_num_actions))  #用来保存q̄(·)的数组
z=np.zeros((tm_num_states, tm_num_actions))      #用来保存 z_{s_t,a_t} 的数组
m=np.zeros((tm_num_states, tm_num_actions))      #用来保存 m_{s_t,a_t} 的数组
q_bar_saved=np.zeros((runs, tm_num_states, tm_num_actions))
#用来保存各次运行中q̄(·)的数组
traj_s_t=np.zeros(l-1)                           #用来保存状态时间迹线的数组
traj_a_t=np.zeros(l-1)                           #用来保存行动时间迹线的数组
traj_r_t1=np.zeros(l)                            #用来保存奖赏时间迹线的数组
#初始化当前策略
policy_state_action=np.zeros(tm_num_states)     #用“学习”作为各个状态下的行动选择
#用来完成强化学习任务每次运行的循环
for run in range(runs):
    #探索起步(随机选择一个“状态行动对”)
    s_t=rng.integers(tm_num_states)              #随机选择一个状态值
    a_t=rng.integers(tm_num_actions)             #随机选择一个行动值
    #用来完成强化学习任务运行中每个时刻(每一步)的循环
    for t in range(l-1):
        #进行一步学习时间管理任务(智能体与环境交互一次)
        s_t1, r_t1=tm_step(s_t, a_t)  #得到 s_{t+1}和 r_{t+1}
        #保存当前时刻的状态值、当前时刻的行动值、下一时刻获得的奖赏
        traj_s_t[t]=s_t
        traj_a_t[t]=a_t
        traj_r_t1[t+1]=r_t1
        #下一时刻的状态值和行动值
        s_t=s_t1  #s_t:=s_{t+1}
        a_t=policy_state_action[s_t].astype(int) #根据当前策略给出 a_t
    #更新q̄(·)
    g_t=0  #收益 g_t:=0
```

```
    for t in range(l-2, -1, -1):
    #时刻 t 从 l-1 到 1 依次递减(这里的循环变量 t 对应时刻 t+1)
        #计算 t 时刻的收益
        g_t=traj_r_t1[t+1]+gamma * g_t    #式(4-15)
        #检查 t 时刻的"状态行动对"是否在时间迹线中首次出现
        first=True                            #首次标志
        for t_index in range(t-1, -1, -1): #从上一个时刻到第 1 个时刻
            if traj_s_t[t_index]==traj_s_t[t] and traj_a_t[t_index]==traj_a_t
[t]:  #若找到了与 t 时刻的"状态行动对"相同的"状态行动对"
                first=False  #t 时刻的"状态行动对"并非首次出现
                break
        #若有"新"样本,则更新 q̄(·)
        if first:  #若 t 时刻的"状态行动对"是首次出现
            s_t=traj_s_t[t].astype(int)    #t 时刻的"状态行动对"中的状态值 s_t
            a_t=traj_a_t[t].astype(int)    #t 时刻的"状态行动对"中的行动值 a_t
            z[s_t, a_t] +=g_t  #z_{s_t,a_t}:=z_{s_t,a_t}+g_t
            m[s_t, a_t] +=1   #m_{s_t,a_t}:=m_{s_t,a_t}+1
            q_bar[s_t, a_t]=z[s_t, a_t] / m[s_t, a_t]  #q̄(s_t,a_t):=z_{s_t,a_t}/m_{s_t,a_t}
    #改进策略
    policy_state_action=np.argmax(q_bar, axis=1)
    #用根据最新 q̄(·)得到的贪婪行动更新当前策略
    #保存本次运行中的 q̄(·)
    q_bar_saved[run, :, :]=q_bar
#打印结果
print('q_bar=\n', np.array2string(q_bar, precision=2))
print('max(q_bar)=', np.array2string(np.amax(q_bar, axis=1), precision=2))
print('Optimal actions=', policy_state_action)
#画各次运行中的 q̄(·)
line_marker=['-', '--', ':']
color_table=['tab:blue', 'tab:orange', 'tab:green', 'tab:red']
plt.figure(dpi=150)
for s in range(tm_num_states):
    for a in range(tm_num_actions):
        plt.plot(np.arange(runs)+1, q_bar_saved[:, s, a], line_marker[a], color=
color_table[s], linewidth=2, label='State '+str(s)+', action '+str(a))
plt.ylabel('Estimated average action value')
plt.xlabel('Run')
plt.xlim(0, runs)
plt.ylim(0, 4)
plt.legend(fontsize='small')
plt.show()
```

完整的实验参考程序可通过扫描二维码下载。

实验 4-3 的程序

【实验 4-4】 实现基于 ε 贪婪方法的蒙特卡洛算法，并通过与实验 3-3 中的 MDP 模型交互，给出各个状态下的最优行动，画出 $\bar{q}(s_t, a_t)$ 随运行次数变化的曲线，$s_t \in \mathcal{S}$，$a_t \in \mathcal{A}(s_t)$。

【实验 4-4 参考程序】

```
…
epsilon=0.01  #ε 贪婪方法中的ε
…
#用来完成强化学习任务每次运行的循环
for run in range(runs):
    #任意选取初始状态的状态值
    s_t=0  #固定取值为状态 0
    #用ε 贪婪方法给出初始时刻的行动选择
    if rng.random()>epsilon:
        a_t=policy_state_action[s_t].astype(int)     #选择贪婪行动
    else:
        a_t=rng.integers(tm_num_actions)             #随机选择行动
…
        #下一时刻的状态值
        s_t=s_t1   #s_t:=s_{t+1}
        #用ε 贪婪方法给出下一时刻的行动选择
        if rng.random()>epsilon:
            a_t=policy_state_action[s_t].astype(int) #选择贪婪行动
        else:
            a_t=rng.integers(tm_num_actions)         #随机选择行动
…
```

实验 4-4 的程序

完整的实验参考程序可通过扫描二维码下载。

【实验 4-5】 实现 Q 学习算法，并通过与实验 3-3 中的 MDP 模型交互，画出估计值 $\hat{q}^*(s_t,a_t)$随时刻变化的曲线，$s_t\in\mathcal{S},a_t\in\mathcal{A}(s_t)$。

【实验 4-5 参考程序】

```
…
#本实验中的参数
gamma=0.9                       #折扣率
l=10000000                      #最后时刻
epsilon=0.1                     #ε 贪婪方法中的ε
alpha=0.0001                    #Q 学习中的学习率
#函数功能：进行一步学习时间管理任务
#输入参数：cur_s——s_t；cur_a——a_t
#返回值：s_{t+1}、r_{t+1}
def tm_step(cur_s, cur_a):
    next_s=rng.choice(tm_num_states, p=tm_mdp_p_s[:, cur_s, cur_a])
    #根据 p(s_{t+1}|s_t,a_t)随机给出 s_{t+1}
    next_r=tm_reward_values[rng.choice(tm_num_rewards, p=tm_mdp_p_r[:, next_s,
cur_s, cur_a])]                 #根据 p(r_{t+1}|s_{t+1},s_t,a_t)随机给出 r_{t+1}
    return next_s, next_r
#创建随机数生成器
rng=np.random.default_rng(0)
#初始化
```

```
q_optimal_hat=np.zeros((tm_num_states, tm_num_actions))  #用来保存q̂*(·)的数组
q_optimal_hat_saved=np.zeros((l, tm_num_states, tm_num_actions))
#用来保存各次运行中q̂*(·)的数组
#随机选取初始状态的状态值
s_t=rng.integers(tm_num_states)
#用来完成强化学习任务运行中每个时刻(每一步)的循环
for t in range(l-1):
    #用ε贪婪方法给出当前时刻的行动选择
    if rng.random()>epsilon:
        a_t=np.argmax(q_optimal_hat[s_t, :])          #选择贪婪行动,式(4-38)
    else:
        a_t=rng.integers(tm_num_actions)              #随机选择行动
    #进行一步学习时间管理任务(智能体与环境交互一次)
    s_t1, r_t1=tm_step(s_t, a_t)                      #得到 s_{t+1} 和 r_{t+1}
    #更新q̂*(·)
    q_optimal_hat[s_t, a_t] +=alpha * (r_t1+gamma * np.amax(q_optimal_hat[s_t1, :])-q_optimal_hat[s_t, a_t])  #式(4-37)
    #下一时刻的状态值
    s_t=s_t1  #s_t:=s_{t+1}
    #保存当前时刻的q̂*(·)
    q_optimal_hat_saved[t, :, :]=q_optimal_hat
#根据最新的q̂*(·)给出贪婪行动(最优行动)
policy_state_action=np.argmax(q_optimal_hat, axis=1)
#打印结果
print('q_optimal_hat=\n', np.array2string(q_optimal_hat, precision=2))
print('max(q_optimal_hat)=', np.array2string(np.amax(q_optimal_hat, axis=1), precision=2))
print('Optimal actions=', policy_state_action)
#画各个时刻的q̂*(·)
line_marker=['-', '--', ':']
color_table=['tab:blue', 'tab:orange', 'tab:green', 'tab:red']
plt.figure(dpi=150)
for s in range(tm_num_states):
    for a in range(tm_num_actions):
        plt.plot(np.arange(l-1)+1, q_optimal_hat_saved[:-1, s, a], line_marker[a], color=color_table[s], linewidth=2, label='State '+str(s)+', action '+str(a))
plt.ylabel('Estimated limit of optimal action value')
plt.xlabel('Time step')
plt.grid(linestyle=':', axis='y')
plt.xlim(0, l)
plt.legend(fontsize='small')
plt.show()
```

实验 4-5 的程序

完整的实验参考程序可通过扫描二维码下载。

【实验 4-6】 实现 Dyna-Q 算法，并通过与实验 3-3 中的 MDP 模型交互，画出估计值 $\hat{q}^*(s_t, a_t)$ 随时刻变化的曲线，$s_t \in \mathcal{S}, a_t \in \mathcal{A}(s_t)$。

【实验 4-6 参考程序】

```
...
#本实验中的参数
gamma=0.9                   #折扣率
l=1000                      #最后时刻
epsilon=0.1                 #ε 贪婪方法中的ε
alpha=0.05                  #Q 学习中的学习率
n=20                        #每个时刻使用环境模型生成四元组的数量
...
#初始化
q_optimal_hat=np.zeros((tm_num_states, tm_num_actions))   #用来保存q̂*(·)的数组
q_optimal_hat_saved=np.zeros((l, tm_num_states, tm_num_actions))
#用来保存各次运行中q̂*(·)的数组
model_num_p_s=np.zeros((tm_num_states, tm_num_states, tm_num_actions))
#用来保存 m_{s_t,a_t,s_{t+1}} 的数组
model_sum_r=np.zeros((tm_num_states, tm_num_states, tm_num_actions))
#用来保存 z_{s_t,a_t,s_{t+1}} 的数组
model_p_s=np.zeros((tm_num_states, tm_num_states, tm_num_actions))
  #用来保存p̂(s_{t+1}|s_t,a_t)的数组
...
    #更新环境模型
    model_num_p_s[s_t1, s_t, a_t] +=1  #m_{s_t,a_t,s_{t+1}}:=m_{s_t,a_t,s_{t+1}}+1
    model_sum_r[s_t1, s_t, a_t] +=r_t1  #z_{s_t,a_t,s_{t+1}}:=z_{s_t,a_t,s_{t+1}}+r_{t+1}
    model_p_s[:, s_t, a_t]=model_num_p_s[:, s_t, a_t] / np.sum(model_num_p_s[:, s_
t, a_t])  #p̂(s_{t+1}|s_t,a_t):=m_{s_t,a_t,s_{t+1}}/m_{s_t,a_t}
    #下一时刻的状态值
    s_t=s_t1  #s_t:=s_{t+1}
    #使用环境模型生成 n 个四元组
    for i in range(n):                                  #用来生成每个四元组的循环
        model_s_t=rng.integers(tm_num_states)           #随机给出 s
        model_a_t=rng.integers(tm_num_actions)          #随机给出 a
        #使用环境模型给出 s'
        if np.sum(model_p_s[:, model_s_t, model_a_t])==0:
        #若p̂(·|s_t,a_t)=0,即在交互中尚未遇到过"状态行动对"(s,a)
            model_s_t1=rng.integers(tm_num_states)      #以相等的概率随机给出 s'
        else:
            model_s_t1=rng.choice(tm_num_states, p=model_p_s[:, model_s_t,
            model_a_t])       #以p̂(·|s_t,a_t)为概率随机给出 s'
        #使用环境模型给出 r
        if model_num_p_s[model_s_t1, model_s_t, model_a_t]==0:
        #若 m_{s,a,s'}=0,即在交互中尚未遇到过(s,a,s')
            model_r_t1=0    #默认值为 0
        else:
            model_r_t1=model_sum_r[model_s_t1, model_s_t, model_a_t] / model_
            num_p_s[model_s_t1, model_s_t, model_a_t]  #r:=z_{s,a,s'}/m_{s,a,s'}
```

```
        #用生成的四元组(s,a,s',r)更新q̂*(·)
        q_optimal_hat[model_s_t, model_a_t] +=alpha * (model_r_t1+gamma * np.
amax(q_optimal_hat[model_s_t1, :])-q_optimal_hat[model_s_t, model_a_t])
#式(4-41)
    #保存当前时刻的q̂*(·)
    q_optimal_hat_saved[t, :, :]=q_optimal_hat
…
```

实验 4-6 的程序

完整的实验参考程序可通过扫描二维码下载。

【实验 4-7】 使用线性回归模型和输入层合并实现单训练样本 Q 网络算法，并通过与实验 3-3 中的 MDP 模型交互，画出最优行动价值极限值的推测值 $\hat{q}^*(s_t,a_t)$ 随时刻变化的曲线，$s_t\in\mathcal{S}$，$a_t\in\mathcal{A}(s_t)$。

【实验 4-7 参考程序】

```
…
#本实验中的参数
gamma=0.9                                #折扣率
l=10000                                  #最后时刻
epsilon=0.1                              #ε 贪婪方法中的ε
learning_rate=0.01                       #训练 Q 网络使用的学习率
d=tm_num_actions * 2                     #Q 网络输入向量中元素的数量
…
#函数功能：根据"状态行动对"给出输入向量
#输入参数：state——s_t；action——a_t
#返回值：输入向量
def get_stateaction_inputs(state, action):
    inputs=np.zeros((1, d))              #用来保存输入向量的数组
    inputs[0, 0+action * 2]=1 if state==0 or state==2 else -1
    #"体力较好"：1；"体力较差"：-1
    inputs[0, 1+action * 2]=1 if state==0 or state==1 else -1
    #"脑力较好"：1；"脑力较差"：-1
    return inputs
#定义 Q 网络(线性回归)
class q_net(torch.nn.Module):
    def __init__(self):
        super(q_net, self).__init__()
        self.linear=torch.nn.Linear(in_features=d, out_features=1)
        #线性部分(用来计算加权和)
        self.linear.weight.data.fill_(0) #用 0 初始化权重
        self.linear.bias.data.fill_(0)   #用 0 初始化偏差
    def forward(self, x):
        y_hat=self.linear(x)             #实现线性回归
        return y_hat                     #返回输出的推测值
#函数功能：推测给定"状态行动对"对应的最优行动价值的极限值
#输入参数：model——Q 网络模型；state——s_t；action——a_t
#返回值：最优行动价值极限值的推测值
def get_q_optimal_hat(model, state, action):
```

```
    inputs=get_stateaction_inputs(state, action)    #根据"状态行动对"得到输入向量
    inputs_tensor=torch.tensor(inputs, device=processor, dtype=torch.float32)
    with torch.inference_mode():
        q_optimal_hat=model(inputs_tensor)
    return q_optimal_hat.cpu().numpy()
#创建随机数生成器
rng=np.random.default_rng(0)
#设置 PyTorch 的随机种子
torch.manual_seed(0)
#若 GPU 可用,则使用 GPU,否则使用 CPU
processor=torch.device('cuda' if torch.cuda.is_available() else 'cpu')
#初始化
q_optimal_hat_saved=np.zeros((l, tm_num_states, tm_num_actions))
#用来保存各次运行中q̂*(·)的数组
costs_saved=torch.zeros(l, device=processor)    #用来保存训练过程中代价的数组
#创建 Q 网络模型
model_q_net=q_net().to(device=processor)
#创建用来计算均方误差代价(或平方误差损失)的对象
loss_function=torch.nn.MSELoss()
#创建梯度下降法优化器对象
optimizer=torch.optim.SGD(model_q_net.parameters(), lr=learning_rate)
#随机选取初始状态的状态值
s_t=rng.integers(tm_num_states)
#用来完成强化学习任务运行中每个时刻(每一步)的循环
for t in range(l-1):
    #给出当前时刻的q̂*(·)并保存
    for state in range(tm_num_states):
        for action in range(tm_num_actions):
            q_optimal_hat_saved[t, state, action]=get_q_optimal_hat(model_q_
            net, state, action)
    #用ε 贪婪方法给出当前时刻的行动选择
    if rng.random()>epsilon:
        a_t=np.argmax(q_optimal_hat_saved[t, s_t, :])    #选择贪婪行动
    else:
        a_t=rng.integers(tm_num_actions)    #随机选择行动
    #进行一步学习时间管理任务(智能体与环境交互一次)
    s_t1, r_t1=tm_step(s_t, a_t)    #得到 s_{t+1} 和 r_{t+1}
    #计算样本
    q_sample=r_t1+gamma * np.amax(q_optimal_hat_saved[t, s_t1, :])  #式(4-34)
    #使用样本训练 Q 网络模型
    inputs_tensor=torch.tensor(get_stateaction_inputs(s_t, a_t), device=
    processor, dtype=torch.float32)    #训练样本的输入向量
    label_tensor=torch.tensor(q_sample, device=processor, dtype=torch.
    float32)    #训练样本的标注
    #正向传播
    y_hat=model_q_net(inputs_tensor)
    #计算并保存损失
```

```
    costs=loss_function(y_hat, label_tensor)
    costs_saved[t]=costs.item()
    #反向传播
    optimizer.zero_grad()          #清零梯度(偏导数)
    costs.backward()               #进行反向传播
    #更新权重和偏差
    optimizer.step()
    #下一时刻的状态值
    s_t=s_t1  #s_t:=s_{t+1}
    #打印训练进展
    if (t+1) % 10000==0:
        print('Training {}/{}: costs={:.5f}'.format(t+1, l, costs.item()))
...
```

实验 4-7 的程序

完整的实验参考程序可通过扫描二维码下载。

【实验 4-8】 使用神经网络模型和输入层合并实现单训练样本 Q 网络算法，并通过与实验 3-3 中的 MDP 模型交互，画出最优行动价值极限值的推测值$\hat{q}^*(s_t,a_t)$随时刻变化的曲线，$s_t\in\mathcal{S}, a_t\in\mathcal{A}(s_t)$。

【实验 4-8 参考程序】

```
...
#本实验中的参数
gamma=0.9                                #折扣率
l=10000                                  #最后时刻
epsilon=0.1                              #ε 贪婪方法中的ε
learning_rate=0.002                      #训练 Q 网络使用的学习率
d=tm_num_actions * 2                     #Q 网络输入向量中元素的数量
n=4 * d                                  #Q 网络隐含层节点的数量
...
#定义 Q 网络(神经网络)
class q_net(torch.nn.Module):
    def __init__(self):
        super(q_net, self).__init__()
        self.linear1=torch.nn.Linear(in_features=d, out_features=n)
        #第 1 层的线性部分(用来计算加权和)
        self.linear2=torch.nn.Linear(in_features=n, out_features=1)
        #第 2 层的线性部分(用来计算加权和)
    def forward(self, x):
        a_1=torch.nn.functional.relu(self.linear1(x))
        #实现第 1 层(隐含层、ReLU 激活函数)
        y_hat=self.linear2(a_1)          #实现第 2 层(输出层、线性激活函数)
        return y_hat                     #返回输出的推测值
...
```

实验 4-8 的程序

完整的实验参考程序可通过扫描二维码下载。

【实验 4-9】 使用神经网络模型和输出层合并实现单训练样本 Q 网络算法，并通过与实验 3-3 中的 MDP 模型交互，画出最优行动价值极限值的推测值$\hat{q}^*(s_t,a_t)$随时刻变化的曲线，$s_t \in \mathcal{S}, a_t \in \mathcal{A}(s_t)$。

【实验 4-9 参考程序】

```
...
#本实验中的参数
gamma=0.9                                                    #折扣率
l=10000                                                      #最后时刻
epsilon=0.1                                                  #ε 贪婪方法中的ε
learning_rate=0.002                                          #训练 Q 网络使用的学习率
d=2                                                          #Q 网络输入向量中元素的数量
n=32                                                         #Q 网络隐含层节点的数量
...
#函数功能：根据状态值给出输入向量（状态向量）
#输入参数：state——s_t
#返回值：输入向量（状态向量）
def get_state_inputs(state):
    inputs=np.zeros((1, d))                                  #用来保存输入向量的数组
    inputs[0, 0]=1 if state==0 or state==2 else -1           #"体力较好": 1;"体力较差": -1
    inputs[0, 1]=1 if state==0 or state==1 else -1           #"脑力较好": 1;"脑力较差": -1
    return inputs
#定义 Q 网络（神经网络）
class q_net(torch.nn.Module):
    def __init__(self):
        super(q_net, self).__init__()
        self.linear1=torch.nn.Linear(in_features=d, out_features=n)
        #第 1 层的线性部分（用来计算加权和）
        self.linear2=torch.nn.Linear(in_features=n, out_features=tm_num_
        actions)
        #第 2 层的线性部分（用来计算加权和）
    def forward(self, x):
        a_1=torch.nn.functional.relu(self.linear1(x))
        #实现第 1 层（隐含层、ReLU 激活函数）
        y_hat=self.linear2(a_1)                         #实现第 2 层（输出层、线性激活函数）
        return y_hat                                    #返回输出的推测值
#函数功能：推测给定状态下各个行动的最优行动价值的极限值
#输入参数：model——Q 网络模型；state——s_t
#返回值：最优行动价值极限值的推测值
def get_q_optimal_hat(model, state):
    inputs=get_state_inputs(state)
    inputs_tensor=torch.tensor(inputs, device=processor, dtype=torch.float32)
    with torch.inference_mode():
        q_optimal_hat=model(inputs_tensor)
    return q_optimal_hat.cpu().numpy()
...
    #给出当前时刻的q̂*(·)并保存
    for state in range(tm_num_states):
        q_optimal_hat_saved[t, state, :]=get_q_optimal_hat(model_q_net, state)
```

```
…
    #使用样本训练 Q 网络模型
    inputs_tensor=torch.tensor(get_state_inputs(s_t), device=processor, dtype=
torch.float32)  #训练样本的输入向量
    label_tensor=torch.tensor(q_sample, device=processor, dtype=torch.
float32)  #训练样本的标注
    action_tensor=torch.tensor(a_t, device=processor, dtype=torch.int64)
    #a_t
    #正向传播
    y_hat=model_q_net(inputs_tensor)
    #计算并保存损失
    costs=loss_function(y_hat[0, action_tensor], label_tensor)  #仅计算当前时刻
#行动选择对应的损失
    costs_saved[t]=costs.item()
…
```

实验 4-9 的程序

完整的实验参考程序可通过扫描二维码下载。

【实验 4-10】 使用深度神经网络模型和输出层合并实现单训练样本 Q 网络算法，并通过与实验 3-3 中的 MDP 模型交互，画出最优行动价值极限值的推测值$\hat{q}^*(s_t,a_t)$随时刻变化的曲线，$s_t\in\mathcal{S},a_t\in\mathcal{A}(s_t)$。

【实验 4-10 参考程序】

```
…
#本实验中的参数
decay_learning_rate=True            #是否使用逐步缩小的学习率
gamma=0.9                           #折扣率
l=10000                             #最后时刻
epsilon=0.1                         #ε 贪婪方法中的ε
learning_rate=0.002 if decay_learning_rate==False else 0.01
#训练 Q 网络使用的学习率
d=2                                 #Q 网络输入向量中元素的数量
n1=24                               #Q 网络第一个隐含层中节点的数量
n2=24                               #Q 网络第二个隐含层中节点的数量
num_lr_iterations=2000              #每隔多少个时刻学习率减半一次
…
#定义 Q 网络(深度神经网络)
class q_net(torch.nn.Module):
    def __init__(self):
        super(q_net, self).__init__()
        self.linear1=torch.nn.Linear(in_features=d, out_features=n1)
        #第 1 层的线性部分(用来计算加权和)
        self.linear2=torch.nn.Linear(in_features=n1, out_features=n2)
        #第 2 层的线性部分(用来计算加权和)
        self.linear3=torch.nn.Linear(in_features=n2, out_features=tm_num_
        actions)                    #第 3 层的线性部分(用来计算加权和)
    def forward(self, x):
```

```
        a_1=torch.nn.functional.relu(self.linear1(x))
        #实现第 1 层(隐含层、ReLU 激活函数)
        a_2=torch.nn.functional.relu(self.linear2(a_1))
        #实现第 2 层(隐含层、ReLU 激活函数)
        y_hat=self.linear3(a_2)             #实现第 3 层(输出层、线性激活函数)
        return y_hat                        #返回输出的推测值
...
#创建梯度下降法优化器对象
optimizer=torch.optim.SGD(model_q_net.parameters(), lr=learning_rate)
#创建学习率调度器对象
if decay_learning_rate:
    scheduler=torch.optim.lr_scheduler.StepLR(optimizer, step_size=num_lr_
iterations, gamma=0.5)
...
#更新权重和偏差
    optimizer.step()
    #使用学习率调度器改变学习率
    if decay_learning_rate:
        scheduler.step()
...
```

实验 4-10 的程序

完整的实验参考程序可通过扫描二维码下载。

【实验 4-11】 使用深度神经网络模型和输出层合并实现批训练样本 Q 网络算法，并通过与实验 3-3 中的 MDP 模型交互，画出最优行动价值极限值的推测值$\hat{q}^*(s_t,a_t)$随训练样本批数变化的曲线，$s_t \in \mathcal{S}$，$a_t \in \mathcal{A}(s_t)$。

【实验 4-11 参考程序】

```
...
#本实验中的参数
decay_learning_rate=True                #是否使用逐步缩小的学习率
gamma=0.9                               #折扣率
epsilon=0.1                             #ε 贪婪方法中的ε
learning_rate=0.002 if decay_learning_rate==False else 0.1
#训练 Q 网络使用的学习率
d=2                                     #Q 网络输入向量中元素的数量
n1=24                                   #Q 网络第一个隐含层中节点的数量
n2=24                                   #Q 网络第二个隐含层中节点的数量
batch_size=64                           #每批中训练样本的数量
num_batches=10000                       #批的数量
num_lr_iterations=200                   #每隔多少批训练样本学习率减半一次
...
#初始化
q_optimal_hat_saved=np.zeros((num_batches, tm_num_states, tm_num_actions))
#用来保存训练过程中q̂*(·)的数组
costs_saved=torch.zeros(num_batches, device=processor)
#用来保存训练过程中代价的数组
```

```
examples_inputs=np.zeros((batch_size, d)) #用来保存批中训练样本输入向量的数组
examples_label=np.zeros(batch_size)        #用来保存批中训练样本标注的数组
examples_action=np.zeros(batch_size)       #用来保存批中标注对应的行动选择的数组
…
#用来完成训练过程中每批的循环
for batch in range(num_batches):
    #给出q̂*(·)并保存
    for state in range(tm_num_states):
        q_optimal_hat_saved[batch, state, :]=get_q_optimal_hat(model_q_net,
state)
    #用来得到批中每个训练样本的循环
    for example in range(batch_size):
        #用ε贪婪方法给出当前时刻的行动选择
        if rng.random()>epsilon:
            a_t=np.argmax(q_optimal_hat_saved[batch, s_t, :])    #选择贪婪行动
        else:
            a_t=rng.integers(tm_num_actions)                      #随机选择行动
        #进行一步学习时间管理任务(智能体与环境交互一次)
        s_t1, r_t1=tm_step(s_t, a_t)                              #得到 s_{t+1}和 r_{t+1}
        #计算样本
        q_sample=r_t1+gamma * np.amax(q_optimal_hat_saved[batch, s_t1, :])
        #式(4-34)
        #保存训练样本
        examples_inputs[example, :]=get_state_inputs(s_t)   #训练样本的输入向量
        examples_label[example]=q_sample                     #训练样本的标注
        examples_action[example]=a_t                         #标注对应的行动选择
        #下一时刻的状态值
        s_t=s_t1   #s_t:=s_{t+1}
    #使用一批训练样本训练Q网络
    inputs_tensor=torch.tensor(examples_inputs, device=processor, dtype=
torch.float32)
    label_tensor=torch.tensor(examples_label, device=processor, dtype=torch.
float32)
    action_tensor=torch.tensor(examples_action, device=processor, dtype=
torch.int64)
    #正向传播
    y_hat=model_q_net(inputs_tensor)
    #计算并保存代价
    costs=loss_function(y_hat[torch.arange(0, batch_size), action_tensor],
label_tensor)  #仅计算标注对应的行动选择上的代价
    costs_saved[batch]=costs.item()
    #反向传播
    optimizer.zero_grad()
    costs.backward()
    #更新权重和偏差
    optimizer.step()
    #使用学习率调度器改变学习率
```

```
    if decay_learning_rate:
        scheduler.step()
    #打印训练进展
    if (batch+1) % 1000==0:
        print('Training {}/{}: costs={:.5f}'.format(batch+1, num_batches,
        costs.item()))
...
```

实验 4-11
的程序

完整的实验参考程序可通过扫描二维码下载。

【实验 4-12】 使用基于深度神经网络模型和输出层合并的单训练样本 Q 网络算法,完成 21 点强化学习任务。画出胜率随游戏局数变化的曲线。

【实验 4-12 参考程序】

```
import numpy as np
import matplotlib.pyplot as plt
import torch
#21点任务中的参数与设置
bj_num_cards=52                                 #除去大王和小王之后的扑克牌数
bj_num_ranks=10                                 #21点任务中扑克牌的点数种类的数量
bj_actions=['hit', 'stand']                     #可选行动的名称
bj_num_actions=len(bj_actions)                  #可选行动的数量
bj_card_rank=np.array([1, 1, 1, 1, 2, 2, 2, 2, 3, 3, 3, 3, 4, 4, 4, 4, 5, 5, 5, 5, 6, 6,
6, 6, 7, 7, 7, 7, 8, 8, 8, 8, 9, 9, 9, 9, 10, 10, 10, 10, 10, 10, 10, 10, 10, 10, 10, 10,
10, 10, 10, 10])                                #52张牌
bj_ranks=np.arange(1, 11)                       #每种扑克牌的点数
bj_ranks[0]=11                                  #牌面为A的扑克牌的点数可以为11
bj_reward_win=1                                 #赢得一局游戏的奖赏
bj_reward_draw=0                                #平局奖赏
bj_reward_lose=-1                               #输掉一局游戏的奖赏
bj_num_state_vars=bj_num_ranks * 2              #状态向量中元素的数量
#初始化环境
bj_card_status=np.zeros(bj_num_cards)
#用来指示这副牌中的每一张牌是否已发给玩家或庄家的数组(1——已发;0——未发)
bj_player_cards=np.zeros(bj_num_ranks)          #用来给出玩家手牌的数组
bj_dealer_cards=np.zeros(bj_num_ranks)          #用来给出庄家手牌的数组
#用来保存环境的数组
bj_card_status_saved=np.zeros(bj_num_cards)
bj_player_cards_saved=np.zeros(bj_num_ranks)
bj_dealer_cards_saved=np.zeros(bj_num_ranks)
#用于评估的部分环境状态
bj_num_probe_states=3                           #用于评估的状态的数量
bj_probe_state=np.zeros((bj_num_probe_states, bj_num_state_vars))
#用来保存状态向量的数组
bj_probe_state[0, :]=np.array([0, 0, 0, 0, 0, 0, 0, 0, 0, 2, 0, 0, 0, 0, 0, 0, 0, 0, 0, 2])
#状态0的状态向量
bj_probe_state[1, :]=np.array([1, 1, 0, 0, 0, 0, 0, 0, 0, 0, 0, 0, 0, 0, 0, 0, 0, 0, 1, 1])
#状态1的状态向量
```

```
bj_probe_state[2, :]=np.array([0, 0, 0, 0, 0, 0, 0, 0, 1, 1, 1, 1, 0, 0, 0, 0, 0, 0, 0, 0])
#状态 2 的状态向量
#函数功能：初始化 21 点环境
def blackjack_init():
    bj_card_status.fill(0)                                     #重置所有牌
    bj_player_cards.fill(0)                                    #清空玩家手牌
    bj_dealer_cards.fill(0)                                    #清空庄家手牌
    blackjack_deal_cards('player', 2)                          #发给玩家两张牌
    blackjack_deal_cards('dealer', 2)                          #发给庄家两张牌
#函数功能：保存当前的 21 点环境
def blackjack_save_env():
    global bj_card_status_saved
    global bj_player_cards_saved
    global bj_dealer_cards_saved
    bj_card_status_saved=np.copy(bj_card_status)               #保存所有牌
    bj_player_cards_saved=np.copy(bj_player_cards)             #保存玩家手牌
    bj_dealer_cards_saved=np.copy(bj_dealer_cards)             #保存庄家手牌
#函数功能：恢复已保存的 21 点环境
def blackjack_restore_env():
    global bj_card_status
    global bj_player_cards
    global bj_dealer_cards
    bj_card_status=np.copy(bj_card_status_saved)        #恢复所有牌
    bj_player_cards=np.copy(bj_player_cards_saved)      #恢复玩家手牌
    bj_dealer_cards=np.copy(bj_dealer_cards_saved)      #恢复庄家手牌
#函数功能：发牌
#输入参数：to_dealer_or_player——发牌给玩家还是发牌给庄家；n——发牌数量
def blackjack_deal_cards(to_dealer_or_player, n):
    available_card_indexes,=np.where(bj_card_status==0)          #尚未发出去的牌
    chosen_card_indexes=rng.choice(available_card_indexes, size=n)
    #从尚未发出的牌中随机选择给定数量的牌
    bj_card_status[chosen_card_indexes]=1                      #将这些牌标记为已发出
    for index in range(n):                                     #用来完成发每张牌的循环
        card=bj_card_rank[chosen_card_indexes[index]]          #待发牌的种类
        if to_dealer_or_player=='dealer':
            bj_dealer_cards[card-1] +=1                        #发牌给玩家
        else:
            bj_player_cards[card-1] +=1                        #发牌给庄家
#函数功能：计算手牌点数
#输入参数：dealer_or_player——玩家还是庄家
#返回值：手牌点数
def blackjack_get_points(dealer_or_player):
    cards=np.copy(bj_dealer_cards) if dealer_or_player=='dealer' else np.copy
(bj_player_cards)                                              #手中各种牌的数量
    points=np.dot(cards, bj_ranks)                             #计算手牌的最大可能点数
    usable_aces=cards[0]                                       #手中牌面为 A 的牌的数量
    while points>21 and usable_aces>0:    #若手牌点数超过 21 点且手牌中还有可用的 A
```

```
        points -=10                                  #将其中 1 张可用的 A 计为 1 点
        usable_aces -=1                              #可用 A 的数量减 1
    return points
#函数功能：给出当前环境状态的状态向量
#返回值：状态向量
def blackjack_get_state():
    state=np.zeros(bj_num_ranks * 2)                 #用来保存状态向量的数组
    state[0 : bj_num_ranks]=bj_player_cards
    state[bj_num_ranks : ]=bj_dealer_cards
    return state
#函数功能：进行一步 21 点任务
#输入参数：玩家的行动选择 a_t
#返回值：奖赏 r_{t+1}，游戏是否结束标志
def blackjack_step(a_t):
    if bj_actions[a_t]=='hit':                       #若玩家选择“拿牌”
        blackjack_deal_cards('player', 1)            #发给玩家 1 张牌
        if blackjack_get_points('player')>21:        #如果玩家手牌点数超过 21 点
            return bj_reward_lose, True              #游戏结束，给出输掉一局游戏的奖赏
        else:
            return 0, False                          #胜负未分，零奖赏
    else:                                            #若玩家选择“停牌”
        player_points=blackjack_get_points('player')        #计算玩家手牌点数
        dealer_points=blackjack_get_points('dealer')        #计算庄家手牌点数
        while dealer_points<17:                      #每当庄家手牌点数小于 17 点时
            blackjack_deal_cards('dealer', 1)        #发给庄家 1 张牌
            dealer_points=blackjack_get_points('dealer')    #重新计算庄家手牌点数
        if dealer_points>21:                         #如果庄家手牌点数超过 21 点
            return bj_reward_win, True               #游戏结束，给出赢得一局游戏的奖赏
        else:                                        #比较玩家和庄家的手牌点数
            if dealer_points>player_points:
                return bj_reward_lose, True          #游戏结束，给出输掉一局游戏的奖赏
            elif dealer_points<player_points:
                return bj_reward_win, True           #游戏结束，给出赢得一局游戏的奖赏
            else:
                return bj_reward_draw, True          #游戏结束，给出平局奖赏
#本实验中的参数
decay_learning_rate=True                             #是否使用逐步缩小的学习率
gamma=0.8                                            #折扣率
epsilon=0.1                                          #ε 贪婪方法中的ε
learning_rate=0.01 if decay_learning_rate==False else 0.02
#训练 Q 网络使用的学习率
d=bj_num_state_vars                                  #Q 网络输入向量中元素的数量
n1=d * 2                                             #Q 网络第一个隐含层中节点的数量
n2=d * 2                                             #Q 网络第二个隐含层中节点的数量
num_runs=100000                                      #运行次数(游戏局数)
num_lr_iterations=40000                              #每运行多少次学习率减半一次
#定义 Q 网络(深度神经网络)
```

```
class q_net(torch.nn.Module):
    def __init__(self):
        super(q_net, self).__init__()
        self.linear1=torch.nn.Linear(in_features=d, out_features=n1)
        self.linear2=torch.nn.Linear(in_features=n1, out_features=n2)
        self.linear3=torch.nn.Linear(in_features=n2, out_features=bj_num_
        actions)
    def forward(self, x):
        a_1=torch.nn.functional.relu(self.linear1(x))
        a_2=torch.nn.functional.relu(self.linear2(a_1))
        y_hat=self.linear3(a_2)
        return y_hat
#函数功能：推测当前状态下各个行动的最优行动价值的极限值
#输入参数：model——Q 网络模型
#返回值：最优行动价值极限值的推测值
def get_q_optimal_hat(model):
    inputs=blackjack_get_state()        #获取当前状态的状态向量
    inputs_tensor=torch.tensor(inputs, device=processor, dtype=torch.float32)
    with torch.inference_mode():
        q_optimal_hat=model(inputs_tensor)
    return q_optimal_hat.cpu().numpy()
#函数功能：推测特定状态下各个行动的最优行动价值的极限值
#输入参数：model——Q 网络模型
#返回值：最优行动价值极限值的推测值
def get_q_optimal_hat_probe_state(model):
    q_probe_state=np.zeros((bj_num_probe_states, bj_num_actions))
    for n in range(bj_num_probe_states):
        inputs=bj_probe_state[n, :]
        inputs_tensor=torch.tensor(inputs, device=processor, dtype=torch.
float32)
        with torch.inference_mode():
            q_optimal_hat=model(inputs_tensor)
        q_probe_state[n, :]=q_optimal_hat.cpu().numpy()
    return q_probe_state
#创建随机数生成器
rng=np.random.default_rng(0)
#设置 PyTorch 的随机种子
torch.manual_seed(0)
#若 GPU 可用,则使用 GPU,否则使用 CPU
processor=torch.device('cuda' if torch.cuda.is_available() else 'cpu')
#初始化
wins=0                                    #累计获胜局数
winratio_saved=np.zeros(num_runs)         #用来保存每次运行中胜率的数组
q_optimal_hat_saved=[]
#用来保存特定状态下的最优行动价值极限值的推测值的列表
#创建 Q 网络模型
model_q_net=q_net().to(device=processor)
#创建用来计算平方误差损失的对象
```

```
loss_function=torch.nn.MSELoss()
#创建梯度下降法优化器对象
optimizer=torch.optim.SGD(model_q_net.parameters(), lr=learning_rate)
#创建学习率调度器对象
if decay_learning_rate:
    scheduler=torch.optim.lr_scheduler.StepLR(optimizer, step_size=num_lr_
iterations, gamma=0.5)
#用来完成强化学习任务每次运行的循环
for run in range(num_runs):
    #初始化本局游戏
    blackjack_init()   #初始化环境
    gameover=False  #游戏结束标志
    #用来完成21点任务中每个时刻(每一步)的循环
    while not gameover:   #游戏尚未结束
        #推测特定状态下各个行动的最优行动价值的极限值并保存
        q_optimal_hat=get_q_optimal_hat_probe_state(model_q_net)
        q_optimal_hat_saved.append(q_optimal_hat)
        #获取当前时刻环境状态的状态向量
        s_t=blackjack_get_state()
        #用ε贪婪方法给出当前时刻的行动选择
        if rng.random()>epsilon:
            q_optimal_hat_t=get_q_optimal_hat(model_q_net)
            #推测 s_t 下最优行动价值的极限值
            a_t=np.argmax(q_optimal_hat_t)           #选择贪婪行动
        else:
            a_t=rng.integers(bj_num_actions)         #随机选择行动
        #进行一步21点任务
        r_t1, gameover=blackjack_step(a_t)
        #得到 r_t+1 和游戏是否结束标志,环境状态也随之发生改变
        if gameover:                                 #若游戏结束
            wins +=1 if r_t1==bj_reward_win else 0   #若获胜,则把累计获胜局数加1
            winratio_saved[run]=wins / (run+1)       #计算胜率并保存
        #计算样本
        if not gameover:                             #若游戏尚未结束
            q_optimal_hat_t1=get_q_optimal_hat(model_q_net)
            #推测 s_t+1 下最优行动价值的极限值
            q_sample=r_t1+gamma * np.amax(q_optimal_hat_t1)  #式(4-34)
        else:
            q_sample=r_t1
        #使用单个训练样本训练Q网络模型
        inputs_tensor=torch.tensor(s_t, device=processor, dtype=torch.
float32)                                             #训练样本的输入向量
        label_tensor=torch.tensor(q_sample, device=processor, dtype=torch.
float32)                                             #训练样本的标注
        action_tensor=torch.tensor(a_t, device=processor, dtype=torch.int64)
        #当前时刻的行动选择
        #正向传播
        y_hat=model_q_net(inputs_tensor)
```

```
        #计算并保存损失
        costs=loss_function(y_hat[action_tensor], label_tensor)
        #仅计算当前时刻行动选择对应的损失
        #反向传播
        optimizer.zero_grad()
        costs.backward()
        #更新权重和偏差
        optimizer.step()
        #使用学习率调度器改变学习率
        if decay_learning_rate:
            scheduler.step()
    #打印训练进展
    if (run+1) % 10000==0:
        print('Training {}/{}: costs={:.4f}, winratio={:.4f}'.format(run+1, num
_runs, costs.item(), winratio_saved[run]))
#画胜率曲线
plt.figure(dpi=150)
plt.plot(np.arange(1, num_runs+1), winratio_saved, 'r-', linewidth=2)
plt.ylabel('Win ratio')
plt.xlabel('Run')
plt.xlim(0, num_runs)
plt.ylim(0, 0.7)
plt.grid(linestyle=':')
plt.show()
#画特定状态下各个行动的最优行动价值极限值的推测值
q_optimal_hat_array=np.array(q_optimal_hat_saved)
line_marker=['-', ':']
color_table=['tab:blue', 'tab:orange', 'tab:green']
plt.figure(dpi=150)
for s in range(bj_num_probe_states):
    for a in range(bj_num_actions):
        plt.plot(np.arange(1, q_optimal_hat_array.shape[0]+1), q_optimal_hat_
array[:, s, a], line_marker[a], color=color_table[s], linewidth=2, label='State'+
str(s)+', action '+str(a))
plt.ylabel('Predicted limit of optimal action value')
plt.xlabel('Time step')
plt.grid(linestyle=':', axis='y')
plt.xlim(0, q_optimal_hat_array.shape[0])
plt.legend(fontsize='small')
plt.show()
```

实验 4-12 的程序

完整的实验参考程序可通过扫描二维码下载。

【实验 5-1】 使用深度神经网络实现策略梯度模型,并使用蒙特卡洛方法通过单个样本估计 21 点任务中给定状态下各个行动的行动价值的极限值。

【实验 5-1 参考程序】

```
...
#本实验中的参数
```

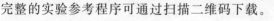

```
gamma=0.8                                  #折扣率
d=bj_num_state_vars                        #策略梯度模型输入向量中元素的数量
n1=d * 2                                   #策略梯度模型第一个隐含层中节点的数量
n2=d * 2                                   #策略梯度模型第二个隐含层中节点的数量
#定义策略梯度模型(深度神经网络)
class policy_net(torch.nn.Module):
    def __init__(self):
        super(policy_net, self).__init__()
        self.linear1=torch.nn.Linear(in_features=d, out_features=n1)
        self.linear2=torch.nn.Linear(in_features=n1, out_features=n2)
        self.linear3=torch.nn.Linear(in_features=n2, out_features=bj_num_
        actions)
    def forward(self, x):
        a_1=torch.nn.functional.relu(self.linear1(x))
        a_2=torch.nn.functional.relu(self.linear2(a_1))
        z_3=self.linear3(a_2)
        y_hat=torch.nn.functional.softmax(z_3, dim=-1)
        #实现输出层(softmax 激活函数)
        return y_hat
#函数功能:估计当前状态下各个行动的行动价值的极限值
#返回值:行动价值极限值的估计值
def estimate_action_values():
    #初始化
    q_hat=np.zeros(bj_num_actions)   #用来保存行动价值极限值的估计值的数组
    #用来完成各个行动选择的循环
    for a_0_trial in range(bj_num_actions):
        #初始化一局游戏
        trialover=False                    #游戏结束标志
        steps_trial=0                      #本局游戏的步数
        reward_trial_saved=[]              #用来保存奖赏的列表
        #用来完成每一步的循环
        while not trialover:
            #给出行动选择
            if steps_trial==0:             #是否为初始行动选择
                a_t_trial=a_0_trial        #用给定行动作为初始行动
            else:
                #以策略梯度模型给出的概率随机选择一个行动
                s_t_trial=blackjack_get_state()  #获取当前状态的状态向量
                s_t_trial_tensor=torch.tensor(s_t_trial, device=processor,
                dtype=torch.float32)
                with torch.inference_mode():       #推测模式
                    a_t_prob_trial=model_policy_net(s_t_trial_tensor)
                    #使用策略梯度模型给出选择各个行动的概率
                    a_t_trial_tensor=torch.multinomial(a_t_prob_trial, 1)
                    #依照这些概率随机选择一个行动
                a_t_trial=a_t_trial_tensor.item()
            #进行一步游戏
```

```
            r_t1_trial, trialover=blackjack_step(a_t_trial)
            #得到 r_{t+1} 和本局游戏是否结束标志
            reward_trial_saved.append(r_t1_trial)      #保存获得的奖赏 r_{t+1}
            steps_trial +=1                             #本局游戏的步数加 1
        #计算样本
        ret=0                                           #收益 g_t:=0
        for reward_trial in reward_trial_saved[::-1]: #时刻从后向前依次递减
            ret=reward_trial+gamma * ret                #计算收益
        q_hat[a_0_trial]=ret                            #保存样本
        del reward_trial_saved[:]                       #删除用来保存奖赏的列表
        #恢复已保存的环境
        blackjack_restore_env()
    return q_hat                                        #返回行动价值极限值的估计值
#创建随机数生成器
rng=np.random.default_rng(0)
#设置 PyTorch 的随机种子
torch.manual_seed(0)
#若 GPU 可用,则使用 GPU,否则使用 CPU
processor=torch.device('cuda' if torch.cuda.is_available() else 'cpu')
#创建策略梯度模型
model_policy_net=policy_net().to(device=processor)
#初始化环境
blackjack_init()
#保存当前的环境
blackjack_save_env()
#估计当前状态下各个行动的行动价值的极限值
q_hat=estimate_action_values()
#打印结果
print('Estimated action values:\n', np.array2string(q_hat, precision=2))
```

实验 5-1 的程序

完整的实验参考程序可通过扫描二维码下载。

【实验 5-2】 在实验 5-1 的基础之上,实现基于单个样本的各个行动的蒙特卡洛策略梯度算法。画出 21 点任务中胜率随游戏局数变化的曲线。

【实验 5-2 参考程序】

```
…
#本实验中的参数
decay_learning_rate=True              #是否使用逐步缩小的学习率
gamma=0.8                             #折扣率
d=bj_num_state_vars                   #策略梯度模型输入向量中元素的数量
n1=d * 2                              #策略梯度模型第一个隐含层中节点的数量
n2=d * 2                              #策略梯度模型第二个隐含层中节点的数量
num_runs=100000                       #运行次数(游戏局数)
learning_rate_policy_net=0.01 if decay_learning_rate==False else 0.02
#训练策略梯度模型使用的学习率
num_lr_runs=20000                     #每运行多少次学习率减半一次
…
```

```
#函数功能：给出特定状态下的策略(选择各个行动的概率)
#输入参数：model——策略梯度模型
#返回值：特定状态下选择各个行动的概率
def get_policy_probe_state(model):
    policy_probe_state=np.zeros((bj_num_probe_states, bj_num_actions))
    for n in range(bj_num_probe_states):
        inputs=bj_probe_state[n, :]
        inputs_tensor=torch.tensor(inputs, device=processor, dtype=torch.float32)
        with torch.inference_mode():
            state_policy=model(inputs_tensor)
        policy_probe_state[n, :]=state_policy.cpu().numpy()
    return policy_probe_state
#初始化
wins=0                                  #累计获胜局数
winratio_saved=np.zeros(num_runs)       #用来保存每次运行中胜率的数组
policy_probe_state_saved=[]             #用来保存特定状态下的策略的列表
#创建随机数生成器
rng=np.random.default_rng(0)
#设置 PyTorch 的随机种子
torch.manual_seed(0)
#若 GPU 可用,则使用 GPU,否则使用 CPU
processor=torch.device('cuda' if torch.cuda.is_available() else 'cpu')
#创建策略梯度模型
model_policy_net=policy_net().to(device=processor)
#创建梯度下降法优化器对象
optimizer_policy_net=torch.optim.SGD(model_policy_net.parameters(), lr=
learning_rate_policy_net)
#创建学习率调度器对象
if decay_learning_rate:
    scheduler_policy_net=torch.optim.lr_scheduler.StepLR(optimizer_policy_
net, step_size=num_lr_runs, gamma=0.5)
#用来完成强化学习任务每次运行的循环
for run in range(num_runs):
    #初始化本次运行(本局游戏)
    blackjack_init()                    #初始化环境
    gameover=False                      #游戏结束标志
    #用来完成 21 点任务中每个时刻(每一步)的循环
    while not gameover:
        #获取特定状态下的策略并保存
        policy_probe_state=get_policy_probe_state(model_policy_net)
        policy_probe_state_saved.append(policy_probe_state)
        #保存当前的环境
        blackjack_save_env()
        #估计当前状态下各个行动的行动价值的极限值
        q_hat=estimate_action_values()
        #根据当前状态下策略梯度模型给出的策略选择行动
        s_t=blackjack_get_state()       #获取当前状态的状态向量
```

```
        s_t_tensor=torch.tensor(s_t, device=processor, dtype=torch.float32)
        a_t_prob=model_policy_net(s_t_tensor)
        #使用策略梯度模型给出当前状态下选择各个行动的概率
        a_t_tensor=torch.multinomial(a_t_prob, 1)   #依照这些概率随机选择一个行动
        a_t=a_t_tensor.item()
        #进行一步游戏(21点任务)
        r_t1, gameover=blackjack_step(a_t)
        #得到 r_{t+1} 和游戏(本次运行)是否结束标志,环境状态也随之发生改变
        if gameover:
            wins +=1 if r_t1==bj_reward_win else 0   #若获胜,则把累计获胜局数加 1
            winratio_saved[run]=wins / (run+1)       #计算胜率并保存
        #计算损失
        costs=-torch.dot(a_t_prob, torch.tensor(q_hat, device=processor,
        dtype=torch.float32))
        #式(5-3),即当前状态的状态价值极限值的估计值的相反数
        #反向传播
        optimizer_policy_net.zero_grad()
        costs.backward()
        #更新权重和偏差
        optimizer_policy_net.step()
    #使用学习率调度器改变学习率
    if decay_learning_rate:
        scheduler_policy_net.step()
    #打印训练进展
    if (run+1) % 10000==0:
        print('Training {}/{}: costs={:.4f}, winratio={:.4f}'.format(run+1, num_
runs, costs.item(), winratio_saved[run]))
#画胜率曲线
plt.figure(dpi=150)
plt.plot(np.arange(1, num_runs+1), winratio_saved, 'r-', linewidth=2)
plt.ylabel('Win ratio')
plt.xlabel('Run')
plt.xlim(0, num_runs)
plt.ylim(0, 0.7)
plt.grid(linestyle=':')
plt.show()
#画特定状态下的策略(选择各个行动的概率)随累计游戏步数(时刻)变化的曲线
policy_probe_state_array=np.array(policy_probe_state_saved)
line_marker=['-', ':']
color_table=['tab:blue', 'tab:orange', 'tab:green']
for s in range(bj_num_probe_states):
    plt.figure(dpi=150)
    for a in range(bj_num_actions):
        plt.plot(np.arange(1, policy_probe_state_array.shape[0]+1), policy_
        probe_state_array[:, s, a], line_marker[a], color= color_table[s],
        linewidth=2, label='State '+str(s)+', action '+str(a))
```

```
    plt.ylabel('Probability')
    plt.xlabel('Time step')
    plt.xlim(0, policy_probe_state_array.shape[0])
    plt.legend()
    plt.show()
```

实验 5-2
的程序

完整的实验参考程序可通过扫描二维码下载。

【实验 5-3】 实现基于多个样本的各个行动的蒙特卡洛策略梯度算法。画出 21 点任务中胜率随游戏局数变化的曲线。

【实验 5-3 参考程序】

```
...
num_trials=10                                    #用来估计行动价值极限值的样本数量
...
def estimate_action_values():
    #初始化
    q_hat=np.zeros(bj_num_actions)               #用来保存行动价值极限值的估计值的数组
    q_hat_samples=np.zeros(num_trials)           #用来保存样本的数组
    steps_samples=np.zeros(num_trials)           #用来保存样本对应的步数的数组
    weight_samples=np.zeros(num_trials)          #用来保存样本对应的权重的数组
    #用来完成各个行动选择的循环
    for a_0_trial in range(bj_num_actions):
        #用来得到每个样本的循环
        for trial in range(num_trials):
...
            q_hat_samples[trial]=ret             #保存样本
            steps_samples[trial]=steps_trial     #保存样本对应的步数
            del reward_trial_saved[:]            #删除用来保存奖赏的列表
            #恢复已保存的环境
            blackjack_restore_env()
        #估计当前行动的行动价值的极限值
        steps_values, steps_indices, steps_counts=np.unique(steps_samples,
        return_inverse=True, return_counts=True)
        #统计不同步数的值(steps_values)、数量(steps_counts)、索引(steps_indices)
        for n in range(steps_values.size):       #对每个步数值的循环
            weight_samples[steps_indices==n]=1 / steps_counts[n]
            #计算当前步数值对应的样本的权重
        q_hat[a_0_trial]=np.dot(q_hat_samples, weight_samples) / steps_values.
        size  #式(5-6)
    return q_hat                                 #返回行动价值极限值的估计值
...
```

实验 5-3
的程序

完整的实验参考程序可通过扫描二维码下载。

【实验 5-4】 实现基于单个样本的单个行动的蒙特卡洛策略梯度算法。画出 21 点任务中胜率随游戏局数变化的曲线。

【实验 5-4 参考程序】

```
…
#函数功能：估计当前状态下给定行动的行动价值的极限值
#输入参数：a_0_trial——给定行动
#返回值：行动价值极限值的估计值
def estimate_action_value(a_0_trial):
    #初始化一局游戏
    trialover=False                            #游戏结束标志
    steps_trial=0                              # 本局游戏的步数
    reward_trial_saved=[]                      #用来保存奖赏的列表
    #用来完成每一步的循环
    while not trialover:
…
        #估计当前状态下行动 a_t 的行动价值的极限值
        q_hat=estimate_action_value(a_t)
…
        #计算损失
        costs=-torch.log(a_t_prob[a_t_tensor]) * torch.tensor(q_hat, device=
       processor, dtype=torch.float32)      #式(5-10)
…
```

实验 5-4
的程序

完整的实验参考程序可通过扫描二维码下载。

【实验 5-5】 实现基于单个样本的平移的蒙特卡洛策略梯度算法。画出 21 点任务中胜率随游戏局数变化的曲线。

【实验 5-5 参考程序】

```
…
learning_rate_state_value_net=0.01 if decay_learning_rate==False else 0.02
#训练状态价值模型使用的学习率
…
#定义状态价值模型(深度神经网络)
class state_value_net(torch.nn.Module):
    def __init__(self):
        super(state_value_net, self).__init__()
        self.linear1=torch.nn.Linear(in_features=d, out_features=n1)
        self.linear2=torch.nn.Linear(in_features=n1, out_features=n2)
        self.linear3=torch.nn.Linear(in_features=n2, out_features=1)
    def forward(self, x):
        a_1=torch.nn.functional.relu(self.linear1(x))
        a_2=torch.nn.functional.relu(self.linear2(a_1))
        y_hat=self.linear3(a_2)
        return y_hat
…
#函数功能：给出特定状态下的策略(选择各个行动的概率)并推测状态价值的极限值
#输入参数：policy_model——策略梯度模型；value_model——状态价值模型
#返回值：特定状态下选择各个行动的概率、状态价值极限值的推测值
```

```
def get_policy_value_probe_state(policy_model, value_model):
    policy_probe_state=np.zeros((bj_num_probe_states, bj_num_actions))
    v_hat_probe_state=np.zeros(bj_num_probe_states)
    for n in range(bj_num_probe_states):
        inputs=bj_probe_state[n, :]
        inputs_tensor=torch.tensor(inputs, device=processor, dtype=torch.float32)
        with torch.inference_mode():
            state_policy=policy_model(inputs_tensor)
            v_hat=value_model(inputs_tensor)
        policy_probe_state[n, :]=state_policy.cpu().numpy()
        v_hat_probe_state[n]=v_hat.cpu().numpy()
    return policy_probe_state, v_hat_probe_state
...
v_hat_probe_state_saved=[]  #用来保存特定状态的状态价值极限值的推测值的列表
...
#创建状态价值模型
model_state_value_net=state_value_net().to(device=processor)
#为状态价值模型创建梯度下降法优化器对象
optimizer_state_value_net=torch.optim.SGD(model_state_value_net.parameters
(), lr=learning_rate_state_value_net)
#为状态价值模型创建学习率调度器对象
if decay_learning_rate:
    scheduler_state_value_net=torch.optim.lr_scheduler.StepLR(optimizer_
state_value_net, step_size=num_lr_runs, gamma=0.5)
...
        #获取并保存特定状态下的策略及状态价值极限值的推测值
        policy_probe_state, v_hat_probe_state=get_policy_value_probe_state
(model_policy_net, model_state_value_net)
        policy_probe_state_saved.append(policy_probe_state)
        v_hat_probe_state_saved.append(v_hat_probe_state)
...
        #推测当前状态的状态价值极限值
        v_hat=model_state_value_net(s_t_tensor)
...
        #计算损失
        costs_policy_net=-torch.log(a_t_prob[a_t_tensor]) * torch.tensor(q_
hat-v_hat.item(), device=processor, dtype=torch.float32)  #式(5-11)
        costs_state_value_net=torch.pow(q_hat-v_hat, 2)  #式(5-12)
        #反向传播、更新两个模型的权重和偏差
        optimizer_policy_net.zero_grad()
        costs_policy_net.backward()
        optimizer_policy_net.step()
        optimizer_state_value_net.zero_grad()
        costs_state_value_net.backward()
        optimizer_state_value_net.step()
    #使用学习率调度器改变学习率
    if decay_learning_rate:
        scheduler_policy_net.step()
```

```
        scheduler_state_value_net.step()
...
#画特定状态的状态价值极限值的推测值随运行时刻变化的曲线
v_hat_probe_state_array=np.array(v_hat_probe_state_saved)
line_marker2=['-', '--', ':']
color_table2=['tab:blue', 'tab:orange', 'tab:green']
plt.figure(dpi=150)
for s in range(bj_num_probe_states):
    plt.plot(np.arange(1, v_hat_probe_state_array.shape[0]+1), v_hat_probe_
state_array[:, s], line_marker2[s], color=color_table2[s], linewidth=2, label=
'State '+str(s))
plt.ylabel('Predicted limit of state value')
plt.xlabel('Time step')
plt.grid(linestyle=':', axis='y')
plt.xlim(0, v_hat_probe_state_array.shape[0])
plt.legend()
plt.show()
```

实验 5-5 的程序

完整的实验参考程序可通过扫描二维码下载。

【实验 5-6】 使用一个深度神经网络模型同时作为策略梯度模型和状态价值模型，实现基于单个样本的平移的蒙特卡洛策略梯度算法。画出 21 点任务中胜率随游戏局数变化的曲线。

【实验 5-6 参考程序】

```
...
#本实验中的参数
decay_learning_rate=True          #是否使用逐步缩小的学习率
gamma=0.8                         #折扣率
d=bj_num_state_vars               #深度神经网络输入向量中元素的数量
n1=d * 2                          #深度神经网络第一个隐含层中节点的数量
n2=d * 2                          #深度神经网络第二个隐含层中节点的数量
num_runs=100000                   #运行次数(游戏局数)
learning_rate=0.01 if decay_learning_rate==False else 0.02
#训练深度神经网络模型使用的学习率
beta=1                            #学习率调整系数
num_lr_runs=20000                 #每运行多少次学习率减半一次
#定义策略梯度模型和状态价值模型的深度神经网络
class policy_value_net(torch.nn.Module):
    def __init__(self):
        super(policy_value_net, self).__init__()
        self.linear1=torch.nn.Linear(in_features=d, out_features=n1)
        self.linear2=torch.nn.Linear(in_features=n1, out_features=n2)
        self.linear3_policy=torch.nn.Linear(in_features=n2, out_features=bj_
        num_actions)
        self.linear3_value=torch.nn.Linear(in_features=n2, out_features=1)
    def forward(self, x):
        a_1=torch.nn.functional.relu(self.linear1(x))
```

```
        a_2=torch.nn.functional.relu(self.linear2(a_1))
        z_3_policy=self.linear3_policy(a_2)
        y_hat_policy=torch.nn.functional.softmax(z_3_policy, dim=-1)
        y_hat_value=self.linear3_value(a_2)
        return y_hat_policy, y_hat_value
...
            a_t_prob_trial, _=model_net(s_t_trial_tensor)
            #使用深度神经网络模型给出选择各个行动的概率
...
#函数功能：给出特定状态下的策略(选择各个行动的概率)并推测状态价值的极限值
#输入参数：model——深度神经网络模型
#返回值：特定状态下选择各个行动的概率、状态价值极限值的推测值
def get_policy_value_probe_state(model):
    policy_probe_state=np.zeros((bj_num_probe_states, bj_num_actions))
    v_hat_probe_state=np.zeros(bj_num_probe_states)
    for n in range(bj_num_probe_states):
        inputs=bj_probe_state[n, :]
        inputs_tensor=torch.tensor(inputs, device=processor, dtype=torch.float32)
        with torch.inference_mode():
            state_policy, v_hat=model(inputs_tensor)
        policy_probe_state[n, :]=state_policy.cpu().numpy()
        v_hat_probe_state[n]=v_hat.cpu().numpy()
    return policy_probe_state, v_hat_probe_state
...
#创建深度神经网络模型
model_net=policy_value_net().to(device=processor)
#创建梯度下降法优化器对象
optimizer=torch.optim.SGD(model_net.parameters(), lr=learning_rate)
#创建学习率调度器对象
if decay_learning_rate:
    scheduler=torch.optim.lr_scheduler.StepLR(optimizer, step_size=num_lr_
runs, gamma=0.5)
...
        a_t_prob, v_hat=model_net(s_t_tensor)
        #使用深度神经网络模型给出选择各个行动的概率及状态价值极限值的推测值
...
        #计算代价
        costs=-torch.log(a_t_prob[a_t_tensor]) * torch.tensor(q_hat-v_hat.
        item(), device=processor, dtype=torch.float32)+beta * torch.pow(q_hat
        -v_hat, 2)  #式(5-13)
        #反向传播、更新权重和偏差
        optimizer.zero_grad()
        costs.backward()
        optimizer.step()
    #使用学习率调度器改变学习率
    if decay_learning_rate:
        scheduler.step()
...
```

完整的实验参考程序可通过扫描二维码下载。

实验5-6的程序

【实验5-7】 使用深度神经网络模型作为状态价值策略梯度模型，在21点任务中实现行动评价基本算法。画出胜率随游戏局数变化的曲线。

【实验5-7参考程序】

```
…
beta=0.5 #学习率调整系数
…
        if gameover:
            wins +=1 if r_t1==bj_reward_win else 0   #若获胜,则把累计获胜局数加1
            winratio_saved[run]=wins / (run+1)       #计算胜率并保存
        else:
            #获取下一时刻状态的状态价值极限值的推测值
            s_t1=blackjack_get_state()               #获取下一时刻状态的状态向量
            s_t1_tensor=torch.tensor(s_t1, device=processor, dtype=torch.float32)
            with torch.inference_mode():             #推测模式
                _, v_hat_t1=model_net(s_t1_tensor)
                #使用状态价值策略梯度模型给出状态价值极限值的推测值
        #计算损失
        ret_sample=r_t1+gamma * v_hat_t1.item() if not gameover else r_t1
        #计算样本
        costs=-torch.log(a_t_prob[a_t_tensor]) * torch.tensor(ret_sample-v_
hat_t.item(), device=processor, dtype=torch.float32)+beta * torch.pow(ret_
sample-v_hat_t, 2)  #式(5-18)
…
```

完整的实验参考程序可通过扫描二维码下载。

实验5-7的程序

【实验5-8】 使用深度神经网络模型作为状态价值策略梯度模型，在学习时间管理任务中实现行动评价基本算法。画出状态价值的极限值的推测值随时刻变化的曲线。

【实验5-8参考程序】

```
…
#本实验中的参数
decay_learning_rate=True                  #是否使用逐步缩小的学习率
gamma=0.9                                 #折扣率
l=80000                                   #最后时刻
d=2                                       #状态价值策略梯度模型输入向量中元素的数量
n1=24                                     #状态价值策略梯度模型第一个隐含层中节点的数量
n2=24                                     #状态价值策略梯度模型第二个隐含层中节点的数量
learning_rate=0.002 if decay_learning_rate==False else 0.01
#训练状态价值策略梯度模型使用的学习率
beta=0.01                                 #学习率调整系数
num_lr_iterations=20000                   #每隔多少个时刻学习率减半一次
…
#函数功能：根据状态值给出输入向量(状态向量)
#输入参数：state——状态值
```

```
#返回值：输入向量(状态向量)
def state_to_input(state):
    inputs=np.zeros(d)                                  #用来保存输入向量的数组
    inputs[0]=1 if state==0 or state==2 else -1  #"体力较好": 1;"体力较差": -1
    inputs[1]=1 if state==0 or state==1 else -1  #"脑力较好": 1;"脑力较差": -1
    return inputs
…
        self.linear3_policy=torch.nn.Linear(in_features=n2, out_features=tm_
num_actions)
…
#初始化
policy_state_saved=np.zeros((l, tm_num_states, tm_num_actions))
#用来保存各个时刻的策略的数组
v_hat_saved=np.zeros((l, tm_num_states))
#用来保存各个时刻的状态价值极限值的推测值的数组
…
#用来完成强化学习任务运行中每个时刻(每一步)的循环
for t in range(l-1):
    #给出当前时刻的行动选择
    s_t_input=state_to_input(s_t)                     #根据状态值得到状态向量
    s_t_input_tensor=torch.tensor(s_t_input, device=processor, dtype=torch.
float32)
    a_t_prob, v_hat_t=model_net(s_t_input_tensor)
    #使用状态价值策略梯度模型给出选择各个行动的概率及状态价值极限值的推测值
    a_t_tensor=torch.multinomial(a_t_prob, 1)   #依照这些概率随机选择一个行动
    a_t=a_t_tensor.item()
    #进行一步学习时间管理任务(智能体与环境交互一次)
    s_t1, r_t1=tm_step(s_t, a_t)   #得到 s_{t+1} 和 r_{t+1}
    #获取各个状态下的策略及状态价值极限值的推测值
    with torch.inference_mode():                      #推测模式
        for state_index in range(tm_num_states):
            state_input=state_to_input(state_index)   #根据状态值得到状态向量
            state_input_tensor=torch.tensor(state_input, device=processor,
            dtype=torch.float32)
            policy_state_saved[t, state_index, :], v_hat_saved[t, state_index]=
           model_net(state_input_tensor) #使用状态价值策略梯度模型给出选择各个行
            #动的概率及状态价值极限值的推测值
    #获取下一时刻状态的状态价值极限值的推测值
    v_hat_t1=v_hat_saved[t, s_t1]
    #计算损失
    ret_sample=r_t1+gamma * v_hat_t1.item()   #计算样本
    costs=-torch.log(a_t_prob[a_t_tensor]) * torch.tensor(ret_sample-v_hat_t.
item(), device=processor, dtype=torch.float32)+beta * torch.pow(ret_sample-v
_hat_t, 2)  #式(5-18)
…
```

实验 5-8 的程序

完整的实验参考程序可通过扫描二维码下载。

【实验 5-9】 使用行动评价基本算法完成不完全观测的 21 点强化学习任务。画出胜率

随游戏局数变化的曲线。

【实验 5-9 参考程序】

```
…
bj_dealer_inital_card=np.zeros(bj_num_ranks)
#用来给出庄家向玩家展示的一张手牌的数组
…
bj_probe_state[0, :]=np.array([0, 0, 0, 0, 0, 0, 0, 0, 0, 2, 0, 0, 0, 0, 0, 0, 0, 0, 0,
1])                                                   #状态 0 的状态向量
bj_probe_state[1, :]=np.array([1, 1, 0, 0, 0, 0, 0, 0, 0, 0, 0, 0, 0, 0, 0, 0, 0, 0, 0,
1])                                                   #状态 1 的状态向量
bj_probe_state[2, :]=np.array([0, 0, 0, 0, 0, 0, 0, 0, 1, 1, 1, 0, 0, 0, 0, 0, 0, 0, 0,
0])                                                   #状态 2 的状态向量
#函数功能：初始化 21 点环境
def blackjack_init():
    global bj_dealer_inital_card
    bj_card_status.fill(0)                            #重置所有牌
    bj_player_cards.fill(0)                           #清空玩家手牌
    bj_dealer_cards.fill(0)                           #清空庄家手牌
    blackjack_deal_cards('player', 2)                 #发给玩家两张牌
    blackjack_deal_cards('dealer', 1)                 #发给庄家一张牌
    bj_dealer_inital_card=np.copy(bj_dealer_cards)    #向玩家展示庄家的这张手牌
    blackjack_deal_cards('dealer', 1)             #再发给庄家一张牌(不向玩家展示)
…
#函数功能：给出当前环境状态的状态向量
#返回值：状态向量
def blackjack_get_state():
    state=np.zeros(bj_num_ranks * 2)              #用来保存状态向量的数组
    state[0 : bj_num_ranks]=bj_player_cards
    state[bj_num_ranks : ]=bj_dealer_inital_card  #仅向玩家展示庄家的第一张手牌
    return state
…
```

实验 5-9 的程序

完整的实验参考程序可通过扫描二维码下载。

【实验 5-10】 使用 k 阶历史方法给出环境状态，在此基础上使用行动评价基本算法完成迷宫任务。给出每次运行的移动步数。

【实验 5-10 参考程序】

```
import numpy as np
import matplotlib.pyplot as plt
import torch
#用二维数组给出迷宫(0——墙;1——路)
mz_maze=np.array([[0, 0, 0, 0, 0, 0, 0, 0],
                  [0, 1, 1, 0, 0, 1, 1, 0],   #迷宫入口：[1, 1]
                  [0, 1, 0, 1, 1, 1, 0, 0],
                  [0, 1, 0, 1, 0, 1, 0, 0],
```

```
                    [0, 1, 1, 1, 0, 1, 1, 0],
                    [0, 1, 0, 0, 0, 1, 0, 0],
                    [0, 0, 1, 1, 1, 1, 1, 0],    #迷宫出口:[-2, -2]
                    [0, 0, 0, 0, 0, 0, 0, 0]])
#迷宫任务中的参数与设置
mz_rows=np.shape(mz_maze)[0]-2                   #迷宫行数
mz_cols=np.shape(mz_maze)[1]-2                   #迷宫列数
mz_max_steps=100                                 #智能体的最大步数
mz_actions=['up', 'down', 'left', 'right']       #行动的名称
mz_num_actions=len(mz_actions)                   #行动的数量
mz_num_observed_vars=4                           #观测向量中元素的数量
mz_reward_win=1                                  #走出迷宫的奖赏
mz_reward_not_win=0                              #未走出迷宫的奖赏
#初始化环境
mz_step=0                                        #智能体的当前步数
mz_x=mz_y=1                                      #智能体的当前位置(坐标)
mz_footprints=np.zeros((mz_rows, mz_cols))       #用来保存智能体"足迹"的数组
mz_history=np.zeros((mz_max_steps+1, mz_num_observed_vars+mz_num_actions))
#用来保存观测和行动历史的数组
#函数功能:初始化迷宫环境
def maze_init():
    global mz_step
    global mz_x
    global mz_y
    global mz_history
    global mz_footprints
    mz_step=0                 #清零智能体的当前步数
    mz_x=mz_y=1               #重置智能体的当前位置(坐标),将智能体置于迷宫入口处
    mz_history[0, 0 : mz_num_observed_vars]=maze_get_observation()
    #获取初始时刻的观测向量
    mz_footprints=np.zeros((mz_rows, mz_cols))     #清空智能体的"足迹"
    mz_footprints[0, 0]=1                          #标记智能体当前位于迷宫入口处
                                                   #的"足迹"
#函数功能:获取当前时刻的观测向量
#返回值:当前时刻的观测向量
def maze_get_observation():
    observation=np.zeros(mz_num_observed_vars)     #用来保存观测向量的数组
    observation[0]=mz_maze[mz_x-1, mz_y]           #当前位置的上方是墙还是路
    observation[1]=mz_maze[mz_x+1, mz_y]           #当前位置的下方是墙还是路
    observation[2]=mz_maze[mz_x, mz_y-1]           #当前位置的左侧是墙还是路
    observation[3]=mz_maze[mz_x, mz_y+1]           #当前位置的右侧是墙还是路
    return observation
#函数功能:获取k阶历史
#输入参数:k——k阶历史中的k
#返回值:k阶历史
def maze_get_k_order_history(k):
    ko_hist=np.zeros(k * (mz_num_observed_vars+mz_num_actions)+mz_num_
observed_vars)                                     #用来保存k阶历史的数组
```

```
        for k_count_down in range(k, 0, -1):
            if mz_step >=k_count_down:
                ko_hist[(k-k_count_down) * (mz_num_observed_vars+mz_num_actions) :
                (k-k_count_down+1) * (mz_num_observed_vars+mz_num_actions)]=mz_
                history[mz_step-k_count_down, :].reshape((-1))
                #之前 k 个时刻的观测向量和行动历史
        ko_hist[k * (mz_num_observed_vars+mz_num_actions) : ]=mz_history[mz_step,
        0: mz_num_observed_vars].reshape((-1))        #当前时刻的观测向量
        return ko_hist
#函数功能：进行一步迷宫任务
#输入参数：a_t——a_t
#返回值：r_{t+1}、是否结束的标志
def maze_step(a_t):
    global mz_step
    global mz_x
    global mz_y
    global mz_history
    global mz_footprints
    if mz_actions[a_t]=='up':                          #智能体选择向上移动
        mz_x=mz_x-1 if mz_x>1 and mz_maze[mz_x-1, mz_y]==1 else mz_x
        #若可向上移动，则向上移动
        mz_history[mz_step, mz_num_observed_vars : ]=[1, 0, 0, 0]
        #保存当前行动选择
    elif mz_actions[a_t]=='down':                      #智能体选择向下移动
        mz_x=mz_x+1 if mz_x<mz_rows and mz_maze[mz_x+1, mz_y]==1 else mz_x
        #若可向下移动，则向下移动
        mz_history[mz_step, mz_num_observed_vars : ]=[0, 1, 0, 0]
        #保存当前行动选择
    elif mz_actions[a_t]=='left':                      #智能体选择向左移动
        mz_y=mz_y-1 if mz_y>1 and mz_maze[mz_x, mz_y-1]==1 else mz_y
        #若可向左移动，则向左移动
        mz_history[mz_step, mz_num_observed_vars : ]=[0, 0, 1, 0]
        #保存当前行动选择
    elif mz_actions[a_t]=='right':                     #智能体选择向右移动
        mz_y=mz_y+1 if mz_y<mz_cols and mz_maze[mz_x, mz_y+1]==1 else mz_y
        #若可向右移动，则向右移动
        mz_history[mz_step, mz_num_observed_vars : ]=[0, 0, 0, 1]
        #保存当前行动选择
    mz_step +=1                                        #智能体的当前步数加 1
    mz_history[mz_step, 0 : mz_num_observed_vars]=maze_get_observation()
    #获取并保存当前时刻的观测向量
    mz_footprints[mz_x-1, mz_y-1]=mz_step+1            #标记智能体的当前“足迹”
    if mz_x==mz_rows and mz_y==mz_cols:                #若智能体到达迷宫出口
        return mz_reward_win, True                     #运行结束，给出走出迷宫的奖赏
    elif mz_step >=mz_max_steps:                       #若已达到最大步数
        return mz_reward_not_win, True                 #运行结束，给出未走出迷宫的奖赏
    return mz_reward_not_win, False                    #尚未结束，给出未走出迷宫的奖赏
#本实验中的参数
```

```
decay_learning_rate=True          #是否使用逐步缩小的学习率
gamma=0.95                        #折扣率
k=3                               #k阶历史中的 k
d=k * (mz_num_observed_vars+mz_num_actions)+mz_num_observed_vars
#状态价值策略梯度模型输入向量中元素的数量
n1=d * 2                          #状态价值策略梯度模型第一个隐含层中节点的数量
n2=d * 2                          #状态价值策略梯度模型第二个隐含层中节点的数量
num_runs=1000                     #运行次数
learning_rate=0.05 if decay_learning_rate==False else 0.05
#训练状态价值策略梯度模型使用的学习率
beta=1                            #学习率调整系数
num_lr_runs=500                   #每隔多少次运行学习率减半一次
#定义状态价值策略梯度模型
class policy_value_net(torch.nn.Module):
    def __init__(self):
        super(policy_value_net, self).__init__()
        self.linear1=torch.nn.Linear(in_features=d, out_features=n1)
        self.linear2=torch.nn.Linear(in_features=n1, out_features=n2)
        self.linear3_policy=torch.nn.Linear(in_features=n2, out_features=mz_
num_actions)
        self.linear3_value=torch.nn.Linear(in_features=n2, out_features=1)
    def forward(self, x):
        a_1=torch.nn.functional.relu(self.linear1(x))
        a_2=torch.nn.functional.relu(self.linear2(a_1))
        y_hat_value=self.linear3_value(a_2)
        z_3_policy=self.linear3_policy(a_2)
        o_t_tensor=x[-mz_num_observed_vars : ]          #当前时刻的观测向量
        z_3_policy_available=z_3_policy[o_t_tensor==1]
        #找出当前观测下的可选行动(有路方可移动)
        y_hat_policy_available=torch.nn.functional.softmax(z_3_policy_
        available, dim=-1)                              #选择各个可选行动的概率
        available_actions=torch.nonzero(o_t_tensor)  #可选行动集合
        return y_hat_policy_available, y_hat_value, available_actions[:, 0]
#初始化
steps_saved=np.zeros(num_runs)        #用来保存各次运行的步数的数组
#创建随机数生成器
rng=np.random.default_rng(0)
#设置 PyTorch 的随机种子
torch.manual_seed(0)
#若 GPU 可用,则使用 GPU,否则使用 CPU
processor=torch.device('cuda' if torch.cuda.is_available() else 'cpu')
#创建状态价值策略梯度模型
model_net=policy_value_net().to(device=processor)
#创建梯度下降法优化器对象
optimizer=torch.optim.SGD(model_net.parameters(), lr=learning_rate)
#创建学习率调度器对象
if decay_learning_rate:
```

```
    scheduler=torch.optim.lr_scheduler.StepLR(optimizer, step_size=num_lr_
runs, gamma=0.5)
#用来完成强化学习任务每次运行的循环
for run in range(num_runs):
    #初始化本次运行
    maze_init()                                        #初始化迷宫环境
    gameover=False                                     #运行结束标志
    #用来完成迷宫任务中每个时刻(每一步)的循环
    while not gameover:
        #给出当前时刻的行动选择
        s_t_tensor=torch.tensor(maze_get_k_order_history(k), device=
        processor, dtype=torch.float32)
        a_t_available_prob, v_hat_t, available_action_set=model_net(s_t_
        tensor)
        #使用状态价值策略梯度模型给出选择各个可选行动的概率及状态价值极限值的推测值
        a_t_available=torch.multinomial(a_t_available_prob, 1)
        #依照这些概率从可选行动中随机选择一个行动
        a_t=available_action_set[a_t_available] #给出所选行动的行动值
        #进行一步迷宫任务
        r_t1, gameover=maze_step(a_t)                  #得到 r_{t+1} 和运行是否结束标志
        if gameover:
            steps_saved[run]=mz_step                   #保存本次运行的步数
        else:
            #获取下一时刻状态的状态价值极限值的推测值
            s_t1_tensor=torch.tensor(maze_get_k_order_history(k), device=
            processor, dtype=torch.float32)
            with torch.inference_mode():               #推测模式
                _, v_hat_t1, _=model_net(s_t1_tensor)
        #计算代价
        ret_sample=r_t1+gamma * v_hat_t1.item() if not gameover else r_t1
        #计算样本
        costs=-torch.log(a_t_available_prob[a_t_available]) * torch.tensor
        (ret_sample-v_hat_t.item(), device=processor, dtype=torch.float32)+
       beta * torch.pow(ret_sample-v_hat_t, 2)  #式(5-18)
        #反向传播、更新权重和偏差
        optimizer.zero_grad()
        costs.backward()
        optimizer.step()
    #使用学习率调度器改变学习率
    if decay_learning_rate:
        scheduler.step()
    #打印训练进展
    if (run+1) % 1000==0:
        print('Training {}/{}: costs={:.4f}, steps={:d}'.format(run+1, num_
runs, costs.item(), mz_step))
#打印“足迹”,画各次运行的步数
print(mz_footprints)
```

```
plt.figure(dpi=150)
plt.stem(np.arange(1, num_runs+1), steps_saved, linefmt='none', markerfmt='ro')
plt.ylabel('Number of steps')
plt.xlabel('Run')
plt.xlim(0, num_runs)
plt.ylim(10, mz_max_steps)
plt.show()
```

实验 5-10 的程序

完整的实验参考程序可通过扫描二维码下载。

参考文献

[1] CHEN Z. Machine ruling[EB/OL]. (2015-12-21)[2023-02-18]. https://arxiv.org/pdf/1512.06466.

[2] 陈喆. 机器学习原理与实践(微课版)[M]. 北京：清华大学出版社，2022.

[3] BELLMANR. A Markovian decision process[J]. Journal of Mathematics and Mechanics, 1957, 6(5): 679-684.

[4] MINSKY M. Steps toward artificial intelligence[J]. Proceedings of the IRE, 1961, 49(1): 8-30.

[5] TESAURO G. TD-Gammon, a self-teaching backgammon program, achieves master-level play[J]. Neural Computation, 1994, 6(2): 215-219.

[6] MNIH V, KAVUKCUOGLU K, SILVER D, et al. Playing Atari with deep reinforcement learning [EB/OL]. (2013-12-19)[2023-02-18]. https://arxiv.org/pdf/1312.5602.

[7] SILVER D, HUANG A, MADDISON C J, et al. Mastering the game of Go with deep neural networks and tree search[J]. Nature, 2016, 529: 484-489.

[8] VINYALS O, BABUSCHKIN I, CZARNECKI W M, et al. Grandmaster level in StarCraft Ⅱ using multi-agent reinforcement learning[J]. Nature, 2019, 575: 350-354.

[9] BERNER C, BROCKMAN G, CHAN B, et al. Dota 2 with large scale deep reinforcement learning [EB/OL]. (2019-12-13)[2023-02-18]. https://arxiv.org/pdf/1912.06680.

[10] SCHRITTWIESER J, ANTONOGLOU I, HUBERT T, et al. Mastering Atari, Go, chess and shogi by planning with a learned model[J]. Nature, 2020, 588: 604-609.

[11] WURMAN P R, BARRETT S, KAWAMOTO K, et al. Outracing champion Gran Turismo drivers with deep reinforcement learning[J]. Nature, 2022, 602: 223-228.

[12] PEROLAT J, VYLDER B D, HENNES D, et al. Mastering the game of Stratego with model-free multiagent reinforcement learning[J]. Science, 2022, 378(6623): 990-996.

[13] WON D O, MÜLLER K R, LEE S W. An adaptive deep reinforcement learning framework enables curling robots with human-like performance in real-world conditions[J]. Science Robotics, 2020, 5 (46): 1-14.

[14] BELLEMARE M G, CANDIDO S, CASTRO P S, et al. Autonomous navigation of stratospheric balloons using reinforcement learning[J]. Nature, 2020, 588: 77-82.

[15] 陈喆. 物联网无线通信原理与实践[M]. 北京：清华大学出版社，2021.

[16] SUTTON R S, BARTO A G. Reinforcement learning: An introduction[M]. 2nd ed. Cambridge: The MIT Press, 2018.